机械制图及习题集

（一）

主　编　樊振旺　王兴华

电子科技大学出版社

图书在版编目（CIP）数据

机械制图及习题集 / 樊振旺，王兴华主编. —成都：电子科技大学出版社，2007. 8

ISBN 978-7-81114-611-0

Ⅰ. 机… Ⅱ. ①樊…②王… Ⅲ. 机械制图—高等学校：技术学校—教学参考资料 Ⅳ. TH126

中国版本图书馆 CIP 数据核字（2007）第 128079 号

内容提要

本书是根据职业教育《机械制图及习题集》非机械类教学大纲的基本要求，并结合职业教育对培养人才的规格要求及教学特点编写而成的。

本书的主要内容：绪论，制图的基本知识，投影的基本知识，点、直线、平面的投影，基本立体的投影，轴测图，立体表面的交线，组合体，图样画法，标准件和常用件，零件图，装配图和计算机绘图。

本书适用于各种非机械类职业院校的相近专业和信息工程专业使用，也可作为相关专业的基础教材和各类专业人员的培训教材。

机械制图及习题集（一）

主 编 樊振旺 王兴华

出　　版：电子科技大学出版社（成都市一环路东一段 159 号电子信息产业大厦　邮编：610051）
策划编辑：刘　军
责任编辑：张　鹏
主　　页：www.uestcp.com.cn
电子邮件：uestcp@uestcp.com.cn
发　　行：新华书店经销
印　　刷：成都嘉华印业有限公司
成品尺寸：185mm×260mm　印张　17　字数　420 千字
版　　次：2007 年 8 月第一版
印　　次：2007 年 8 月第一次印刷
书　　号：ISBN 978-7-81114-611-0
定　　价：35.00 元（共两册）

前言

本书是根据职业教育《机械制图》非机械类教学大纲的基本要求，结合职业教育对培养人才的规格要求及教学特点并总结了数十年的教学实践经验编写而成的。

本书在编写过程中，力求满足职业教育各类专业的制图教学需要，采用最新制图标准，贯彻教学改革精神。按照“精选内容、避繁就简、够用为度、培养技能”的原则处理书的内容。其主要特点如下:

接触最新标准，力求图样完美。本书采用了国家质量技术监督局颁布的《技术制图》和《机械制图》的国家标准。

遵循教学规律，掌握基本原理。从感性入手，画图和读图并举，并做到由浅入深、循序渐进，在基本理论方面突出了图示原理。在体系上力求文字简练严谨、叙述清晰、插图准确、步骤简明，以便自学。

结合生产实际，提高制图水准。本书理论联系实际，把画法几何与制图密切结合起来，既考虑理论又注重技能，既结合专业又联系生产实际。

培养职业技能，适应社会需求。本书以人才市场为导向，着眼未来，锐意改革。旨在精讲多练，讲练结合，培养学生熟练掌握本专业或相近专业的绘图与读图技能。

本书由山西水利职业技术学院樊振旺和太原科技大学运城工学院王兴华担任主编。由太原科技大学运城工学院樊红斌、邢芳、邢胜宅和山西省临汾市技工学校秦朝阳担任副主编。第 1、2 章由樊红斌编写。第 3、4 章由秦朝阳编写。第 5、6 章由邢胜宅编写。第 9 章由邢芳编写。第 7、8 章，第 10 章分别由山西省临汾市技工学校陆青玲、王旭博编写。第 11 章及附录由太原科技大学运城工学院张新慧编写。绪论、第 12 章由山西水利职业技术学院樊培利编写。全书由太原科技大学张学良教授审定。

本书适用于各种非机械类职业院校的相近专业和信息工程专业使用，也可供所有相关专业和相近专业的技术人员使用。

由于我们水平有限，编写时间仓促，书中疏漏之处在所难免，恳请广大读者不吝指正。

编　者

2007 年 8 月

目　录

绪 论

一、本课程的地位和作用

本课程的研究对象是图样。图样是根据画法几何的原理，按照制图标准和制图方法绘制而成的，它能准确地表达物体的形状、大小、材料和构造及有关的技术要求等内容，它是工程技术人员用以表达设计意图、组织生产施工、进行技术交流的重要技术文件。因此，图样被喻为“工程技术语言”。

二、本课程的基本内容

本课程的主要内容可分为三大部分：制图基本知识、画法几何和专业制图。制图基本知识主要是学习国家制图标准；画法几何是以投影法为基础，研究三维空间几何问题的图示法和图解法，简单地说，画法几何就是投影制图；专业制图则是以投影作图的原理和制图的基本知识，把工程建筑物或机械部件绘制成符合标准的图样。为了使每个技术工作者都能具备绘制和阅读图样的技能，特别提出如下几点要求。

（1）基本知识（第一章）——要求掌握绘图工具和仪器的使用，熟悉国家制图标准的基本规定，掌握常用的几何作图方法。

（2）投影制图（第二章至第八章）——要求掌握正投影的基本原理和各种图示方法，初步掌握轴测投影的基本方法和图样的画法。

（3）专业制图（第九章至第十二章）——要求掌握绘制常用的机械零件图的基本技能，能阅读简单的机械图和装配图。了解计算机绘图的基本操作方法。

三、本课程的主要性质

本课程是一门系统理论独特和实践性很强的技术基础课。它既强调投影理论又注重动手能力，它不仅要求掌握绘图的基本方法，还特别强调以制图标准为准绳。在学习的过程中应注意以下几点：

（1）投影制图是本课程的核心部分，是制图的基本理论，必须弄懂。只有认真弄懂投影的基本理论，才能不断提高自己的投影图示能力和空间想象能力。

（2）国家制图标准的基本规定，是制图的准绳，必须遵照执行。只有严格按制图标准作图，才能使工程图样真正成为可交流的技术文件。

（3）本课程的各种训练是通过一系列的练习和作业来实现的，必须多练。只有认真作图，按时完成作业，才能收到良好的效果。

（4）专业制图是将所学知识运用到工程实践中，必须掌握。只有掌握了工程图样的绘制和阅读，才能真正成为工程界的技术工作者。

（5）专业图涉及内容较多，必须多看。只有结合后续课程的学习，多看一些实际工程，不断提高读图能力，才能真正成为面向未来的有用人才。

第一章　制图的基本知识

【学习要求】

掌握《机械制图》国家标准的有关规定及作图的基本方法。

【主要内容】

绘图工具和仪器的正确使用，常用几何图形的画法，绘图的基本方法和步骤。

第一节　基本制图标准

图样是生产中重要的技术文件，是工程界技术交流的“语言”。因此，必须对图样的格式、画法、尺寸注法等作出统一规定，这些规定就是有关制图的标准，国际上统一规定了“ISO”标准，我国也制定了同国际标准相适应的国家标准“GB”，本章将简要介绍我国颁布的《技术制图》及《机械制图》的有关内容。

一、图纸幅面及格式（GB/T 14689-1993）

为便于图样的保管和使用，国标对图纸幅面尺寸和格式作了统一规定。比如：GB/T 14689-1993，“GB/T”表示为推荐使用的国家标准，“14689”表示该项标准的编号，“1993”表示该项标准是1993年颁布的。

1．图纸幅面尺寸

绘图时应优先采用如表1-1所示规定的五种基本幅面，必要时，可按规定加长。

表 1-1　图纸基本幅面及图框尺寸

幅面代号	A0	A1	A2	A3	A4
$B \times L$	841×1189	594×841	420×594	297×420	210×297
e	20		10		
c	10			5	
A	25				

图纸的五种基本幅面中，以A0为全张，自A1开始依次是前一种幅面大小的一半，如图1-1所示。

2．图框格式

在图纸上必须用粗实线画出图框，其格式分为不留装订边和留装订边两种，尺寸按表1-1所示的规定，同一产品的图样只能采用一种格式，不留装订边的图纸，其图框格式如图

1-2 所示。图边尺长 e 按表 1-1 所示选取，留有装订边的图纸，其图框格式如图 1-3 所示，图边尺寸 a、c 按表 1-1 所示选取。

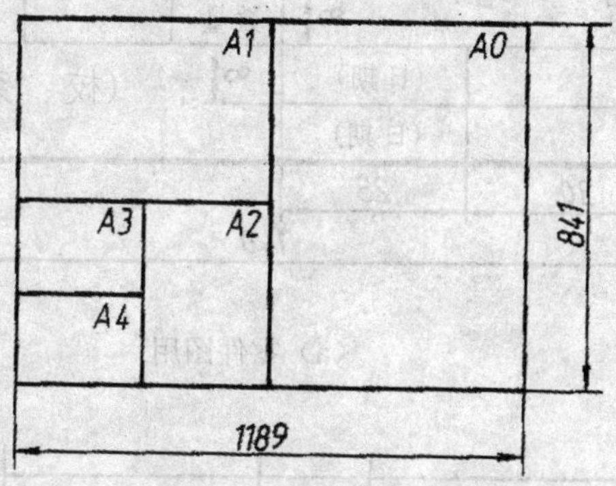

图 1-1 图纸的五种基本幅面

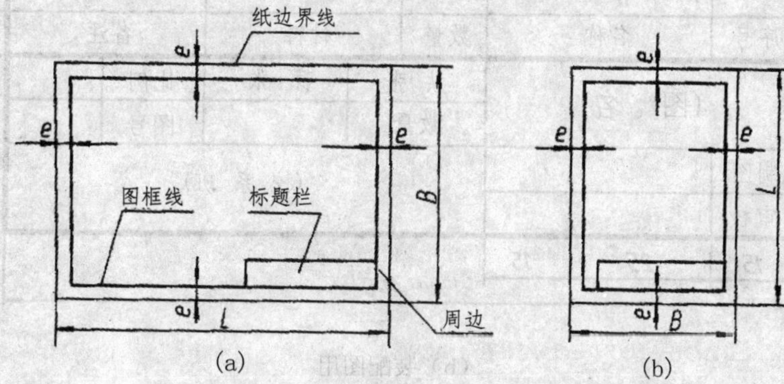

图 1-2 不留装订边的图纸

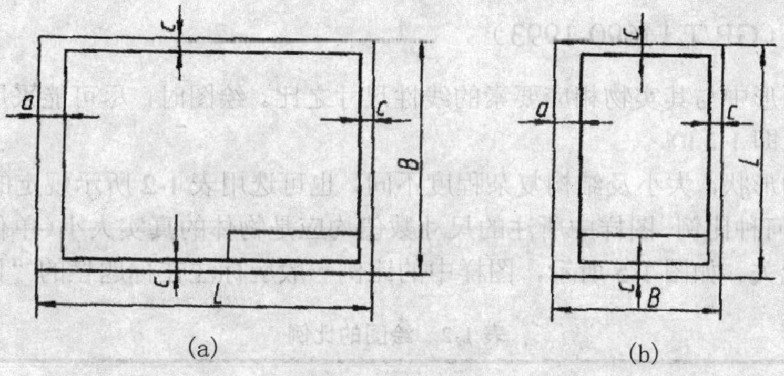

图 1-3 留有装订边的图纸

3．标题栏的方位

每张图纸都必须画出标题栏，其外框用粗实线绘制，内部用细实线分割，底边和右侧与图框线重合，标题栏格式及其尺寸应按 GB/T 10609.1-1989 的规定，学生的制图作业可采用简化格式，如图 1-4 所示。

标题栏位于图纸的右下方，如图 1-2 及图 1-3 所示，在此情况下，看图的方向应与看标题栏的方向一致。

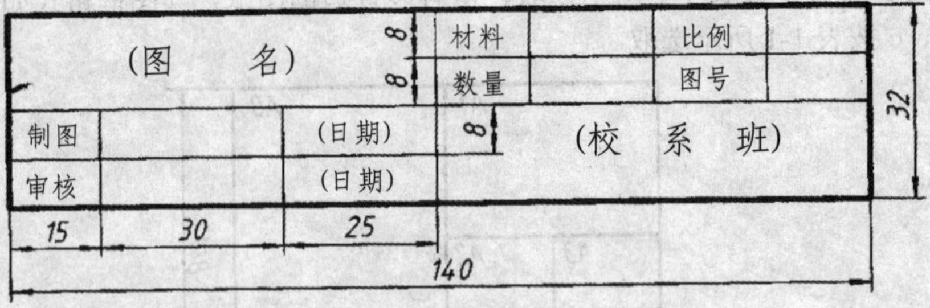

(a) 零件图用

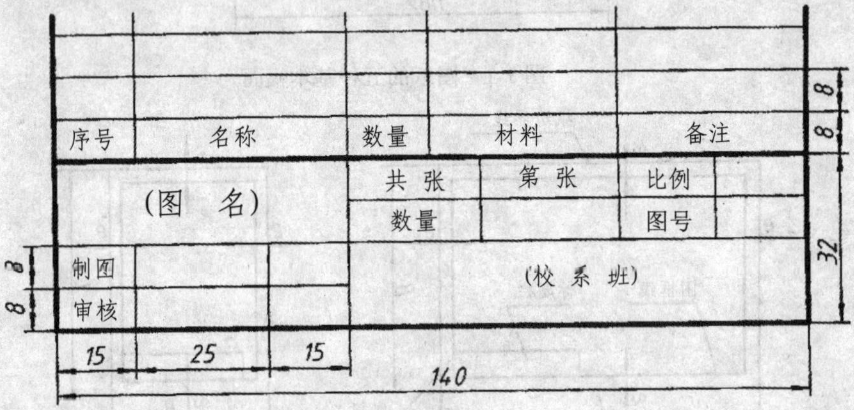

(b) 装配图用

图 1-4　标题栏简化格式

二、比例（GB/T 14690-1993）

比例是指图形中与其实物相应要素的线性尺寸之比。绘图时，尽可能采用原值比例（比值为 1 的比例，即 1∶1）。

根据实物的形状，大小及结构复杂程度不同，也可选用表 1-2 所示规定的缩小或放大的比例，无论采用何种比例，图样中所注的尺寸数值均应是物体的真实大小（单位一般用 mm），与绘图的比例无关。如图 1-5 所示，图样中的比例一般应标注在标题栏的“比例”一栏内。

表 1-2　绘图的比例

原值比例	1∶1
缩小比例	1∶2　1∶5　1∶10　1∶2×10^n　1∶5×10^n　1∶1×10^n
放大比例	5∶1　2∶1　5×10^n∶1　2×10^n∶1　1×10^n∶1

注：n 为正整数。

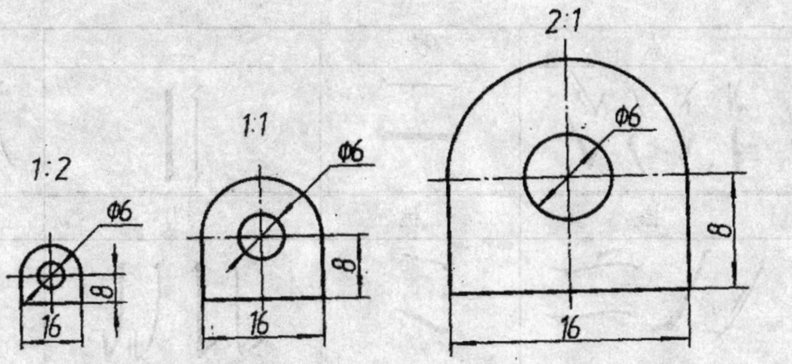

图 1-5　尺寸数值与绘图比例无关

三、字体（GB/T 14691-1993）

在图样中，还有许多信息是无法用图形来传递的，还必须用文字语言来完成，如尺寸数字、技术要求等图样中的字体必须做到：字体工整、笔画清楚、间隔均匀、排列整齐。

字体高度（用 h 表示）的公称尺寸系列为：1.8mm，2.5mm，3.5mm，5mm，7mm，10mm，14mm，20mm，如需要书写更大的字，其字体高度应按 $\sqrt{2}$ 的比例递增，字体的高度代表字体的号数。

1．汉字

汉字应写成长仿宋体字，并应采用国家正式公布推行的简化字。汉字的高度 h 不应小于 3.5mm，其字宽一般为 h/$\sqrt{2}$，如图 1-6 所示。

10 号字

字体工整　笔画清楚　间隔均匀
排列整齐

7 号字

横平竖直　注意起落　结构均匀　填满方格

5 号字

技术制图机械电子汽车航空船舶土木建筑矿山井坑港口纺织服装

图 1-6　长仿宋体汉字示例

长仿宋体汉字的书写要领是：横平竖直，注意起落，结构匀称，填满方格，其基本笔画如图 1-7 所示。

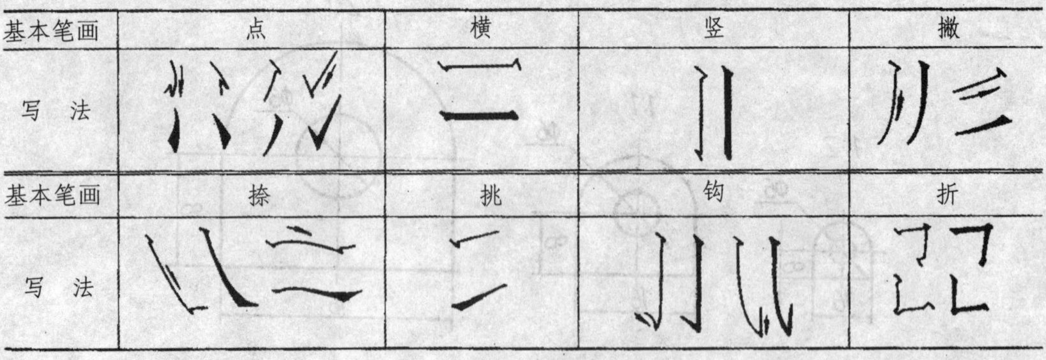

图 1-7　长仿宋体汉字示例

2．数字和字母

阿拉伯数字，罗马数字和拉丁字母等数字和字母，根据其笔画宽度 d 分为 A 型和 B 型，A 型字体 $d=h/14$（h 为字高），B 型字体 $d=h/10$。

数字和字母可写成斜体或直体，斜体字字头向右倾斜，与水平基准线成 75°，数字及字母示例如图 1-8 所示。

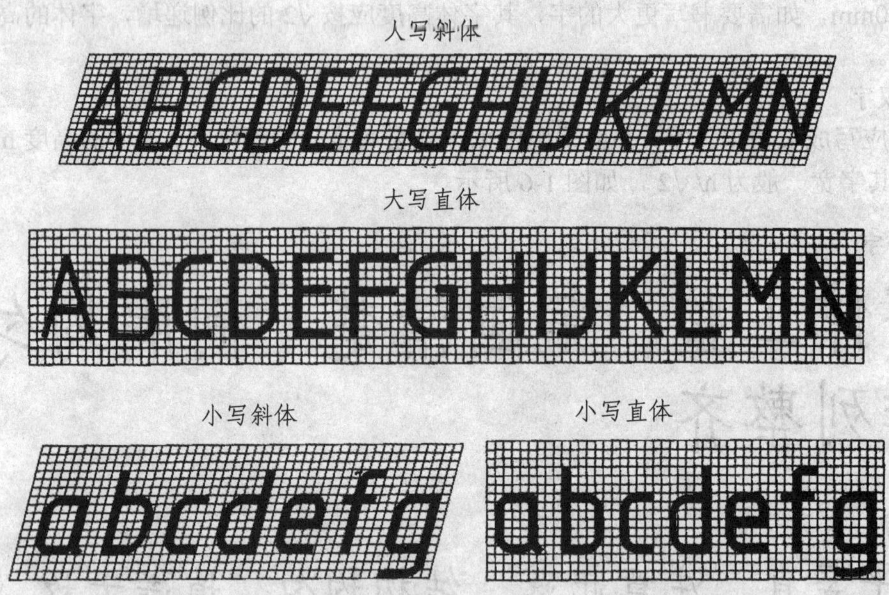

（a）拉丁字母示例

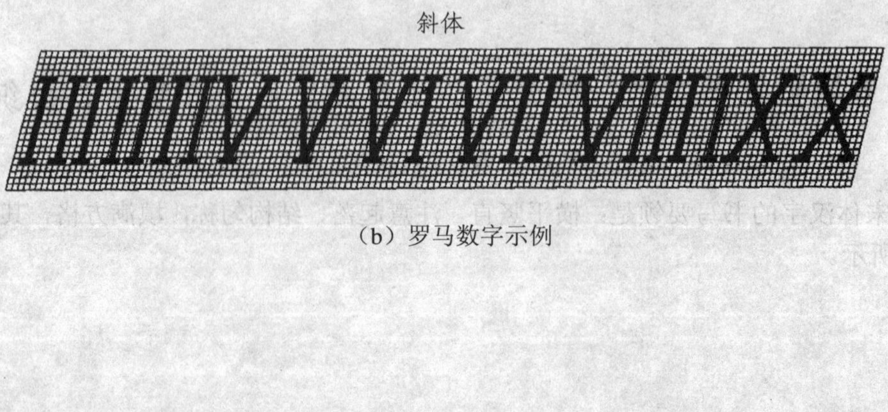

（b）罗马数字示例

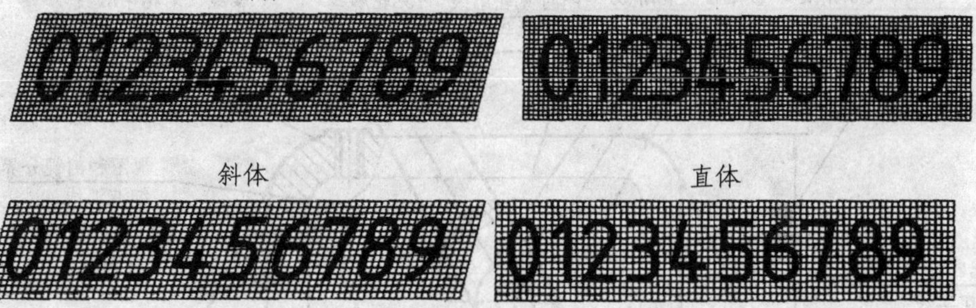

（c）阿拉伯数字示例

图 1-8　拉丁字母、罗马数字及拉阿伯数字示例

四、图线（GB/T 17450-1998 及 GB/T 4457.4-1984）

1．线型

国际标准（简称国标）规定了绘制各种技术图样的基本线型、基本线型的变形及相互组合，机械图样中常见的线型及名称如表 1-3 所示，其应用示例如图 1-9 所示。

2．图线的尺寸

所有线型的图线宽度应按图样类型和尺寸大小在下列数系中选择：0.13mm、0.18mm、0.25mm、0.35mm、0.5mm、0.7mm、1mm、1.4mm、2mm，机械图样中的图线分粗、细两种，粗线宽度宜在 0.5～2mm 之间选取，细线的宽度为粗线的 1/2。

表 1-3　图线

图线名称	图线型式	代号	图线宽度	图线常用应用举例
粗实线	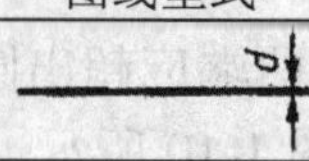	A	d=0.5～2mm	可见轮廓线
细实线		B	约 $d/2$	尺寸线和尺寸界线、剖面线、重合剖面的轮廓线、过渡线等
波浪线		C	约 $d/2$	断裂处的边界线、视图与剖视的分界线
双折线	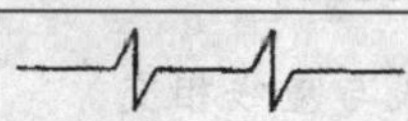	D	约 $d/2$	断开明处的边界线
虚线	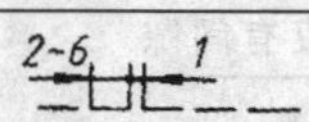	F	约 $d/2$	不可见轮廓线
细点画线	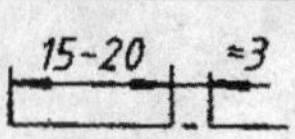	G	约 $d/2$	轴线、对称中心线、轨迹线、节圆及节线
粗点画线		J	d	有特殊要求的线或表面的表示线
双点画线		K	约 $d/2$	相邻辅助零件的轮廓线、极限位置的轮廓线

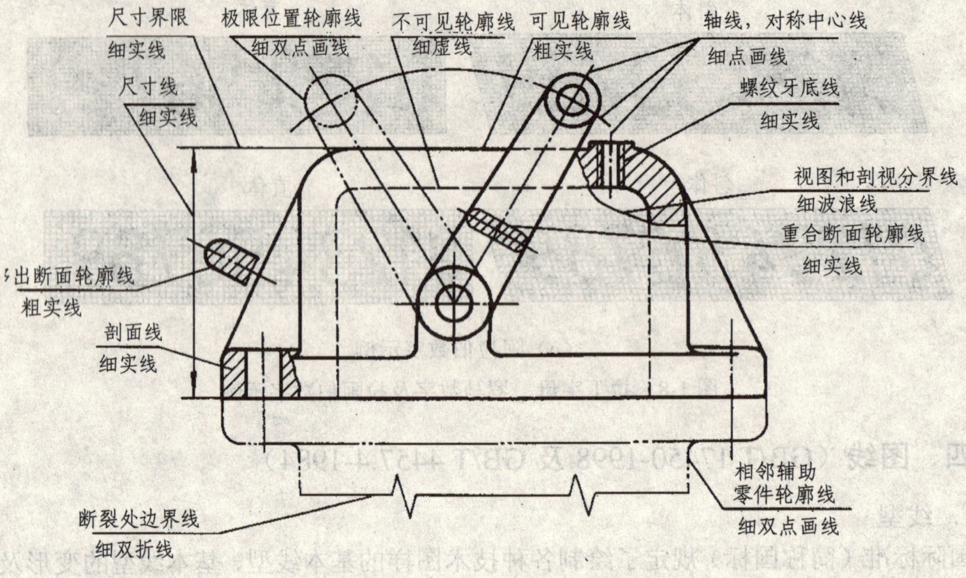

图 1-9 各种线形应用示例

3．图线的画法

（1）在同一图样中，同类图线的宽度应一致，虚线、点画线、双点画线的线段长度和间隙应各自大致相等。

（2）实线、虚线、点画线等基本线型相交时都应以线段相交，而不应在点或间隔处相交。

（3）当虚线为粗实线的延长线时，虚线与实线之间留间隙。

（4）画圆的中心线时，圆心应是线段的交点，细点划线的两端应超出圆外 2～5mm；当圆的图形较小，画细点划线有困难时，可用细实线代替。如图 1-10 所示。

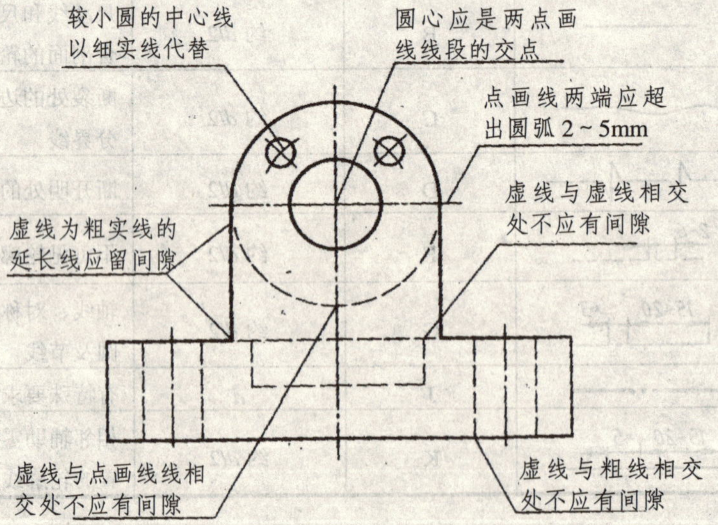

图 1-10 图线的画法

五、尺寸注法（GB4458.4-1984 及 GB/T 16675.2-1996）

尺寸的标注是一项极为重要的工作，必须认真，细致，如有尺寸遗漏和错误，将会带来极大损失。

1．尺寸的组成

一个完整的尺寸应由尺寸界线，尺寸线及其终端和尺寸数字三部分组成，如图 1-11（a）所示。

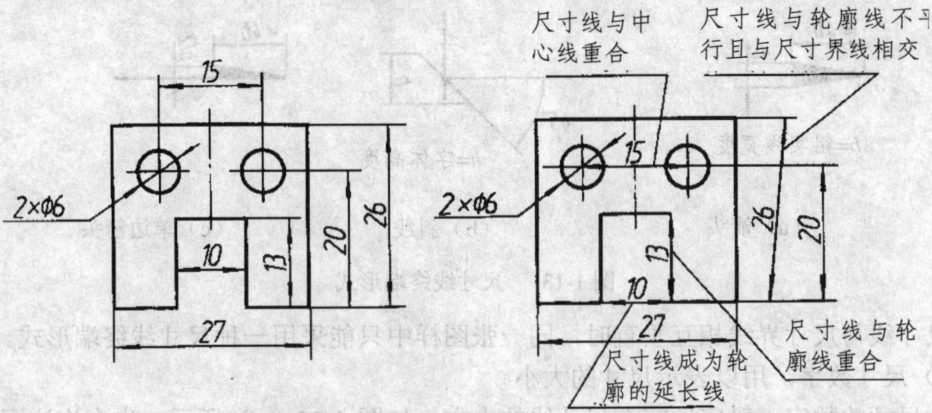

（a）正确　　（b）不正确

图 1-11　尺寸的组成及标注示例

（1）尺寸界线，用以表示尺寸的范围，用细实线绘制

尺寸界线应从图形的轮廓线、轴线或对称中心线处引出，也可直接利用这些作尺寸界线，尺寸界线应超出尺寸线 2～5mm，如图 1-11（a）所示。

（2）尺寸线，用以表示尺寸方向，用细实线绘制

标注线性尺寸时，尺寸线必须与所注的线段平行，尺寸线应单独画出，不能用其他图线代替，一般也不得与其他图线重合或画在其延长线上，如图 1-11（b）所示。

标注线性尺寸时，尺寸线与尺寸界线一般应相互垂直，如图 1-11（a）所示，必要时才允许倾斜（如图 1-12 所示），同时避免尺寸线与尺寸界线相交，如图 1-11（b）所示。

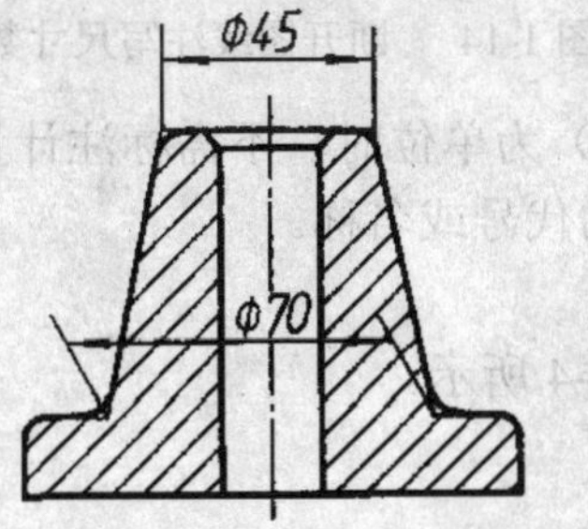

图 1-12　尺寸界线与尺寸线倾斜

表示尺寸起止的尺寸线终端有箭头、斜线及单边箭头三种形式，箭头的画法如图 1-13

（a）所示，适用于各种类型的图样，是机械图样中的基本形式。斜线用细实线绘制，其方向和画法如图 1-13（b）所示，当采用斜线形式时，尺寸线与尺寸界线必须互相垂直。根据 GB/T 16675.2-1996 规定，标注尺寸时可使用单边箭头，其画法如图 1-13（c）所示。

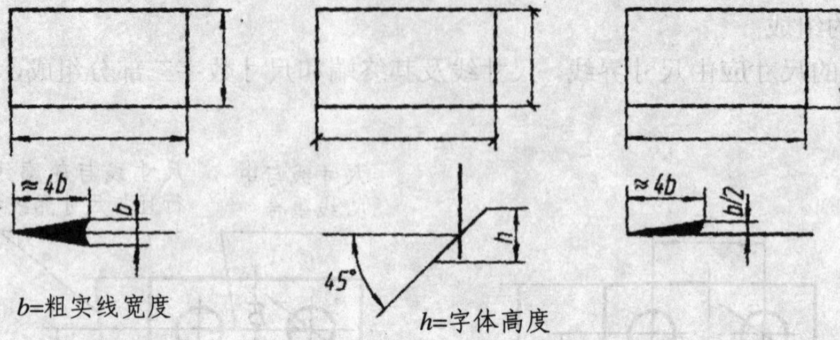

（a）箭头　　（b）斜线　　（c）单边箭头

图 1-13　尺寸线终端形式

当尺寸线与尺寸界线相互垂直时，同一张图样中只能采用一种尺寸线终端形式。

（3）尺寸数字，用以表示尺寸的大小

线性尺寸的数字一般应注写在尺寸线的上方，如图 1-11（a）所示，也允许注写在尺寸线的中断处，如图 1-14（b）所示。尺寸数字不得被任何图线通过，当无法避免时，必须将图线断开（如图 1-14（a）所示）。

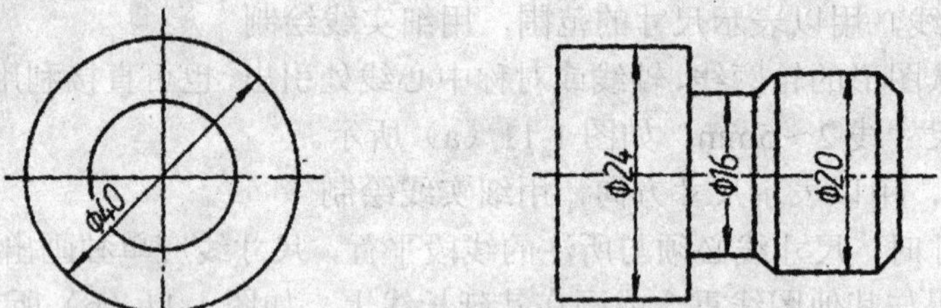

(a)断开粗实线　　(b)断开点画线

图 1-14　断开图线注写尺寸数字

图样中的尺寸以毫米（mm）为单位时，不需标注计量单位的代号或名称，如采用其他单位则必须注明相应计量单位的代号或名称。

2．常见的尺寸标注方法

常见的尺寸标注方法如表 1-4 所示。

表 1-4　常见尺寸标注方法示例

项目	说明	图例
线性尺寸数字的注写方向	（1）水平尺寸字头朝上，垂直尺寸字头朝左，倾斜尺寸应保持字头有朝上的趋势，如图（a） （2）尽量避免在图（a）所示 30°范围内标注尺寸，当无法避免时，允许按图（b）所示形式标注	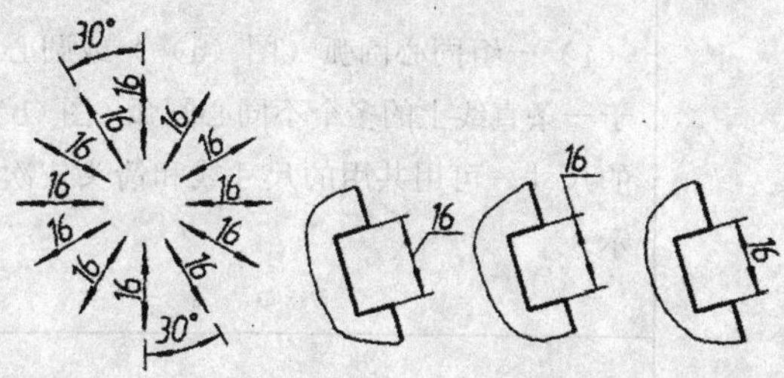 (a)　(b)
角度的注法	（1）尺寸界线沿径向引出，尺寸线是以角度顶点为圆心的圆弧 （2）角度数字一律水平注写，一般注写在尺寸线的中断处。必要时也可注写在尺寸线外或引出标注	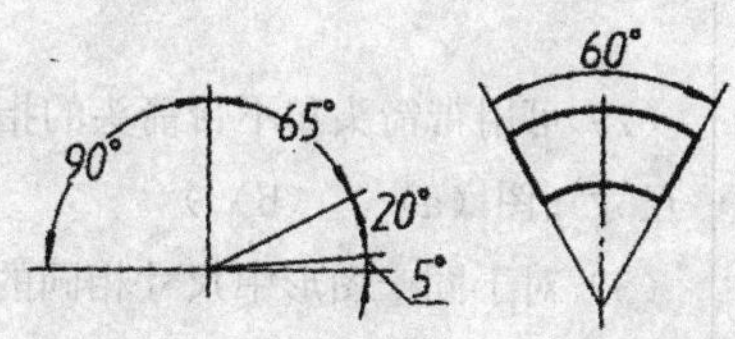
圆和圆弧的注法	（1）标注直径或半径的尺寸时，应在数字前分别加注“ϕ”或“R” （2）圆和大于半圆的圆弧标注直径，半圆和小于半圆的圆弧标注半径如图（a） （3）大圆弧的注法：当圆弧半径过大并且需要标明其圆心位置时，可按图（b）的方法标注；若不需要标明圆心位置，则可按图（c）的方法标注	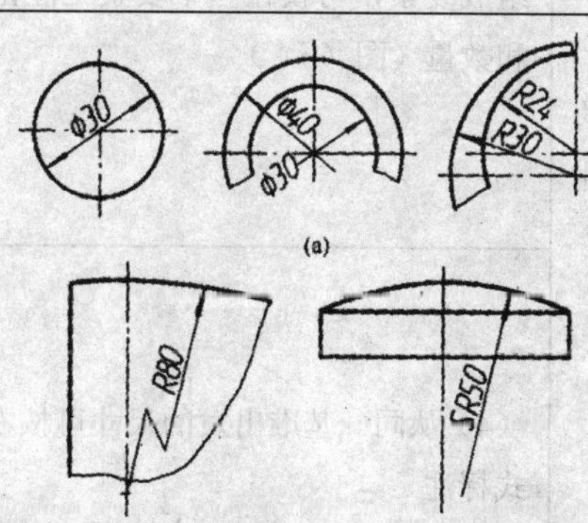 (a) (b)　(c)
球面的注法	（1）标注球面直径或半径时，应在“ϕ”或“R”前加注“S” （2）在不致引起误解的情况下（如螺钉头部，轴或螺杆的端部等），也可以省略“S”	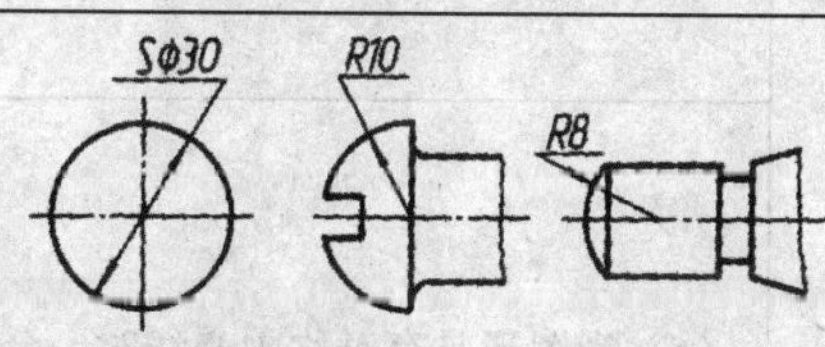
狭小部位的注法	（1）当没有足够位置画箭头或注写尺寸数字时，可按右图形式标注 （2）几个小尺寸连续标注时，中间的箭头可用圆点或斜线代替	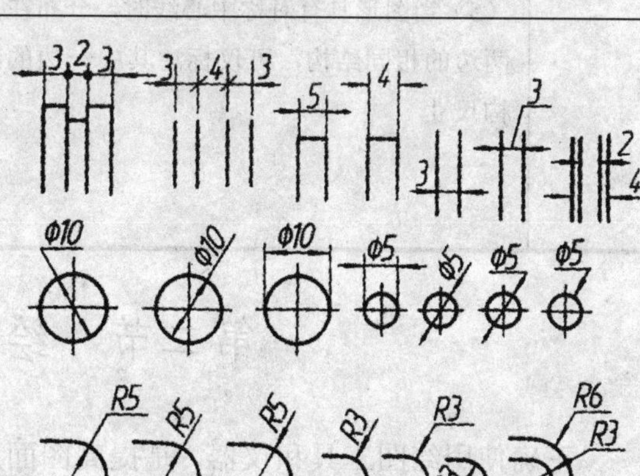

（续表）

项目	说明	图例
图样的简化注法	（1）一组同心圆弧（图（a））或圆心位于一条直线上的多个不同心圆弧（图（b））的尺寸，可用共用的尺寸线和箭头依次表示	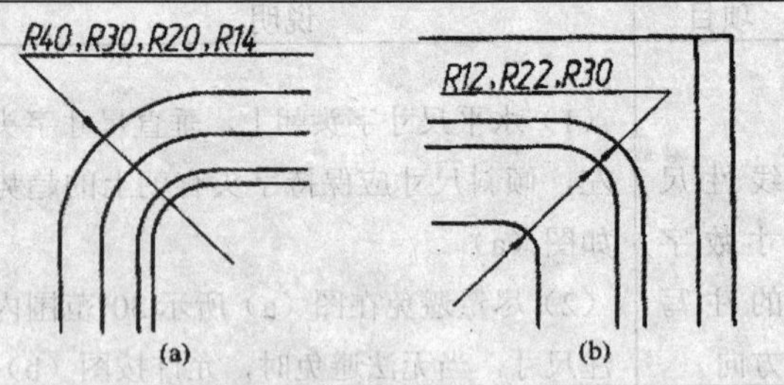
	（2）可用带箭头和不带箭头的指引线标注尺寸（图（a）、（b）） （3）对于同一图形中尺寸相同的孔、槽等组成要素，可仅在一个要素上注出其尺寸和数量（图（b））	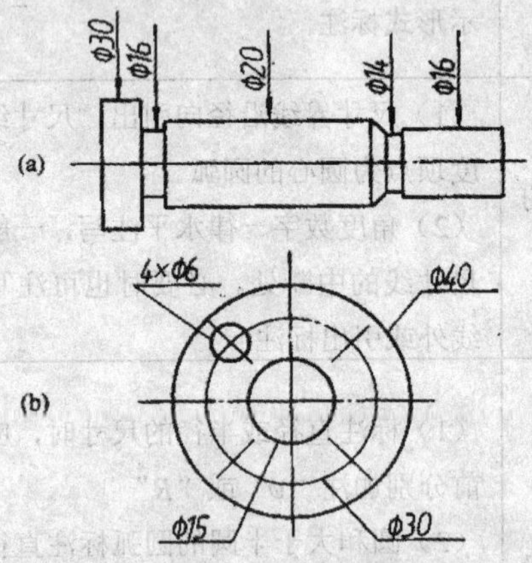
	（4）从同一基准出发的尺寸可按右图的形式标注	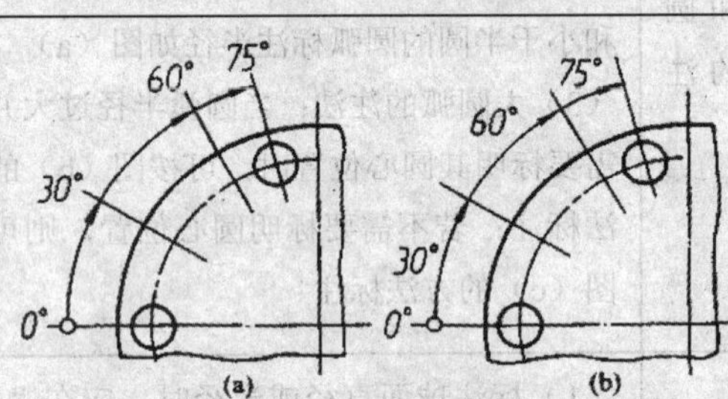
	（5）当图形具有对称中心线时，分布在其两边的相同结构，可仅标注其中一边的结构尺寸	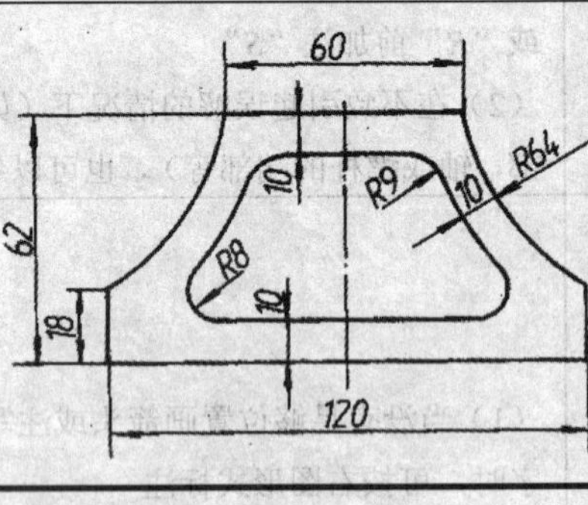

第二节　绘图工具和仪器

正确使用绘图工具和仪器，是提高图面质量，加快绘图速度的重要因素。本节简要介绍常用绘图工具、仪器及使用方法。

一、铅笔和三角板

1．铅笔

绘图铅笔的铅芯有软硬之分 ，标号分别用字母 B 和 H 表示，B 前的数字愈大表示铅芯愈软而黑，H 前的数字愈大表示铅芯愈硬而淡，HB 表示铅芯软硬适中。绘图时，应根据不同的用途选用不同软硬的铅芯，并将其削磨成一定的形状，如表 1-5 所示削铅笔必须从没有标号的一端开始，以便保留标号，供使用时识别。

表 1-5　铅笔及铅芯的选用

	铅笔			圆规用铅芯	
用途	画细线	写字	画粗线	画细线	画粗线
软硬程度	H 或 2H	HB	HB 或 B	H 或 HB	B 或 2B
削磨形状	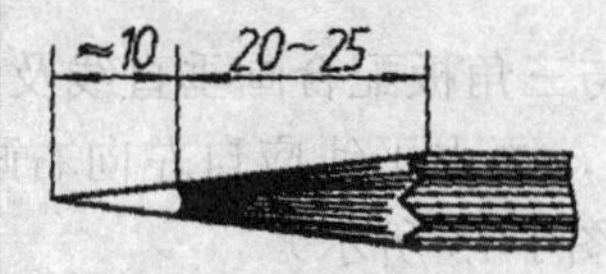		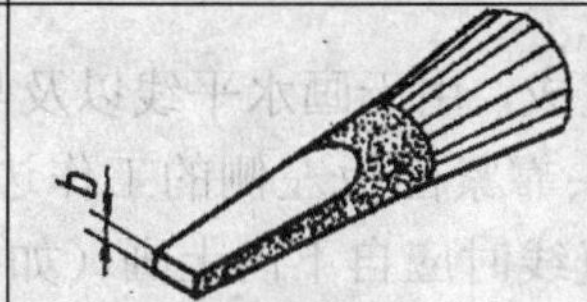		
	锥　　形		铲　　形	楔　　形	截面为矩形的四棱柱

2．三角板

三角板由 45° 和 30° 及 60° 两块组成一对。用三角板与丁字尺配合画垂直线或 15° 倍数角的斜线。方法如图 1-15 和图 1-16 所示。

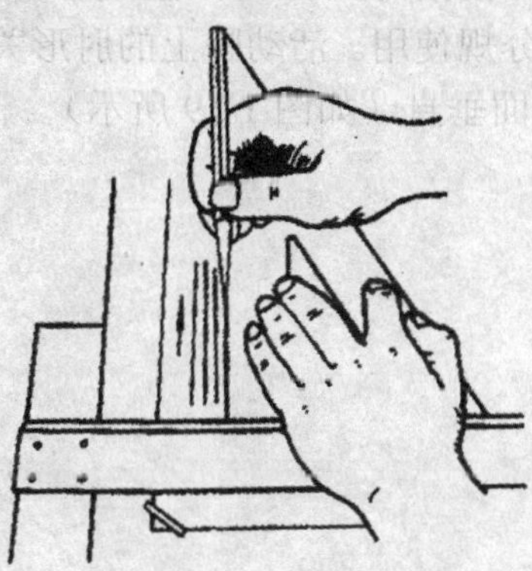

图 1-15　用丁字尺和三角板画垂直线

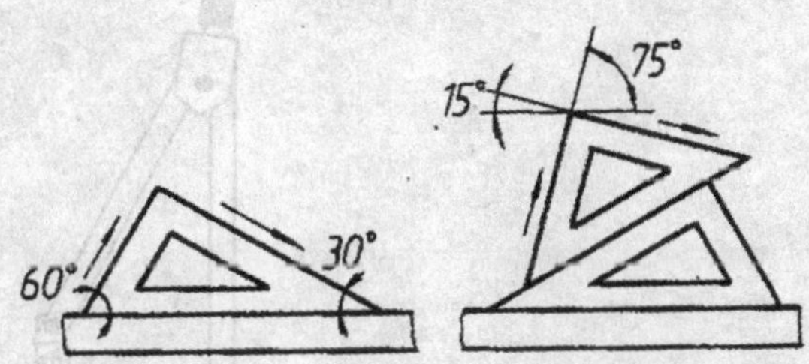

图 1-16　用三角板和丁字尺配合画 15° 倍数角的斜线

二、图板和丁字尺

1．图板

图板是供铺放图纸用的空心木板，要求板面平整，导边垂直，否则会影响作图的准确性。绘图时，用胶带纸将图纸固定在图板左下方适当位置（如图 1-17 所示），不要使用图钉固定图纸，以免损坏板面。

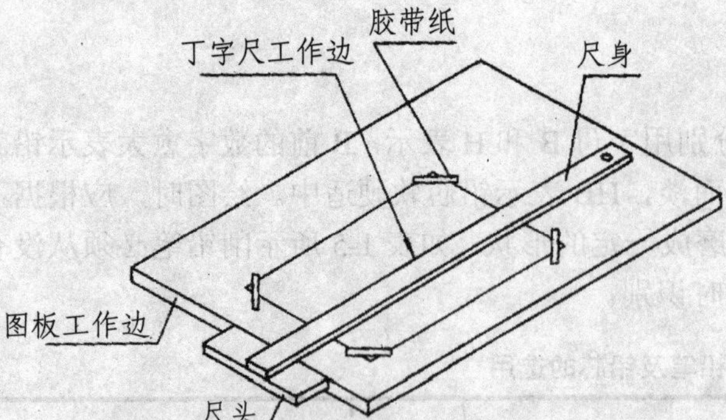

图 1-17　图板、丁字尺及图纸的固定

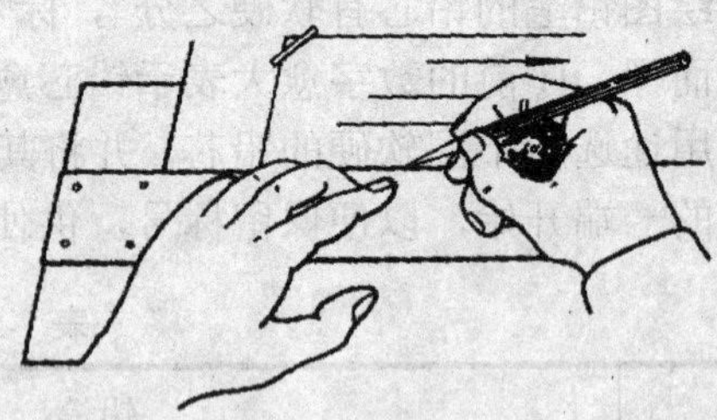

图 1-18　用丁字尺画水平线

2．丁字尺

丁字尺由尺头和尺身两部分组成，用于画水平线以及与三角板配合画垂直线及各种 15º 倍数角的斜线，画图时，应使尺头靠紧图板左侧的工作边，画水平线应自左向右画（如图 1-18 所示），与三角板配合画垂直线时应自下向上画（如图 1-15 所示）。

三、圆规和分规

1．圆规

圆规用于画圆和圆弧。圆规有一条固定腿和一条活动腿（如图 1-19 所示），固定腿上装有两端形状不同的钢针，画图时应使用带台肩的一端，台肩可防止图纸上的针孔扩大；当作分规使用时，则用圆锥形的一端，在圆规的活动腿上，可根据需要装上铅笔插脚，墨线插脚或钢针插脚，分别用于画铅笔线的圆，墨线的圆或当作分规使用。活动腿上的肘形关节可向内侧弯折，画圆时，可通过调节肘形关节保持铅芯与纸面垂直（如图 1-19 所示）。

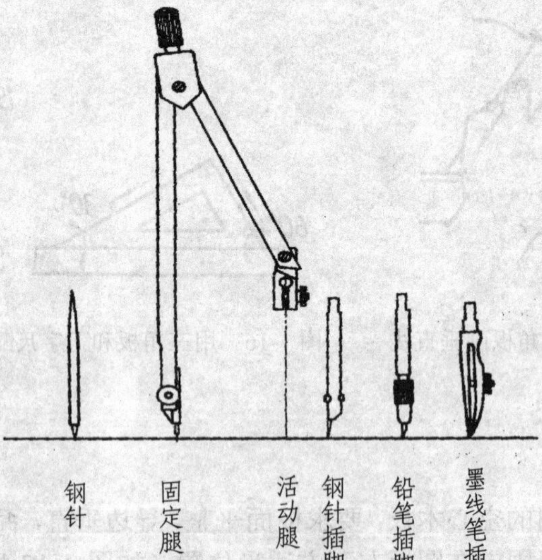

图 1-19　圆规及其插脚

用铅笔插脚画圆时，应先调整好铅芯与针尖的高低，使针尖略长于铅芯如图 1-20（a）所示，然后按顺时针方向并稍有倾斜地转动圆规如图 1-20（b）所示，画直径不同的圆时，应注意调整钢针和铅芯，使其与纸面垂直如图 1-20（c）所示。

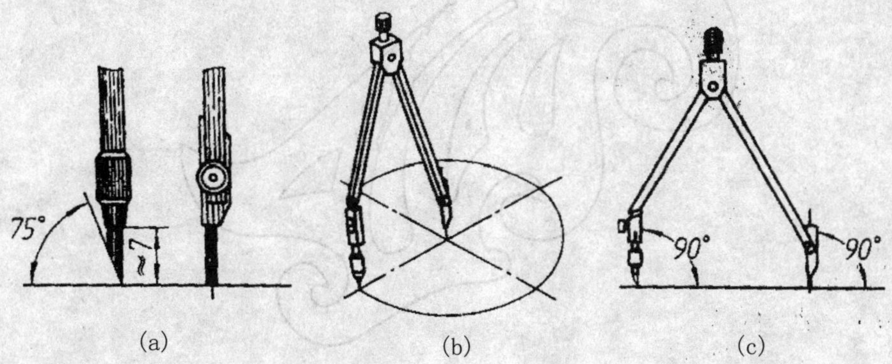

图 1-20　圆规的用法

2．分规

分规用于量取尺寸和等分线段。分规两腿的端部均为钢针，当两腿合拢时，两针尖应对齐汇交于一点，其使用方法如图 1-21 所示。

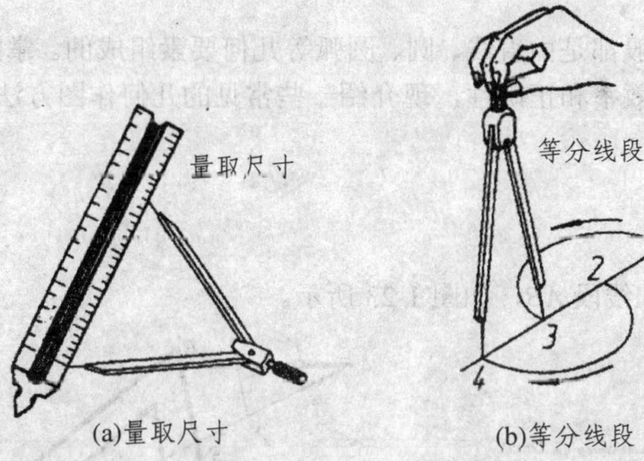

图 1-21　分规的用法

四、模板和曲线板

1．模板

模板种类较多，它们可使绘图速度大大提高，如画小圆，螺母、符号、小圆角、正多边形等。

2．曲线板

曲线板是一种具有不同曲率半径的模板，用来绘制各种非圆的曲线。具体用法：当找到曲线上的一系列点后，选用曲线板上一段与连续四个点贴合最好的轮廓，画线时只连前三点，然后再连续贴合后面未连续的四个点，仍然连前三点，这样中间有一段前后重复贴合两次，依次做下去，即可连出光滑曲线，如图 1-22 所示。

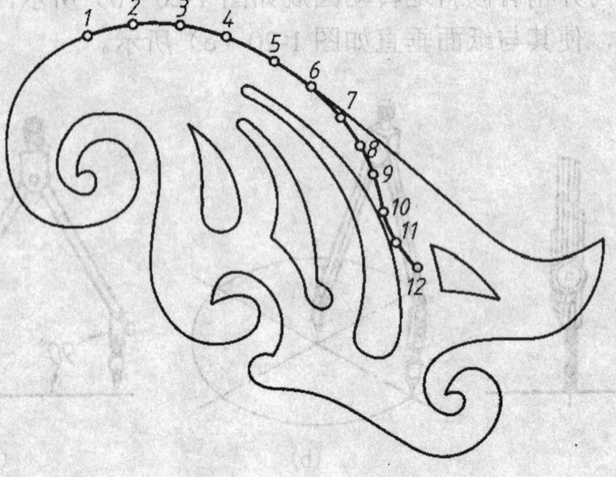

图 1-22　曲线板的用法

其他绘图用品还有橡皮、擦图片、胶带纸、小刀、砂纸等。

第三节　几何作图的方法

机器零件的轮廓一般都是由直线、圆、圆弧等几何要素组成的。掌握几何图形的正确画法，有利于提高制图的效率和正确性，现介绍一些常见的几何作图方法。

一、基本作图

（一）等分线段

例 1-1：三等分已知线段 *AB*，如图 1-23 所示。

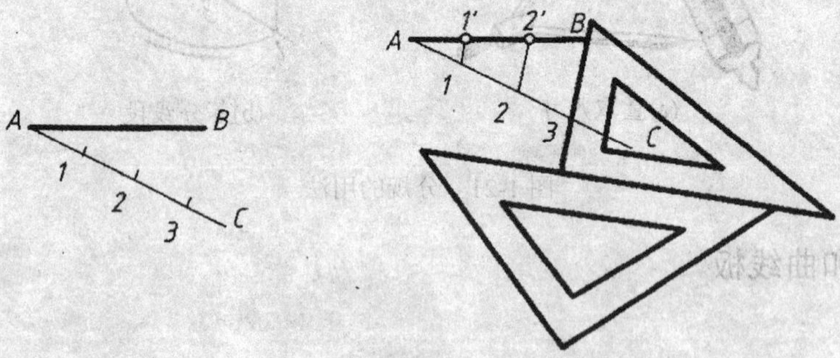

图 1-23　等分任意线段

分析：过一端点作一条任意线，从相交点以任意长度三等分，连接最后一等分点和另一端点，过另外两等分点作所连线的平行线，即可找到三等分点。

作图步骤：

（1）过端点 A 作任意直线 *AC*。

（2）用分规以任意的长度在线段 AC 上截取三等分得 1、2、3 点。

（3）连接 3 和 B。

（4）过 1、2 等分点作 3B 的平行线交线段 AB 于 1′、2′ 即得三等分点。

（二）等分圆周作正多边形

如表 1-6 所示列举了等分圆周和作正多边形的方法。

表 1-6　等分圆周及作正多边形

类别	作　图	方法和步骤
三等分圆周和作正三角形	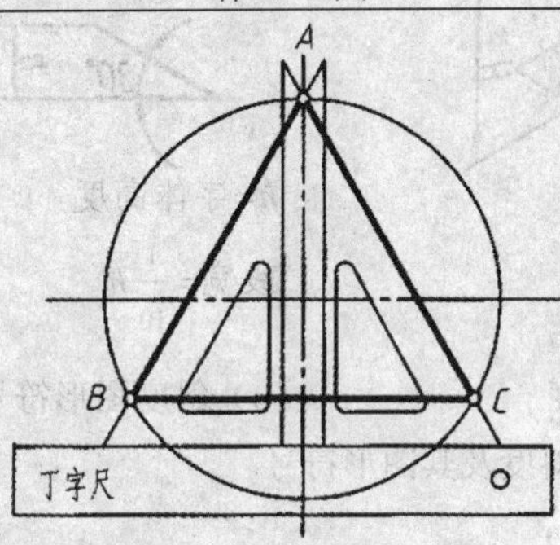	用 30°～60°三角板等分 将 30°～60°三角板的短直角边紧贴丁字尺，并使其斜边过点 A 作直线 AB；翻转三角板，以同样的方法作直线 AC，连接 BC，即得正三角形
六等分圆周和作正六边形	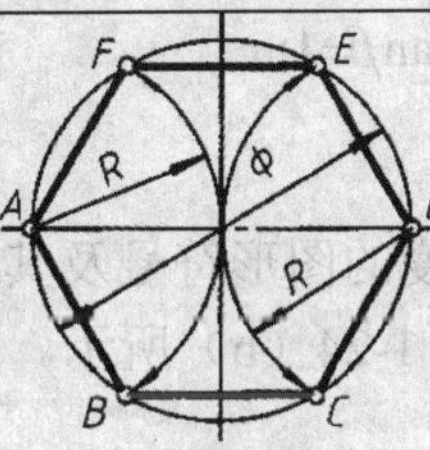 (a) 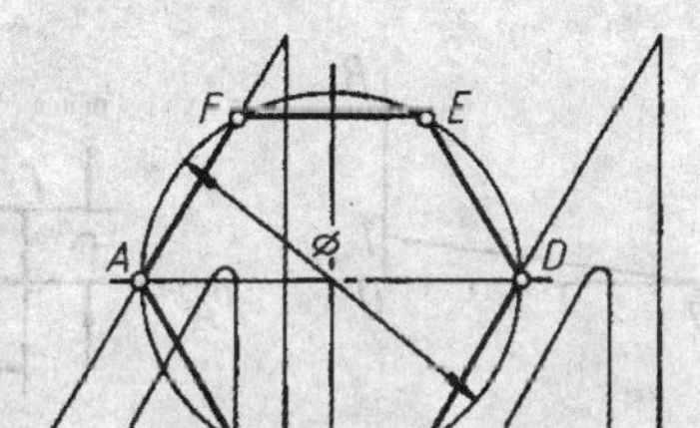 (b)	方法一：用圆规直接等分 以已知圆直径的两端点 A、D 为圆心，以已知圆半径 R 为半径画弧与圆周相交，即得等分点 B、F 和 C、E，依次连接各点，即得正六边形如图（a）所示。 方法二：用 30°～60°三角板等分 将 30°～60°三角板的短直角边紧贴丁字就，并使其斜边过点 A、D（直径上的两端点），作直线 AF 和 DC；翻转三角板，以同样的方法作直线 AB 和 DE，连 BC 和 FE，即得正六边形，如图（b）
五等分圆周和作正五边形	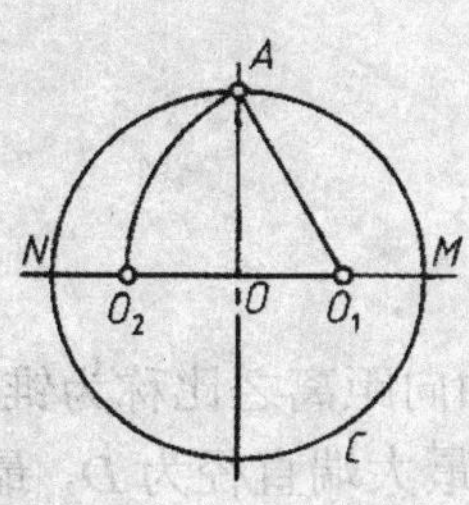 (a) 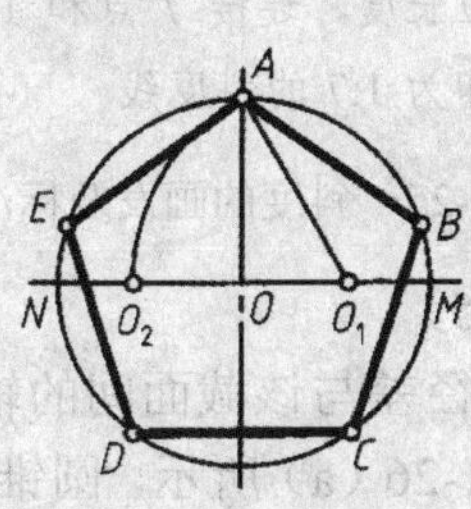 (b)	① 平分半径 OM 得点 O_1，以点 O_1 为圆心，O_1A 长为半径圆弧，交 ON 于点 O_2，如图（a） ② 以 O_2A 为弦长，自 A 点起在圆周依次截取，得等分点 B、C、D、E，连接后得正五边形，如图（b）

（三）斜度和锥度

1．斜度（S）(GB/T 4096-1983)

棱体的斜度S等于最大棱体高H与最小棱体高h之差与平行于棱并垂直于一个棱面的两个截面之间的距离之比，用S表示，通常将其比值写成1:n式，如图1-24所示。

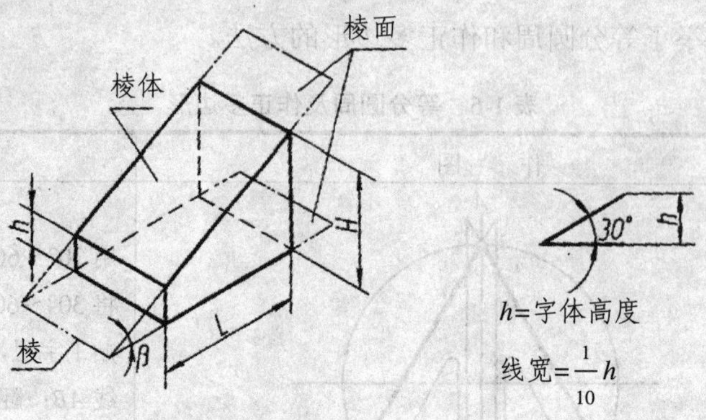

（a）棱体的斜度　　（b）斜度图形符号

图1-24　斜度及其图形符号

$$S=\frac{II-h}{L}=\tan\beta=1:n$$

式中β为两棱面的夹角。

斜度的标注如图1-25（a）所示，将表示斜度的图形符号及其比数注在引出线上。图形符号的方向与斜度方向一致。斜度图形符号如图1-24（b）所示。

斜度的画法如图1-25所示。

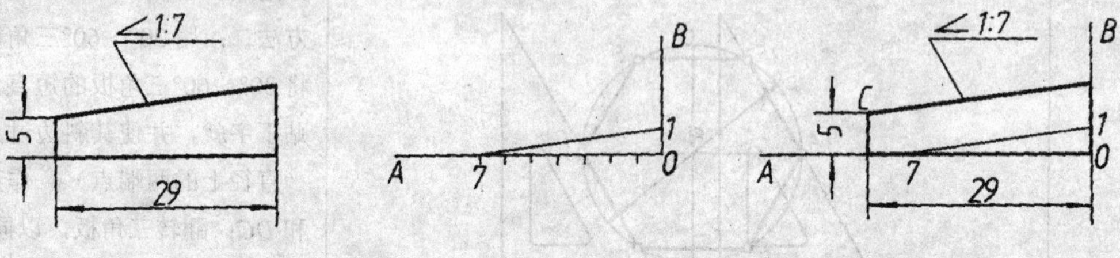

(a)作带1:7斜度的图形

(b)作$OB\perp OA$，在OA上任取7个单位长度，在OB上取1个单位长度，连接7点和1点，即为1:7的斜度线

(c)按尺寸定出C点，过C点作71线的平行线，即为所求

图1-25　斜度的画发及标注

2．锥度（C）（GB/T 15754-1995）

两个垂直于圆锥轴线的圆截面直径差与该截面间的轴向距离之比称为锥度，用C表示，通常将其比值写成1:n的形式，如图1-26（a）所示，圆锥最大端直径为D，最小端直径为d，两截面间的轴向距离（即圆锥长度）为L，圆锥角为α，则

$$C=\frac{D-h}{L}=2\tan\frac{\alpha}{2}=1:n$$

（a）锥度

h=字体高度，线宽=$\frac{h}{10}$

（b）锥度图形符号

图 1-26　锥度及其图形符号

锥度的标注如图 1-27（a）所示，将表示锥度的图形符号及其比数注在引出线上。图形符号的方向应与锥度的方向一致，锥度的图形符号如图 1-26（b）所示。锥度的画法如图 1-27 所示。

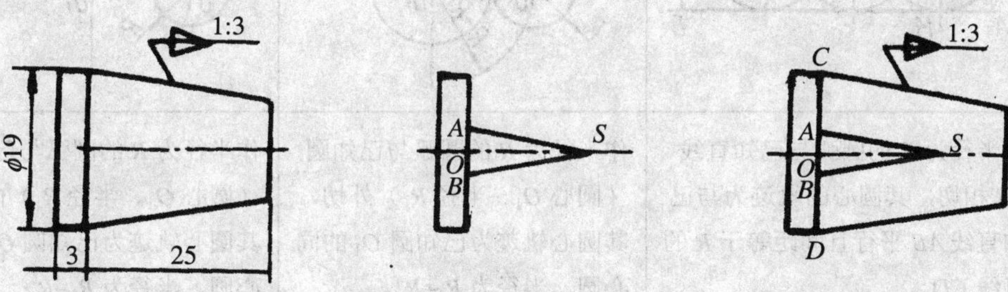

(a)作带 1:3 锥度的图形

(b)过点在轴线上忍取 3 个单位长度，得 S 点；过 O 点在垂直轴线的方向上取 $OA=OB=1/2$ 单位长度，连接 AS、BS，即为 1:3

（c）按尺寸定出 C、D 两点，过 C、D 两点分别作 AS 和 BS 的平行线，即为所求

图 1-27　锥度的画法及标注

二、圆弧连接

用已知半径的圆弧将两已知直线（直线或圆弧）光滑地连接起来，这类作图问题称为圆弧连接。起连接作用的圆弧称为连接弧。如图 1-28 所示，连接杆的平面轮廓就是由许多圆弧连接而成的。

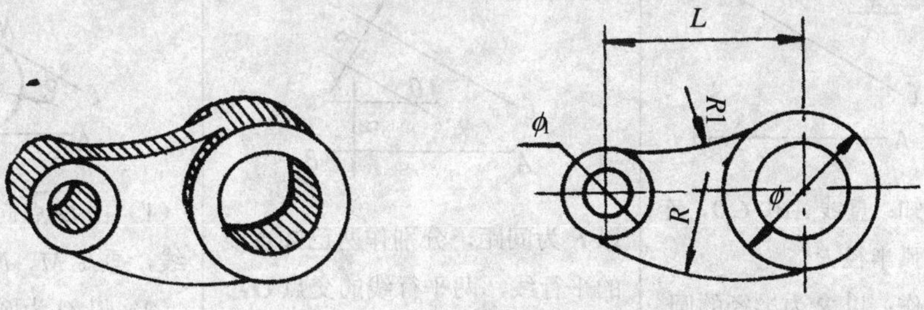

(a)立体图　　(b)平面轮廓图

图 1-28　连杆及其平面轮廓图

为保证连接光滑，必须使连接弧与已知线段（直线或圆弧）相切，因此作图时应准确地求出连接弧的圆心及切点。

1．圆弧连接的基本原理

如表 1-7 所示。

表 1-7　圆弧连接的基本原理

作图要求	作连接弧与已知直线相切	作连接弧与已知圆外切	作连接弧与已知圆内切
图例	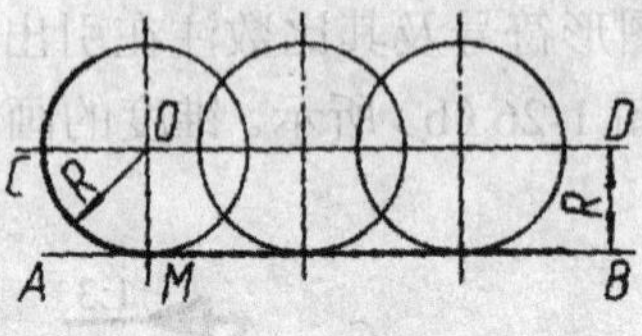	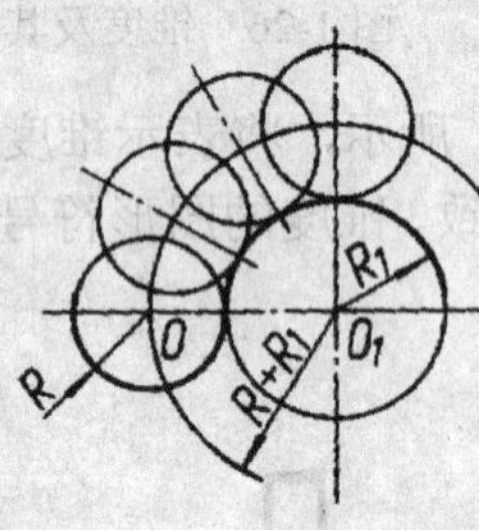	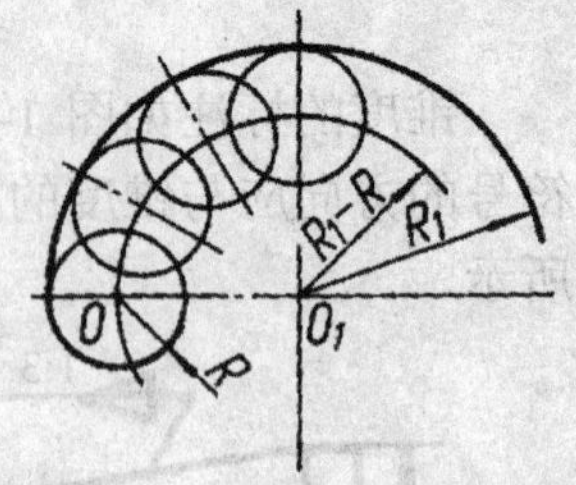
连接弧圆心的轨迹	作半径为 R 的圆弧与已知直线 AB 相切，其圆心的轨迹为与已知直线 AB 平行且间距等于 R 的直线 CD	作半径为 R 的圆弧与已知圆（圆心 O_1、半径 R_1）外切，其圆心轨迹为已知圆 O_1 的同心圆，半径为 R_1+R	作半径为 R 的圆弧与已知圆（圆心 O_1、半径 R_1）内切，其圆心轨迹为已知圆 O_1 的同心圆，半径为 R_1-R
切点位置	由边疆弧圆心 O 向已知直线 AB 作垂线，垂足 M 即为切点	两圆弧的连心线 OO_1 与已知圆的交点即为切点	两圆弧连心线 OO_1 的延长线与已知圆的交点即为切点

2．圆弧连接的形式及作图法

圆弧连接的基本形式有五种，其作图方法及步骤如表 1-8 所示。

表 1-8　圆弧连接的形式及作图法

连接形式	已知条件和作图要求	作图方法与步骤	
		求连接弧圆心	求切点，画连接弧
用圆弧连接两已知直线	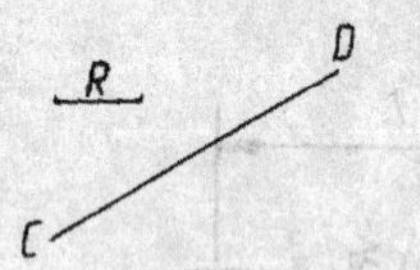 已知：直线 AB、CD，连接弧半径 R 求作：以 R 为半径的圆弧与两已知直线相切	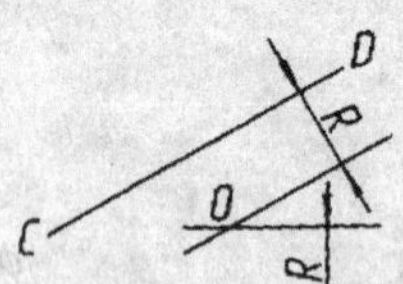 以 R 为间距，分别作两已知直线的平行线，两平行线的交点 O，即为所求连接弧的圆心	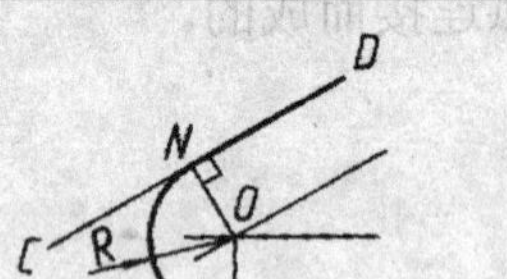 （1）由 O 点向两已知直线作垂线，垂足 M、N 点即为切点 （2）以 O 为圆心，以 R 为半径自 N 至 M 点画圆弧即为所求

（续表）

连接形式		已知条件和作图要求	作图方法与步骤	
			求连接弧圆心	求切点，画连接弧
用圆弧连接两已知直线	外连接	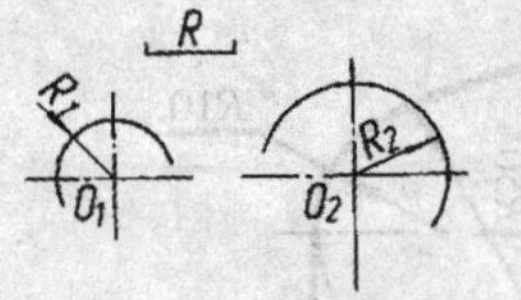 已知：两圆弧的圆心 O_1、O_2，半径 R_1、R_2，连接弧半径 R 求作：以 R 为半径的圆弧与两已知圆弧外切	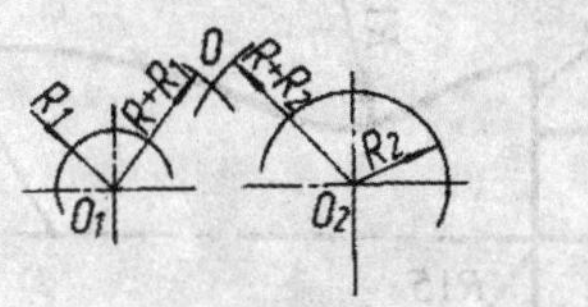 分别以 O_1、O_2 为圆心，以（$R+R_1$）及（$R+R_2$）为半径画弧，两弧的交点 O，即为所求连接弧的圆心	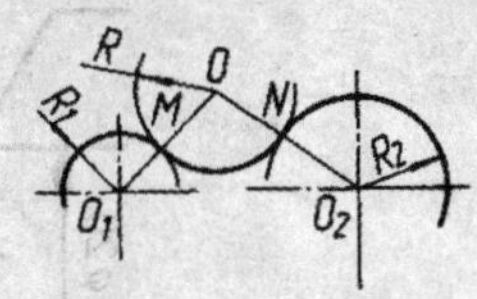 （1）连接 OO_1 与 OO_2，分别与两已知弧相并于 M、N 点，M、N 点即为切点 （2）以 O 为圆心，以 R 为半径自 M 至 N 点画圆弧即为所求
	内连接	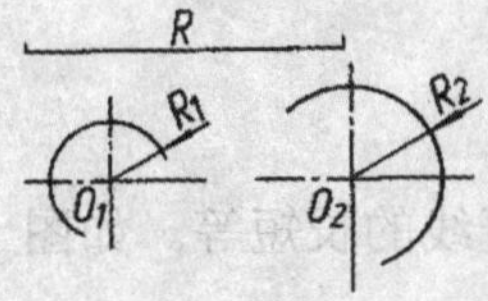 已知：两圆弧的圆心 O_1、O_2，半径 R$_1$、R_2，连接弧半径 R 求作：以 R 为半径的圆弧与两已知圆弧内切	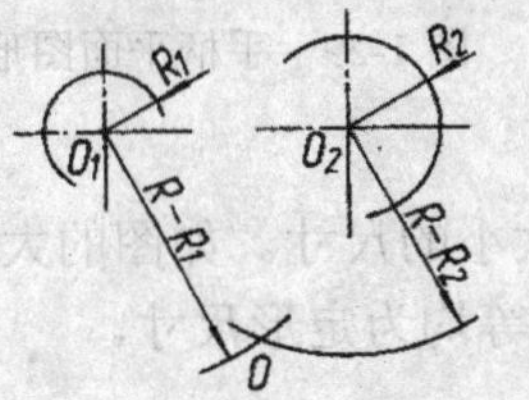 分别以 O_1、O_2 为圆心，以（$R-R_1$）及（$R-R_2$）为半径画弧，两弧的交点 O，即为所求连接弧的圆心	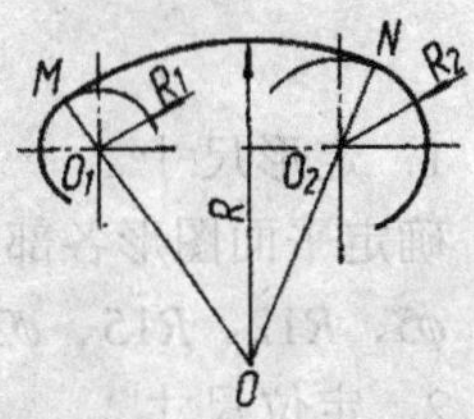 （1）连接 OO_1 与 OO_2 并延长，分别与已知弧相交于 M、N 点，M、N 点即为切点 （2）以 O 为圆心，以 R 为半径自 M 至 N 点画圆弧即为所求
	内外连接	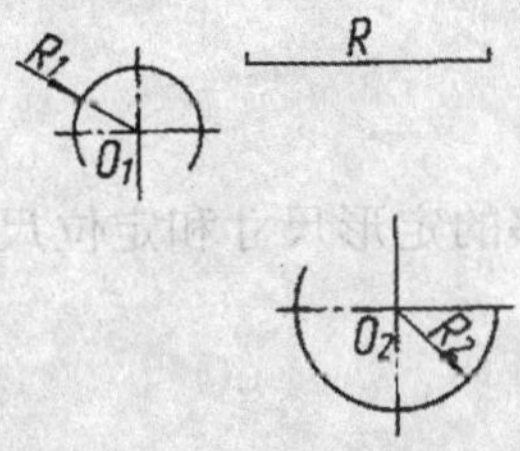 已知：两圆弧的圆心 O_1、O_2，半径 R_1、R_2，连接弧半径 R 求作：以 R 为半径的圆弧内、外切两已知圆弧	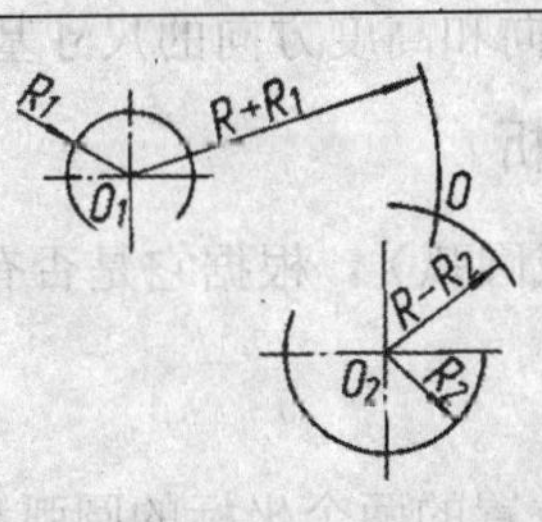 以 O_1、O_2 为圆心，以（$R+R_1$）及（$R-R_2$）为半径画弧，两弧的交点 O，即为所求连接弧的圆心	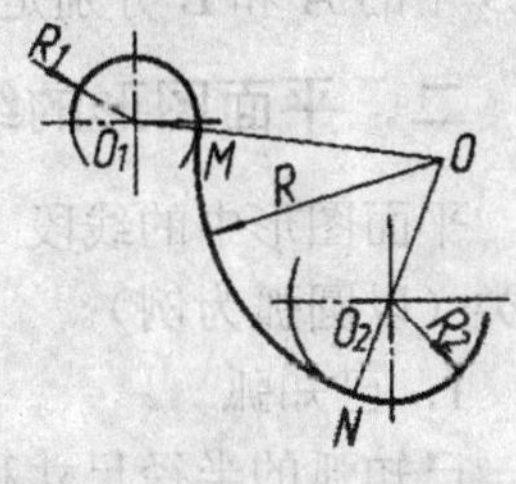 （1）连接 OO_1 与 OO_2 并延长，分别与已知弧相交于 M、N 点，M、N 点即为切点 （2）以 O 为圆心，以 R 为半径自 M 至 N 点画圆弧即为所求

第四节　平面图形的画法

图形与尺寸的关系极为密切，要正确画出平面图形，必须进行尺寸分析和线段分析，分析平面图形中每个尺寸的作用和图形与尺寸的关系，以便确定画图的步骤。

一、平面图形的尺寸分析

以图 1-29 所示的手柄为例，图中所注尺寸按其作用可分为两类。

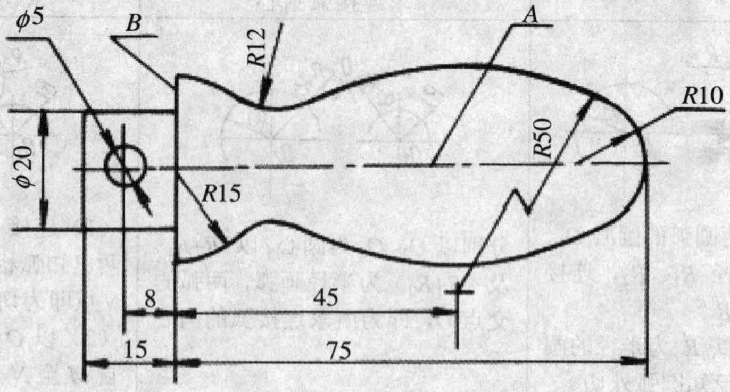

图 1-29　手柄平面图形分析

1．定形尺寸

确定平面图形各部分形状大小的尺寸。如图的大小、直线的长短等。如图 1-29 所示，15、ϕ5、*R*12、*R*15、ϕ20、*R*10 等均为定形尺寸。

2．定位尺寸

确定图形各部分之间相对位置的尺寸。如圆心和直线相对于坐标系的位置等，如图 1-29 所示，8，75 等均为定位尺寸。

在注写定位尺寸时，必须首先确定长度方向和高度方向的尺寸基准，也就是确定标注尺寸的起点。对于平面图形来说，常用的基准是图形的对称线、中心线或较长的直线。如图 1-29 中的 A 和 B 分别是水平方向和高度方向的尺寸基准。

二、平面图形的线段分析

平面图形中的线段（直线或圆弧），根据它是否有足够的定形尺寸和定位尺寸，可分为三类（以圆弧为例）。

1．已知弧

已知弧的半径尺寸和圆心位置的两个坐标的圆弧称为已知弧。如图 1-29 中 *R*15 和 *R*10。画图时，已知弧可直接画出。

2．中间弧

已知圆弧半径尺寸和圆心位置的一个坐标的圆弧称为中间弧。因中间弧确少一个圆心的坐标，故必须利用与其他线段的几何关系求出圆心的另一个坐标，才能画出，如图 1-29 中 *R*50 的圆弧是利用与 *R*10 的圆弧的内切关系画出来的。

3．连接弧

只有半径尺寸而没有定位尺寸的圆弧称为连接弧。连接弧由于确少两个定位尺寸，故必须借助于它和相邻的已经画出的两条线段的相切条件才能画出来。

在画圆弧连接部分的线段时，应先画已知圆弧，再画中间圆弧，最后画连接圆弧。

例 1-2：手柄平面图形的作图步骤如图 1-30 所示。

分析：先分析手柄各个圆弧的性质，然后画相互垂直的两条基准线和直线，再按已知弧、中间弧、连接弧的顺序依次画出各弧，最后检查全图，描深、描粗。

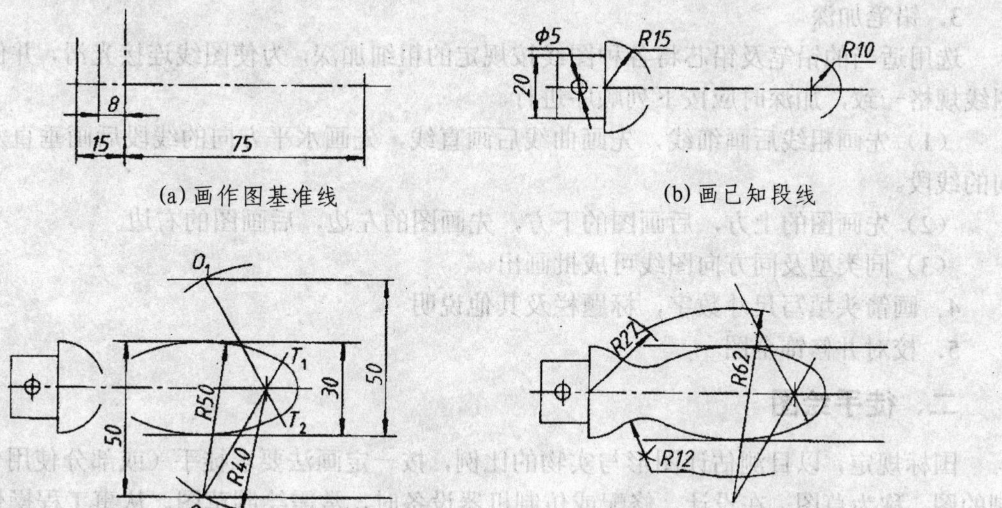

(a) 画作图基准线　　(b) 画已知段线

(c) 画中间段线　　(d) 画连接段线

图 1-30　手柄图形的作图步骤

第五节　绘图的方法和步骤

一、仪器绘图

要提高绘图效率，除必须熟悉制图标准，掌握几何作图的方法和正确使用绘图工具外，还需有合理的工作程序。

1．准备工作

（1）备好绘图用具，安排好工作地点。

（2）绘图前，应将绘图工具擦拭干净，削磨好铅笔及铅芯并洗净双手。

（3）根据所画图形的大小及复杂程度选取比例，确定图纸幅面。

（4）用胶带纸将图纸固定在图板左下方适当位置。

2．画底稿

选用较硬的 H 或 2H 铅笔，按各种图线的线型（可暂不考虑粗细）轻轻地画出底稿，底稿线应细而轻淡，以便修改和擦净不需要的图线。

（1）画图框及标题栏。

（2）布置图面，按图的大小及标注尺寸所需的位置，将各图形布置在图框中的适当位置。

（3）画图时，应先画基准线，对称中心线，轴线等；再画图形的主要轮廓线；最后画细节部分。

（4）画尺寸线及尺寸界线。

（5）检查，擦去多余线条，完成全图底稿。

3．铅笔加深

选用适当的铅笔及铅芯将各种图线按规定的粗细加深，为使图线连接光滑，并保证同类图线规格一致，加深时应按下列顺序进行。

（1）先画粗线后画细线，先画曲线后画直线，先画水平方向的线段后画垂直及倾斜方向的线段。

（2）先画图的上方，后画图的下方，先画图的左边，后画图的右边。

（3）同类型及同方向图线可成批画出。

4．画箭头填写尺寸数字，标题栏及其他说明

5．校对并修饰全图

二、徒手绘图

国标规定，以目测估计图形与实物的比例，按一定画法要求徒手（或部分使用仪器）绘制的图，称为草图。在设计，修配或仿制机器设备时，常需绘制草图。从事工程操作的人员不仅要掌握用仪器绘图的方法，也应具备徒手画草图的能力。

草图虽然以目测徒手绘制而成，但仍应做到线型分明，比例匀称、字体端止、图面整洁。

徒手绘图一般选用 HB 型或 B 型铅笔。图纸不必固定，可根据需要转动。握笔姿势要轻松，运笔力求自然。

1．画直线

画水平线，垂直线及斜线的运笔方向如图 1-31 所示。

画线时，眼要看清笔尖前进的方向，并随时注意线段的终点，便于控制图线。画短线时常以手腕运笔；画长线时则以手臂动作，否则线不易画直。

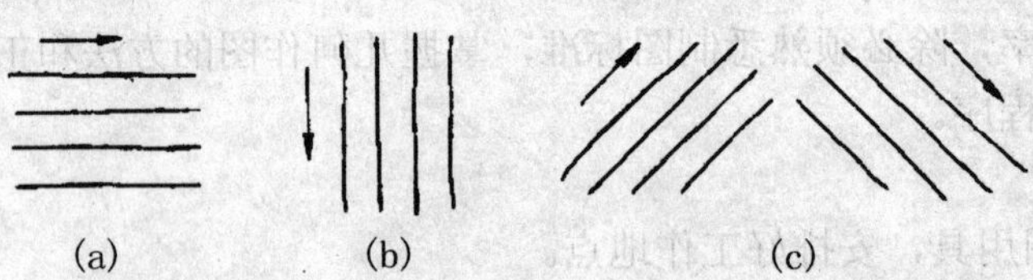

图 1-31　徒手画直线

2．画角度线

如图 1-32 所示，画 30°、45°、60° 等常见的角度线，可按直角边的近似比例定出两个端点，然后连点成直线。

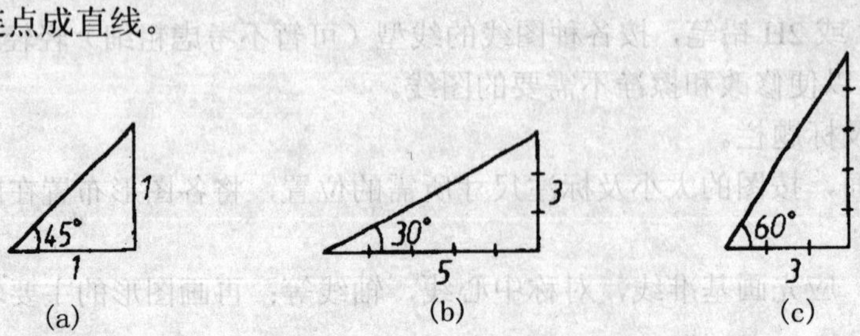

图 1-32　徒手画角度线

3．画圆

画圆时，先定出圆心，画出中心线，再按直径大小在中心线上定出四点，然后徒手将各点连接成圆，如图 1-33（a）所示。画较大圆时，可过圆心增画一对 45° 斜线，在上面同样截取四点，然后将八个点连接成圆，如图 1-33（b）所示。

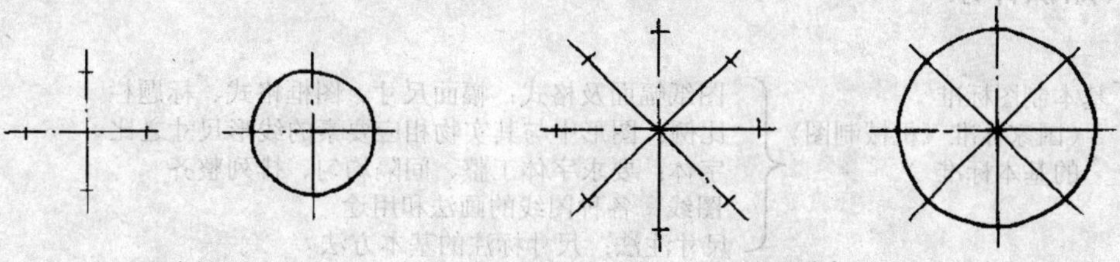

(a) (b)

图 1-33　徒手画圆

4．画椭圆

如图 1-34 所示，先定出椭圆中心，画出长、短轴；过长短轴上四个端点画出矩形；然后徒手作椭圆与矩形相切，并注意图形的对称性。

初学画草图时可在方格上进行，便于控制图线的平直和图形各部分的比例，如图 1-35 所示为穿孔圆柱的立体图和正投影草图示例。画图时，应充分利用方格纸的格线，使图形中的中心线，轴线与格线重合，并可用方格纸的读数来控制图形各部分的大小及投影关系。

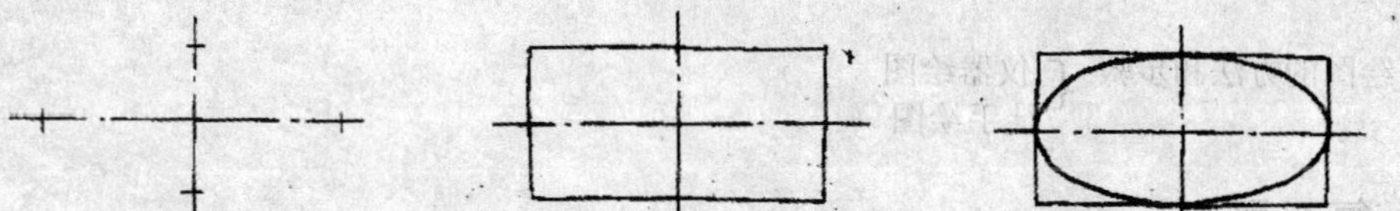

(a) (b) (c)

图 1-34　徒手画椭圆

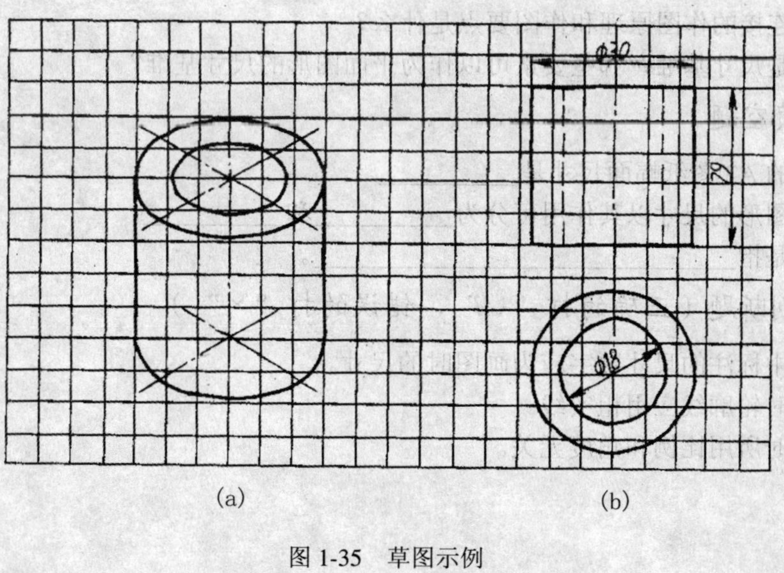

(a) (b)

图 1-35　草图示例

本 章 小 结

一、知识体系

- 基本制图标准（国家标准《机械制图》的基本标准）
  - 图纸幅面及格式：幅面尺寸、图框格式、标题栏
  - 比例：图形中与其实物相应要素的线形尺寸之比
  - 字体：要求字体工整、间隔均匀、排列整齐
  - 图线：各种图线的画法和用途
  - 尺寸注法：尺寸标注的基本方法
- 绘图工具和仪器
  - 铅笔和三角板
  - 图板和丁字尺
  - 圆规和分规
  - 模板和曲线板
- 几何作图的方法
  - 基本作图：等分线段、等分圆周、斜度和锥度
  - 圆弧连接：圆弧连接的基本原理和作图方法
- 平面图形的画法
  - 平面图形的尺寸分析：定形尺寸、定位尺寸
  - 平面图形的线段分析：以弧为例，已知弧、中间弧、连接弧
  - 平面图形的作图步骤：先画已知线段，再画中间线段，最后画连接线段
- 绘图的方法和步骤
  - 仪器绘图
  - 徒手绘图

二、复习思考

（一）思考题

1. 图样中常用的图线有哪几种？
2. 圆弧连接的作图原理和作图要点是什么？
3. 什么是尺寸基准？哪些要素可以作为平面图形的尺寸基准？

（二）填空题

1. 常用的 A3 图纸幅面尺寸是__________。
2. 平面图形的尺寸以其作用可分为__________和__________。
3. 比例是指______________________________。

（三）判断题（正确的打“√”，错误的打“×”）

1. 图形中标注的尺寸数字应为画图时的尺寸。
2. 画图时轮廓线应用粗实线。
3. 画图时所用比例和角度无关。

第二章　投影的基本方法

【学习要求】

掌握正投影的投影特性和三视图的投影规律。

【主要内容】

投影的概念、分类，正投影法的基本投影特性，三视图的形成、分析和投影规律。

第一节　投 影 方 法

一、投影的概念

在日常生活中，我们常看到这种现象：物体在阳光或灯光照射下，在地面或墙壁上就会产生它们的影子，这种现象称为投影。

如图 2-1 所示，将三角板 ABC 置于光源 S 和平面 H 之间，则有光源 S 通过三角板顶点 *A*、*B*、*C* 的光线 *SA*、*SB*、*SC* 分别于平面 H 相交于 *a*、*b*、*c*，这时△*abc* 称为△*ABC* 在 H 面上的投影、光源 S 为投射中心，*SA*、*SB*、*SC* 称为投射线，得到投影的平面 H 称为投影面。

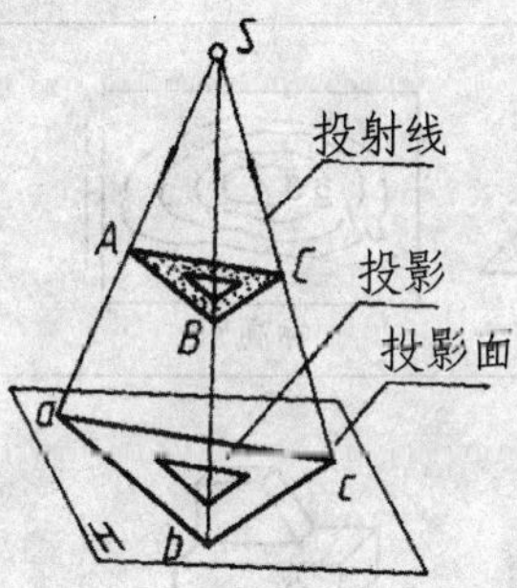

图 2-1　中心投影法

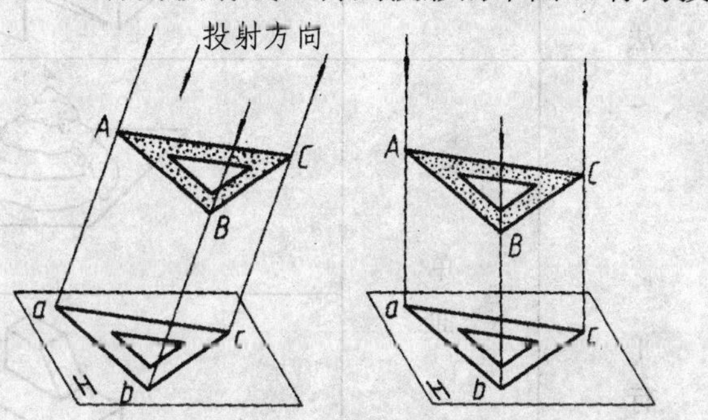

（a） 斜投影法　　（b） 正投影法

图 2-2　平行投影法

如上所述，人们在长期的生产实践中，经过科学的抽象，找到了物体和影子之间的几何关系，创造了绘制工程图样的方法——投影法，即投射线通过物体，向选定的面上投射，并在该面上得到图形的方法。

二、投影法分类

1．中心投影法

投射线汇交于一点的投影法。称为中心投影法。如图 2-1 所示，投射线 *SA*、*SB*、*SC* 汇交于投射中心 S，这时，三角板的投影不反映其真实形状和大小，且随着三角板与投射中心及投影面的距离远近而变化，工程图学中常用中心投影法的原理画透视图。

2．平行投影法

假设将图 2-1 所示的投射中心 S 移至无穷远处，则所有投射线可看成相互平行的，投射线相互平行的投影法，称为平行投影法，如图 2-2 所示。

依据投射线是否垂直于投影面，平行投影法又可分为：

（1）斜投影法：投射线倾斜于投影面的平行投影法称为斜投影法，如图 2-2（a）所示。

（2）正投影法：投射线垂直于投影面的平行投影法称为正投影法，如图 2-2（b）所示。

若△*ABC* 与投影面 H 平行，则在 H 面上得到的正投影△*abc* 能反映三角板的真实形状和大小，并与三角板至投影面的距离远近无关，由于正投影法度量性好且作图简便，所以机械图样一般均采用正投影法绘制。

由正投影法得到的图形称为正投影（正投影图），在后续章节中，若无特殊说明时“投影”均指正投影。

三、常见的图样

常用的几种投影法和图样（如表 2-1 所示）。

表 2-1　常用的几种投影法和图样

<table>
<tr><td>中心投影法</td><td colspan="2">透视图</td><td colspan="2">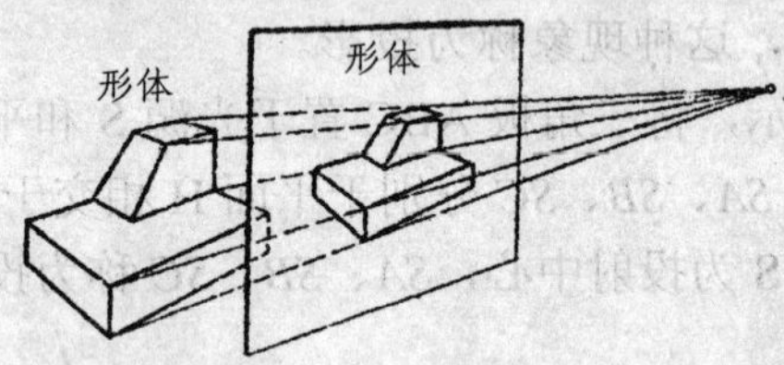
</td></tr>
<tr><td rowspan="3">平行投影法</td><td rowspan="2">单面</td><td colspan="3">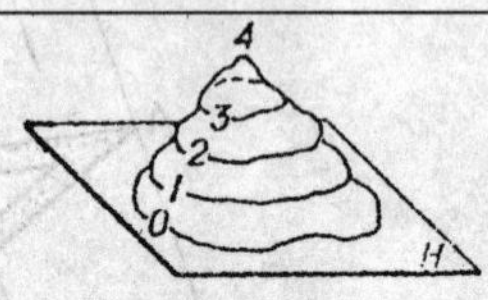

标高图</td></tr>
<tr><td colspan="3">
正轴测图

斜轴测图</td></tr>
<tr><td>多面</td><td colspan="3">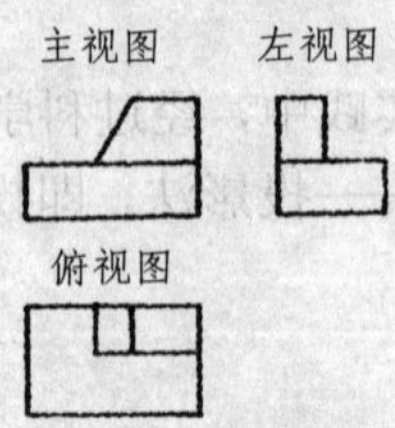

（a）第一角投影法
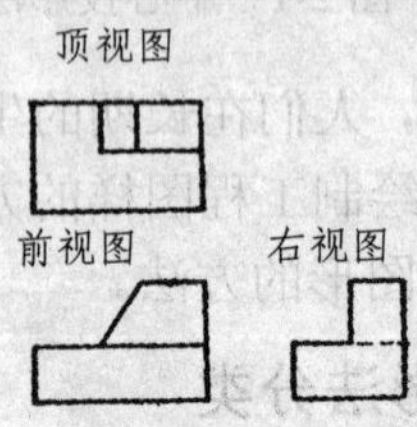

（b）第三角投影法</td></tr>
</table>

第二节　基本投影特性

如图 2-3（a）所示，物体上的直线段或平面形（简称直线或平面）与投影面有平行、垂直和倾斜三种位置，它们的投影法分别具有以下特性。

一、真实性

当物体上的平面与投影面平行时，其投影反映平面的实形；当物体上的直线与投影面平行时，其投影反映直线的实长，这种投影特性称为真实性。如图 2-3 所示的平面 *P* 和直线 *AB*。

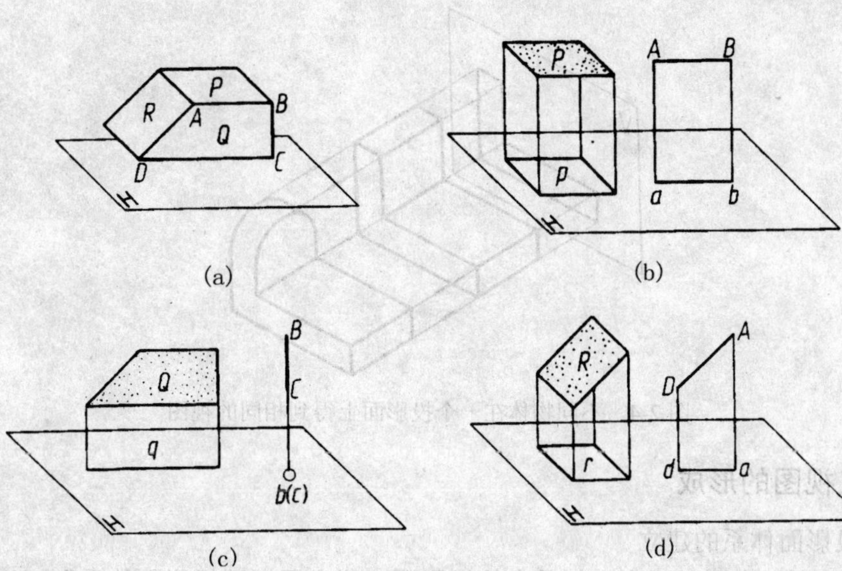

图 2-3　正投影的基本特性

二、积聚性

当物体上的平面与投影面垂直时，其投影积聚成一直线，平面上任意一个点、一条直线或一个图形的投影都积聚在该直线上；当物体上的直线与投影面垂直时，其投影积聚成一点，直线上任意一个点的投影均积聚在该点上，这种投影特性称为积聚性。如图 2-3（c）所示的平面 *Q* 和直线 *BC*。

三、类似性

当物体上的平面与投影面倾斜时，其投影为与原平面形状类似的平面图形，但小于原平面的实形；当物体上的直线与投影面倾斜时，其投影仍为直线，但小于原直线的实长，这种投影特性称为类似性。如图 2-3（d）所示的平面 R 和直线 *AD*。

真实性、积聚性和类似性是正投影的三个重要特性，在绘图和读图中经常用到，必须牢固掌握。

第三节　物体的三视图

根据有关标准和规定，用正投影法所绘制的物体的图形，称为视图。

用正投影法绘制物体的视图时，是将物体置于观察者与投影面之间，以观察者的视线作投射线，而将观察到的形状画在投影面上。

如图 2-4 所示，两个形状不同的物体在同一投影面上却得到了相同的视图，因此，物体的一个视图一般不能确定其形状和大小，必须再从其他方向作其视图，几个视图结合起来才能将物体表达清楚。通常采用三视图。

图 2-4　不同物体在一个投影面上得到相同的视图

一、三视图的形成

1．三投影面体系的建立

如图 2-5 所示表达了三个互相垂直的投影面，形成了“三投影面体系”，三个投影面分别为：正立投影面，简称正面或 V 面；水平投影面，简称水平面或 H 面；侧立投影面，简称侧面或 W 面。

两投影面的交线为投影轴，V 面与 H 面的交线称为 *OX* 轴（简称 *X* 轴），H 面与 W 面的交线称为 *OY* 轴（简称 *Y* 轴），V 面与 W 面的交线称为 *OZ* 轴（简称 *Z* 轴），三根投影轴交于一点，该点称为原点 *O*。

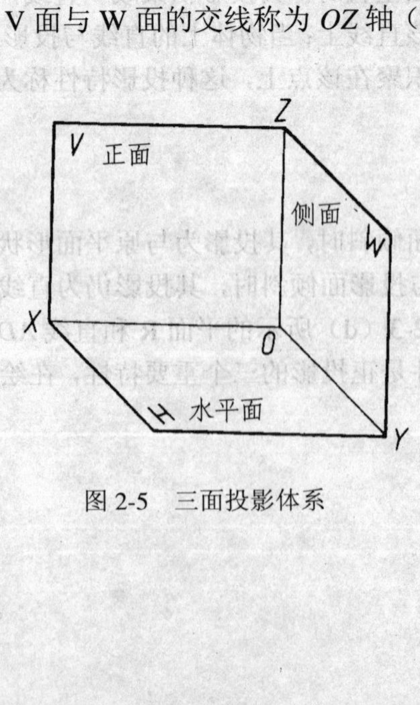

图 2-5　三面投影体系

2．分面进行投影

如图 2-6 所示，将物体放在三投影面体系中，按正投影法分别向三个投影面投影，即可得到物体的正面投影、水平投影和侧面投影。

由前向后投射所得的视图称为主视图，它反映物体的长度和高度；由上向下投射所得的视图称为俯视图，它反映物体的长度和宽度；由左向右投射所得的视图称为左视图，它反映物体的高度和宽度。

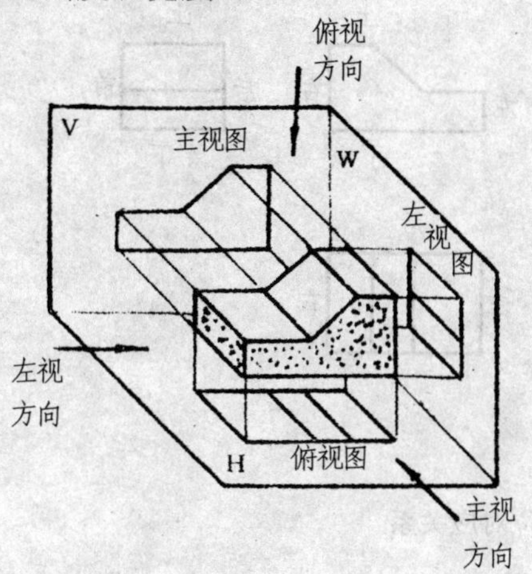

图 2-6　物体在三投影面上的投影

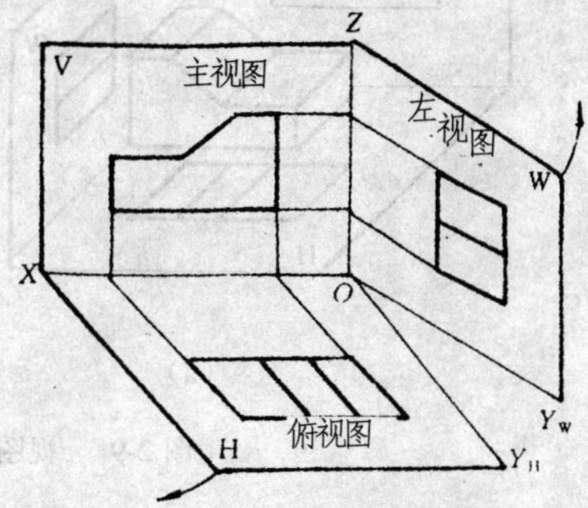

图 2-7　三投影面的展开方法

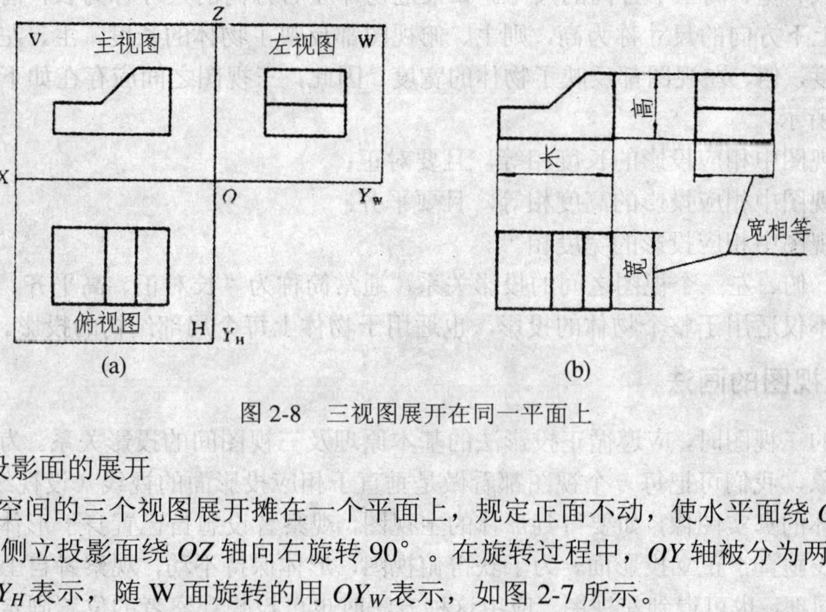

(a)　　　　(b)

图 2-8　三视图展开在同一平面上

3．三投影面的展开

为了把空间的三个视图展开摊在一个平面上，规定正面不动，使水平面绕 OX 轴向下旋转 90°，将侧立投影面绕 OZ 轴向右旋转 90°。在旋转过程中，OY 轴被分为两处，随 H 面旋转的用 OY_H 表示，随 W 面旋转的用 OY_W 表示，如图 2-7 所示。

展开后的三投影和三视图的位置如图 2-8 所示，在实际画图中，只画物体的视图，投影面的边框线和投影轴均省略不画。视图按图 2-8（b）的位置配置时，视图名称不必标注。

二、三视图的分析

1．视图与物体的对应关系

物体对投影面的相对位置确定后，我们沿着主视图的投影方向去观察物体，物体的上、下、左、右、前、后六个方位在三视图中的对应关系如图 2-9 所示。主视图反映了上、下、左、右的相对位置关系；左视图反映上、下、前、后的相对位置关系。俯视图反映了前、后、左、右的相对位置关系。从图 2-9（b）所示还可以看出，俯视图的下方及左视图的右方均表示物体的前面；俯视图的上方及左视图的左方均表示物体的后面。

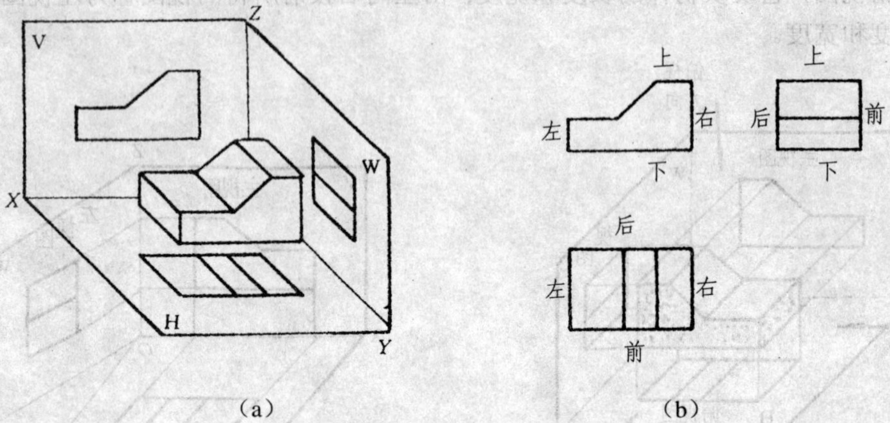

图 2-9　视图与物体的方位对应关系

2．三视图的投影规律

物体有长、宽、高三个方向的尺寸。如果把物体左右方向的尺寸称为长，前后方向的尺寸称为宽，上下方向的尺寸称为高，则主、俯视图都反映了物体的长度，主、左视图都反映了物体的高度，俯、左视图都反映了物体的宽度。因此，三视图之间应存在如下投影关系如图 2-8（b）所示。

主、俯视图中相应投影的长度相等，且要对正；

主、左视图中相应投影的高度相等，且要平齐；

俯、左视图中相应投影的宽度相等。

上述主、俯、左三个视图之间的投影关系，通常简称为“长对正、高平齐、宽相等”的三等关系，不仅适用于整个物体的投影，也适用于物体上每个局部结构的投影。

三、三视图的画法

画物体的三视图时，应遵循正投影法的基本原理及三视图间的投影关系。为了便于画图和读图时想象，我们可把每一个视图都看做是垂直于相应投影面的视线（设视线互相平行）所看到的形体的真实图像，如要得到形体的主视图，观察者设想自己置身于形体的正前方观察形体，视线垂直于正立投影面，为了获得俯视图，形体保持不动，观察者自上而下的俯视那个形体，同理，也可得到左视图。应用这种方法时也可设想观察者的位置固定不动而改变形体的位置，结果也是一样的。

初学者最好根据教学模型来练习画三视图，并应注意以下几点：

（1）首先，应先把模型位置放正，同时选定主视图方向。最好将模型上能反映其形状特征的一面选为画主视图的方向，同时尽可能考虑其余两视图简明好画，虚线少。

（2）开始作图前，应先定出各视图的位置，画出作图基准线，如中心线或某些边线。

各视图之间的距离应适当。

（3）作图的线型应按制图的国标的规定，底稿应画得轻而细，以便修改，作图完成后再描粗加深。

如果不同的图线恰好重合在一起，应以粗实线、虚线、细实线、点划线的次序画，例如粗实线与虚线重合，应画出粗实线。

（4）分析模型上各部分形体的几何形状和位置关系，并根据其投影特性（真实性、积聚性、类似性等），画出各组成部分的投影。画图时要注意：着眼点应为形体的各个表面，而不是看见一点画一个点，看到一条线画一根线。

（5）要注意作图次序，每个视图一般可以先画四周轮廓线，有时可逐个视图单独画成，而常需要将几个视图配合起来画。

应该先画其投影具有真实性或积聚性的那些表面。对于斜面宜先画出斜线（即该斜面的积聚投影），这样就便于画出斜面在另外两个视图中的类似形投影。

（6）一般不需要画投影面的边框线和投影轴，即采用无轴画法。

作图所需尺寸，可在模型上量取，每个尺寸测量一次就够了。相邻视图之间相应投影的尺寸关系可用丁字尺保持高相等，用三角板与丁字尺配合起来保持长相等，用分规量取宽相等。

三视图的画法步骤如表 2-2 所示。

表 2-2　三视图画法步骤

 （a）选主视图，画定位线	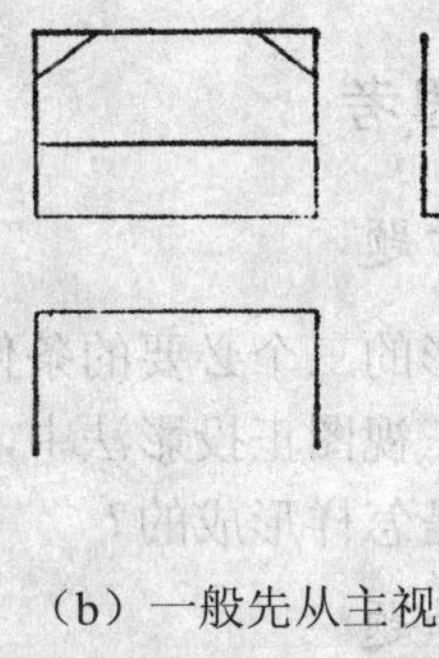 （b）一般先从主视图画起
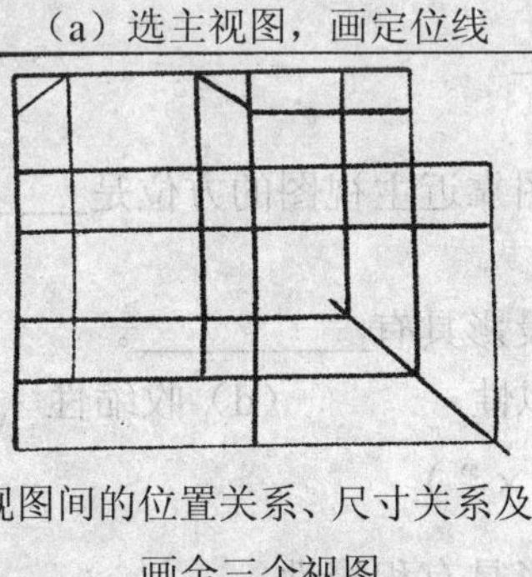 （c）根据视图间的位置关系、尺寸关系及方位关系，画全三个视图	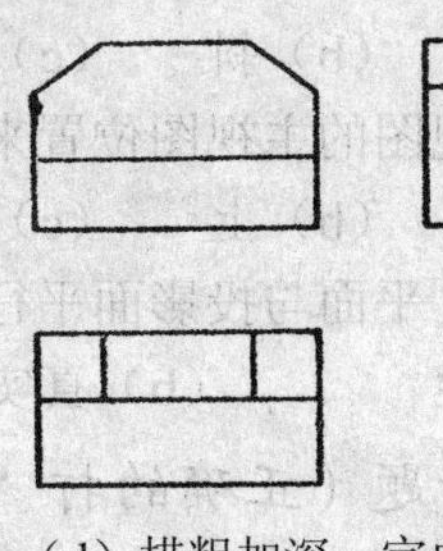 （d）描粗加深，完成三视图

本 章 小 结

一、知识体系

- 投影方法
  - 投影的概念
  - 投影法的分类
    - 中心投影法
    - 平行投影法：正投影法、斜投影法
  - 常见的图样
- 基本投影特性
  - 真实性
  - 积聚性
  - 类似性
- 物体的三视图
  - 三视图的形成
    - 三投影面体系的建立
    - 分面进行投影
    - 投影面的展开
  - 三视图的分析
    - 视图与物体的对应关系
    - 三视图的投影规律　长对正、高平齐、宽相等
  - 三视图的画法：依据正投影法的特性画

二、复习思考

（一）思考题

1. 形成投影的三个必要的条件有哪些？
2. 在所学三视图正投影法中，投影面、观察者、物体三者相对位置是什么？
3. 三视图是怎样形成的？

（二）选择题

1. 绘制机械图样一般均采用的投影法是＿＿＿＿＿＿。

（a）中心　（b）斜　（c）正　（d）平行

2. 对于三视图的主视图位置来说，俯视图和左视图靠近主视图的方位是＿＿＿＿＿＿。

（a）前　（b）上　（c）后　（d）左

3. 当直线、平面与投影面平行时，该投影面上的投影具有＿＿＿＿＿＿。

（a）积聚性　（b）真实性　（c）类似性　（d）收缩性

（三）判断题（正确的打“√”，错误的打“×”）

1. 当物体上的平面或直线与投影面垂直时，其投影具有积聚性。
2. 通常所说的三视图是指主视图、俯视图、正视图。
3. 三视图之间的投影关系，通常简称为“长对正、高平齐、宽相等”。

第三章　点、直线和平面的投影

【学习要求】

掌握点、直线、平面的投影规律和平面上找点的方法。

【主要内容】

点、线、面的投影规律，平面上的点和直线。

第一节　点 的 投 影

一、物体上点的投影分析

如图 3-1（a）所示，物体上点 *A* 的三面投影就是由 *A* 向三个投影面作垂线的垂足。

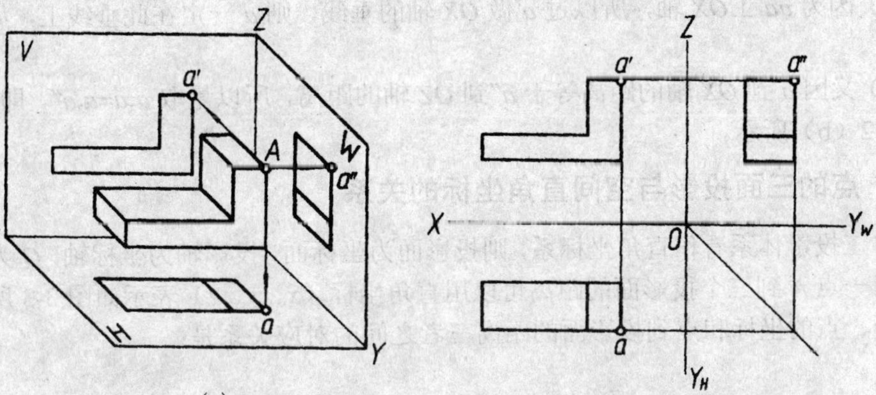

(a)　　　　(b)

图 3-1　物体上点的投影分析

A 点在 V 面上的投影为正面投影，用 *a*′表示。

A 点在 H 面上的投影为水平投影，用 *a* 表示。

A 点在 W 面上的投影为侧面投影，用 *a*″表示。

应当指出：空间点用大写字母表示，水平投影点用相应的小写字母表示，正面投影点和侧面投影点分别用相应的小写字母加一撇和两撇表示，如图 3-1 所示。

点的三面投影在物体视图上的位置如图 3-1（b）所示，由图可知，*A* 点三个视图之间的投影关系与三视图之间的三等关系是一致的，即：（1）点的水平投影 *a* 和正面投影 *a*′的连线垂直于 *OX* 轴，即 $aa' \perp OX$，（长对正）

（2）点的正面投影 a' 和侧面投影 a'' 的连线垂直于 OZ 轴，即 $a'a'' \perp OZ$（高平齐）

（3）点的水平投影 a' 到 OX 轴的距离等于它的侧面投影 a'' 到 OZ 轴的距离（宽相等），因此，过 a 的水平投影与过 a'' 的垂直线必相交于过原点 O 的 45° 斜线上。

以上三点是点的投影规律，是画图和读图的重要依据。

例 3-1：已知 A 点的正面投影 a' 和侧面投影 a''，求作其水平投影 a，如图 3-2（a）所示。

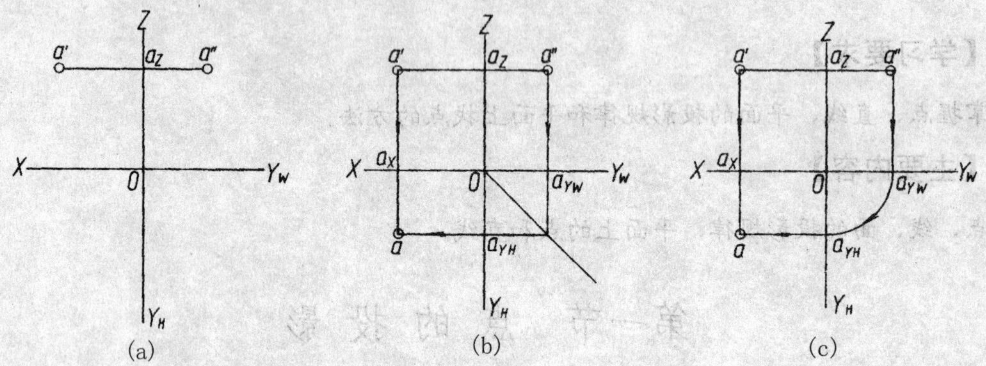

图 3-2　由点的两面投影求作第三面投影

分析：依点的投影规律作图

作图：

（1）因为 $aa' \perp OX$ 轴，所以过 a' 做 OX 轴的垂线，则 a 一定在此垂线上，如图 3-2（b）所示。

（2）又因 a 到 OX 轴的距离等于 a'' 到 OZ 轴的距离，所以量取 $a_xa=a_za''$，即得水平投影 a 如图 3-2（b）所示。

二、点的三面投影与空间直角坐标的关系

若将三投影体系看作直角坐标系，则投影面为坐标面，投影轴为坐标轴，O 为坐标原点，那么空间一点 A 到三个投影面的距离可以用直角坐标（x、y、z）表示如图 3-3 所示，因此，点的投影、点的坐标和点到投影面的距离三者之间的对应关系是：

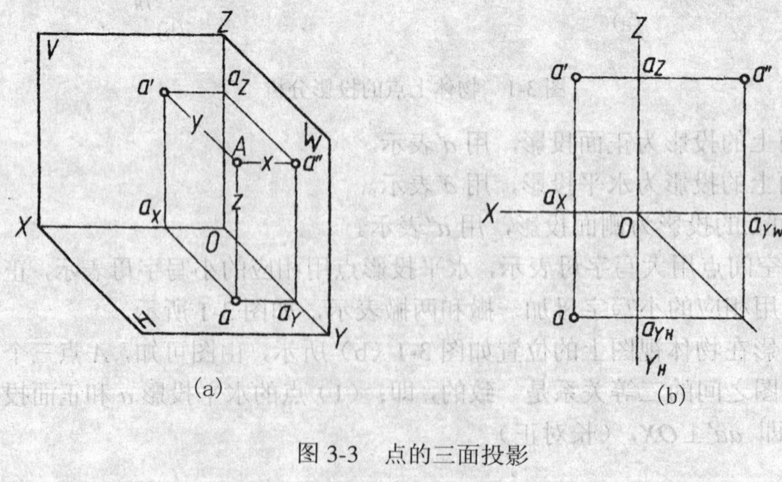

图 3-3　点的三面投影

点到 V 面的距离 $Aa'=aa_x=a''a_z$=点 A 的 Y 坐标。

点到 H 面的距离 $Aa=a'a_x=a''a_y$=点 A 的 Z 坐标。

点到 W 面的距离 $Aa''=a'a_z=aa_y$=点 A 的 X 坐标。

由图 3-3 所示可知，A 点的正面投影 a' 由 X、Z 坐标确定，水平投影 a 可由 X、Y 坐标确定，侧面投影 a'' 则由 Y、Z 坐标确定，点的任何两个投影都反映了点的三个坐标值。因此，若已知点的坐标 X、Y、Z，便可做出该点的投影；反之，若已知点的投影 a、a'、a''，也就确定了该点的坐标值。

例 3-2：已知空间点 A 的坐标（20，10，15），试做其三面投影图。

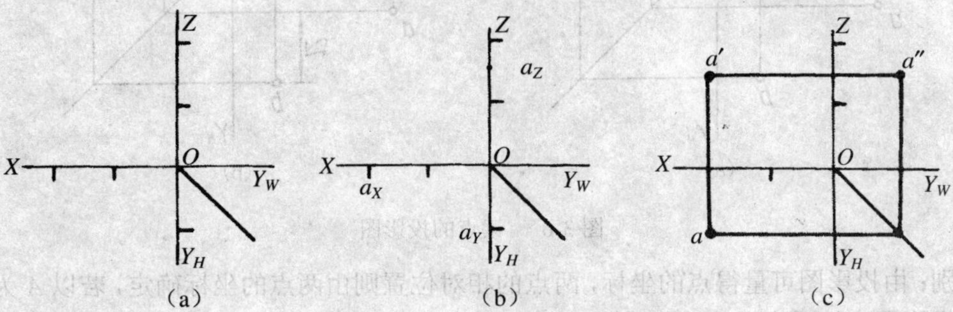

图 3-4　根据点的坐标作点的三面投影

分析：可根据点与坐标的关系作图。

作图：

（1）画出投影轴，如图 3-4（a）所示。

（2）在投影轴上量得 a_X=20，$a_{Y_H}=a_{Y_W}$=10，a_Z=15，如图 3-4（b）所示。

（3）过 a_X、a_{Y_H}、a_{Y_W}、a_Z 分别做投影轴的垂线，则交点即为所求，如图 3-4（c）所示。

三、空间两点间的相对位置

空间两点间的相对位置，由两点的投影沿前后、左右、上下三个方向所反映的坐标来确定，即两点对投影面 V、H、W 的距离差来确定，如图 3-5 所示，两点的左右相对位置由两点的 X 坐标确定，X 坐标值大者在左（A 点在 B 点左方），两点的上下相对位置由两点的 Z 坐标确定，Z 坐标值大者在上（A 点在 B 点上方），两点的前后相对位置由两点的 Y 坐标确定，Y 坐标值大者在前（A 点在 B 点前方）。

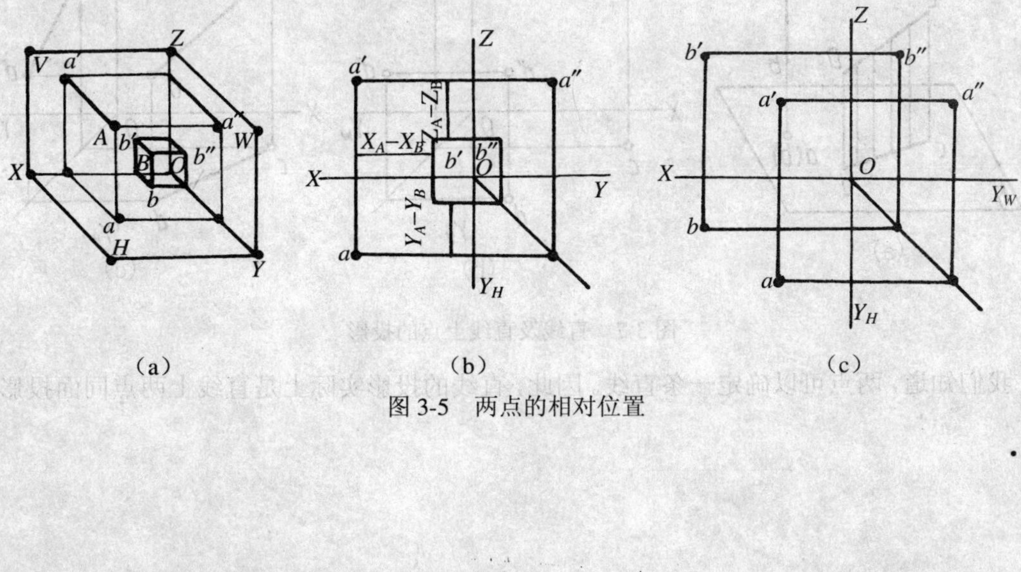

图 3-5　两点的相对位置

例 3-3：读 *A*、*B* 两点的投影图，试判断该两点在空间的相对位置（如图 3-6（a）所示）

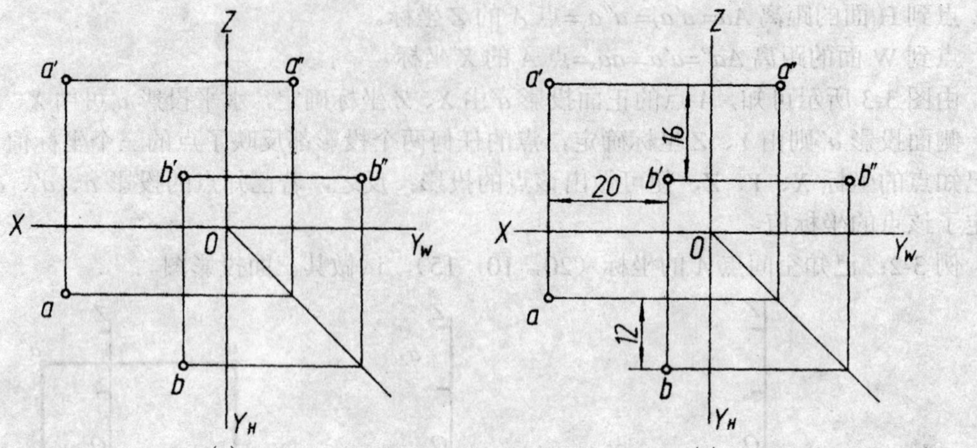

(a)　　　　　　　　(b)

图 3-6　读点的投影图

判别：由投影图可量得点的坐标，两点的相对位置则由两点的坐标确定，若以 *A* 为基准，可根据投影图直接看出 *B* 点在 *A* 点的右方、下方、前方，比较 *A*、*B* 两点的坐标值，可知 *B* 点在 *A* 点右方 20，下方 16，前方 12，如图 3-6（b）所示。

第二节　直线的投影

一、直线的三面投影

直线的投影一般仍是直线，如图 3-7（a）中的直线 *CD*。当直线垂直于投影面时，其投影积聚成一点，如图 3-7（a）所示的直线 *AB*。由于直线 AB 垂直于 H 面，所以从上往下看时 *B* 点被 *A* 点遮住是不可见的。不可见点的投影，我们用在字母外加一括号的方法表示。

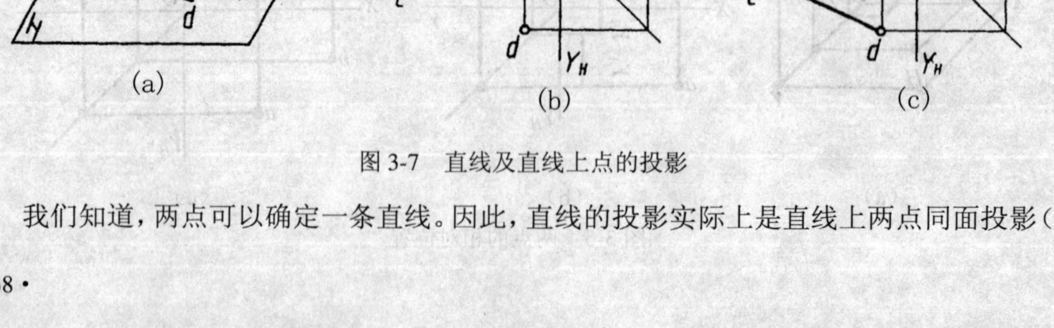

(a)　　　　(b)　　　　(c)

图 3-7　直线及直线上点的投影

我们知道，两点可以确定一条直线。因此，直线的投影实际上是直线上两点同面投影（在同一投影面上的投影）的连线。如已知直线上两个端点 C 和 D 的三面投影，如图 3-7（b）所示，将它们的同面投影连接起来，即得到直线 CD 的三面投影。如图 3-7（c）所示。

二、各种位置直线的投影特性

直线按其与投影面相对位置的不同，可分为投影面平行线，投影面垂直线和一般位置直线三种。

1．投影面平行线

平行于一个投影面，而与另外两个投影面倾斜的直线，称为投影面平行线，投影面的平行线又可分为：

（1）水平线

与 H 面平行，与 V、W 面倾斜的直线。

（2）正平线

与 V 面平行，与 H、W 面倾斜的直线。

（3）侧平线

与 W 面平行，与 V、H 面倾斜的直线。

表 3-1　投影面平行线的投影特性

名称	水平线（//H，对 V、W 面倾斜）	正平线（//V，对 H、W 面倾斜）	侧平线（//W，对 H、W 面倾斜）
立体图	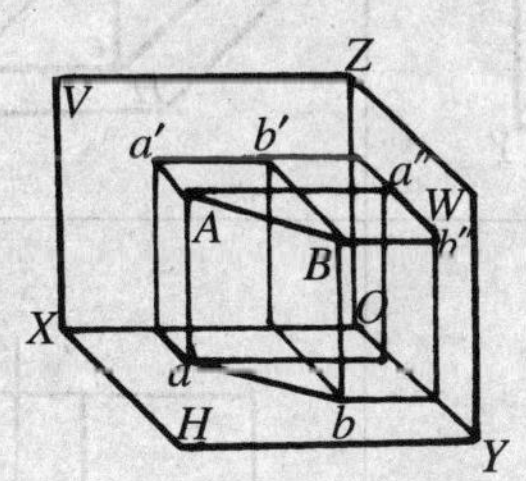	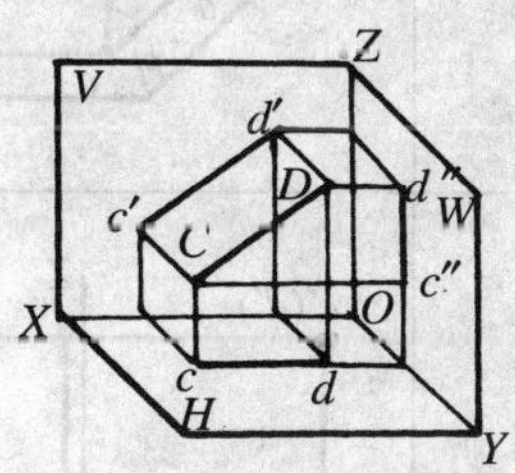	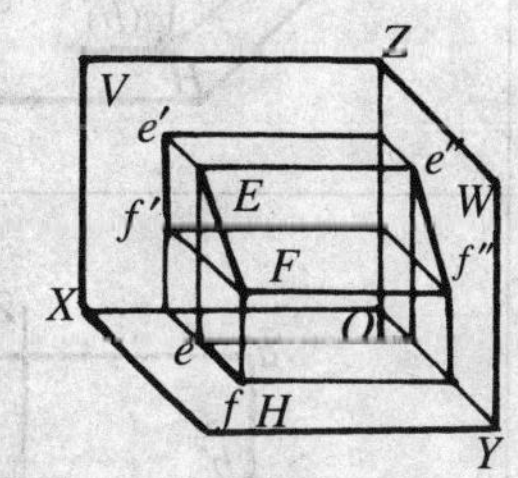
投影图	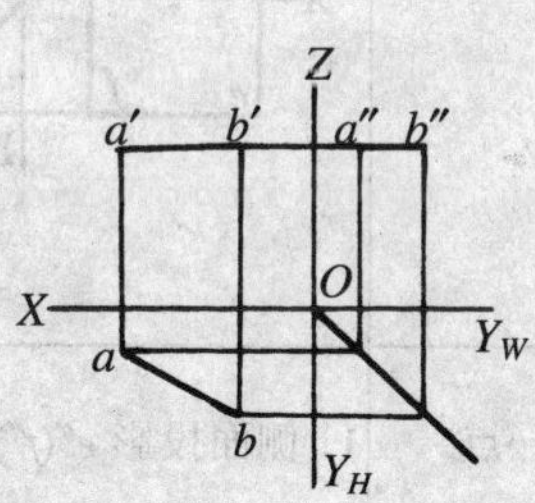	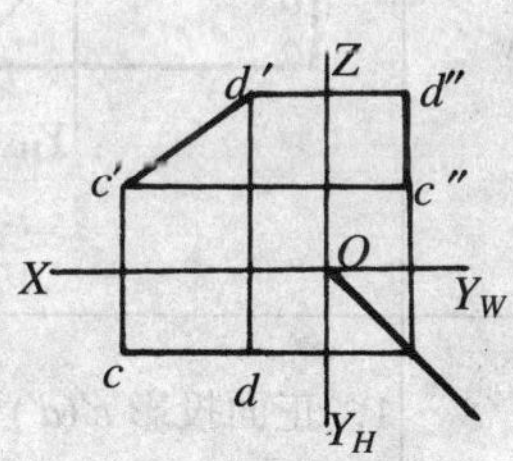	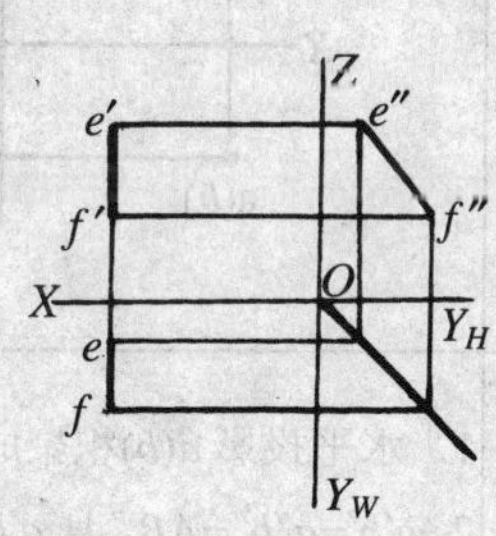
投影特性	1．水平投影 $a'b'=AB$ 2．正面投影 $a'b'$ // OX，侧面投影 $a''b''$ // OY_W 都不反映实长	1．水平投影 $c'd'=CD$ 2．水平投影 cd // OX，侧面投影 $c''d''$ // OZ，都不反映实长	1．侧面投影 $e''f''=EF$ 2．水平投影 ef // OY_H，正面投影 $e'f'$ // OZ，都不反映实长

总结：投影面平行线的投影特性是：在直线所平行的投影面上，其投影反映实长，并倾斜于投影轴；其余两个投影分别平行于相应投影轴，且小于实长。

2．投影面的垂直线

垂直于一个投影面，而与另外两个投影面平行的直线，称为投影面的垂直线，投影面的垂直线又可分为：

（1）铅垂线

与H面垂直，与V、W面平行的直线。

（2）正垂线

与V面垂直，与H、W面平行的直线。

（3）侧垂线

与W面垂直，与V、H面平行的直线。

表 3-2 投影面垂直线的投影特性

名称	铅垂线（⊥H、//V 和 W）	正垂线（⊥V、//H 和 W）	侧垂线（⊥W、//H 和 V）
立体图	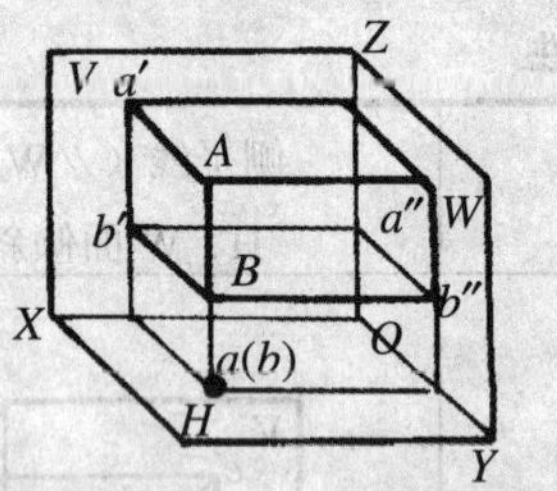	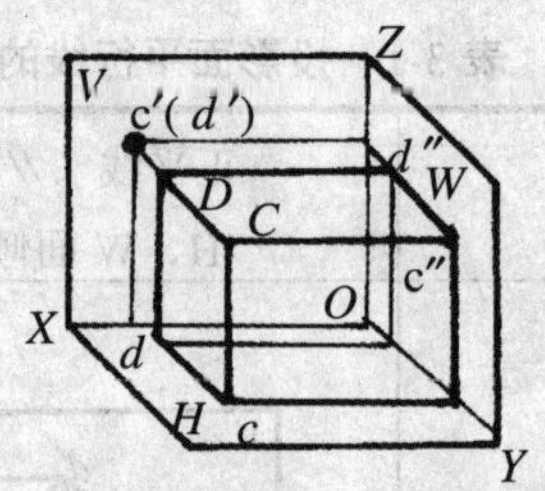	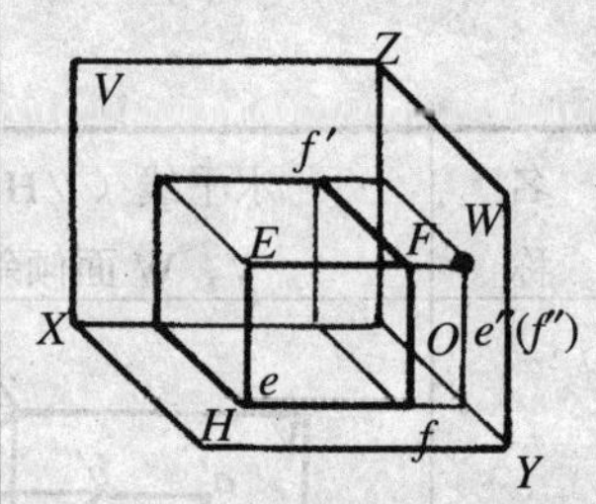
投影图	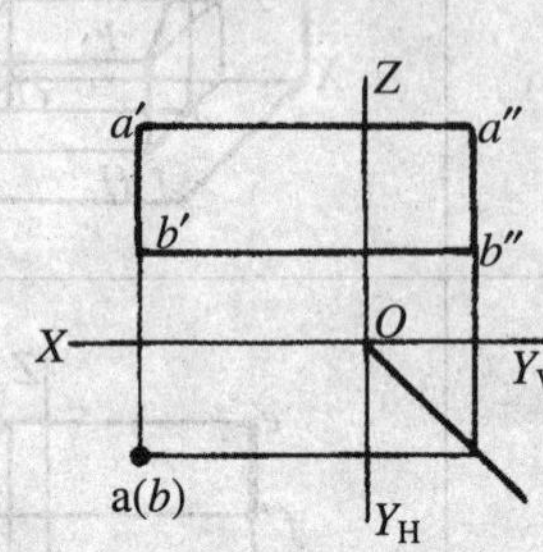	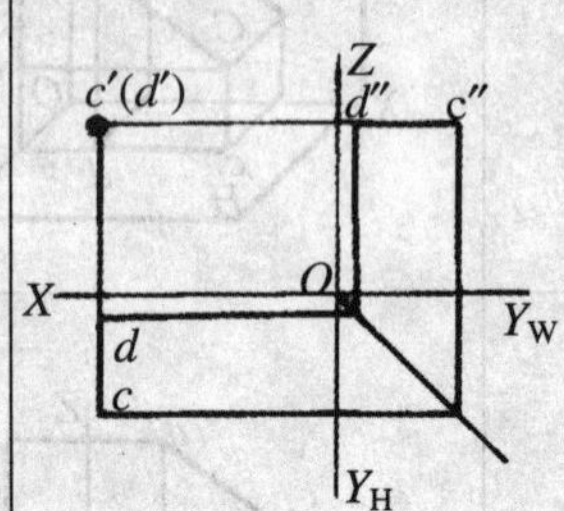	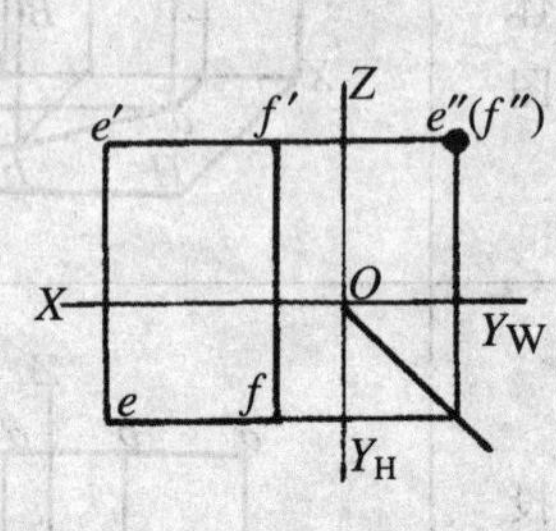
投影特性	1．水平投影 $a(b)$积聚成一点 2．$a'b'=a''b''=AB$，且 $a'b'\perp OX$，$a''b''\perp OY_W$	1．正面投影 $c'(d')$积聚成一点 2．$cd=c''d''=CD$，且 $cd\perp OX$，$c''d''\perp OZ$	1．侧面投影 $e''(f'')$积聚成一点 2．$ef=e'f'=EF$，且 $ef\perp OY_H$，$e'f'\perp OZ$

总结：投影面垂直线的投影特性是：在直线所垂直的投影面上，其投影积聚成一点，另外两个投影分别垂直于相应的投影轴，且反映实长。

3．一般位置直线

与三个投影面都倾斜的直线，称为一般位置直线，如图 3-8 所示。

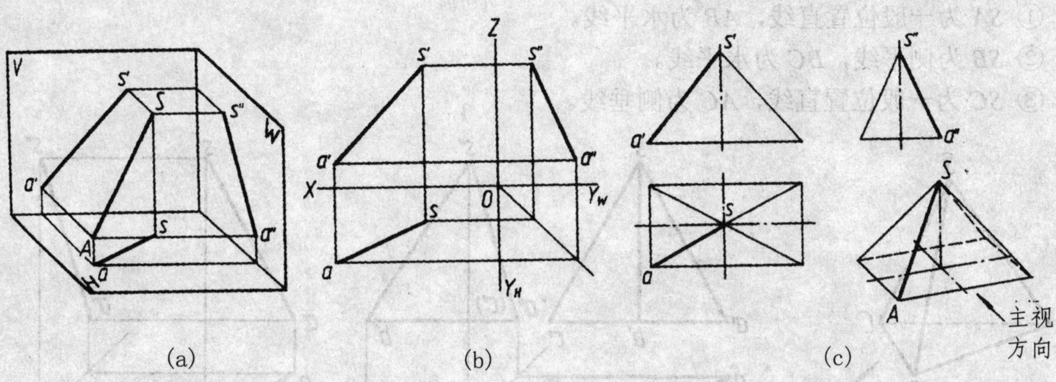

图 3-8　一般位置直线

一般位置直线的投影特性，在三个投影面上的投影都倾斜于投影轴，且小于实长。

例 3-4：试过 *E* 点作一长度为 15mm 的正垂线 *EF*，*F* 点在 *E* 点的正前方，如图 3-9（a）所示。

解：如图 3-9（b）所示：

（1）由于正垂线的正面投影积聚成一点，可先做出 *EF* 的正面投影（e'）f'。

（2）由于正垂线的水平投影垂直于 *OX* 轴且反映实长，因此，作 $ef \perp OX$，并使 *f* 在 *e* 的前方，取其长度为 15mm。

（3）由于正垂线的侧面投影垂直于 *OZ* 轴且反映实长，因此，作 $e''f'' \perp OZ$，并使 f'' 在 e'' 的前方，取其长度为 15mm。

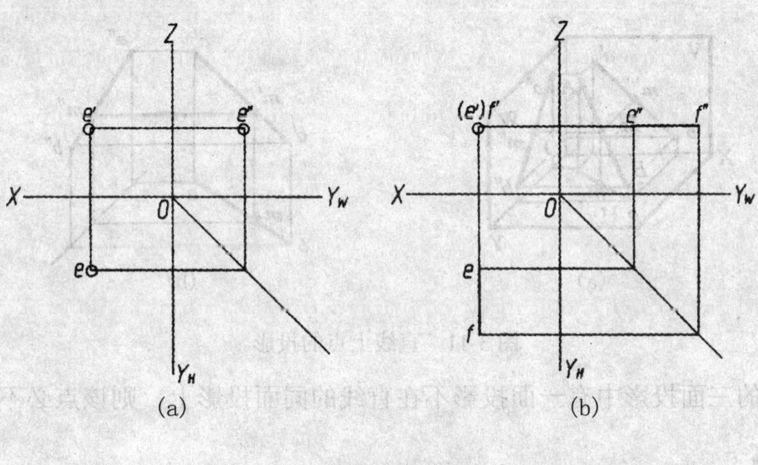

图 3-9　过 E 点作垂直线

例 3-5：参照立体图，分析三棱锥上各条棱线的空间位置（如图 3-10（a）所示）。

判别：

（1）按照三棱锥上每条棱线所标的字母，将它们的投影从视图中分离出来，例如棱线 SA 分离出来的投影如图 3-10（c）所示。

（2）根据不同位置直线的投影图特征（如图 3-10（b）所示），判别各种棱线的空间位置是：

① *SA* 为一般位置直线，*AB* 为水平线。

② *SB* 为侧平线，*BC* 为水平线。

③ *SC* 为一般位置直线，*AC* 为侧垂线。

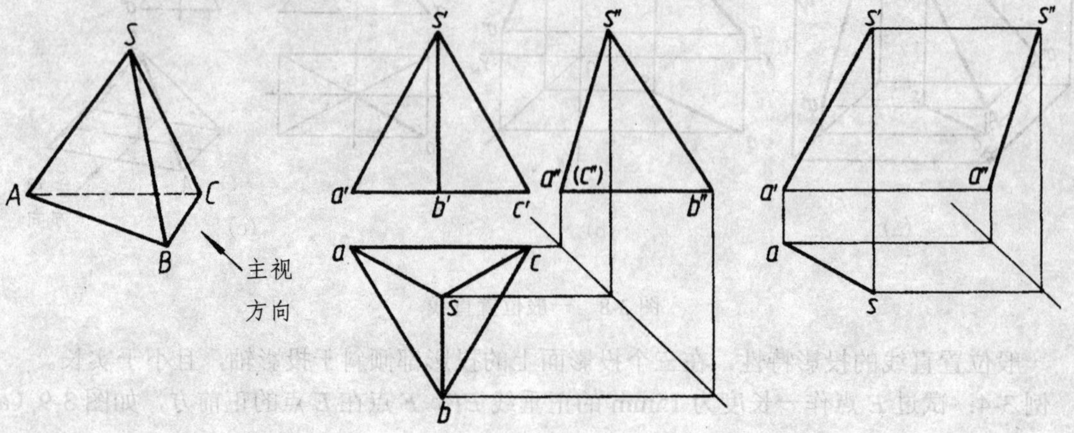

(a)　　　(b)　　　(c)

图 3-10　物体上直线的投影分析

三、直线上点的投影特性

1．若空间一点在某一直线上，则该点的投影一定在该直线的同面投影上，如图 3-11 所示，点 *M* 在直线 *AB* 上，则必有 *m* 落在 *ab* 上，m′落在 *a′b′* 上，*m″*落在 *a″b″* 上。

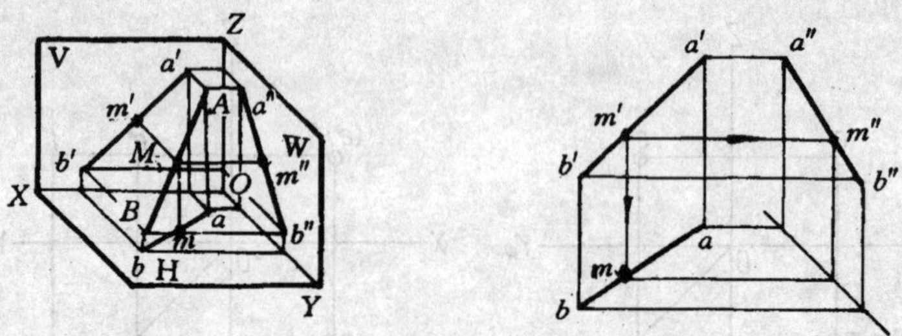

(a)　　　(b)

图 3-11　直线上点的投影

2．若一点的三面投影中有一面投影不在直线的同面投影上，则该点必不在该直线上。

第三节　平面的投影

一、平面的三面投影

我们知道，三点确定一个平面，所以在投影图中，我们通常用三角形来表示一个平面，有时也用多边形、圆等平面图形来表示，但无论由哪种平面图形表示，都只需做出平面图形各顶点的三面投影，然后把它们的同面投影点顺序连接起来即可，由此可知，作平面的投影仍然是以点、线的投影为基础。

二、各种位置平面的投影特性

平面按其与投影面的相对位置，可分为投影面的垂直面，投影面的平行面和一般位置平面三种。

1．投影面的垂直面

垂直于一个投影面，而与另外两个投影面倾斜的平面，称为投影面的垂直面，它可分为以下三种：

（1）铅垂面

与 H 面垂直，与 V、W 面倾斜的平面。

（2）正垂面

与 V 面垂直，与 H、W 面倾斜的平面。

（3）侧垂面

与 W 面垂直，与 V、H 面倾斜的平面。

表 3-3　投影面垂直面的投影特性

名称	铅垂面（⊥H），对 V、W 面倾斜）	正垂面（⊥V），对 H、W 面倾斜）	侧垂面（⊥W），对 H、V 面倾斜）
立体图	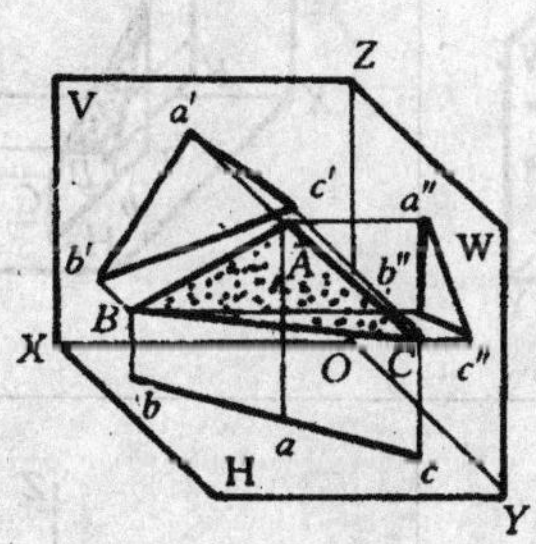	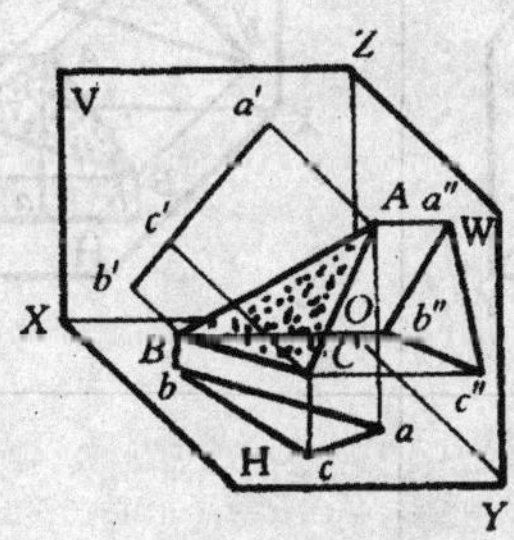	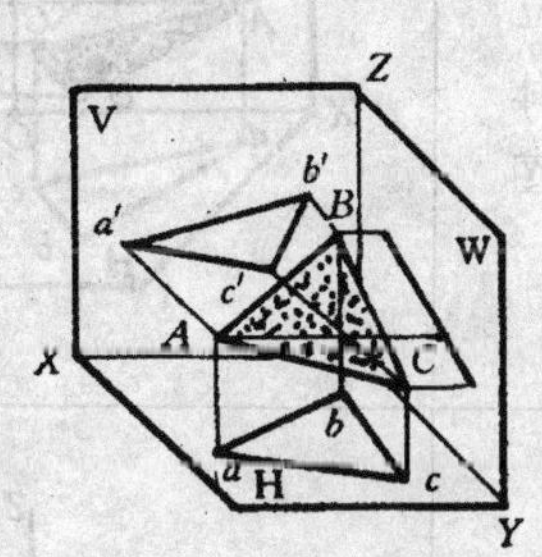
投影图	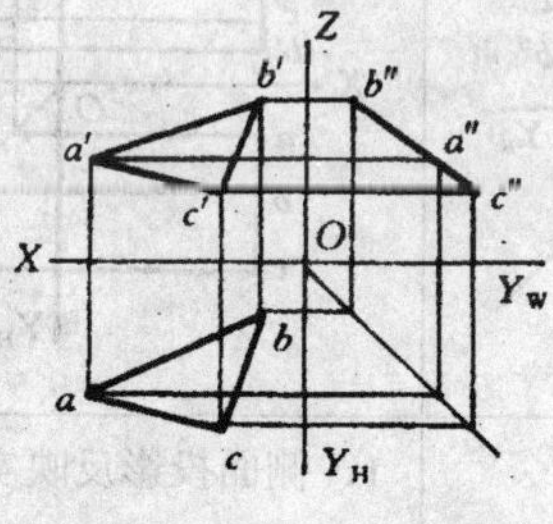	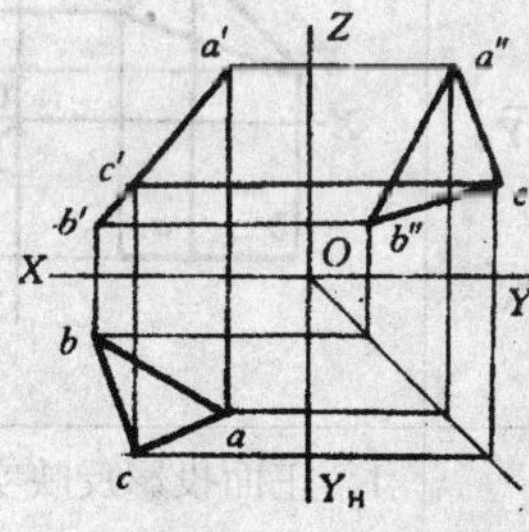	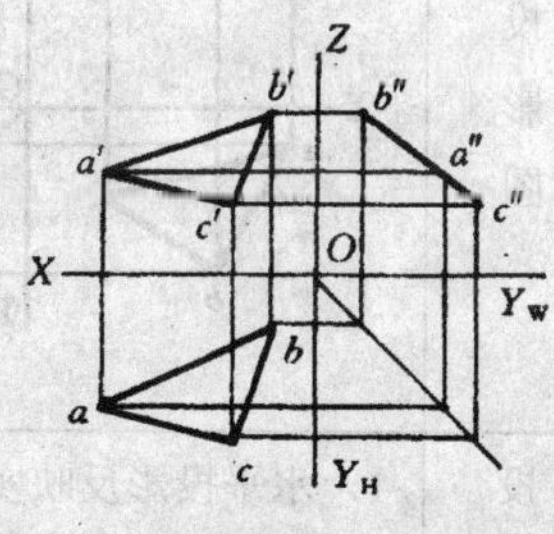
投影特性	1．水平投影积聚成一倾斜直线段 2．另外两面投影为原形的类似形	1．正面投影积聚成一倾斜直线段 2．另外两面投影为原形的类似形	1．侧面投影积聚成一倾斜直线段 2．另外两面投影为原形的类似形

总结：投影面垂直面的投影特性：在平面所垂直的投影面上，其投影积聚成一条倾斜直线，其余两个投影均为缩小的类似形。

2．投影面平行面

平行于一个投影面，而与另外两个投影面垂直的平面，称为投影面的平行面，投影面的平行面可分为三种：

（1）水平面

与 H 面平行，与 V、W 面垂直的平面。

（2）正平面

与 V 面平行，与 H、W 面垂直的平面。

（3）侧平面

与 W 面平行，与 V、H 面垂直的平面。

表 3-4　投影面的平行面的投影特性

名称	水平面（//H）	正平面（//V）	侧平面（//W）
立体图	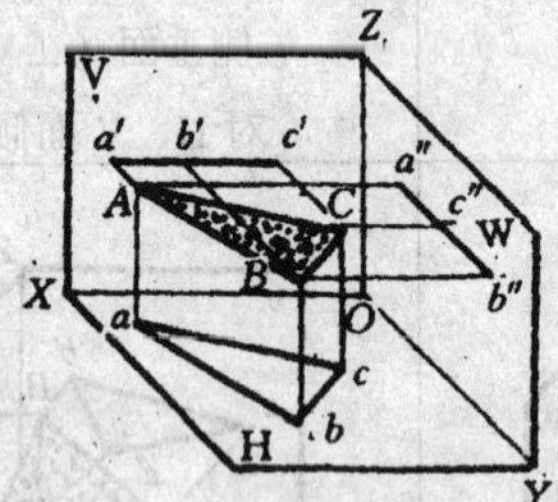	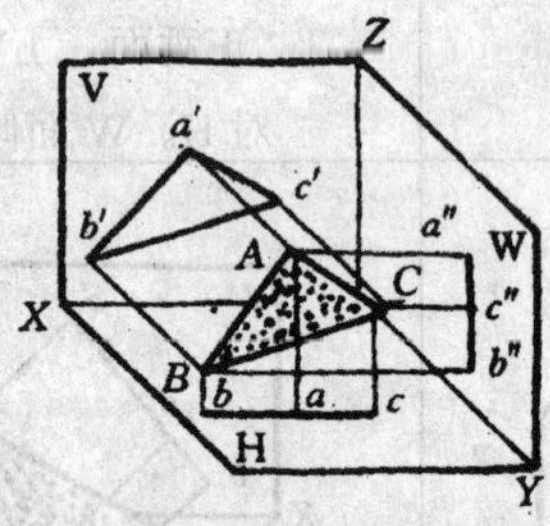	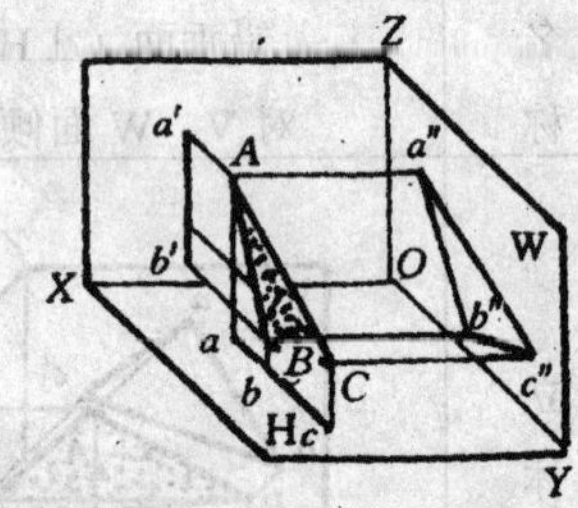
投影图	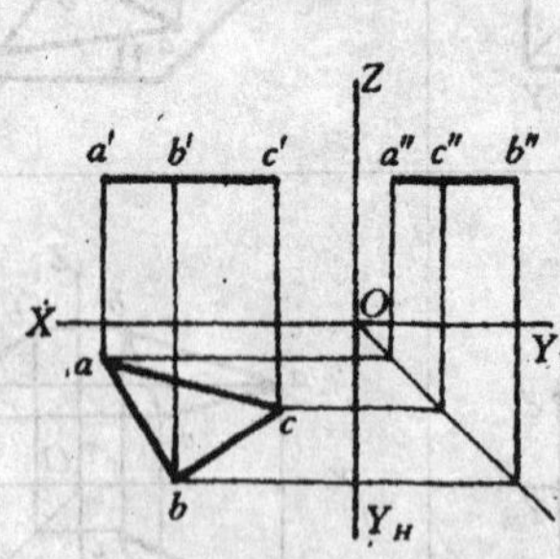	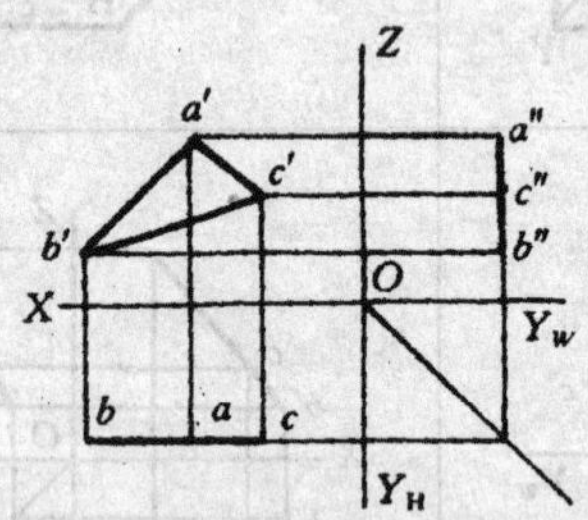	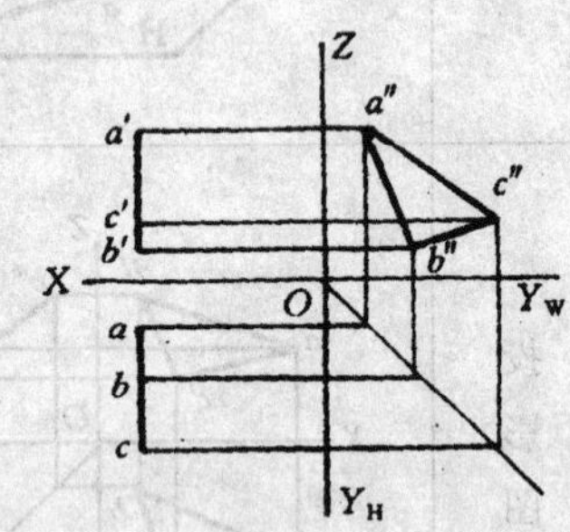
投影特性	1．水平投影反映实形 2．另外两面投影积聚为直线段，分别平行于 OX 轴及 OY_W 轴	1．正面投影反映实形 2．另外两面投影积聚为直线段，分别平行于 OX 轴及 OZ 轴	1．侧面投影反映实形 2．另外两面投影积聚为直线段，分别平行于 OZ 轴及 OY_H 轴

总结：

投影面平行面的投影特性：在平面所平行的投影面上，其投影反映实形，其余两个投影积聚成直线且分别平行于相应的投影轴。

3．一般位置平面

倾斜于三个投影面的平面称为一般位置平面。

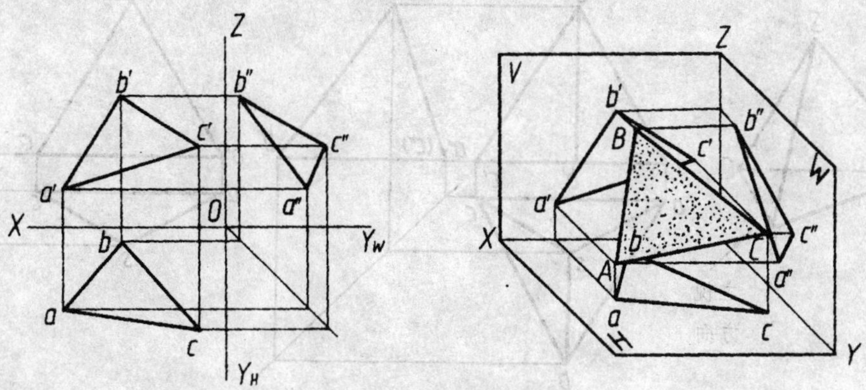

图 3-12　一般位置平面

如图 3-12 所示，△*ABC* 与三个投影面均倾斜，则平面 *ABC* 为一般位置平面。

一般位置平面的投影特性：在三个投影面上的投影均为原平面缩小的类似形。

例 3-6：已知平面的止面投影和水平投影，求作其侧面投影，如图 3-13（a）所示。

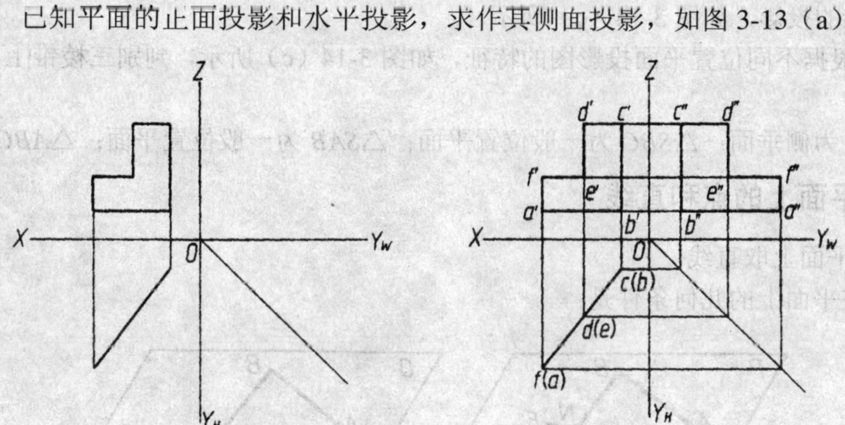

图 3-13　求平面的第三投影

分析：如图 3-13（a）所示的平面为一垂直于 H 面的六边形，只要求出六边形六个顶点的侧面投影，并按顺序连接，即可得到该六边形的侧面投影。

作图，如图 3-13（b）所示：

（1）在六边形的正面投影上，按顺序标上字母 a'、b'、c'、d'、e'、f',即为六个顶点的正面投影。

（2）由于六边形垂直于 H 面，其水平投影具有积聚性，因此可直接求得六个顶点的水

平投影 a、b、c、d、e、f。

（3）由各点的正面投影和水平投影，可求得它们的侧面投影 a''、b''、c''、d''、e''、f''。

（4）按顺序连接 a''、b''、c''、d''、e''、f''、a''，即得六边形的侧面投影。

例 3-7：参照立体图，分析三棱锥上各平面的空间位置。如图 3-14（a）所示。

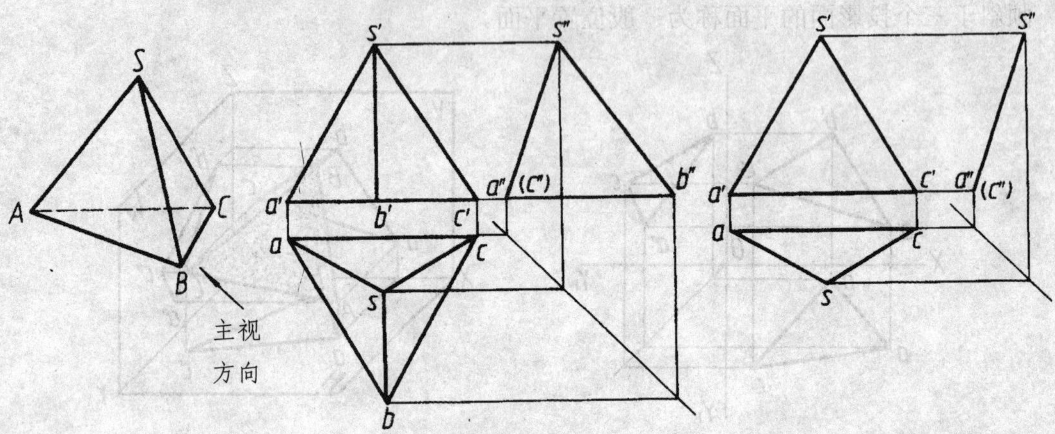

图 3-14　物体上平面的投影分析

分析：

（1）按照三棱锥上每个平面所标的字母，将它们的投影从视图中分离出来，例如△*SAC* 为分离以后的投影，如图 3-14（c）所示。

（2）根据不同位置平面投影图的特征，如图 3-14（c）所示，判别三棱锥上各平面的空间位置是：

△*SAC* 为侧垂面；△*SBC* 为一般位置平面；△*SAB* 为一般位置平面；△*ABC* 为水平面。

三、平面上的点和直线

1．在平面上取直线

直线在平面上的几何条件是：

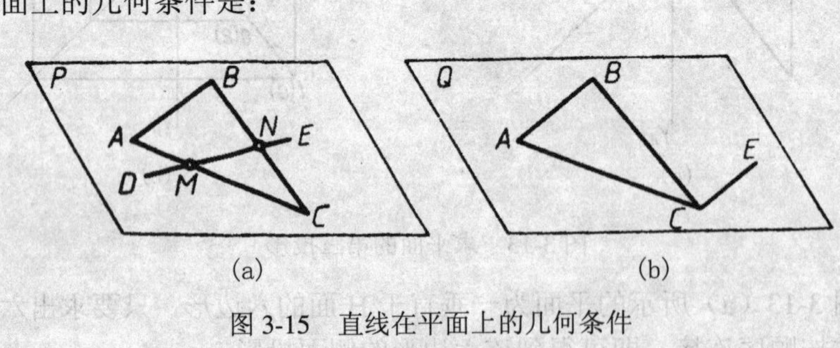

图 3-15　直线在平面上的几何条件

（1）一直线通过平面上的两个点，则该直线一定在该平面上，如图 3-15（a）所示，*M*、*N* 在 *P* 平面上，所以通过 *M*、*N* 两点所作的直线 *DE* 必在 *P* 平面上。

（2）一直线通过平面上一点且平行于平面上的另一直线，则该直线必定在该平面上，如图 3-15（b）所示，*C* 在 *Q* 面上，所以通过 *C* 点作与平面上的 *AB* 直线平行的 *CE* 直线必在 Q 平面上。

例 3-8：已知平面△ABC，试作出属于该平面的任一直线，如图 3-16 所示。

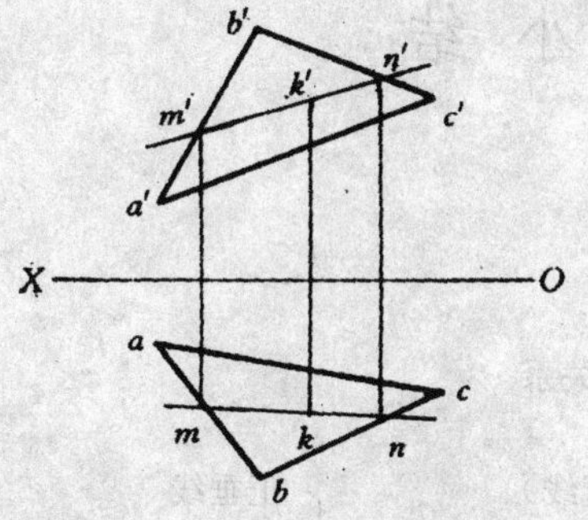

(a)

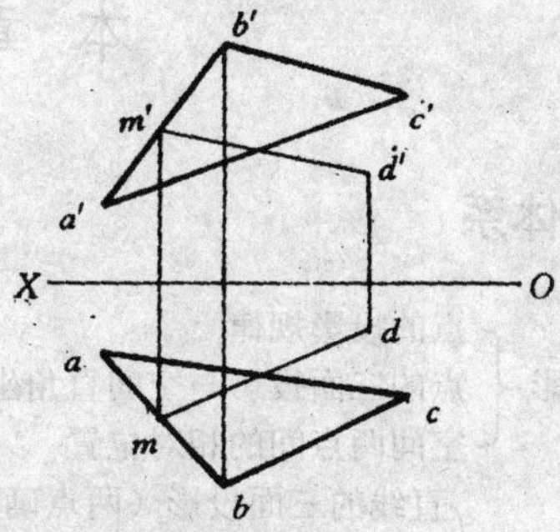

(b)

图 3-16　在平面上取直线

解法一：在 AB 直线上任取一点 M，其投影分别为 m 和 m′，再在 BC 直线上任取一点 N，其投影分别为 n 和 n′。连接两点的同面投影 mn 和 m′n′，直线 MN 即为所求，如图 3-16（a）所示。

解法二：在平面△ABC 上任取一点 M（m，m′），作直线 MD（md，m′d′）平行于已知直线 BC（bc，b′c′）,即作 m′d′ // b′c′、md // bc，直线 MD 即为所求，如图 3-16（b）所示。

2．在平面上取点

点在平面上的几何条件是：

点在平面内的一直线上，则该点必在该平面上。因此，要在平面上取点，必须先在平面上取一直线（辅助线），然后，再在此直线上取点。

例 3-9：已知平面△ABC 上 M 点的正面投影 m′，求作其水平投影 m，如图 3-17（a）所示。

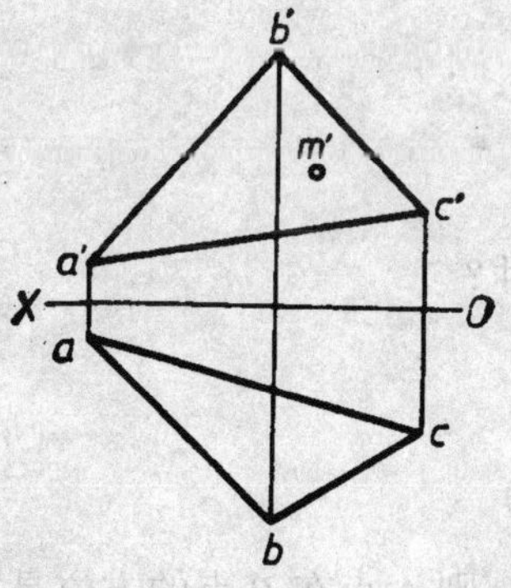

(a)

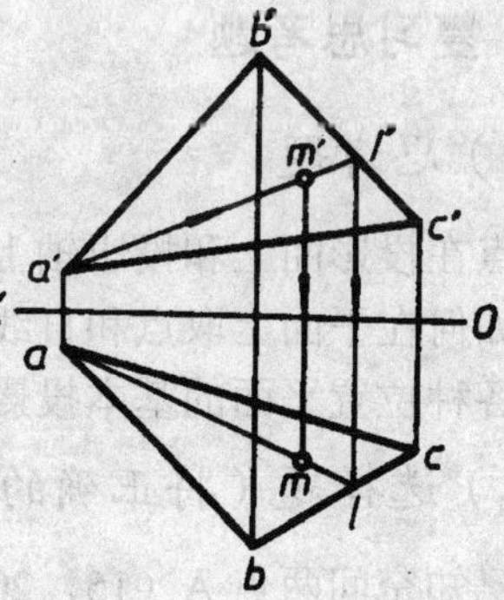

(b)

图 3-17　在平面上取点

分析：M 点既在平面上，必定在平面内过该点的某一直线上。

作图：

（1）可过 M 点在△ABC 上作一辅助线 AL（al，$a'l'$）。

（2）M 点的水平投影 m 必在 al 上，如图 3-17（b）所示。

本 章 小 结

一、知识体系

- 点的投影
  - 点的投影规律
  - 点的三面投影与空间直角坐标关系
  - 空间两点间的相对位置
- 直线的投影
  - 直线的三面投影（两点确定直线）
  - 各种位置直线的投影特性
    - 投影面垂直线
      - 正垂线
      - 铅垂线
      - 侧垂线
    - 投影面平行线
      - 正平线
      - 水平线
      - 侧平线
    - 一般位置直线
  - 直线上点的投影特性
- 平面的投影
  - 平面的三面投影（三点确定一个平面）
  - 各种位置直线的投影特性
    - 投影面平行面
      - 正平面
      - 水平面
      - 侧垂面
    - 投影面垂直面
      - 正垂面
      - 铅垂面
      - 侧平面
    - 一般位置平面
  - 在平面上取点和直线的几何条件

二、复习思考题

（一）思考题

1. 点在投影面上和投影轴上时，其投影各有什么特性？
2. 如何在平面上取点和直线？
3. 各种位置平面的基本投影特性是什么？

（二）选择题（将正确的答案代号填在括号内）

1. 已知空间两点 A（15，20，10），B（10，5，20），则 A 点在 B 点的方位是（　　）

（a）左，前，上　　（b）右，后，上　　（c）左，前，下　　（d）左，后，下

2. 已知空间点 A 只有 Y 坐标为零，其空间位置是（　）

（a）在非轴、非原点处　（b）在原点处　（c）在 X 轴上　（d）在V面上

3. 能在平面内取到正垂线的平面是（ ）

（a）侧垂面　　（b）正垂面　　（c）铅垂面　　（d）一般位置平面

（三）判断题（正确的打“√”、错误的打“×”）

1. 已知空间点A（10，30，8）和点B（10，20，8），这两个点的投影不能形成重影点。
2. 一般位置平面上没有特殊位置的投影面平行线。
3. 在一般位置平面上取点时可用辅助直线法。

第四章　基本立体的投影

【学习要求】

掌握基本几何体三视图的画法及基本几何体表面取点。

【主要内容】

平面立体（棱柱体、棱锥体）的投影、曲面立体（圆柱、圆锥、圆球）的投影以及表面点的投影。

任何机件，不管形状多么复杂，都可以看成由棱柱、棱锥、圆柱、圆锥、圆球等单一几何体按一定方式组合而成。如图 4-1 所示可知，基本立体是构成机件的基础。本章以点、线、面的投影原理为基础，介绍一些常见基本立体的形成、画法及表面取点等内容。

根据表面性质不同，基本立体分为平面立体和曲面立体两大类。

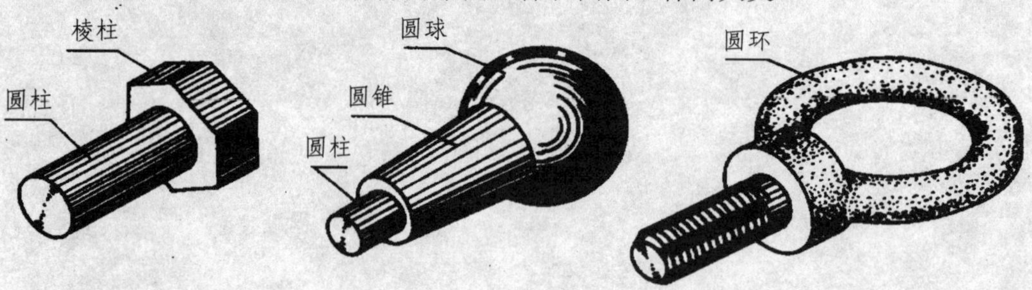

（a）螺栓毛坯　　（b）手柄　　（c）手柄

图 4-1　基本体与机件

第一节　平面立体的投影

常见的平面立体有棱柱体、棱锥体、棱台体，绘制平面立体的三视图，实质就是绘制出组成平面立体上点、线、面的投影。

一、棱柱体的投影

常见的棱柱体有三棱柱、四棱柱、六棱柱等，以六棱柱为例分析三视图的画法。

1．正六棱柱的三视图分析

如图 4-2（a）所示为正六棱柱，它的上、下底面为正六边形，六个侧面为相等的矩形，六条侧棱相互平行且与底面垂直，正六棱柱是一个前后、左右对称的平面立体。

为了作图方便，将正六棱柱置于如图 4-2（b）所示位置，上、下底面与 H 面平行，前后两侧面与 V 面平行。这时，左右四个侧面与 H 面垂直，六条侧棱相互平行并且垂直 H 面。如图 4-2（c）所示为正六棱柱三视图。

（1）俯视图分析

正六棱柱俯视图是正六边形，它是上、下两底面的真实反映，六边形六条边是六个侧面的积聚投影，六边形六个顶点是六条棱线的积聚投影。

（2）主视图分析

六棱柱的主视图是三个相连的矩形线框，中间一个较大的矩形线框 $b'b_1'c'c_1'$ 是正六棱柱前后两个侧面的重合投影，并反映真实形状，左右两个较小的线框是六棱柱其余四个侧面的重合投影，投影具有缩小的类似性。棱柱的上、下表面投影积聚成两个水平方向的直线段。

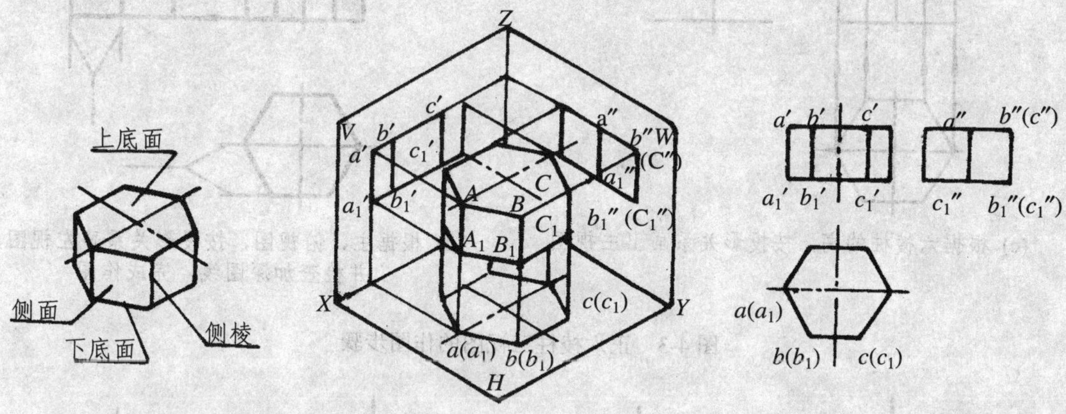

图 4-2 正六棱柱的三视图

（3）左视图分析

正六棱柱左视图是两个相连且大小相等的矩形线框，是棱柱左、右两边四个侧面的重合投影，具有缩小的类似性。前后两个正平面投影积聚成两段铅垂方向的直线段，上、下底面积聚成两段水平方向的直线。

2．正六棱柱三视图作图步骤

作图过程如图 4-3 所示。

3．棱柱表面取点及可见性判断

棱柱表面均为平面，在棱柱表面取点，其步骤如下：

（1）根据点的已知投影，确定点所在表面。

（2）确定立体表面上的点在其他视图中所具有的特性，若具有积聚性时，可直接求出其余投影；若不具有积聚性，则必须通过做辅助线求解。

（3）判断可见性：若点位于投射方向的可见表面，则点的投影可见，反之不可见。

例 4-1：已知六棱柱表面上点 A、B 的投影 a' 和 b'，求 A、B 的其余两个投影。

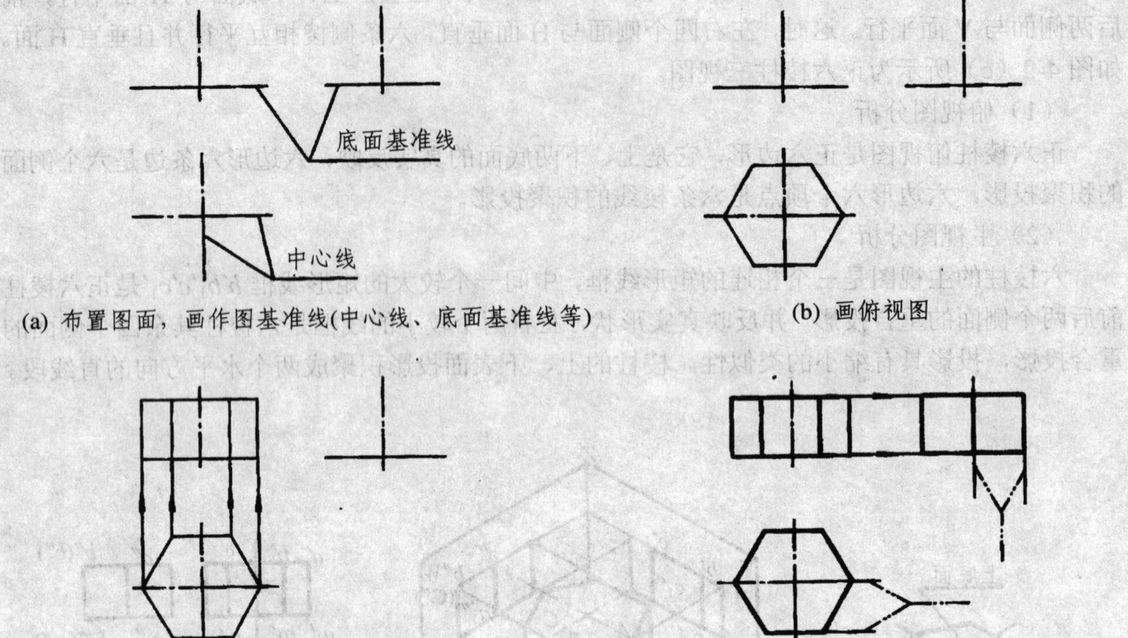

(a) 布置图面，画作图基准线(中心线、底面基准线等)　　(b) 画俯视图

(c) 根据六棱柱的高，按投影关系画出主视图　　(d) 根据主、俯视图，按投影关系画左视图，并检查加深图线，完成作图

图 4-3　正六棱柱三视图的作图步骤

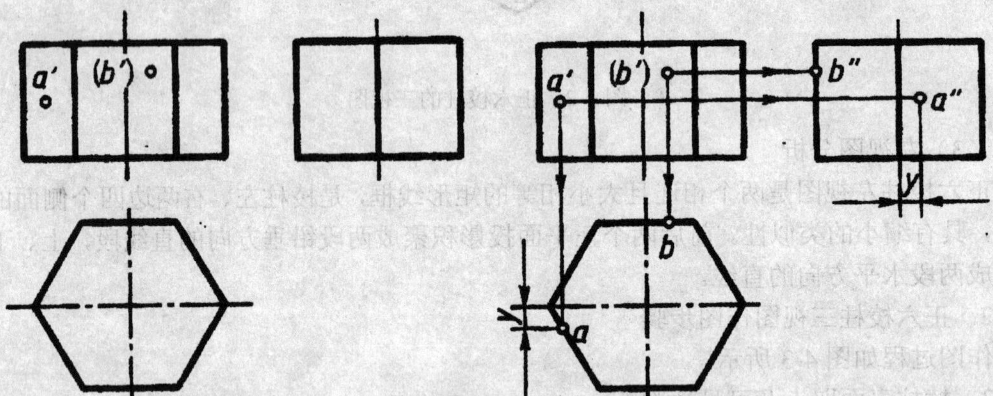

(a)　　(b)

图 4-4　正六棱柱表面取点

分析：由于 A 点的正面投影 a'可见，可判断 A 点位于正六棱柱的左前侧面上。由于左前侧面在俯视图中投影具有积聚性。可以利用这一特性找出 A 的水平投影 a。

作图步骤：

（1）根据 a'与 a 求出 a'，再求 a''；

（2）B 点的 b'投影不可见，说明 B 点在后面的正平面上，后面在水平面上的投影为直线，根据积聚性求出 b。再根据 b 与 b'求出 b''。如图 4-4 所示。

二、棱锥的投影

棱锥体的底面为多边形，各侧面均为过锥顶的三角形，以三棱锥为例研究其三视图。

1．三棱锥的投影

如图 4-5（a）所示为正三棱锥，它的底面为正三角形三个侧面为等腰三角形，三条侧棱交于顶点 S。

（1）俯视图分析

在俯视图中，$\triangle abc$ 为棱锥底面 ABC 的投影，反映实形，由于是正三棱锥，锥顶 S 的投影位于底面三角形把$\triangle abc$ 分成三个等腰三角形，是三棱锥三个侧面的投影，都不反映实形。

（2）主视图分析

在主视图中，棱锥底面的正面投影积聚成水平方向的直线 $a'b'c'$。由于棱锥的三个侧面都倾斜于 V 面，所以其正面投影$\triangle s'a'b'$，$\triangle s'b'c'$，$\triangle s'a'c'$都不反映实形。

（3）左视图分析

在左视图中，棱锥底面的投影积聚成水平方向的直线 $a''(c'')b''$。左右对称的两个侧面 SAB、SBC 倾斜于 W 面，其侧面投影重合且不反映实形。侧棱 SB 为侧平线，侧面投影 $s''b''$ 反映实长。

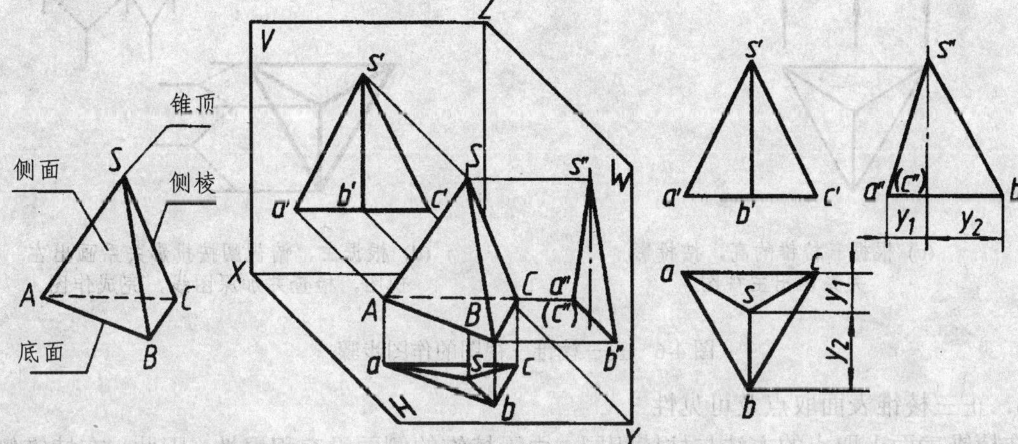

(a)　　　　(b)　　　　(c)

图 4-5　正三棱锥的三视图

应该注意：正三棱锥的左视图不是一个等腰三角形，宽度 y_1 和 y_2 应与俯视图中相应的宽相等，如图 4-5（c）所示。

2．正三棱锥三视图的作图步骤（如图 4-6 所示）

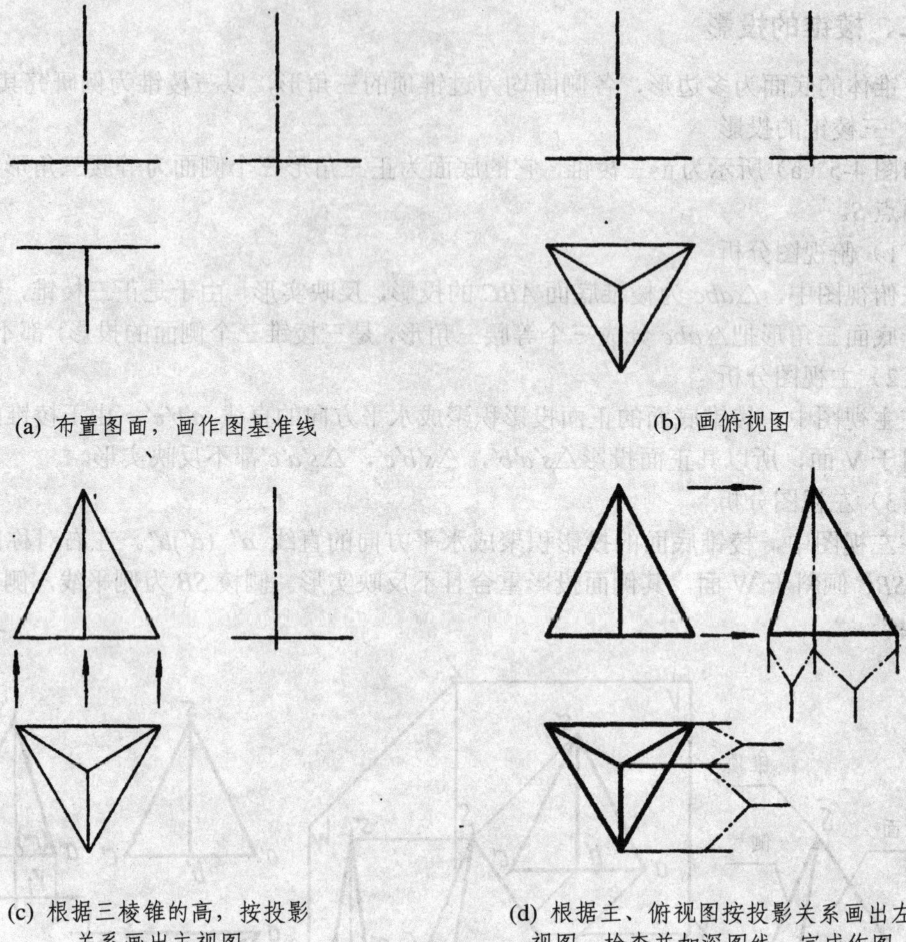

(a) 布置图面，画作图基准线　　(b) 画俯视图

(c) 根据三棱锥的高，按投影关系画出主视图　　(d) 根据主、俯视图按投影关系画出左视图，检查并加深图线，完成作图

图 4-6　正三棱锥三视图的作图步骤

3．正三棱锥表面取点及可见性

在棱锥表面上取点的方法与柱棱相同，由于棱锥的侧面没有积聚性，因此，在棱锥侧面取点时，必须先作辅助线，然后在辅助线上确定点的位置。

例 4-2：已知三棱锥表面上 M 点的正面投影 m'，求其余两投影并判断可见性（如图 4-7 所示）。

分析：

按 m' 的位置及可见性，可判定 M 点在棱锥的 SBC 侧面上，由于 SBC 为一般位置平面，因此，求 M 点的其余投影，必须过 M 点在 SBC 平面上作辅助线。

作图步骤如下，过锥顶 S 与 M 作辅助线 SM：

（1）在主视图中连接 $s'm'$ 并延长，必与底边相交于一点 $1'$；

（2）由于 M 点在△SBC 侧面上，I 点必在 BC 边上，I 点的水平投影必定在 BC 的水平投影 bc 上，利用点的投影规律求出 I 的水平投影 1；

（3）确定 M 的水平投影，利用点的投影规律 M 的水平投影一定在 SI 的水平投影 $S1$ 上，从 m' 作垂线交于 $s1$，交点即为 M 的水平投影 m，再根据 m' 与 m 求 m''。

（4）判别可见性，由于平面 SBC 的水平投影可见，所以 m 可见，由于平面 SBC 侧面投影不可见，所以 m' 不可见，应加括号。

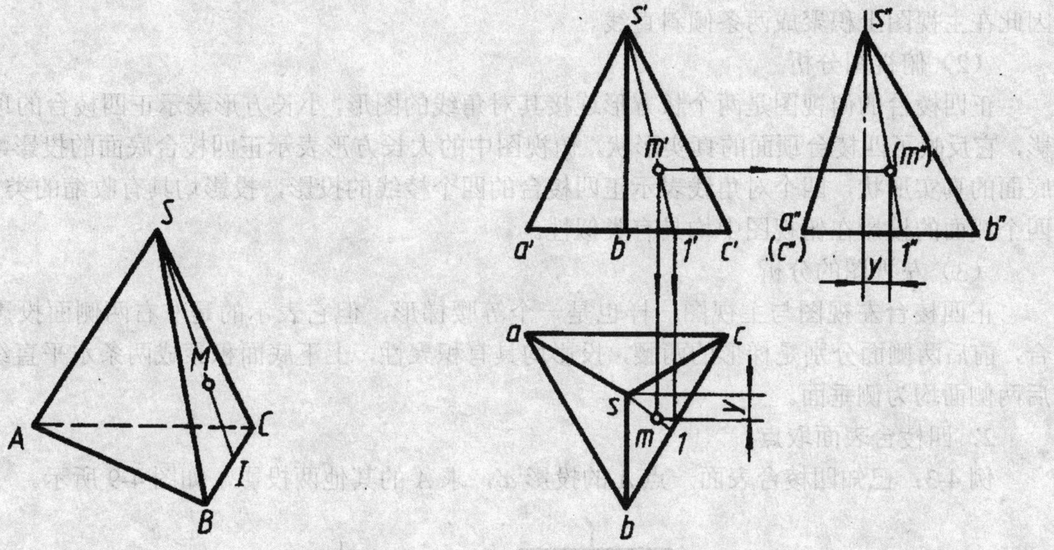

（a）　　　　（b）

图 4-7　正三棱表面上取点

三、棱台

棱台可以看做由棱锥截割而成，棱台的底面是多边形，侧面是梯形，下面以正四棱台研究其三视图。

1．正四棱台的投影

如图 4-8 所示是正四棱台的三视图。

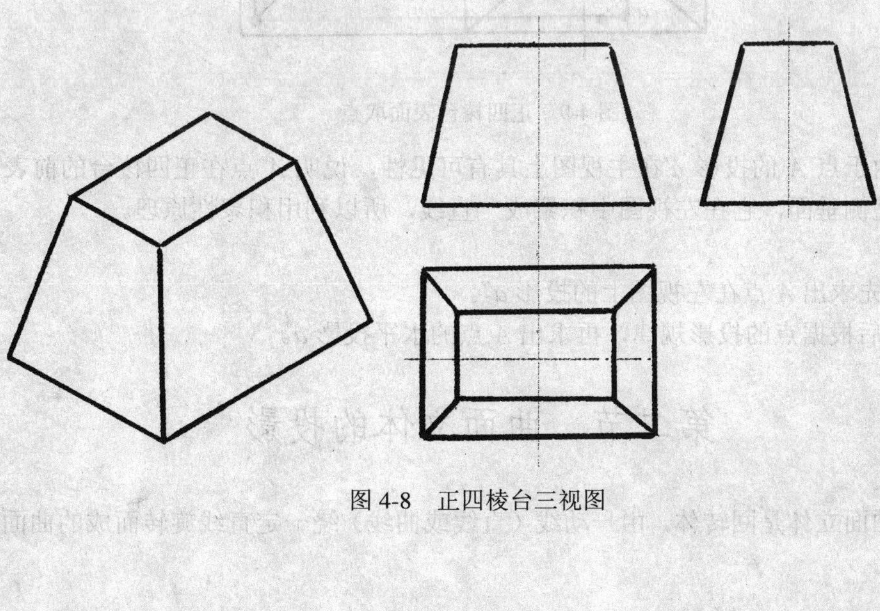

图 4-8　正四棱台三视图

（1）主视图分析

正四棱台的主视图是一个等腰梯形，它是四棱台前侧面的投影，梯形的上底是四棱台顶面的投影，梯形的下底表示四棱台底面的投影。梯形的两腰分别表示左右两侧面投影。四棱台的上、下面是水平面，因此在主视图上积聚成水平直线，四棱台的左右两侧面是正垂面，因此在主视图上积聚成两条倾斜直线。

（2）俯视图分析

正四棱台的俯视图是两个长方形连接其对角线的图形，小长方形表示正四棱台的顶面投影，它反映了四棱台顶面的真实形状，俯视图中的大长方形表示正四棱台底面的投影，反映底面的真实形状，四个对角线表示正四棱台的四个棱线的投影，投影均具有收缩的类似性。四个侧面的投影在俯视图中均具有类似性。

（3）左视图的分析

正四棱台左视图与主视图一样也是一个等腰梯形，但它表示的是左右两侧面投影的重合，前后两侧面分别是梯形的两腰，投影均具有积聚性，上下底面积聚成两条水平直线。前后两侧面均为侧垂面。

2．四棱台表面取点

例 4-3：已知四棱台表面一点 A 的投影 a'，求 A 的其他两投影，如图 4-9 所示。

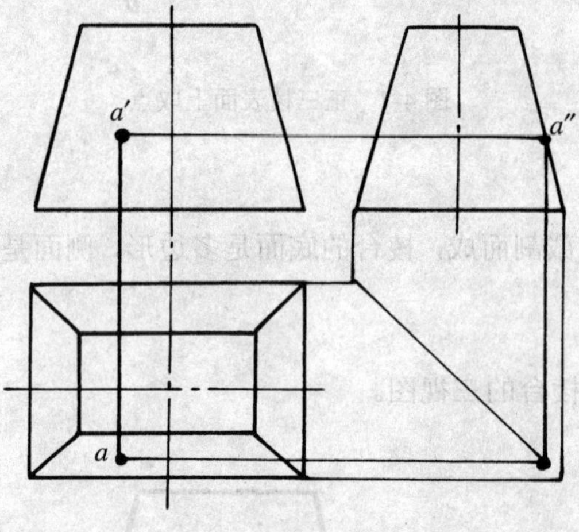

图 4-9　正四棱台表面取点

分析：由于点 A 的投影 a'在主视图上具有可见性，说明 A 点在正四棱台的前表面上，由于前表面是侧垂面，它在左视图中积聚成一直线，所以利用积聚性原理。

作图：

（1）首先求出 A 点在左视图上的投影 a''。

（2）然后根据点的投影规律，再求出 A 点的水平投影 a。

第二节　曲面立体的投影

常见的曲面立体是回转体，由一动线（直线或曲线）绕一定直线旋转而成的曲面，称回转面。定直线称回转轴，动直线称为回转面的母线。回转面上任意位置的母线称为素线，母线上任意一点的轨迹都是圆，该圆称为纬圆。由回转面或回转面与平面围成的立体叫回转体。

常见的回转体有圆柱体、圆锥体、圆球体、圆环等。下面分别具体进行讨论。

一、圆柱体

1．圆柱体的视图

（1）圆柱体的形成

以直线为母线，绕着与它平行的轴回转一周所形成的面为圆柱面，圆柱面与垂直于它的上下底面围成圆柱体。

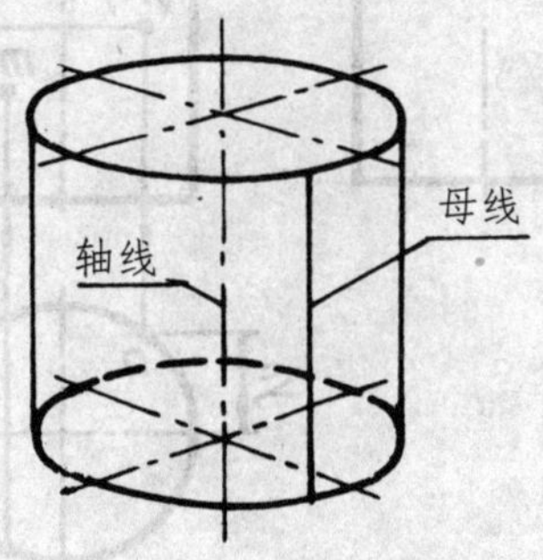

图 4-10　圆柱的形成

（2）圆柱体的投影

如图 4-11 所示中圆柱上、下底面为水平面，其水平投影反映实形，在主视图与左视图中投影积聚成一条直线。由于圆柱轴线垂直水平面，圆柱面的每一条素线均为铅垂线。圆柱面的水平投影积聚成一个圆，左视图和主视图中投影为相等的两个矩形。

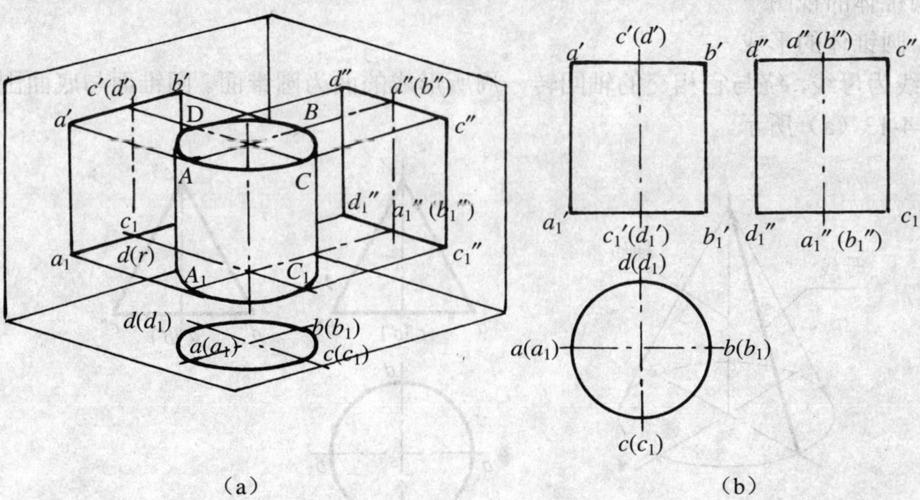

（a）　（b）

图 4-11　圆柱的投影

2．圆柱体表面取点

例 4-4：已知圆柱体表面上点 M、N 的正面投影 m'、n'，求其他两面投影，如图 4-12 所示。

分析：在图 4-12（a）所示的主视图中，可判断出 M 在前半个圆柱面上，N 在后半个圆柱面上，利用圆柱面在俯视图中投影的积聚性，可以方便地完成作用。

作图步骤：

（1）求出 M、N 的水平投影 m、n。

（2）然后根据点的投影规律求出 M、N 的侧面投影。

（3）判断可见性：因点 M 在右半个圆柱面上，所以 m''不可见。同理，由于点 N 在左半个圆柱面上，因此 n''可见。

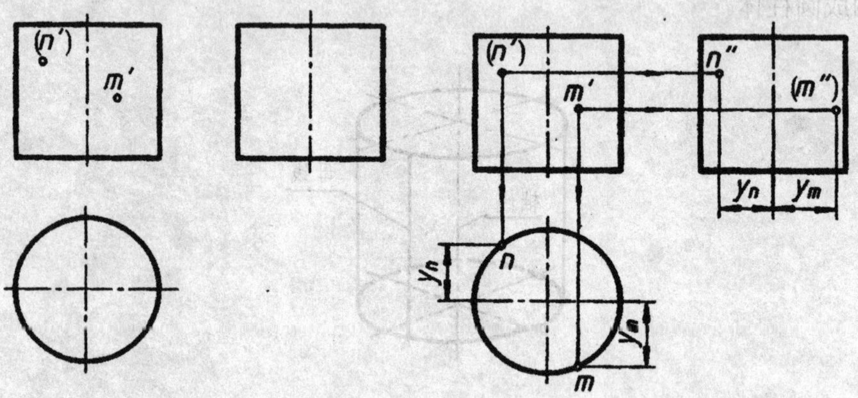

（a）　　（b）

图 4-12　圆柱体表面取点

二、圆锥体

1．圆锥体的视图

（1）圆锥体的形成

以直线为母线，绕与它相交的轴回转一周所形成的面为圆锥面。圆锥面与底面围成圆锥体，如图 4-13（a）所示。

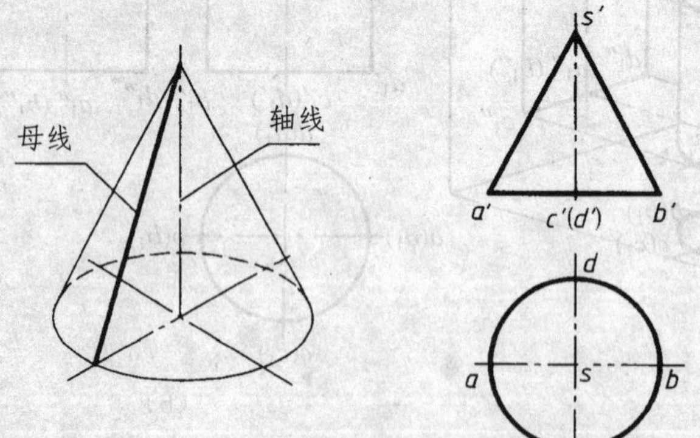

(a)　　(b)

图 4-13　圆锥的形成及投影

（2）视图分析

圆锥的轴线垂直于水平面，底面是水平面，其水平投影反映真实形状，正面与侧面投影积聚为一直线，圆锥面在三个投影中都没有积聚性，水平投影与底面圆的投影重合，正面和侧面投影为大小相同的等腰三角形。

2．圆锥体表面取点

因为圆锥是由圆锥面与底面围成的，如果在底面取点，可利用积聚性找其他投影，如果在圆锥面上取点，由于圆锥面的三个投影均不具有积聚性，所以必须用辅助素线法，或辅助纬圆法求解。

例 4-5：已知圆锥体表面上一点 *K* 的正面投影 *k′*，求另两个投影。如图 4-14（a）所示。

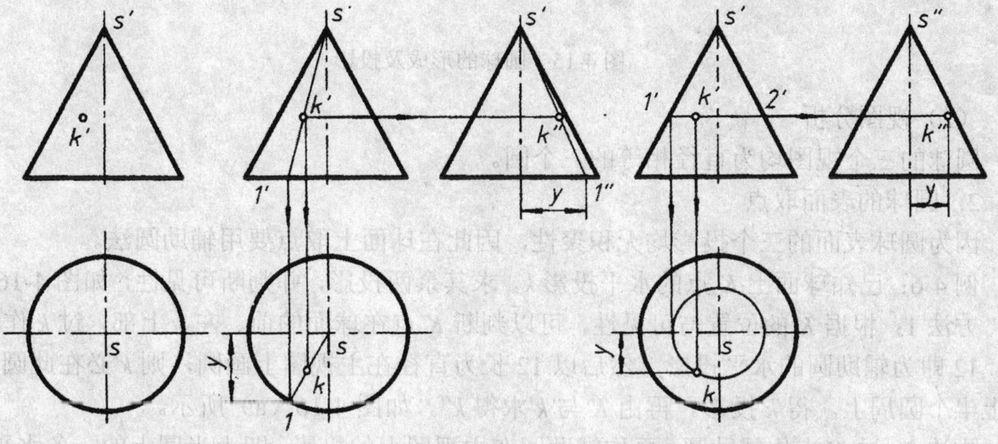

图 4-14　圆锥表面取点

方法 1：辅助素线法

由点 *K* 的正面投影 *K′*的可见性及位置，可判断 *K* 点在前左方位的圆锥面上，过锥顶 *S* 连接 *SK* 并延长与底圆交一点 *I*，由于 *k′*在 *s′*1′的素线上，在俯视图中利用点的投影规律求出 *SI* 的水平投影 *S*1，则 *K* 点的水平投影一定在 *SI* 的水平投影上。即 *k* 在 *s*1 上，如图 4-14（b）所示。

方法 2：辅助纬圆法

过已知点 *k* 做纬圆，该圆垂直轴线，过 *k′*作纬圆的正面投影 1′2′，然后以 1′2′为直径在水平投影中来画出纬圆，那么 *K* 的水平投影 *k* 一定在纬圆上。由于 *k* 点可见，说明在前半个圆上。然后根据 *k′*与 *K* 求出 *k″*，并判断 *k″*可见。

三、圆球体

1．圆球体的视图

（1）圆球面的形成

圆球面可看成是一个圆母线绕直径回转而成。如图 4-15（a）所示。

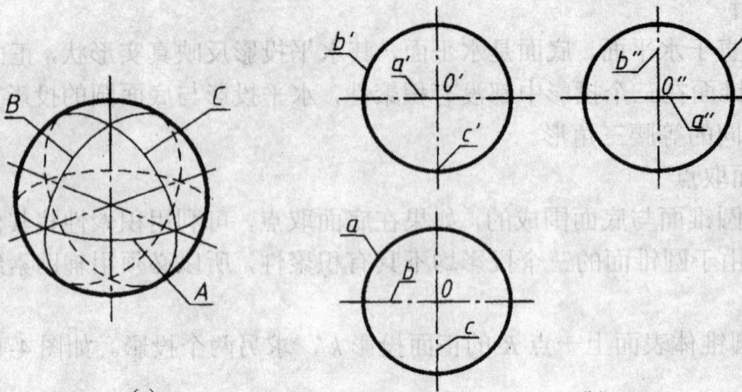

(a) (b)

图 4-15　圆球的形成及投影

（2）视图分析

圆球的三个视图均为直径相等的三个圆。

2．圆球的表面取点

因为圆球表面的三个投影均无积聚性，因此在球面上取点要用辅助圆法。

例 4-6：已知球面上 K 点的水平投影 k，求其余两投影，并判断可见性，如图 4-16 所示。

方法 1：根据 K 的位置与可见性，可以判断 K 点在球面的前、左、上部，过 k 作水平线 12，12 即为辅助圆的水平投影，然后以 12 长为直径在主视图上画圆，则 k' 必在此圆周上，且上半个圆周上，得 k' 投影。再由 K 与 k' 求得 k''。如图 4-16（a）所示。

方法 2：过 K 点作辅助圆，再作辅助圆在主视图上的投影，即上半圆上的一条水平线段，利用点的投影规律求出 k'，再根据 K 与 k' 求出 k''，如图 4-16（b）所示。

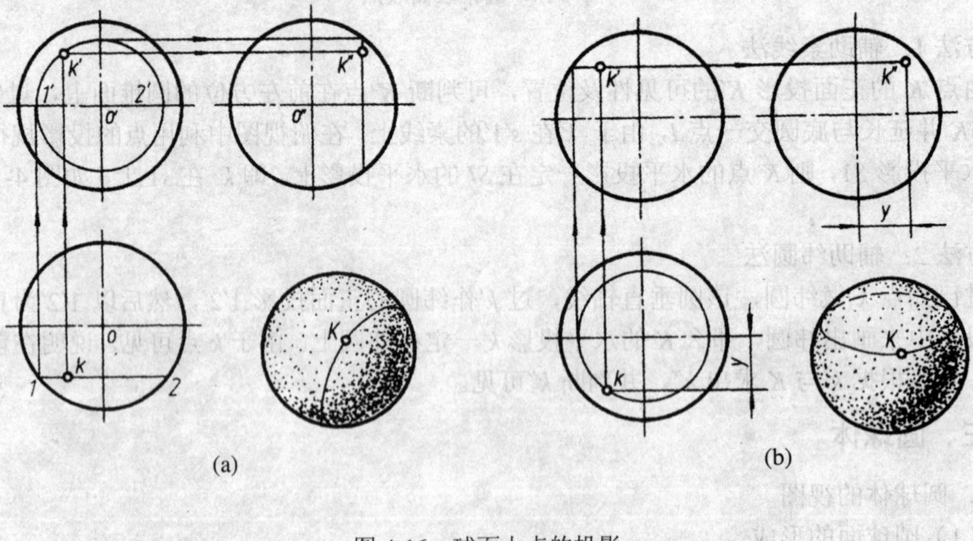

(a) (b)

图 4-16　球面上点的投影

四、圆环

1．圆环的形成

圆环面是以圆为母线，绕与其共面但不通过圆心的轴线回转而形成的。圆环是圆环面围成的立体，如图 4-17（a）所示。

2．圆环的三视图

圆环的俯视图是两个粗实线的同心圆，细点划线圆是母线的圆心轨迹。主视图与左视图形状相同。主视图上的两个小圆是圆环面最左、最右两条素线的正面投影。由于内环面在主视图上不可见，所以靠近轴线的半圆应画成虚线。左视图同理。

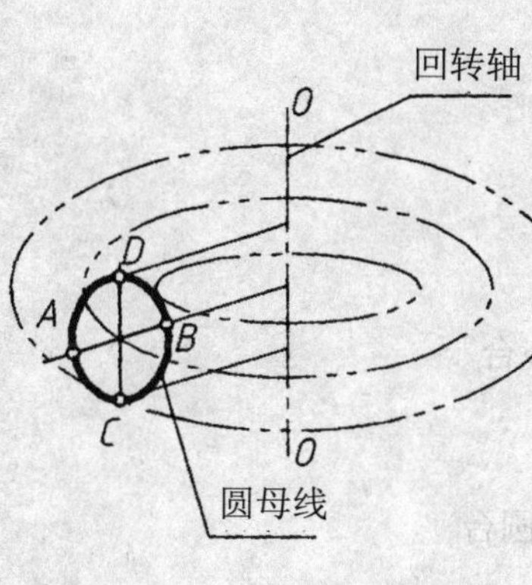

(a)

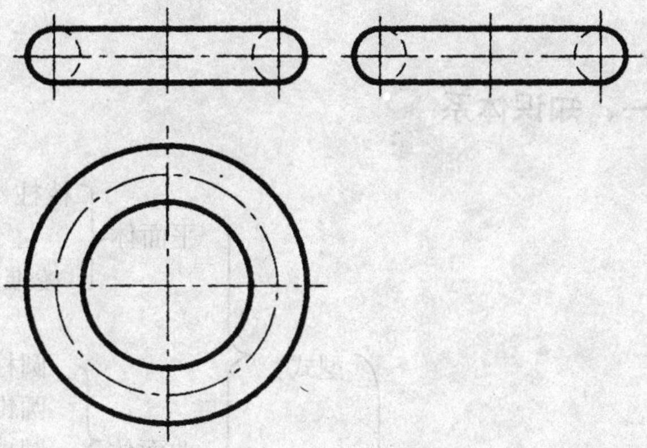
(b)

图 4-17　圆环的形成及投影

第三节　简单组合体

一、叠加式

这类组合体可看成由若干简单形体叠加形成。如图 4-18（a）所示的螺栓毛坯可看成由六棱柱、圆柱、圆锥台叠加而成。

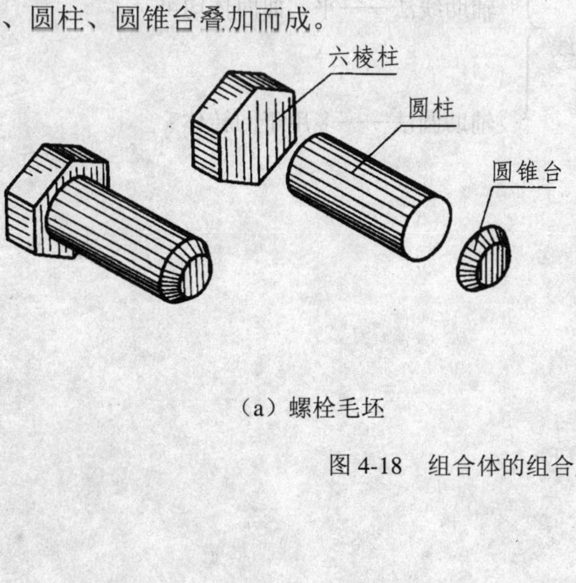

（a）螺栓毛坯

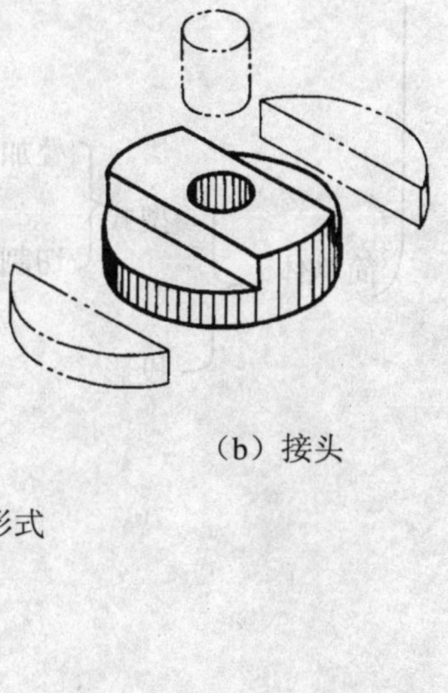
（b）接头

图 4-18　组合体的组合形式

二、切割式

这类组合可看成由简单形体被切去某些部分形成。如图 4-18（b）所示的接头，可看成由圆柱体左右两边被切去两个弓形块，中间挖去一个小圆柱形成。

对于形状较复杂的组合体，它们的形成往往是既有“叠加”，又有“切割”的综合形式，可能以其中一种组合形成为主，同时伴随有另一种组合形式。有关复杂的组合体将在第七章详细论述。

本 章 小 结

一、知识体系

- 立体
  - 基本形体
    - 型式
      - 平面体
        - 棱柱
        - 棱锥→棱台
      - 曲面体
        - 圆柱
        - 圆锥→圆台
        - 圆球
        - 圆环
    - 投影三视图（指最外轮廓）
      - 柱=2 矩框+1 底面
      - 锥=2 三角形+1 底面
      - 球=2 圆+1 圆
      - 圆环=2 鼓形+1 同心圆
    - 表面取点、线
      - 积聚性法——多用于平面体
      - 辅助线法——平、曲面体均可
      - 辅助圆法——多用于回转体
  - 简单体
    - 型式
      - 叠加
      - 切割
    - 投影

二、复习思考

（一）思考题

1．常见的基本体有哪些？
2．柱、锥、台的基本投影特征是什么？
3．怎样画简单体的投影图？

（二）选择题（将正确的答案代号填在括号里）

1．直棱柱的一个视图反映底面实形，另两个视图的图形特征是（　　）。
（a）三角形线框　　（b）圆线框　　（c）矩形线框　　（d）梯形线框
2．轴线垂直于 H 面的圆柱，其正向轮廓素线在左视图中的投影位置在（　　）
（a）左边铅垂线上　　（b）右边铅垂线上　　（c）轴线上　　（d）上下水平线上
3．圆锥的四条轮廓素线在投影为圆的视图中的投影位置在（　　）
（a）圆心　（b）相互垂直的中心线上　（c）圆周上　（d）圆与中心线的四个交点上

（三）判断题（正确的打“√”，错误的打“×”）

1．正三棱锥的三个视图的最外轮廓线都是三边形，而且都是等腰三边形。
2．圆柱面的形成条件是直母线绕与其平行的轴旋转。
3．曲面体的轴线和圆的中心线在三视图中必须用点划线画出。

第五章　轴　测　图

【学习要求】

了解轴测图的形成；掌握正等轴测图、斜二等轴测图的画法。掌握平行于坐标面的圆的正等轴测投影的规律和画法。掌握圆的斜二测投影的画法以及回转体轴测图的画法。

【主要内容】

轴测投影的基本知识，平面体轴测图的画法，曲面体轴测图的画法和轴测图的选择。

第一节　轴测投影的基本知识

多面正投影图虽然能够完整、准确地表达形体的形状和大小，并且作图简便，工程应用非常普遍，但它缺乏立体感，对于读图知识欠缺的人来说很难读懂。如果遇到比较复杂的形体，那就更难读懂了。为了帮助阅读多面正投影图，工程上常采用轴测图作为辅助性的图样。

一、轴测投影的形成

将物体连同其直角坐标体系，沿不平行于任一坐标平面的方向，用平行投影法将其投射在单一的投影面上所得到的图形，称为轴测投影（轴测图）。

如图 5-1 所示为轴测图的两种形成法。它是根据平行投影的原理，将空间形体连同确定的空间直角坐标系，一起沿不平行于任意一坐标面的方向（S）投影到一个单一投影面（P）上所得到的投影。当投影方向（S）垂直于投影面时，所得到的轴测投影称为正轴测投影，如图 5-1（a）所示。当投影方向（S）倾斜于投影面时所得到的轴测投影为斜轴测投影，如图 5-1（b）所示。

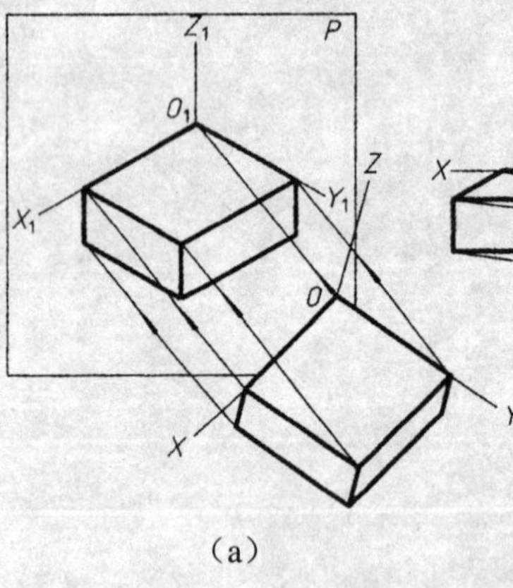

（a）

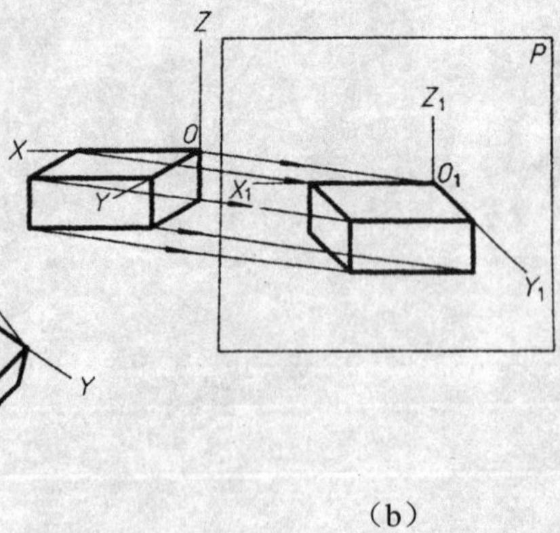

（b）

图 5-1　轴测图的形成

二、轴测图的要素

在图 5-1 中，P 平面称为轴测投影面。轴测图主要有以下三个要素：

1．轴测轴

确定形体空间位置的直角坐标轴 OX、OY、OZ，在轴测投影面上的投影 O_1X_1、O_1Y_1、O_1Z_1 叫做轴测轴。

2．轴间角

两轴测轴间的夹角 $\angle X_1O_1Y_1$，$\angle X_1O_1Z_1$，$\angle Y_1O_1Z_1$ 叫做轴间角。

3．轴向伸缩系数

轴测轴 O_1X_1、O_1Y_1 和 O_1Z_1 上的单位长度与相应直角坐标轴 OX、OY 和 OZ 上的单位长度之比分别为 X、Y 和 Z 轴的轴向伸缩系数，分别用 p、q、r 表示：

$$p=O_1X_1/OX;\qquad q=O_1Y_1/OY;\qquad r=O_1Z_1/OZ。$$

根据轴向伸缩系数，就可以量度平行于该轴测轴相应的尺寸，轴测投影坐标是由轴测轴之间的夹角和轴向伸缩系数确定的，所以，轴测投影最基本的问题就是确定轴测轴、轴间角和轴向伸缩系数。

三、轴测图的分类

根据投影方向 S 和轴测投影面 P 的相对位置关系，轴测投影可以分为两大类：

正轴测投影——S 垂直于 P

斜轴测投影——S 斜倾于 P

这两类轴测投影按其轴向伸缩系数的不同，又可分为三种：

1．$p=q=r$　称为正（或斜）等测投影，简称正（斜）等测。

2．$p=q\neq r$ 或 $p=r\neq q$ 或 $r=q\neq p$ 称为正（或斜）二等测投影，简称正（斜）二测。

3．$p\neq q\neq r$　称为正（或斜）三测投影，简称正（斜）三测。

在实际工程中，因三测投影作图甚繁而很少采用。最常用的是正等测图、斜二测图。

四、轴测图的基本特性

1．平行性

由于轴测投影采用的是平行投影法，所以它具有平行投影的性质。形体上相互平行的线段，它们的轴测投影也相互平行；形体上平行于某坐标轴的线段，其投影也必与相应的轴测轴平行。

2．可量性

形体上互相平行的线段，在轴测投影中有相同的伸缩系数，形体上与坐标轴平行的线段的轴向伸缩系数与轴测轴的轴向伸缩系数相同，因为轴测轴的轴向伸缩系数已知，所以绘制轴测图时只能沿着轴测轴的方向量取尺寸，这就是“轴测”的含义。

第二节　正等轴测图的画法

一、正等测图的轴间角和轴向伸缩系数

如图 5-1 所示，使轴测投影面 P 与物体上三根坐标轴等角度倾斜，然后用正投影法将物体投射到 P 面上，所得到的轴测图称为正等轴测图，简称正等测图。正等测图的轴间角 $\angle X_1O_1Y_1=\angle X_1O_1Z_1=\angle Y_1O_1Z_1=120^\circ$，轴向伸缩系数 $p_1=q_1=r_1\approx0.82$。

按轴向伸缩系数 0.82 画图时，物体上凡与坐标轴平行的线段都要乘以 0.82 才是其轴测投影长度，作图比较繁琐。为简化作图，国标规定用简化系数 $p=q=r=1$ 代替 $p_1=q_1=r_1\approx0.82$，这时，凡平行于坐标轴的线段均可按其实际尺寸直接画出，无须换算。采用简化系数画出的轴测图，比轴向伸缩系数为 0.82 时画出的轴测图放大了 1.22 倍（1/0.82≈1.22），但轴测图的形状不变。

正等测图的轴间角和简化系数，如图 5-2 所示。

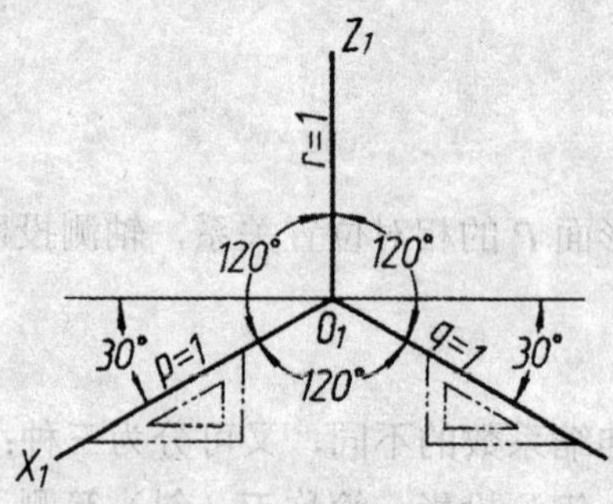

图 5-2　正等测图的轴间角和简化系数

二、平面立体的正等测图

（一）坐标定点法

根据形体的特点，在选定的轴测轴上，按坐标关系画出形体上各顶点的轴测图，连接而得到形体轴测图的这种方法称为坐标定点法。它不仅用于画点的轴测图，而且也适用于画各种物体的轴测图。

例 5-1：已知四棱柱的投影图，如图 5-3 所示，画其正等轴测图。

分析：根据四棱柱的特点，选四棱柱的一个角顶点作为坐标原点，过此角顶点的三条棱线作为坐标轴。形体上的坐标轴选定后，就可以沿 X、Y、Z 三个坐标轴量出四棱柱的长、宽、高，并将其对应关系移到轴测图上，便可定出各棱线的投影。

作图步骤：

（1）在正投影视图中，画出坐标轴的投影，如图 5-3（b）所示；

（2）根据正等轴测图轴间角 120° 画出轴测轴，如图 5-3（c）所示；

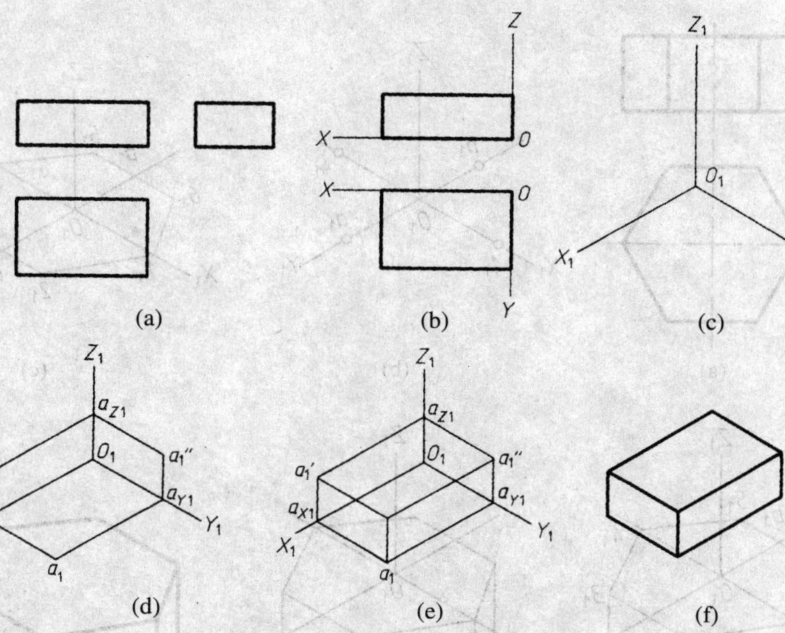

图 5-3　四棱柱正等轴测图的画法

（3）在轴上按三视图的尺寸量出 a_{X1}、a_{Y1}、a_{z1} 三点，过此三点分别作 X_1、Y_1、Z_1 轴的平行线，得到三点 a_1、a_1'、a_1''，如图 5-3（d）所示；

（4）过 a_1、a_1'、a_1'' 三点分别作 X_1、Y_1、Z_1 轴的平行线，如图 5 3（e）所示；

（5）擦去多余的作图线，加粗可见轮廓线，即得到四棱柱的正等轴测图如图 5-3（f）所示。

（二）特征面法

对于柱类形体，通常先画出反映形体特征的一个可见端面，然后绘出可见的棱线和底面，从而完成形体的轴测图，称为特征面法。

例 5-2：已知正六棱柱的正投影图，如图 5-4（a）所示，画其正等轴测图。

分析：因正六棱柱的顶面和底面都是处于水平位置的正六边形，取顶面的中心为原点，并确定 X 轴和 Y 轴，棱柱轴线为 Z 轴，如图 5-4（a）所示。

作图步骤：

（1）作轴测轴，并在其上量得 1_1、4_1 和 a_1、b_1，如图 5-4（b）所示；

（2）通过 a_1、b_1 作 X 轴的平行线，量得 2_1、3_1 和 5_1、6_1，连成顶面，如图 5-4（c）所示；

（3）由点 6_1、1_1、2_1、3_1 沿 Z 轴量得 H，得 7_1、8_1、9_1、10_1，如图 5-4（d）所示；

（4）连接 7_1、8_1、9_1、10_1，如图 5-4（e）所示；

（5）擦去不必要的作图线，加粗可见轮廓线，如图 5-4（f）所示。

国标规定，轴测图中物体的可见轮廓用粗实线表示，不可见轮廓的虚线一般不画；轴测轴随轴测图同时画出，也可省略不画。

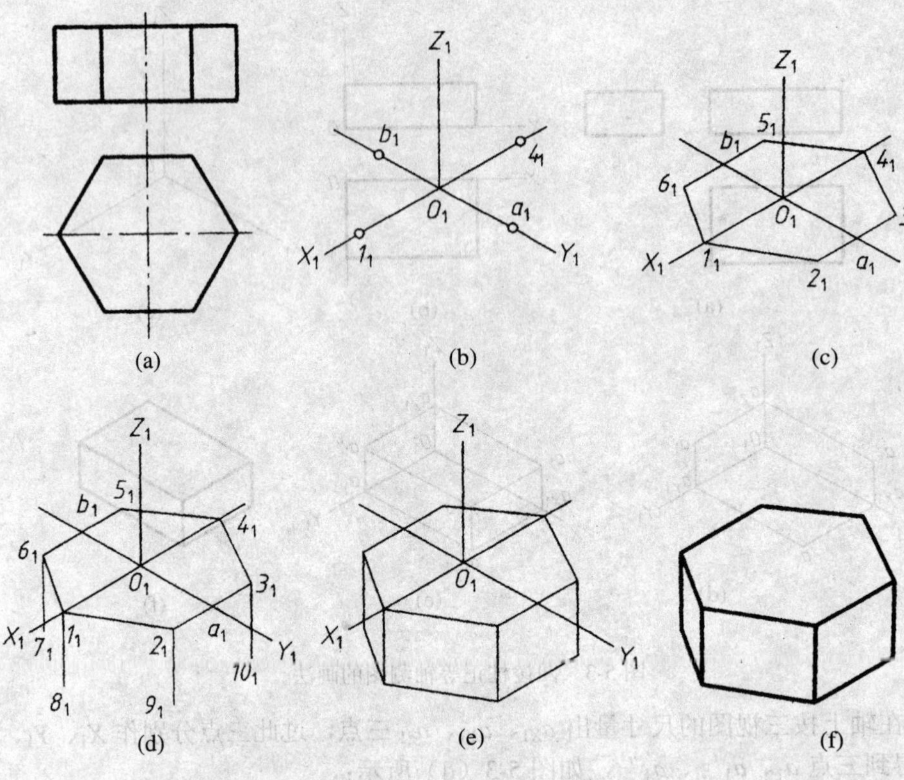

图 5-4　正六棱柱正等轴测图的画法

（三）叠加法

组合体是由几个基本形体叠加而成，画组合体正等测图前必须先分析组成组合体的基本形体的数量及特征，然后按其基本形体的相对位置依次叠加画出基本形体的轴测图，从而得出组合体的轴测图，这样的方法称为叠加法。

例 5-3：画出如图 5-5（a）所示形体的正等测图。

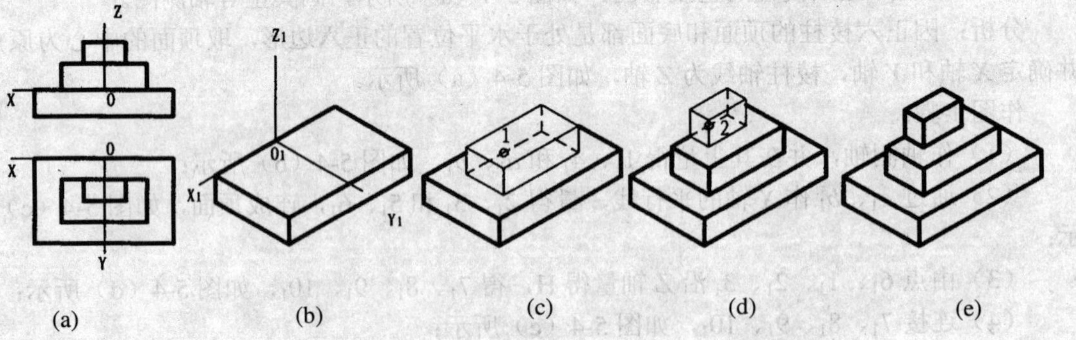

图 5-5　叠加法画正等轴测图

分析：根据视图可知，该形体由三个大小不同的长方体叠加而成，最底下的长方体与中间长方体中心对齐，而中间长方体与顶部长方体后表面中间对齐，为作图方便，建立如图

5-5（a）所示的坐标系，根据长方体的对齐方式先后绘制出三个长方体叠加即可。

作图步骤：

（1）画正等测图的轴测轴，画出底部长方体，图 5-5（b）所示；

（2）沿 Y_1 方向定出中间长方体后表面底边上的中点 1，画出该长方体，如图 5-5（c）所示；

（3）再找出中点 2，根据上部长方体的尺寸画出该长方体，如图 5-5（d）所示。

（4）擦去多余的作图线，加深可见轮廓线，完成全部作图，如图 5-5（e）所示。

（四）切割法

绘制切割体的轴测图，一般先画出基本形体的轴测图，再逐步切去多余部分的方法称为切割法。

例 5-4：画出图 5-6（a）所示形体的正等测图。

分析：该形体由五棱柱切割而成，先画出五棱柱的轴测图，再切去上边的四棱柱，建立坐标如图示。

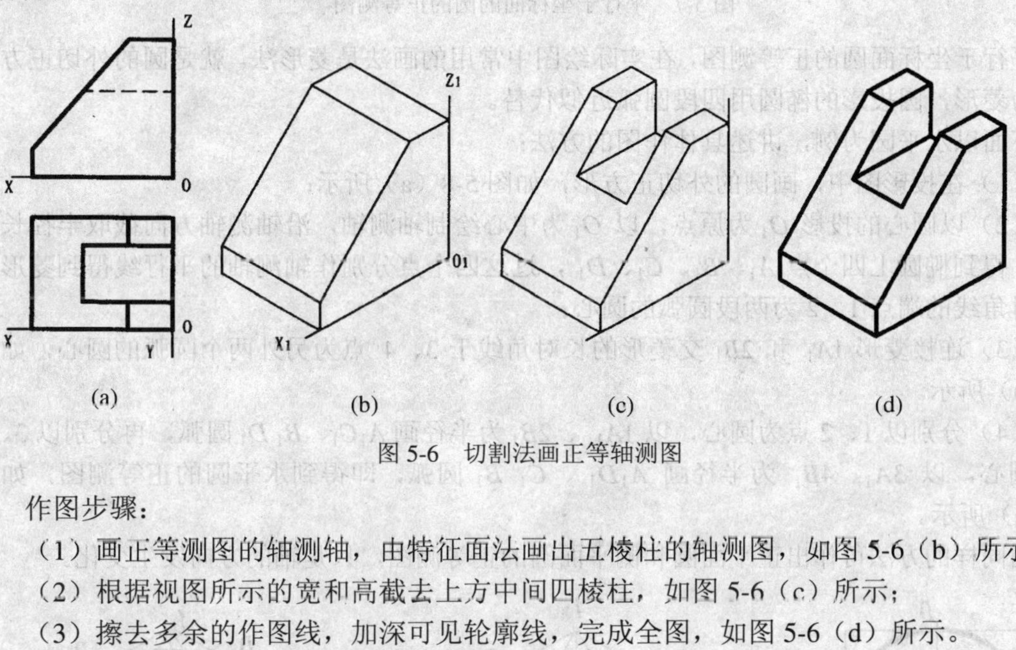

(a)　(b)　(c)　(d)

图 5-6　切割法画正等轴测图

作图步骤：

（1）画正等测图的轴测轴，由特征面法画出五棱柱的轴测图，如图 5-6（b）所示；

（2）根据视图所示的宽和高截去上方中间四棱柱，如图 5-6（c）所示；

（3）擦去多余的作图线，加深可见轮廓线，完成全图，如图 5-6（d）所示。

三、圆和圆角的正等测图

（一）圆的正等测图

物体上平行于三个坐标面的圆，其正等测图都是大小相等的三个椭圆。由于它们所平行的坐标面不同，所以椭圆的长、短轴的方位也各不相同。如图 5-7 所示，水平圆在正等测图中的椭圆，长轴垂直于 Z 轴，短轴平行于 Z 轴；正平圆在正等测图中椭圆，长轴垂直于 Y 轴，短轴平行与 Y 轴；侧平圆在正等测图中的椭圆，长轴垂直于 X 轴，短轴平行于 X 轴。三个椭圆的长、短轴的长度，按简化系数作图时，长轴约为圆直径的 1.22 倍，短轴约为直径的 0.7 倍。

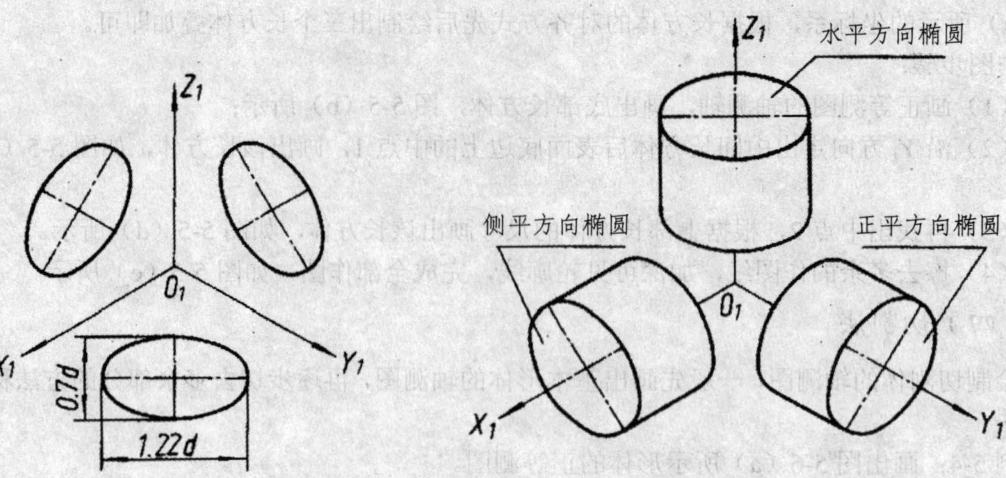

(a) (b)

图 5-7　平行于坐标面的圆的正等测图

平行于坐标面圆的正等测图，在实际绘图中常用的画法是菱形法。就是圆的外切正方形投影为菱形，圆投影的椭圆用四段圆弧近似代替。

下面以水平圆为例，讲述具体作图的方法：

（1）在投影图中，画圆的外切正方形，如图 5-8（a）所示；

（2）以圆心的投影 O_1 为原点，以 O_1 为中心绘制轴测轴，沿轴测轴方向截取半径长度为 R，得到椭圆上四个点 A_1、B_1、C_1、D_1，过这四个点分别作轴测轴的平行线得到菱形。菱形对角线的端点 1、2 为两段圆弧的圆心；

（3）连接菱形 $1A_1$ 和 $2B_1$ 交菱形的长对角线于 3、4 点为另外两个圆弧的圆心，如图 5-8（b）所示。

（4）分别以 1、2 点为圆心，以 $1A_1$、$2B_1$ 为半径画 A_1C_1、B_1D_1 圆弧，再分别以 3、4 点为圆心，以 $3A_1$、$4B_1$ 为半径画 A_1D_1、C_1B_1 圆弧，即得到水平圆的正等测图，如图 5-8（c）所示。

用同样的方法可作出正平面圆和侧平面圆的正等测图，只是轴的方向发生变化。

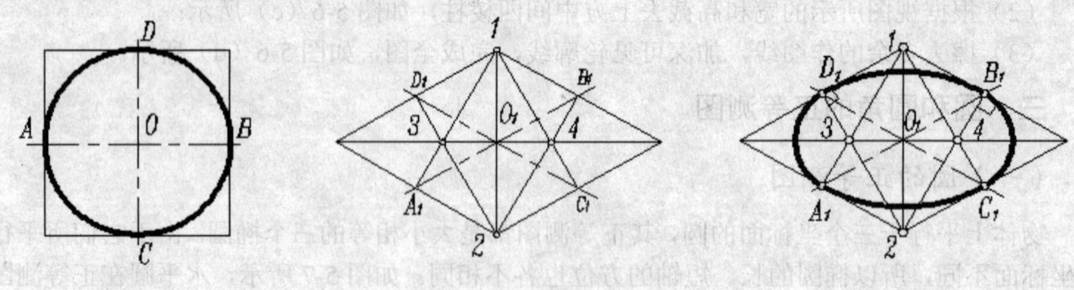

（a） （b） （c）

图 5-8　菱形法画椭圆

（二）圆角的正等测图

平行坐标面的四分之一圆角，它的正等轴测投影是部分椭圆，通常根据菱形法绘制。

例 5-5：绘制图 5-9（a）所示的带圆角的长方体正等测图。

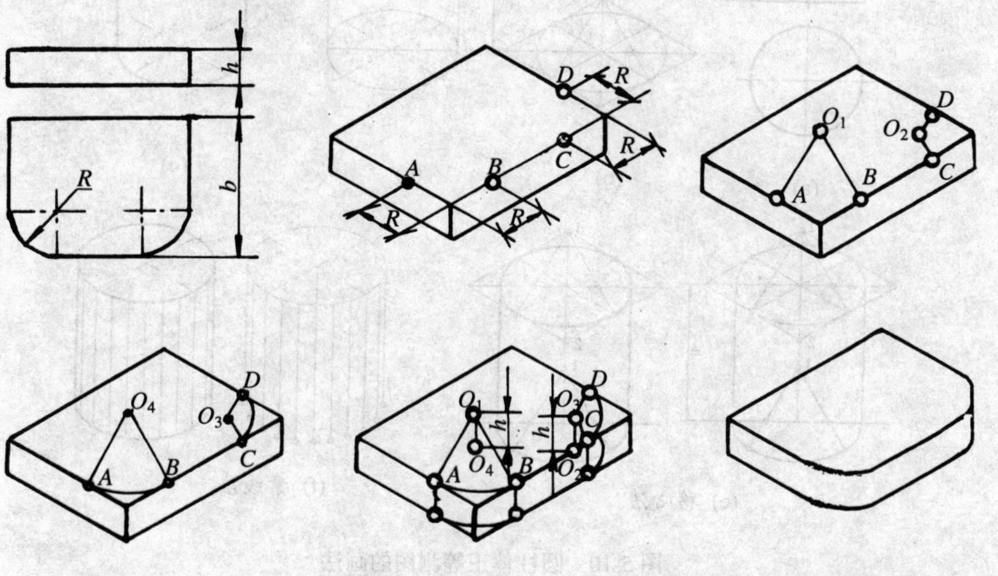

图 5-9　圆角的正等测图画法

（1）画长方体正等测图，并在其上由顶点沿两边分别截取圆角半径 R，得切点 A、B、C、D，如图 5-9（b）所示；

（2）过各切点 A、B、C、D 分别作所在边的垂线得交点 O_1 、O_2，如图 5-9（c）所示；

（3）分别以 O_1 、O_2 为圆心 O_1A 、O_2C 为半径画弧，得到上底面圆角的正等测图如图 5-9（d）；

（4）将圆心 O_1 、O_2 和各切点沿 Z 轴向下移长方体的高度 h，得到底面圆心 O_3 、O_4 与各切点，再分别以 O_3 、O_4 为圆心，以上底面上对应的半径为半径画弧，得到下底面圆角的正等测图，如图 5-9（e）所示；

（5）做右边上、下两圆弧的公切线，擦去多余线并加深轮廓线，结果如图 5-9（f）所示。

（三）曲面体的正等测图

机件中常见的曲面体有圆柱、圆锥（台）球等，绘制它们的正等测图就是绘制它们的上下底面圆的投影以及曲面的外形轮廓线。作图时，首先应明确圆所在的平面和那一个坐标面平行，才能保证画出的椭圆正确。

例 5-6：绘制图 5-10（a）所示圆柱正等测图。

分析：

从视图看，该圆柱体轴线是铅垂线，所以圆柱的上、下底圆均平行于水平面（XOY 坐标面），所以，上下底圆的投影在轴测投影面上是椭圆。

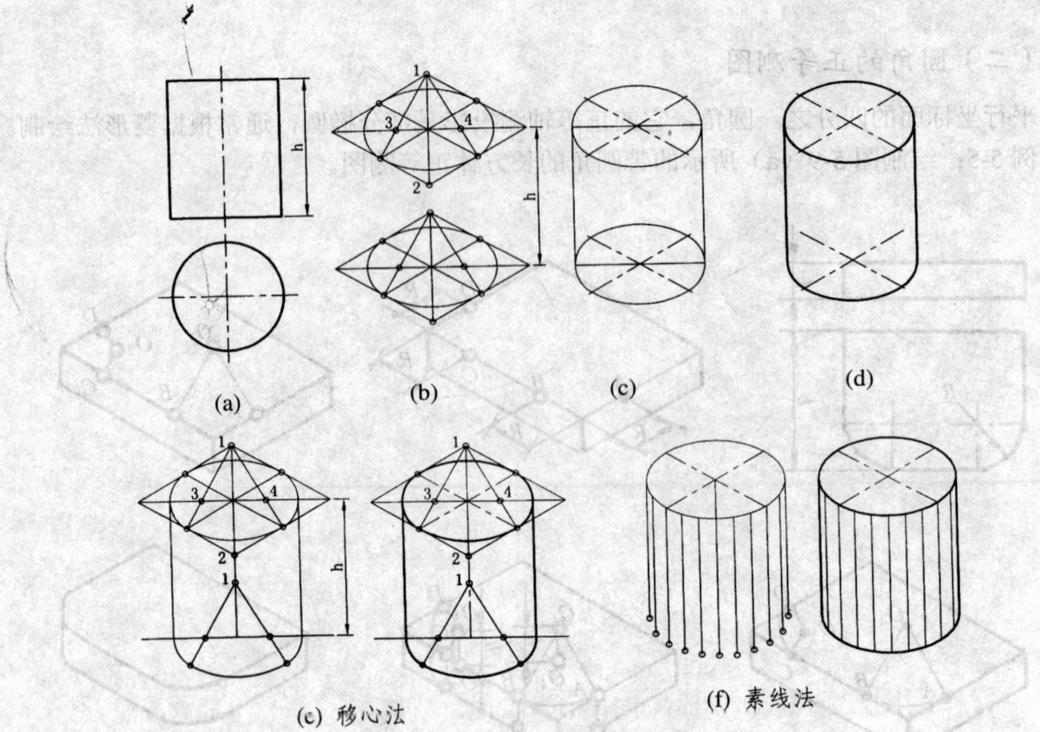

图 5-10　圆柱体正等测图的画法

作图步骤：

（1）先在视图上建立如图 5-10（a）所示的坐标系；

（2）根据圆柱高度 h 定出上下底圆的中心，利用菱形法绘制如图 5-10（b）所示的椭圆；

（3）再画出两椭圆的公切线，即得圆柱轮廓线。如图 5-10（c）所示；

（4）擦去多余线条，加深轮廓线，完成全图，如图 5-10（d）所示。

从画成的圆柱轴测图看上下两个椭圆完全相等，且对应点之间的距离均为 h。所以只要完整地画出上底椭圆，下底椭圆及各段圆弧相连处的切点，沿 Z 轴方向量取高度 h 均可找到，这是实际作图常用的方法，称为移心法，如图 5-10（e）所示，它可以简化作图，保持图面整洁、清晰。

注意：如图 5-10（f）所示，从椭圆上作任意条等长素线的方法称为素线法。

如图 5-11 所示是圆柱轴线垂直不同的投影面的正等轴测投影，作图方法与如图 5-10 所示相同，只是椭圆中心线方向不同。

如图 5-12（a）所示是圆锥的正等测图。绘制时先画锥底圆和锥顶的轴测投影。再过锥顶作锥底椭圆切线，即得轮廓线。

如图 5-12（b）所示是圆球的正等测图，它的外形轮廓是一个圆，其直径等于球的直径，为了加强立体感，常需要画出三个坐标面最大平行圆的轴测投影椭圆，分别以 $x_1o_1y_1$、$X_1O_1Z_1$、$Y_1O_1Z_1$ 为坐标面画出三个椭圆。

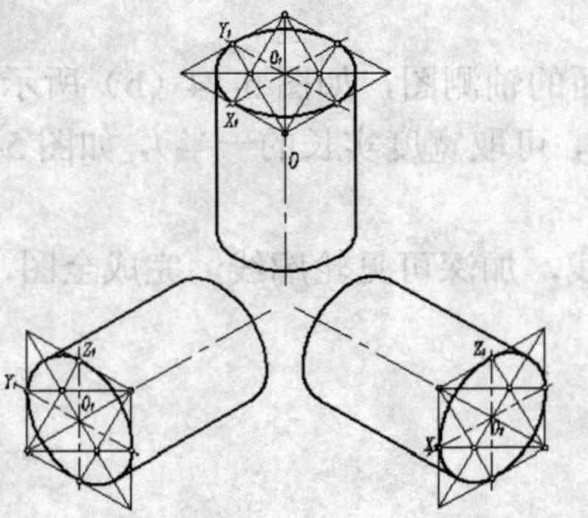

图 5-11　圆面平行于不同坐标面的圆柱正等测图

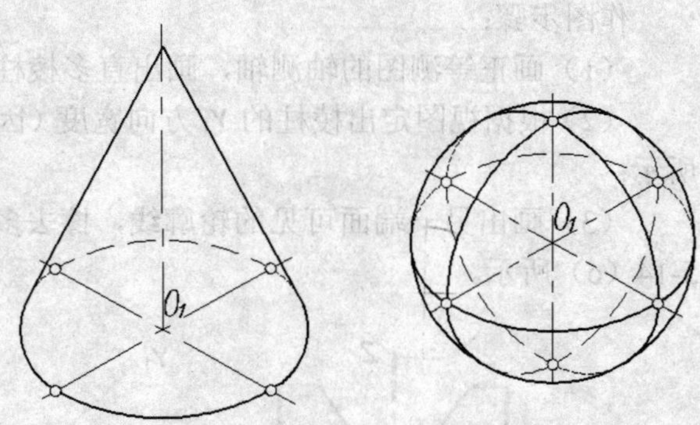

（a）　（b）

图 5-12　圆锥和球的正等测图

第三节　斜二等轴测图的画法

一、斜二测图的轴间角和轴向伸缩系数

按国标规定，斜二测图的轴间角$\angle X_1O_1Z_1=90^{\circ}$，$\angle X_1O_1Y_1=\angle Y_1O_1Z_1=135^{\circ}$（作图时，作$O_1Y_1$轴与水平线成 45°），轴向伸缩系数$p_1=r_1=1$，$q_1=0.5$，如图 5-13 所示。

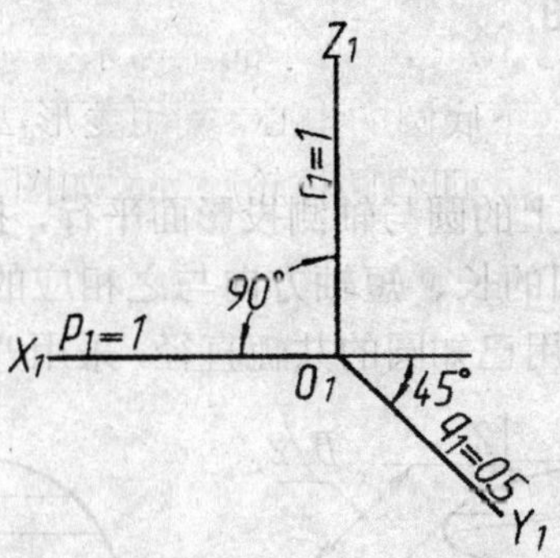

图 5-13　斜二测图的轴间角和轴向伸缩系数

二、平面体斜二测图的画法

由于斜二测图 X、Z 轴的轴向伸缩系数$p_1=r_1=1$，因此，物体上凡平行于坐标面 XOZ 的形状能反映实形。当物体某一方向上的形状比较复杂，采用斜二测图比较简单方便。

斜二测图的画法与正等测图画法相似。需要注意的是：Y 轴方向的伸系数$q_1=0.5$，沿 Y_1 轴方向画图时的长度，应取物体上实际长度的一半。

例 5-7：作平面体机件的斜二测图（如图 5-14 所示）。

分析：

由投影图可以看出，该机件可以看作一个直多棱柱，正面投影反映该形体的真实特征形状，故取轴测投影面与正面平行，绘制正面斜二测图，建立坐标如图 5-14（a）所示。

作图步骤：

（1）画正等测图的轴测轴，画出直多棱柱特征面的轴测图，如图 5-14（b）所示；

（2）根据视图定出棱柱的 Y_1 方向宽度（因 q=0.5，可取宽度实长的一半），如图 5-4（b）所示；

（3）画出另一端面可见的轮廓线，擦去多余的线，加深可见轮廓线，完成全图，如图 5-14（c）所示。

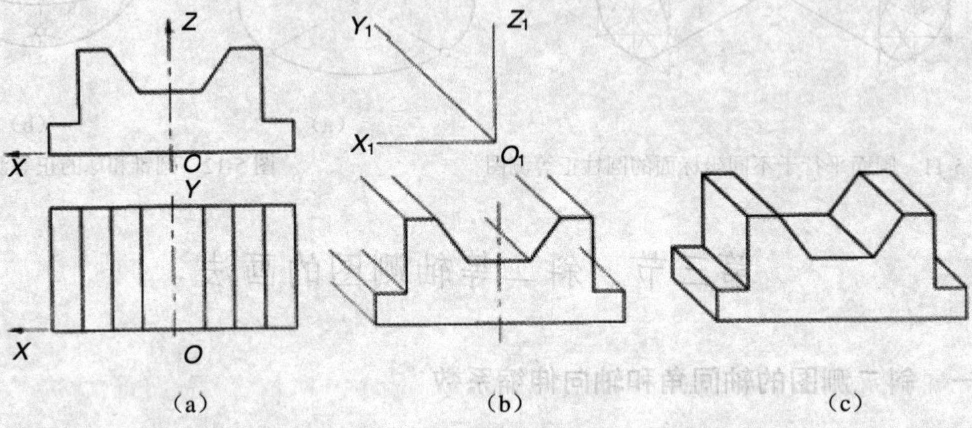

图 5-14　机件的斜二测图

三、曲面体的斜二测图

（一）圆的斜二测图

在斜二测图中，若坐标面上的圆与轴测投影面平行，投影反映圆的实形，另外两个坐标面上的圆投影则为椭圆，椭圆的长、短轴方向与之相应的轴测轴既不垂直也不平行，如图 5-15 所示，作这些椭圆可以利用已知圆的共轭直径，采用八点做出，也可以用平行弦法画出。

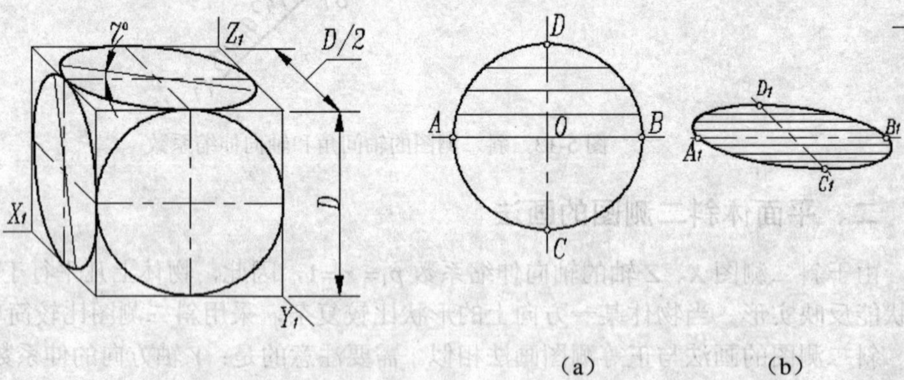

图 5-15　平行坐标面圆的斜二测图　　图 5-16　平行弦法画椭圆

平行弦法就是利用通过平行于坐标轴弦的端点定出圆周上各点的位置，其实质仍是坐标法，此法也适用于正轴测投影椭圆的绘制。

作图方法如图 5-17 所示，以圆心为坐标原点，中心线为坐标轴，将 Y 轴方向 n 等分，如图 5-16（a）所示为八等分，过每一等分点作 OX 平行的弦。用坐标法在轴测图上画出相应的弦，求出各端点，用光滑的曲线连起来即为轴测投影椭圆，如图 5-16（b）所示。

注意：O_1Y_1 轴与 O_1X_1 轴方向的轴向伸缩系数不同。

（二）形体的斜二测图

例 5-8：画图如 5-17（a）所示压盖的斜二测图。

分析：压盖由腰圆形底板和圆筒两部分组成。作图时可将腰圆形底板的前端面看作特征面，定 O_1X_1 和 X_1Z_1 坐标轴。

作图步骤如图 5-17 所示：

（1）作腰圆形底板前端面的斜二测图（实形），如图 5-17（b）所示。

（2）将圆心向后方作 45º推移，取底板的 1/2 宽度，求得后端面各圆的圆心，画出底板的斜二测图，如图 5-17（c）所示。

（3）在特征面上画出圆筒后端面的外圆，将其圆心向前方作 45º推移，取圆筒宽度的 1/2，定出圆筒前端面的圆心位置，画出圆筒的外圆和圆孔。再将圆心向后方推移 1/2 底板的宽度，画出圆孔可见部分的轮廓，如图 5-17（d）所示。

（4）最后加深可见轮廓线，如图 5-17（e）所示。

注意：画圆柱的轴测图时，不要忘掉在两个圆的外侧作平行 Y 轴线方向的公切线。

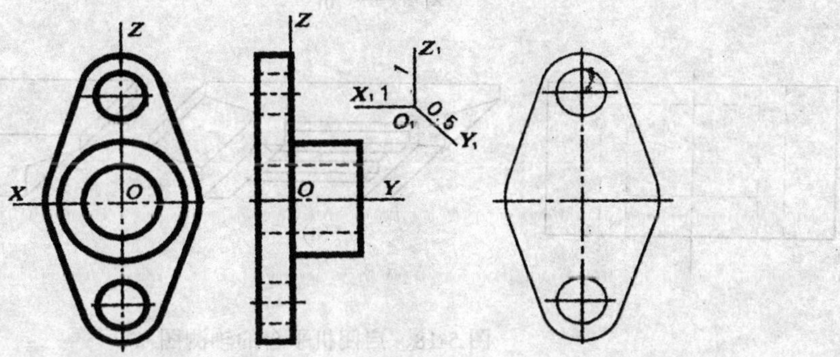

（a）视图　　（b）画组合柱特征面

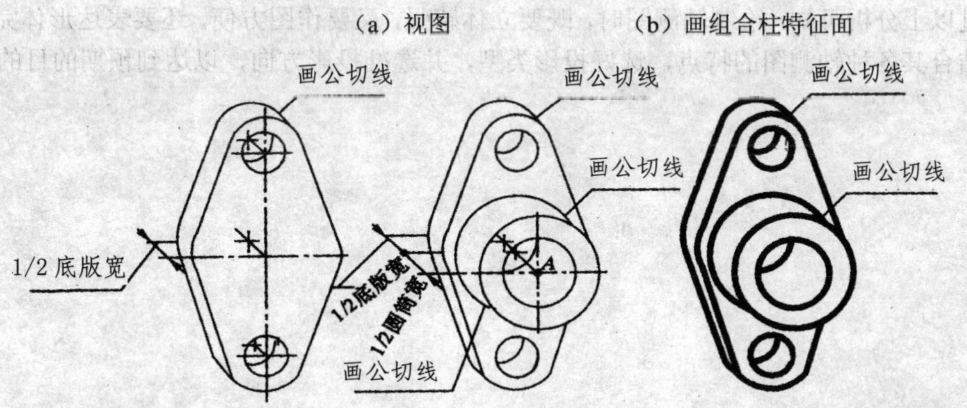

（c）用移心法画组合柱后表面　（d）定 A 为起始点画圆筒　（e）擦去多余线，加深

图 5-17　压盖的斜二测图画法

四、轴测图的选择

（一）轴测图种类选择

轴测投影图由于轴间角和轴向伸缩系数的不同，致使形体采用不同的类型，画出的图形立体感强弱不同，画图的难易程度也不同，绘制轴测图时，应以立体感强和作图简单为原则选择。正等测一般适用于三个方向复杂程度相当或者各个坐标面都有圆、圆角或者曲线的形体；斜二测一般适用于某一坐标面上平面图形比较复杂或者有圆、圆角，其余方向是直线或者比较简单的形体。

（二）轴测图观察方向的选择

轴测投影作图时由于观察方向不同，轴测轴位置的不同，图形的效果也不同，画图的目的是为了反映形体需要表达部分的结构形状。如图 5-18 所示的形体就是从不同的方向观察形体所得到的轴测图。如图 5-18（b）所示比图 5-18（c）所示表达得清晰、完整，效果也好。

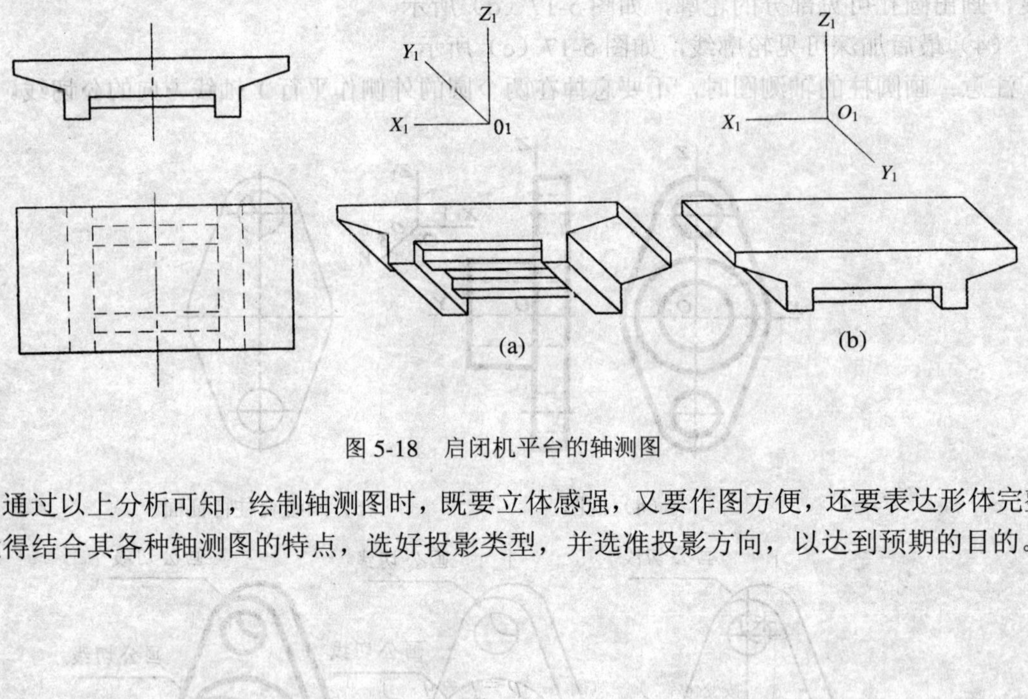

图 5-18　启闭机平台的轴测图

通过以上分析可知，绘制轴测图时，既要立体感强，又要作图方便，还要表达形体完整，这就得结合其各种轴测图的特点，选好投影类型，并选准投影方向，以达到预期的目的。

本章小结

一、知识体系

- 轴测图
  - 要素
    - 轴测轴
      - O_1X_1
      - O_1Y_1
      - O_1Z_1
    - 轴间角
      - $\angle X_1O_1Y_1$
      - $\angle Y_1O_1Z_1$
      - $\angle Z_1O_1X_1$
    - 轴向变化率
      - p
      - q
      - r
  - 种类
    - 按投影方向
      - 正轴测图
        - 正等测
        - 正二测
        - 正三测
      - 斜轴测
        - 斜等测
        - 斜二测
        - 斜三测
    - 按变化率
      - 等测图——$p=q=r$
        - 正等测
        - 斜等测
      - 二测图——$p=r\neq q$
        - 正二测
        - 斜二测
      - 三测图——$p\neq q\neq r$
        - 正三测
        - 斜三测
  - 画法
    - 坐标法
    - 切割法——方箱法
    - 叠加法
    - 特征面法

二、复习思考

（一）思考题

1．轴测投影是怎样形成的？轴测投影图与正投影图比较，有何优缺点？

2．什么叫轴间和轴向伸缩系数？轴测投影有何投影特性？

3．圆的正等测投影和斜二测投影怎么画？

（二）选择题（将正确的答案代号填在括号里）

1．轴测投影按投影方向分为________。

（a）中心投影、平行投影　　（b）正轴测投影、斜轴测投影

（c）正等测、斜二测　　（d）正投影、斜投影

2．一般情况下画正等测图采用的轴向伸缩系数是________。

（a）p＝q＝r＝0.82　　（b）p＝q＝r＝1

（c）p＝q＝r＝0.5　　（d）p＝q＝1、r＝0.5

3．斜二测投影的轴间角是________。

（a）90°、135°、135°　（b）120°　（c）90°、120°、135°　（d）任意角度

（三）判断题（正确的打“√”、错误的打“×”）

1．轴测图是用平行投影法，将空间形体连同坐标轴一起投影到单一投影面上所得的投影。

2．物体上互相平行的线段，它们在轴测图中也相互平行且长度不变。

3．绘制轴测投影图一般采用的方法有坐标法、特征面法、切割法等。

第六章　立体表面的交线

【学习要求】

了解截交线和相贯线的概念，掌握截交线和相贯线在投影图中的画法。

【主要内容】

平面立体和曲面立体的截交线画法，两圆柱相贯时相贯线的画法以及圆柱与孔、孔与孔相贯时，相贯线的画法。

物体的表面经常会出现平面与平面，平面与曲面，曲面与曲面相交的情况，物体两面相交时所产生的交线称为表面交线。表面交线在一般情况下是不能直接画出来的，它可以通过描点法等方法画出，本章主要介绍截交线与相贯线的画法。

第一节　截　交　线

一、截交线的概念

由平面截割形体而产生的交线称为截交线，这个平面称为截平面，如图 6-1（a）所示的直观图和投影图，截交线是由四个倾斜于圆柱轴线的截平面截割而产生的曲线。

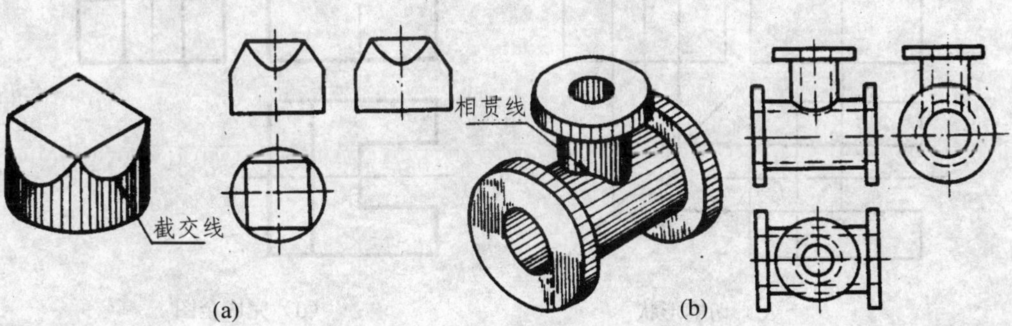

图 6-1　形体的表面交线

二、截交线的性质

立体被平面切割时，立体表面的形状的不同和截平面相对于立体的位置不同，所形成截交线的形状也不同，但任何截交线均具有以下两个性质。

（1）截交线是封闭的平面多边形。

（2）截交线是截平面与立体表面的共有线。

三、平面立体的截割

1．四棱柱的截割

如图 6-2（a）所示，四棱柱切去一个三棱柱后，又开了一个槽，该槽由两个正平面和一个侧平面截割而成。两正平面在 H 面和 W 面上投影都具有积聚性；槽的侧平面在 V 面和 H 面的投影都具有积聚性。这样该槽的水平投影具有积聚性，正面投影不可见，侧面投影可见。作图过程如图 6-2 所示。

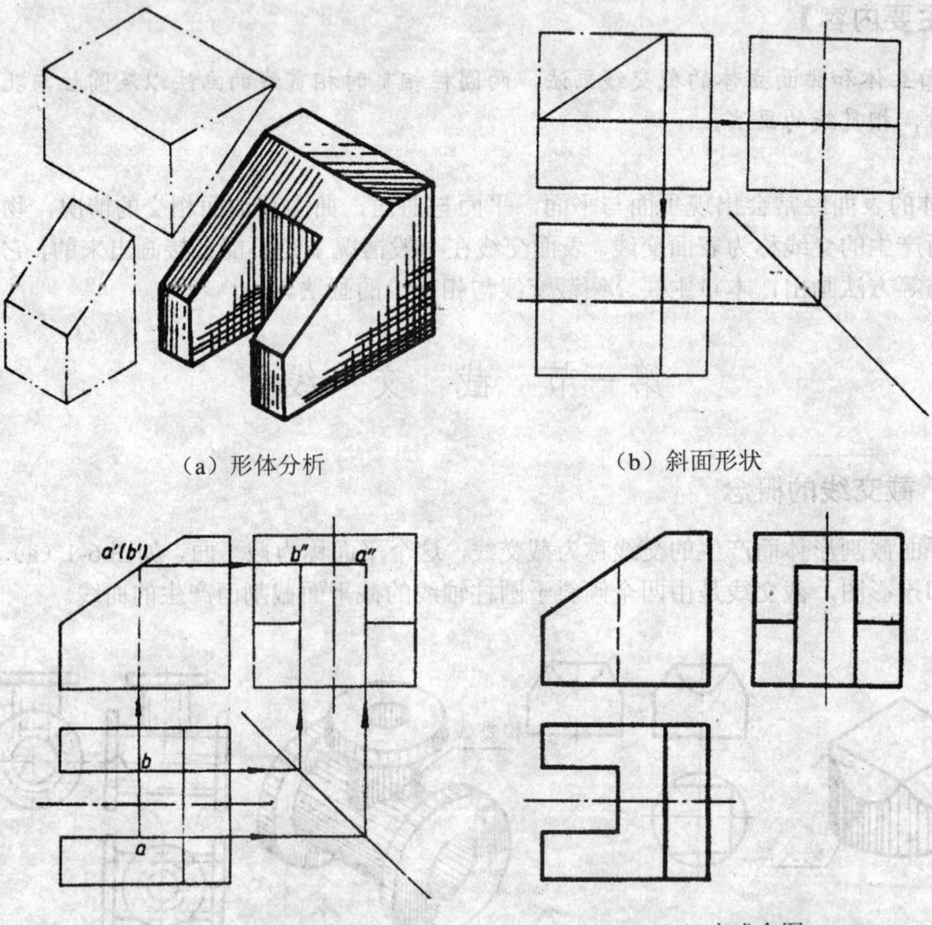

（a）形体分析　（b）斜面形状

（c）切槽形状　（d）完成全图

图 6-2　四棱柱的截割

2．四棱台的切割

如图 6-3（a）所示为切矩形槽的四棱台，该槽由两个侧平面和一水平面截割而成。两侧平面在 V 面和 H 面投影都具有积聚性；槽底的水平面在 V 面和 W 面上都具有积聚性。这样，该槽在主视图中具有积聚性，侧面投影被遮盖；水平投影可见。

作图过程如图 6-3 所示。

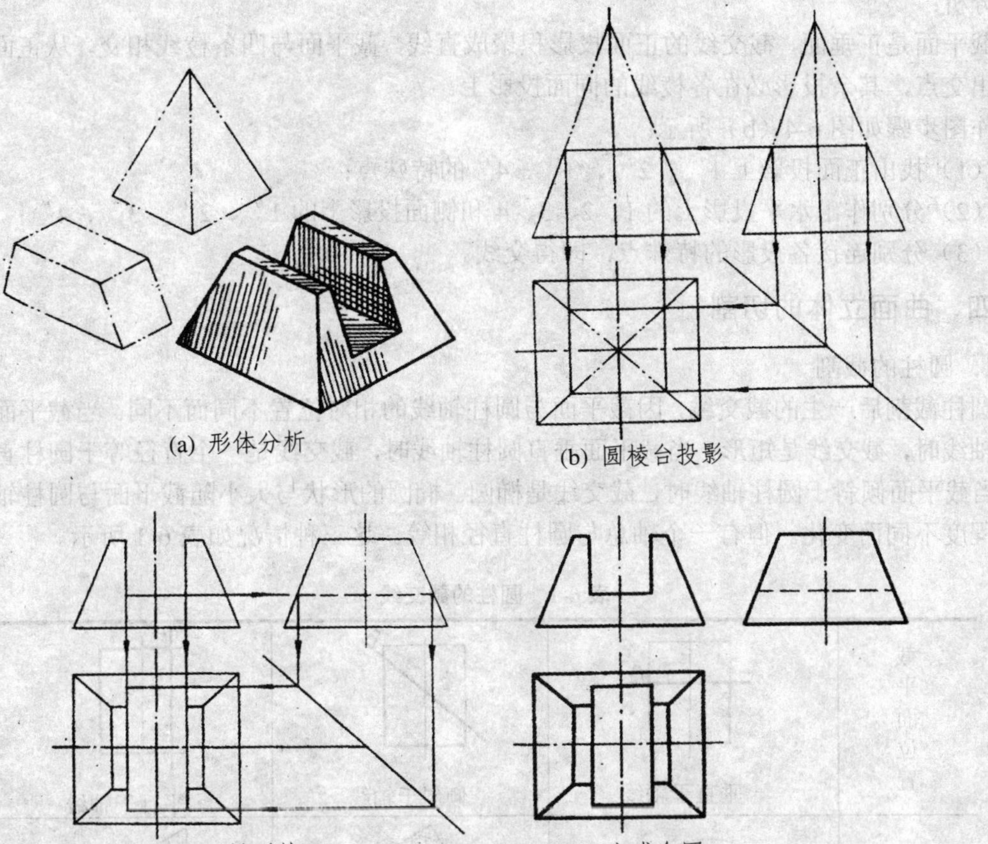

(a) 形体分析　　(b) 圆棱台投影

(c) 切槽形状　　(d) 完成全图

图 6-3　四棱台上切槽

例 6-1：求作四棱锥被切后的水平投影和侧面投影，如图 6-4（a）所示。

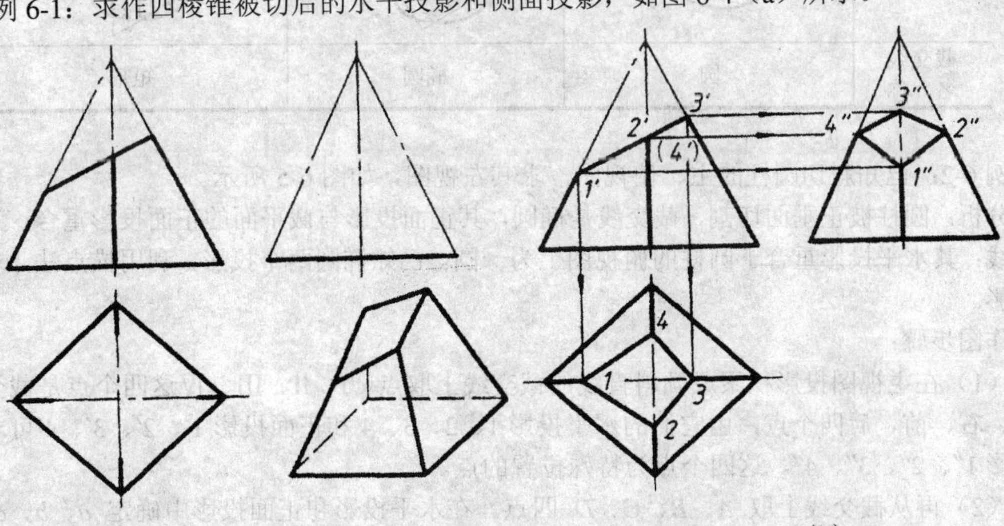

（a）　　（b）

图 6-4　四棱锥的切割

分析：

截平面是正垂面，截交线的正面投影积聚成直线。截平面与四条棱线相交，从正面可直接找出交点，其余投影必在各棱线的同面投影上。

作图步骤如图 6-4（b）所示：

（1）找出正面投影上 1′、2′、3′、4′ 的特殊点；

（2）分别作出水平投影上的 1、2、3、4 和侧面投影上的 1″、2″、3″、4″；

（3）分别连接各投影的特殊点，即得交线。

四、曲面立体的切割

1．圆柱的截割

圆柱截割后产生的截交线，因截平面与圆柱轴线的相对位置不同而不同。当截平面平行圆柱轴线时，截交线是矩形；当截平面垂直圆柱轴线时，截交线是一个直径等于圆柱直径的圆；当截平面倾斜于圆柱轴线时，截交线是椭圆。椭圆的形状与大小随截平面与圆柱轴线的倾斜程度不同而变化。但有一个轴总与圆柱直径相等。这三种情况如表 6-1 所示。

表 6-1　圆柱的截交线

截平面位置	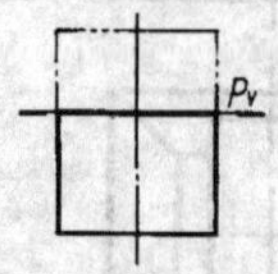 垂直于轴线	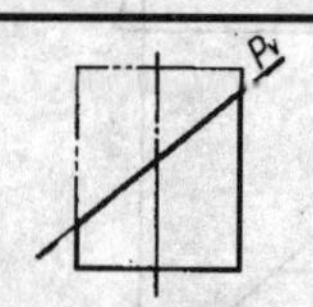 倾斜于轴线	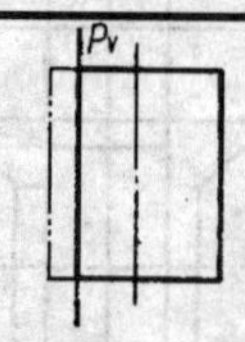 平行于轴线
空间形状	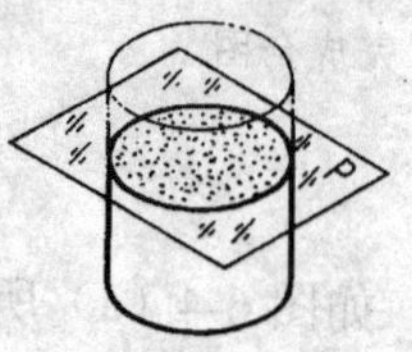	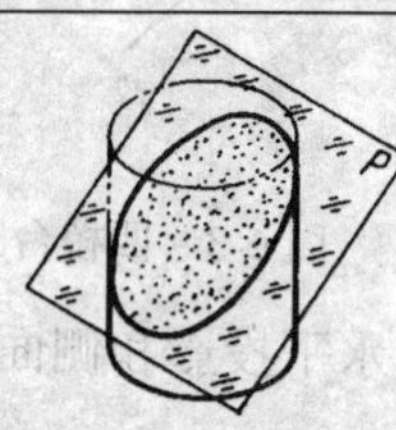	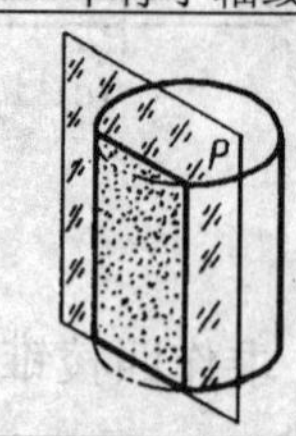
截交线名称	圆	椭圆	矩形

例 6-2：已知斜切圆柱的主、俯视图，求其左视图，如图 6-5 所示。

分析：圆柱被正垂面切割，截交线是椭圆，其正面投影与截平面的正面投影重合，为一段直线；其水平投影重合于圆柱的俯视图上为一圆。已知椭圆两个投影，利用描点法，求第三投影。

作图步骤：

（1）在主视图投影积聚成倾斜直线的截交线上取点。Ⅰ、Ⅱ、Ⅲ、Ⅳ这四个点是截交线上左、右、前、后四个点，由它们的水平投影 1、2、3、4 和正面投影 1′、2′、3′、4′可求得其投影 1″、2″、3″、4″。这四个点为特殊位置的点。

（2）再从截交线上取 *A*、*B*、*C*、*D* 四点。在水平投影和正面投影中确定 *a*、*b*、*c*、*d* 和 *a*′、*b*′、*c*′、*d*′四个前后、左右对称分布，有利于方便作图，利用点的投影规律，求出 *a*″、b″、*c*″、*d*″。

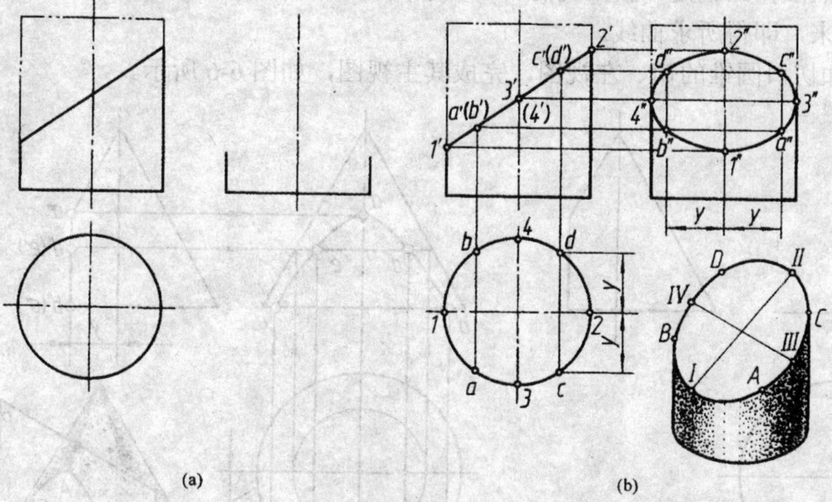

图 6-5　求斜切圆柱的左视图

（3）在左视图中光滑连接所找的以上 8 个点，即为截交线在左视图中的投影。

2．圆锥的截割

根据截平面与圆锥轴线的不同位置，圆锥面被切割后产生的截交线有圆、椭圆、抛物线、双曲线和三角形五种情况。如表 6-2 所示。

表 6-2　平面与圆锥的交线

截平面垂直于轴线	截平面倾斜于轴面		截平面平行于轴线	截平面过圆锥锥顶
θ-90°	$0>\alpha$	$\theta=\alpha$	$\theta=0$ 或 $\theta<\alpha$	
		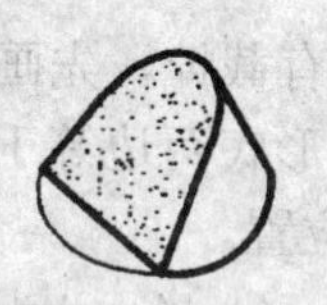	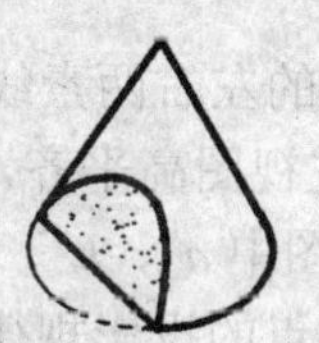	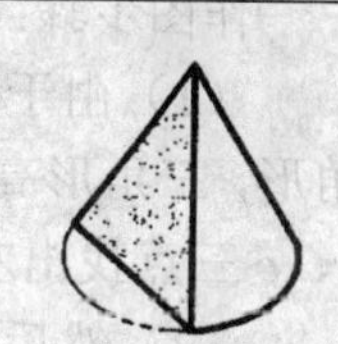
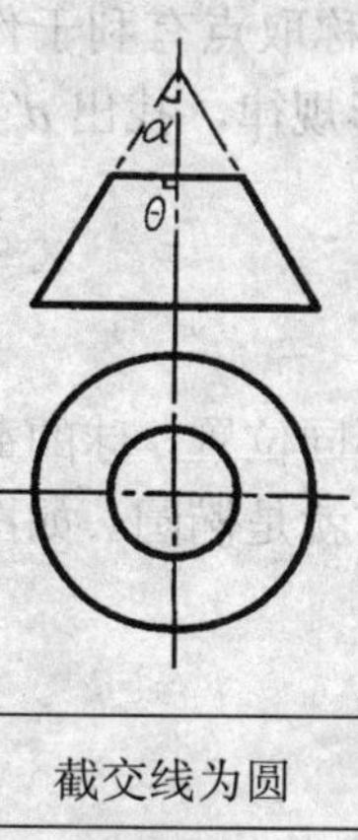	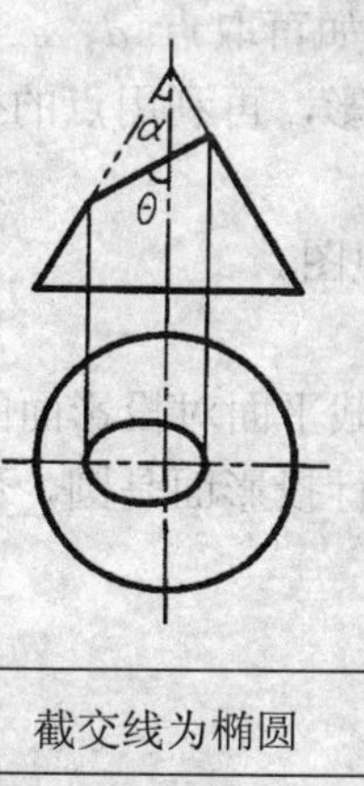	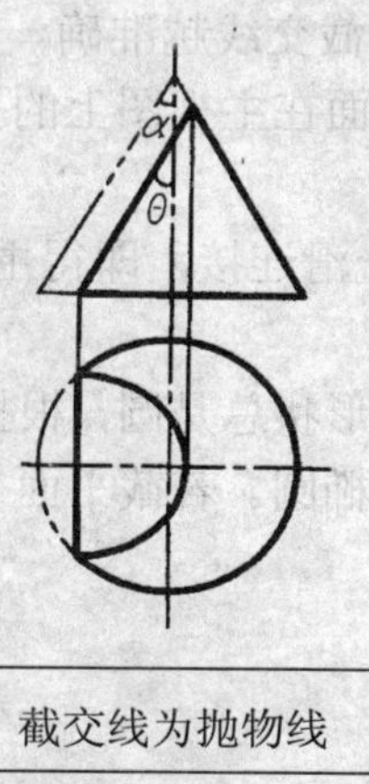	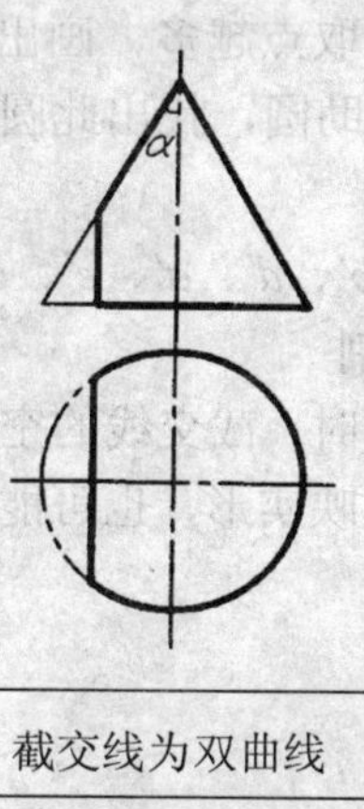	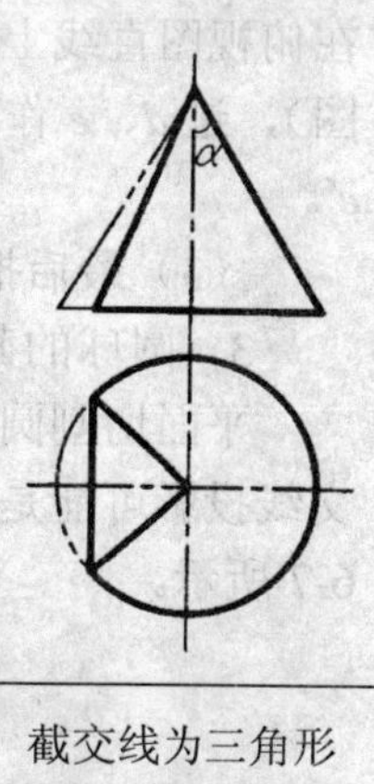
截交线为圆	截交线为椭圆	截交线为抛物线	截交线为双曲线	截交线为三角形

当圆锥上的截交线是椭圆、抛物线、双曲线时，要求它的三面投影，可采用描点法作图。

简单地说描点法作图就是，假如我们要画一条曲线，如果能找出曲线上的一些点，把这些点光滑连接起来，即得所求曲线。

例 6-3：已知切口圆锥的俯、左视图，完成其主视图，如图 6-6 所示。

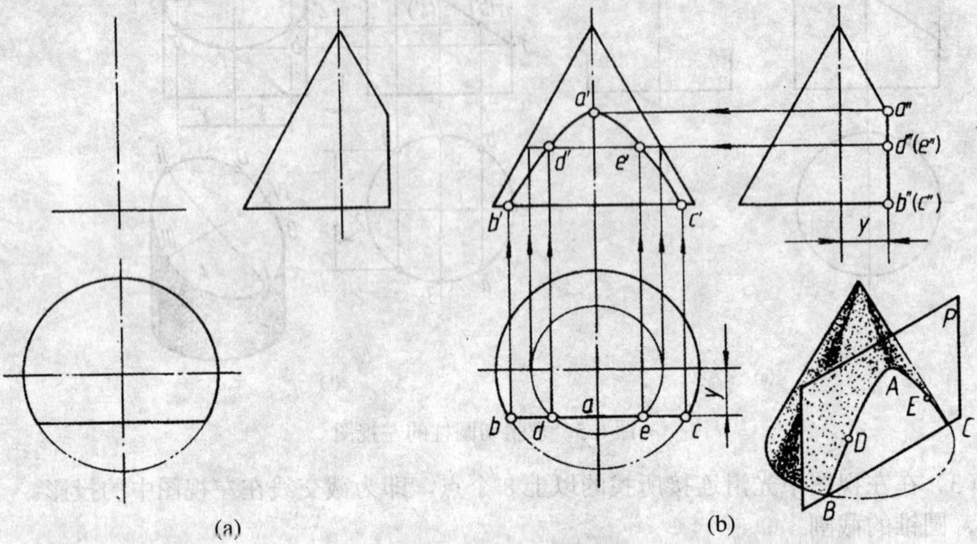

图 6-6　求切口圆锥的主视图

分析：

从俯左视图可知，圆锥是用正平面截割所得，由于截平面是正平面，所以在俯、左视图中均积聚成直线，这样就可以在直线上取点，利用点的投影规律找出截平面在主视图上的投影。

作图步骤：

（1）由于圆锥的左右两素线并没有截掉，先画出主视图外处轮廓线，即形状为一个三角形，三角形高与左视图高平齐，三角形底两边等于俯视图圆的直径；首先在俯视图中取 a、b、c 三点找出左视图中 a''、b''、c''的位置。

（2）然后利用点的投影规律找出 a'、b'、c',为了使主视图中的截交线更准确地画出，在俯视图直线上，取点越多，画出的截交线越准确。比如再取点 d、e（对称取点有利于作图），过 d、e 作辅助圆，找出此圆平面在主视图上的投影，再利用点的投影规律，找出 d'、e'。

（3）最后把 b'、d'、a'、e'、c'光滑连接，即得主视图。

3．圆球的截割

平面切割圆球时，截交线的空间形状总是圆，根据截平面对投影面的不同位置，球的截交线投影可能是反映实形，也可能是椭圆。若截平面平行投影面是圆，否则就是椭圆。如图 6-7 所示。

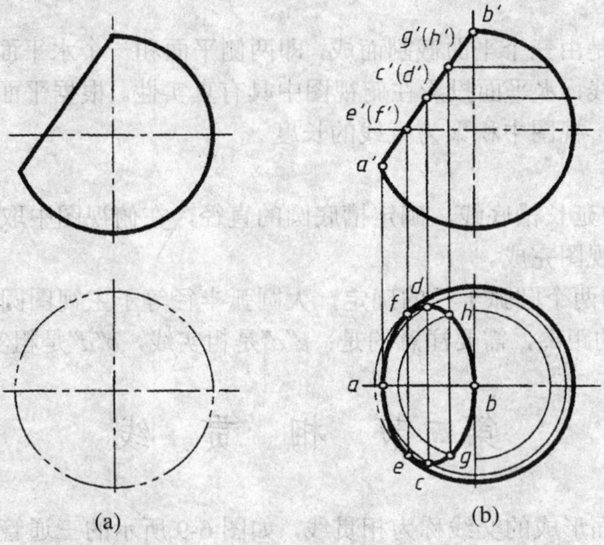

图 6-7 正垂面切圆球、求俯视图中的截交线

由于截割平面是正垂面，它与 H 面是倾斜的，所以在俯视图中截交线投影不是圆、而是椭圆。

例 6-4：已知半圆球上部有矩形通槽，求它的其他两投影。如图 6-8 所示。

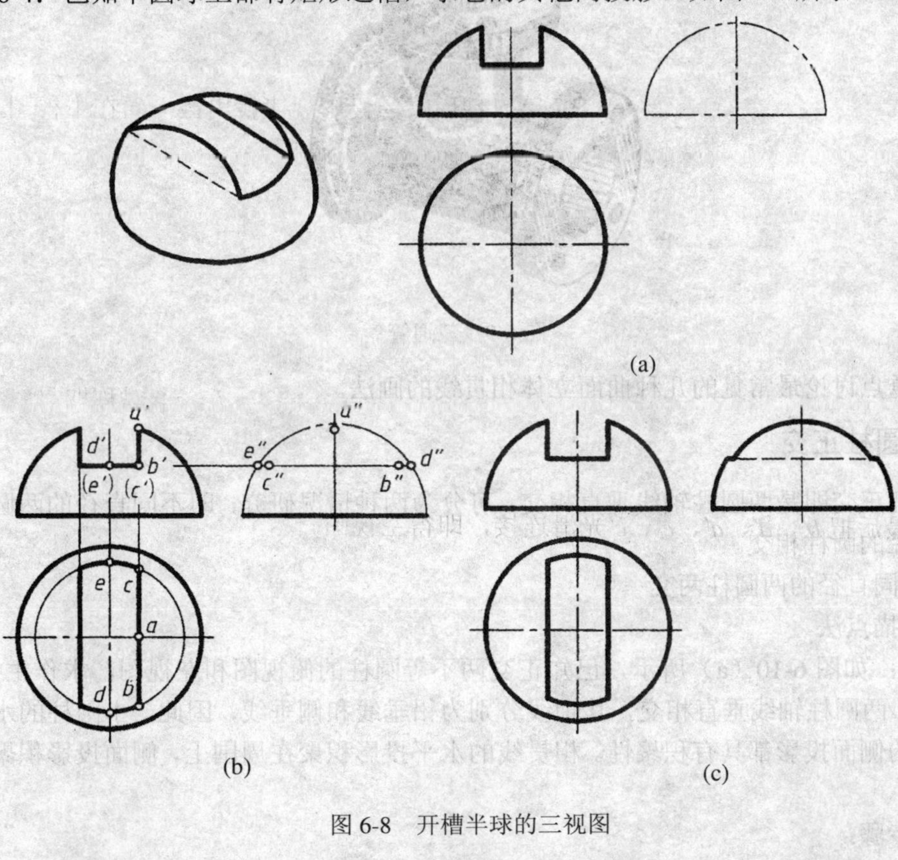

图 6-8 开槽半球的三视图

分析：

半圆球的上部槽是由三个平面截割而成，即两侧平面和一个水平面组成，两侧平面在俯视图中投影积聚成直线，水平面投影在俯视图中具有真实性。根据平面切圆球、截平面均为圆，圆的直径就是另一视图中积聚为直线的长度。

作图步骤：

（1）在主视图中延长槽底线，确定槽底圆的直径，在俯视图中取两段粗实线圆弧，作槽的两侧面投影，俯视图完成。

（2）左视图中的两个圆弧半径的确定，大圆弧半径等于主视图圆的半径，小圆弧半径等于 a' 投影至圆底的距离，需要注意的是：$e''c''$是粗实线，$b''d''$是粗实线，而 $c''b''$是虚线。

第二节　相　贯　线

两曲面相交：表面形成的交线称为相贯线，如图 6-9 所示的三通管就是轴线正交的两圆柱表面形成的相贯线实例，两曲面立体相交时，相贯线具有以下两个基本特性：

（1）相贯线是一般为封闭的空间曲线，特殊情况下可能是平面曲线或直线。

（2）相贯线是两个立体表面的共有线，相贯线上的点是两个立体表面的共有点。

图 6-9　三通管

本节重点讨论最常见的几种曲面立体相贯线的画法。

一、圆柱正交

两圆柱正交即是两圆柱轴线垂直相交，可分为两种情况研究，即不同直径的两圆柱相交和相同直径的圆柱相交。

1．不同直径的两圆柱两交

（1）描点法

例 6-5：如图 6-10（a）所示，已知正交两不等圆柱的俯视图和左视图，求作主视图。

分析：两圆柱轴线垂直相交，其轴线分别为铅垂线和侧垂线，因此，小圆柱的水平投影和大圆柱的侧面投影都具有积聚性。相贯线的水平投影积聚在周围上，侧面投影积聚于圆周的一部分。

作图步骤：

①求特殊点

*a′b′*是两圆柱表面共有点的正面投影，也是相贯线的最高点、最左点和最右点。从侧面投影轮廓线的交点求得相贯线的最前点的侧面投影 *c″d″*，根据点的投影规律，求出另外两个投影，如图 6-10（b）所示。

②求一般点

在相贯线的水平投影上取 1、2 两点，根据相贯线上点的共有性，在左视图上求得相贯线上 1″和 2″两个投影，再根据 1、2 和 1″、2″求得 1′、2′。如图 4-10（c）所示。

③光滑连接主视图上的各点，即得主视图上的相贯线投影，见图 4-10（d）所示。

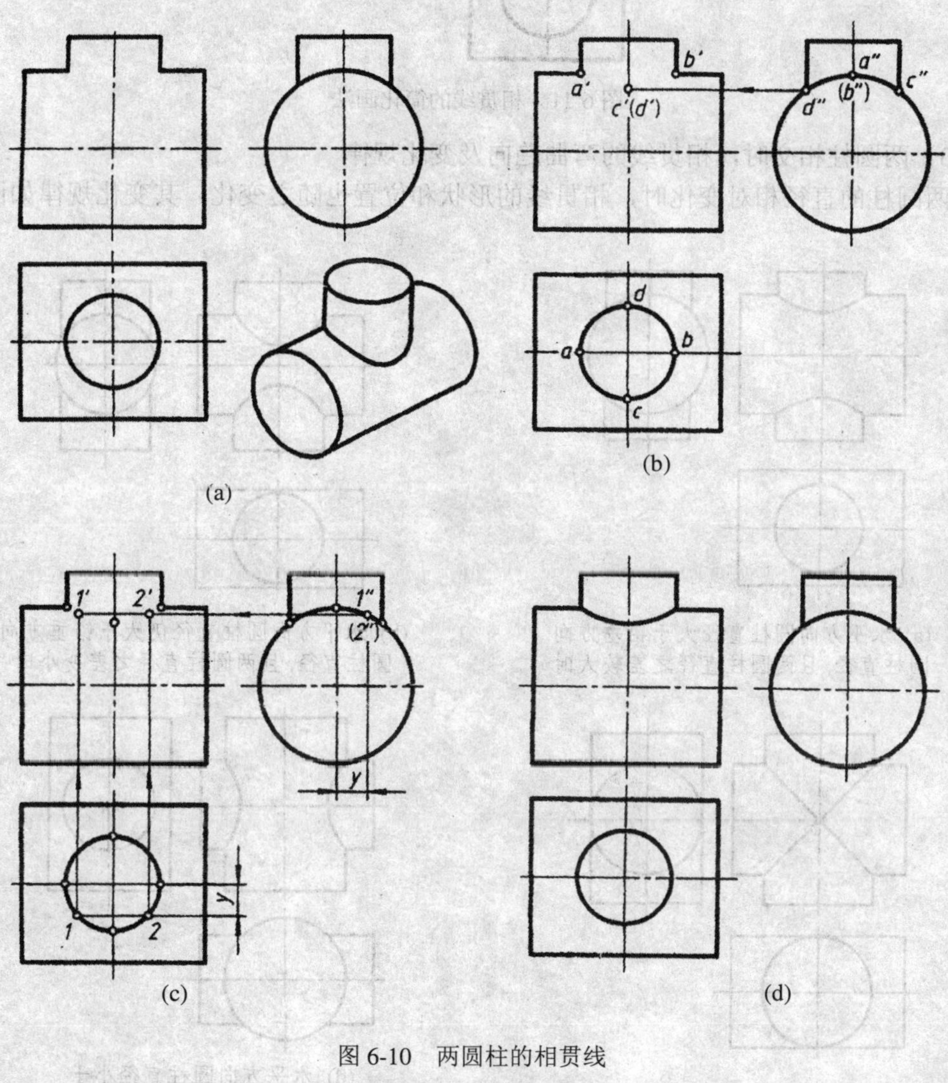

图 6-10　两圆柱的相贯线

（2）简化画法

当两正圆柱直径不相等时，用描点法作非圆视图上的相贯线很复杂，为了作图方便，可采取简化画法，如图 6-11 所示。非圆视图上相贯线的画法是以大圆柱的半径为半径画圆弧来代替，并向大圆柱中心线方向弯曲。

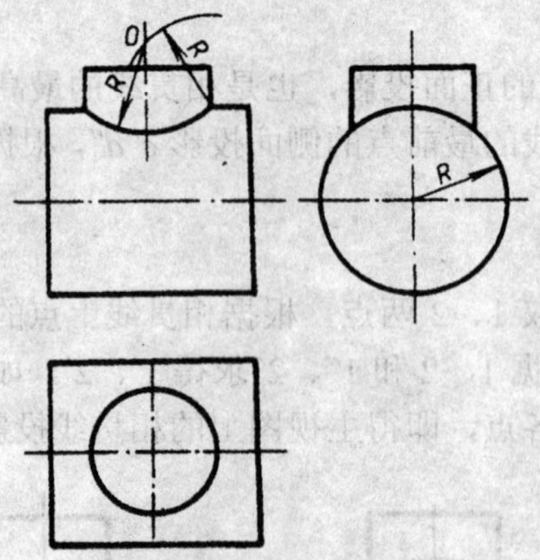

图 6-11　相贯线的简化画法

（3）两圆柱相交时，相贯线的弯曲趋向及变化规律

当两圆柱的直径相对变化时，相贯线的形状和位置也随之变化，其变化规律如图 6-12 所示。

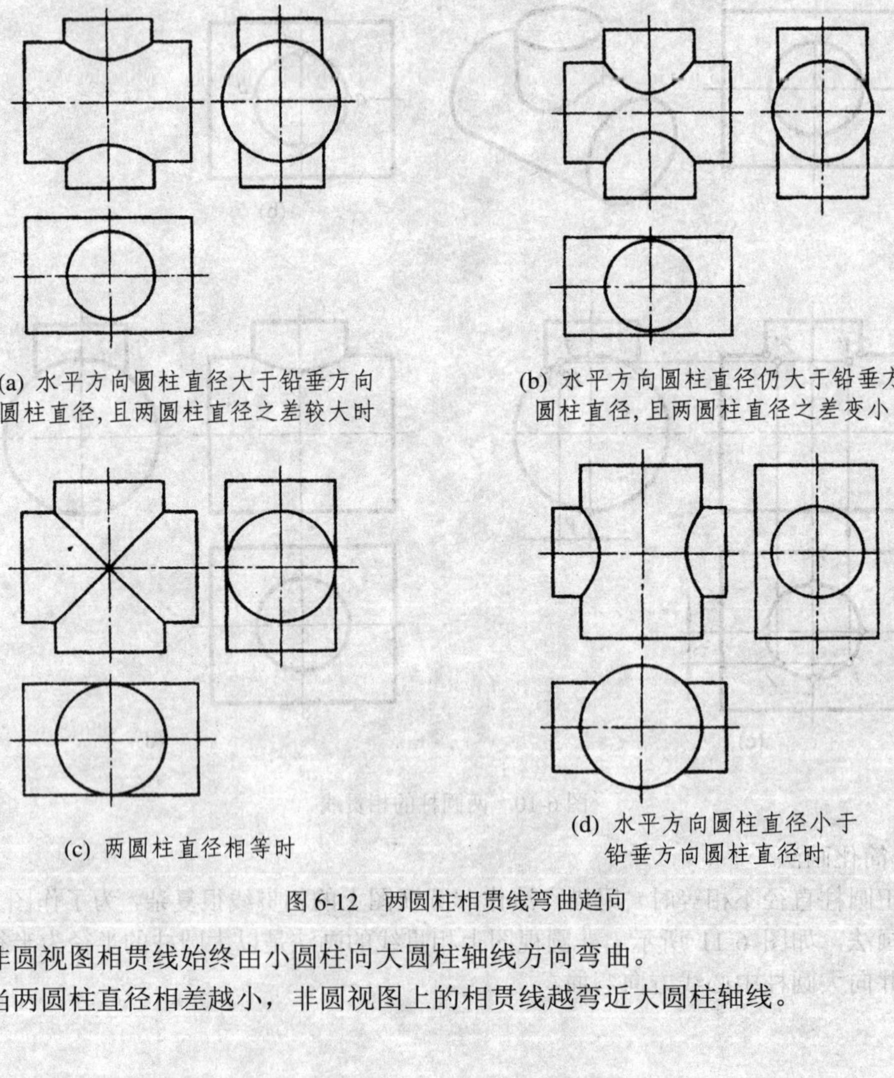

(a) 水平方向圆柱直径大于铅垂方向圆柱直径，且两圆柱直径之差较大时

(b) 水平方向圆柱直径仍大于铅垂方向圆柱直径，且两圆柱直径之差变小时

(c) 两圆柱直径相等时

(d) 水平方向圆柱直径小于铅垂方向圆柱直径时

图 6-12　两圆柱相贯线弯曲趋向

①非圆视图相贯线始终由小圆柱向大圆柱轴线方向弯曲。

②当两圆柱直径相差越小，非圆视图上的相贯线越弯近大圆柱轴线。

2. 相同直径的两圆柱相交

如图 6-12（c）所示，当两个圆柱直径相等时，相贯线为两个相交的椭圆，在与圆柱轴线平行的投影上，椭圆的投影侧积聚成相交的两直线。

二、圆柱与圆孔相交、圆孔与圆孔相交、圆柱与圆柱相交

机件中经常会遇到穿孔的基本体，圆孔即为内圆柱面。因此相交的两圆柱面可以是两个外圆柱表面，如图 6-13（a）所示，也可以是一个外圆柱表面和一个内圆柱表面，如图 6-13（b）所示，或是两个内圆柱表面，其相贯线的形状和作图方法是完全相同的，如图 6-13（c）所示。

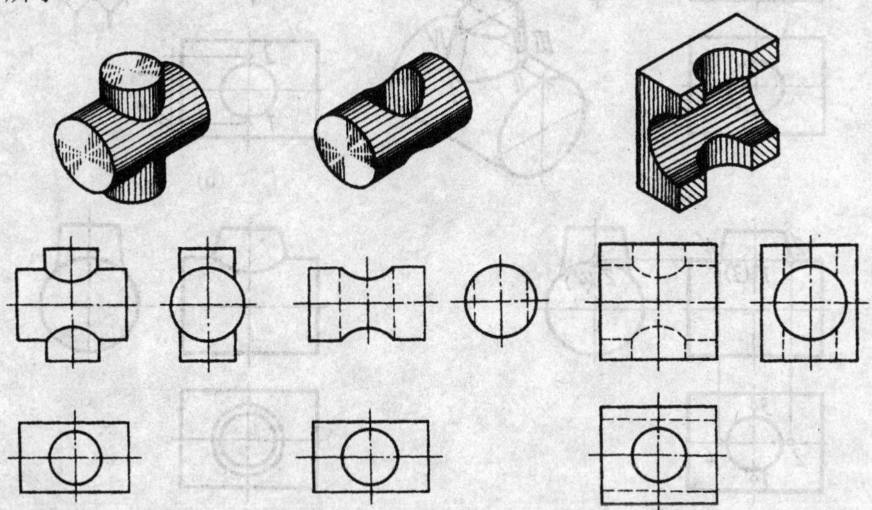

(a)　(b)　(c)

图 6-13　两圆柱相贯的三种形式

两外圆柱表面相交和两内圆柱表面相交，两圆柱的直径可相等。一外表面与一内表面相交的情况只能是圆柱直径大于圆孔直径。

例 6-6：如图 6-14（a）所示，已知两轴相交的圆柱孔水平投影和侧面投影，求正面投影。

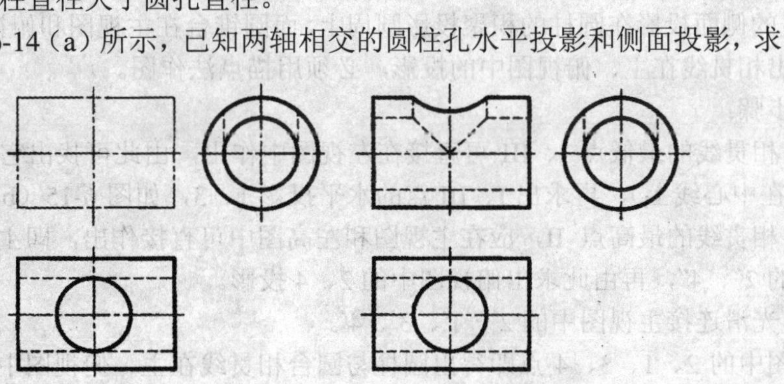

（a）　（b）

图 6-14　孔与圆筒相贯

分析：两圆柱孔是等直径孔，它们的相贯线为椭圆，两回转体的轴线都平行于正面即非圆视图，相贯线的正面投影为直线。圆柱轴线垂直的圆柱孔与外圆的相贯线为空间曲线。

作图步骤：（略）

注意：此例中存在两种相贯即：圆柱与圆孔、圆孔与圆孔。

三、圆柱与圆锥正交

如图 6-15 所示为圆柱与圆锥正交的相贯线

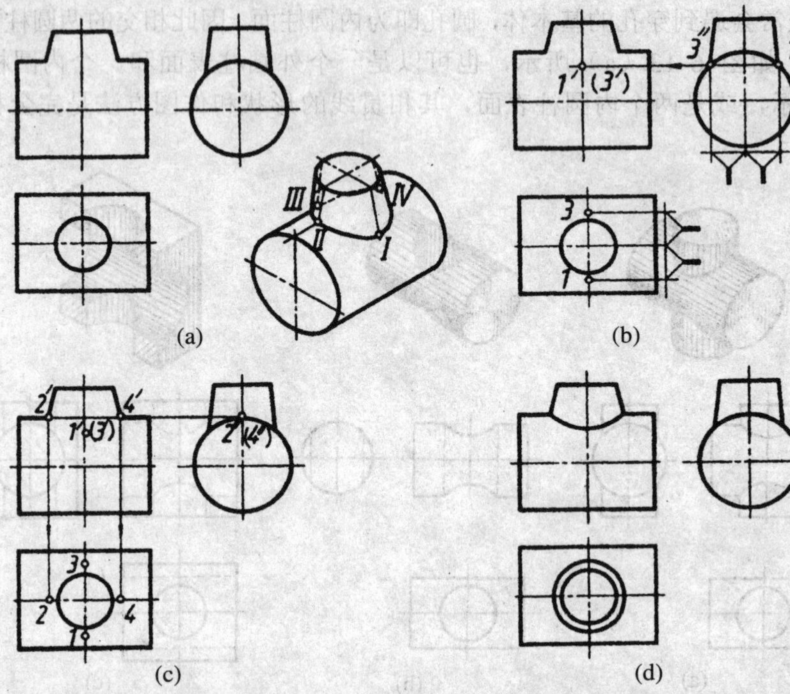

图 6-15　圆柱与圆锥正交的相贯线

分析：

如图 6-15（a）所示为水平圆柱与直立圆锥台相交。由于水平圆柱的轴线垂直于侧投影面，相贯线的侧面投影在圆柱的积聚投影圆周上，而圆锥台在主视图和俯视图中没有积聚性。所以要作出相贯线在主、俯视图中的投影，必须用描点法作图。

作图步骤：

（1）相贯线的最低点 I、III 可直接在左视图中作出，由此可找出它们的正面投影 1′、3′（1′、3′在中心线上），再求出 I、III 点的水平投影 1、3，如图 6-15（b）所示。

（2）相贯线的最高点 II，应在主视图和左高图中可直接作出，即主视图中的 2′、4′和左视图中的 2″、4″，再由此求出俯视图中的 2、4 投影。

（3）光滑连接主视图中的 2′、1′、3′、4′。

俯视图中的 2、1、3、4 点即得出圆柱与圆台相贯线在主、俯视图中的投影，作图结果如图 6-15（d）所示。

四、圆柱与圆球同轴相贯

如图 6-16 所示手柄端部是由圆柱和球正交，圆柱轴线通过球心，圆柱在 H 面投影积聚为圆，相贯线在 H 面投影必积聚在该圆上。因为相贯线所组成的平面与 V、W 面垂直，所以相贯在 V、W 的投影必然是一条直线。

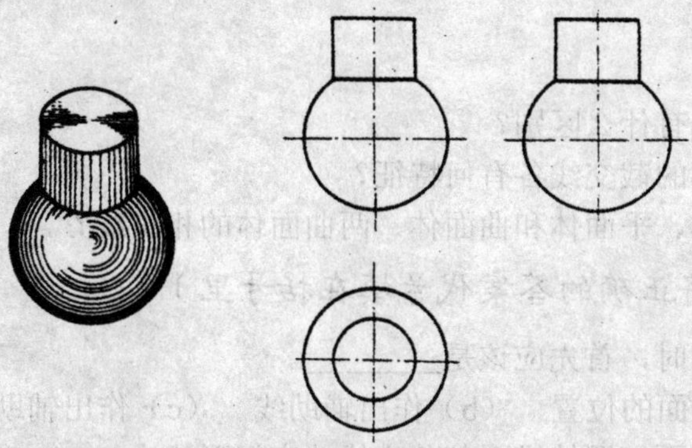

图 6-16　手柄端部的投影

从上图可知：同轴线的两回转体相交，其相贯线为一与轴线垂直的圆。

本 章 小 结

一、知识体系

- 交线
  - 截交线
    - 性质
      - 封闭的平面图形
      - 截平面与立体表面的共有线
    - 类型
      - 平面体的截割
        - 棱柱
        - 棱锥
      - 曲面体的截割
        - 圆柱：三种情况
        - 圆锥：五种情况
    - 方法——求控制点（特殊点）
  - 相贯线
    - 性质
      - 封闭的空间曲线
      - 两立体表面的共有线
    - 类型
      - 两平面体的相贯（略）
      - 两平面体的相贯（略）
      - 平面体与曲面体相贯（略）
      - 两曲面体相贯（重点）
    - 方法
      - 先求控制点（特殊点）
      - 再求中间点
      - 最后连接

二、复习思考

（一）思考题

1．截交线与相贯线有什么区别？
2．平面体、曲面体的截交线各有何特征？
3．如何求两平面体、平面体和曲面体、两曲面体的相贯线？

（二）选择题（将正确的答案代号填在括号里）

1．在立体表面取点时，首先应该是________。
（a）判定点所在平面的位置　（b）作出辅助线　（c）作出辅助圆　（d）直接求作
2．通过锥顶和底平面切四棱锥，其截交线的空间形状为________。
（a）多边形　（b）底面类似形　（c）三角形　（d）平行四边形
3．用两个相交截平面切正圆锥，一个面过锥顶，一个面的$\theta<\alpha$，截交线是________。
（a）双曲线与椭圆　（b）双曲线与直线　（c）椭圆与直线　（d）抛物线与直线

（三）判断题（正确的打“√”、错误的打“×”）

1．轴线垂直H面的圆柱被正垂面截切，其截交线的空间形状是椭圆。
2．一个正圆柱和一个正圆锥共轴相交，相贯线在轴线平行的投影面上的投影为圆。
3．两个圆锥相交，交线是两条直线，它们的位置一定是共顶。

第七章　组　合　体

【学习要求】

掌握形体分析法绘制和标注组合体视图的方法，能够运用形体分析法和线面分析法阅读组合体视图。

【主要内容】

组合体的形体分析、组合体视图的画法、组合体视图的尺寸标注和读组合体视图。

任何复杂形体的都可以看成是由较多的基本形体通过堆叠或挖切而成，这种由基本几何体组成的物体称为组合体。研究组合体的组成形式、组合体视图的画法、尺寸注法和读图方法是绘制和阅读机械图样的基础。

第一节　组合体的形体分析

一、形体分析法

把一个组合体分解为几个基本体，并分析它们的形状及其位置关系，这种分析方法叫做形体分析法。如图 7-1 所示的支架。形体分析法是绘制组合体视图、读图和标注尺寸的重要方法。

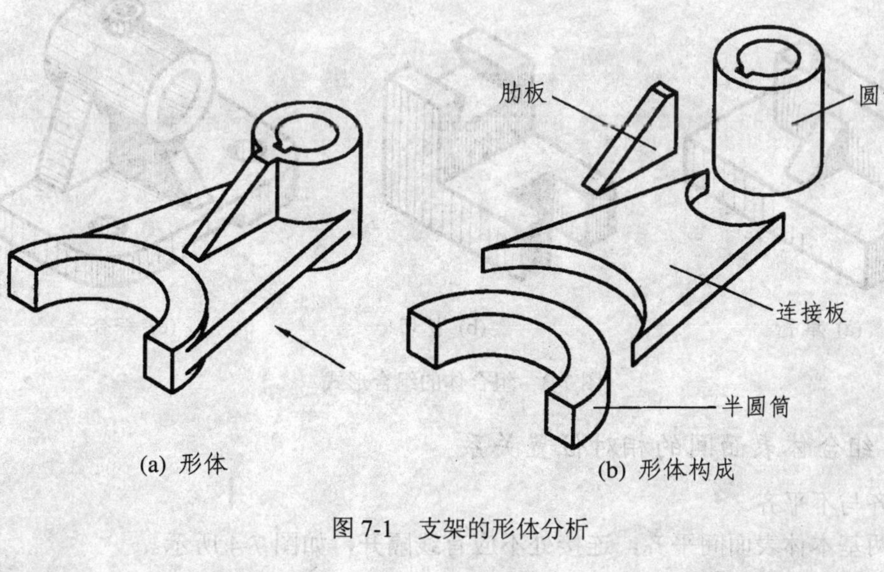

(a) 形体　　(b) 形体构成

图 7-1　支架的形体分析

二、组合体的组合形式及画法

大多数机器零件均可看作是由一些基本形体（简称基本体）组合而成的组合体，这些基本体可以是完整的几何形体，如棱柱、棱锥、圆柱、圆锥、圆球等，也可以是不完整的几何体或它们简单的组合，如图 7-2 所示。

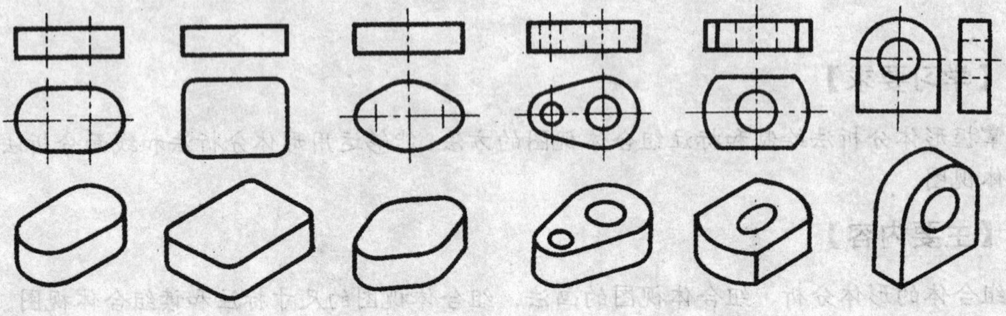

(a) (b) (c) (d) (e) (f)

图 7-2 常见的一些基本形体

（一）组合体的组合形式

组合体的组合形式可分为堆叠和挖切两种形式，而常见的为两种形式的综合。

1．堆叠

构成组合体的各基本体相互堆积，如图 7-3（a）所示。

2．挖切

从基本形体中切去较小的基本形体，如图 7-3（b）所示。

3．综合

既有堆叠又有挖切，如图 7-3（c）所示。

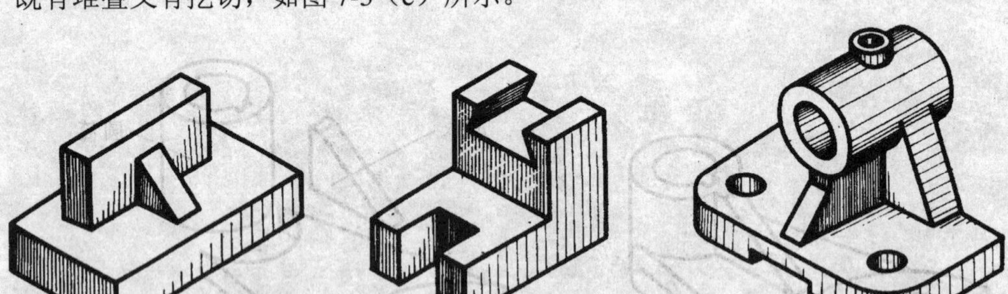

(a) 堆叠 (b) 挖切 (c) 综合

图 7-3 组合体的组合形式

（二）组合体表面间的相对位置关系

1．平齐与不平齐

（1）两基本体表面间平齐，连接处不应有线隔开，如图 7-4 所示。

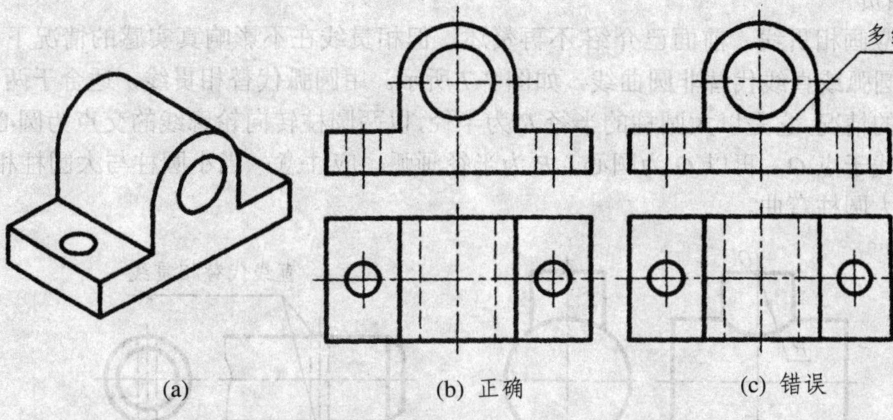

图 7-4　形体间表面平齐的画法

（2）两基本体表面不平齐，连接处应有线隔开，如图 7-5 所示。

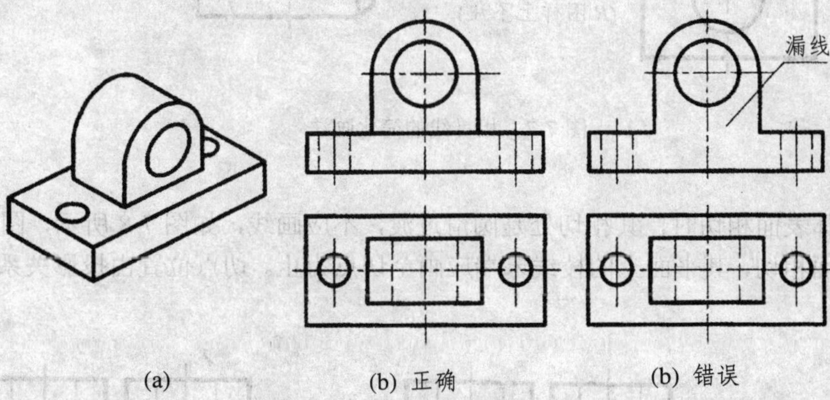

图 7-5　形体间表面不平齐的画法

2．相交

（1）截交

截交处画出截交线，如图 7-6 所示。

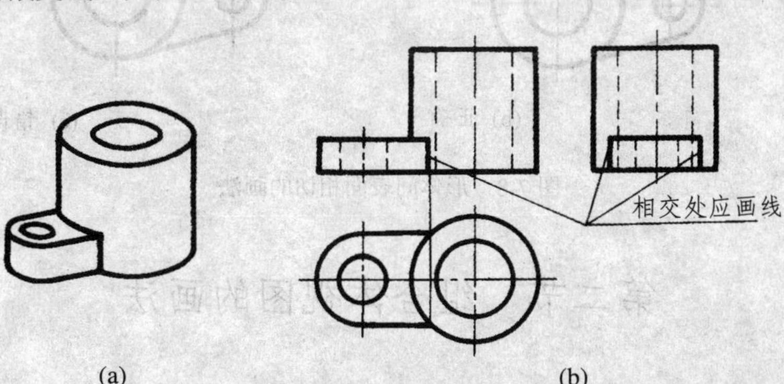

图 7-6　形体间表面相交的画法

（2）相贯

相贯处应画相贯线。前面已介绍,不再赘述，但相贯线在不影响真实感的情况下，允许简化。可用圆弧或直线代替非圆曲线，如图 7-7 所示。用圆弧代替相贯线，适合于两圆柱轴线垂直相交的情况,它是以大圆柱的半径 *R* 为半径,以两圆柱转向轮廓线的交点为圆心画弧，交小圆柱轴线于点 *O*，再以 *O* 为圆心，*R* 为半径画弧。应注意：当小圆柱与大圆柱相贯时，相贯线向着大圆柱弯曲。

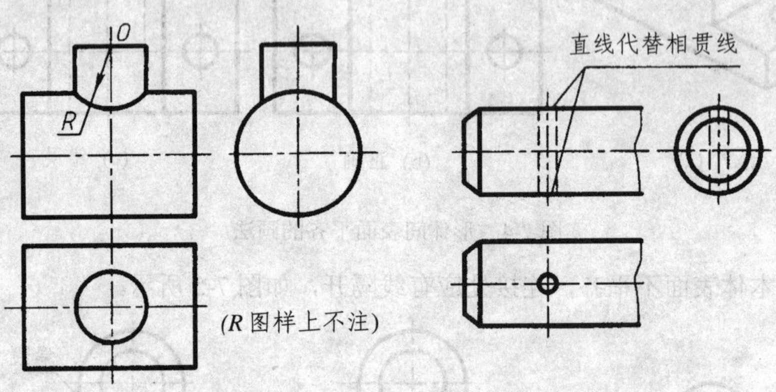

图 7-7　相贯线的简化画法

3．相切

当两基本体表面相切时，其相切处是圆滑过渡，不应画线，如图 7-8 所示，图中底板前端平面与圆弧面相切，其平面上的棱线末端应画至切点为止。切点位置由投影关系确定，相切处无线。

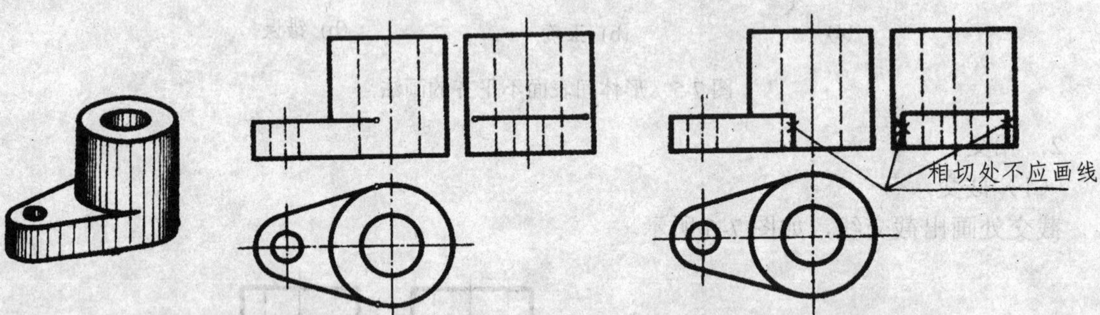

(a)　　(b) 正确　　(c) 错误

图 7-8　形体间表面相切的画法

第二节　组合体视图的画法

下面以图 7-9 所示支架为例，说明画组合体视图的方法与步骤。

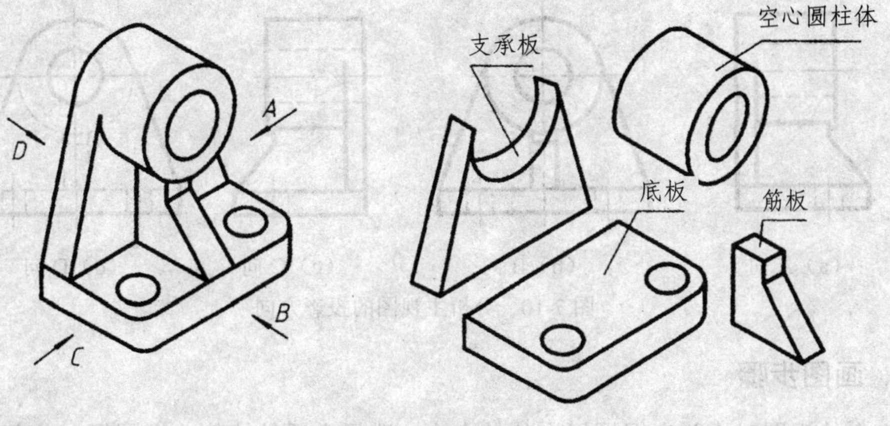

(a)　　　　　　　　　　　　　　　(b)

图 7-9　支架的形体分析

一、形体分析

画组合体视图之前，应对组合体进行分析，了解组合体的各基本体的形状、组合形式、相对位置以及在某个方向上是否对称，以便对组合体的整体形状有大概的了解。

从图 7-9（b）所示可以看出，该组合体由四棱柱底板、空心圆柱体、等腰梯形柱的支承板、直角梯形柱和四棱柱叠加的筋板组成。支承板与空心圆柱体外表面相切，叠放在底板上，它与底板后面平齐。筋板叠放在底板上，其上与圆筒外面相结合，后面与支承板紧靠，两侧面与圆柱面相交。整个组合体左右对称。

注意：把组合体看成是由各零散的基本体"拼接"而成，只是为了画图的方便。而实际上每个零件都是一个不可分割的整体，在组合体的各基本形体之间并不存在接缝。

二、选择主视图

三视图中主视图是最主要的视图，它是反映物体主要形状特征的视图。选择主视图就是确定主视图的投影方向和相对于投影面的放置。一般选反映其形状特征最明显、反映形体间相互位置最多的投影方向作为主视图的投影方向；安放位置应反映位置特征，并使其表面相对于投影面尽可能多地处于平行或垂直位置，也可选择其自然位置。主视图的确定，应保证其他视图尽量少出现虚线。主视图一旦确定，其他视图也就随之而定。

现将轴承座按自然位置安放后，对如图 7-9（a）所示的 A、B、C、D 四个方向投影所得到的视图进行比较，选出最能反映轴承座各部分特征和相对位置的方向作为主视图的投影方向。如图 7-10 所示，若以 D 向作为主视图的投影方向，则主视图虚线较多，显然不如 B 向清楚；A 向和 C 向虽然主视图出现的虚线相同，如果 C 向作主视图，左视图会出现较多的虚线，不如 A 向好；再对 A 向和 B 向视图作比较，明显看出 B 向更能反映支架各部分的形状特征，因此，应以 B 向作为主视图的投影方向。主视图确定后，左视图、俯视图就因此而定了。

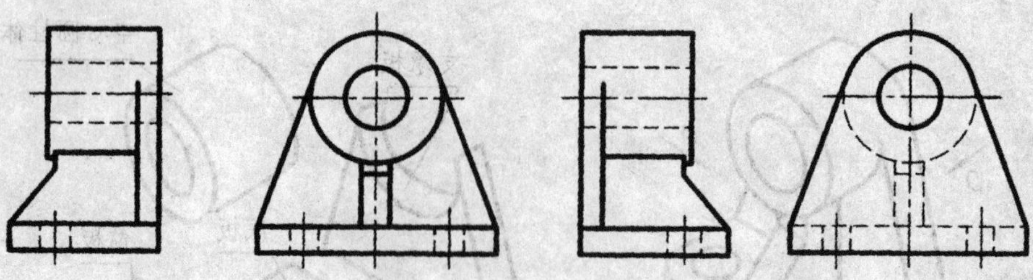

（a）A 向　　（b）B 向　　（c）C 向　　（d）D 向

图 7-10　分析主视图的投影方向

三、画图步骤

画组合体视图时，首先根据组合体的大小、选择合适的比例、定图幅，考虑标注尺寸所需位置、匀称地布置视图。必须注意：在逐个画基本体时，可同时画出三个视图，这样既能保证各基本体之间的相对位置和投影关系，又能提高绘图速度；在形状较复杂的局部，如具有相贯线和截交线的地方，宜适当配合线面分析，可以帮助想象和表达，并能减少投影图中的疏漏和错误。底稿完成后，要仔细检查，修正错误，擦去多余的图线，再按规定线型加深、加粗。画图的具体步骤如图 7-11 所示。

例 7-1：画出如图 7-12（a）所示组合体的视图。

1．形体分析

如图 7-12（a）所示的组合体，由底板和圆锥台组成，圆锥台位于底板正中，因此，整个组合体前、后和左、右对称；两基本体为叠加组合，其交界面为锥底圆。

2．选择主视图

由图 7-12（a）所示可以看出，组合体底板在下，且使底面为水平位置，圆锥台的轴线为铅垂线，符合自然安放条件，因此，选图 7-12（a）所示箭头方向作为主视图的方向。

3．画图步骤

（1）布置视图

将各视图均匀地布置在图幅内，且考虑标注尺寸的位置，并给出中心线，轴线和定位线，如图 7-12（b）所示。

（2）画底稿

按形体分析逐个画出各部分的投影，如图 7-12（c）、图 7-12（d）所示，先画主要部分，后画次要部分，先画外形，后画内部结构。画图时一般应从立体具有积聚性或反映实形的投影开始，最好将各视图联系起来一起画，以保证投影正确和提高绘图速度。

（3）检查

检查底稿有无漏画的图线，改正图中的错误，去掉图中多余的线。

（4）加粗

将图中应为粗实线的线加深、描粗（同类线应一次性完成），先加粗圆(圆弧)，后加粗直线，且应保证线条浓淡和粗细一致，各种线条的粗细应按国标（GB/T445.4—2002）的规定，如图 7-12（e）所示。

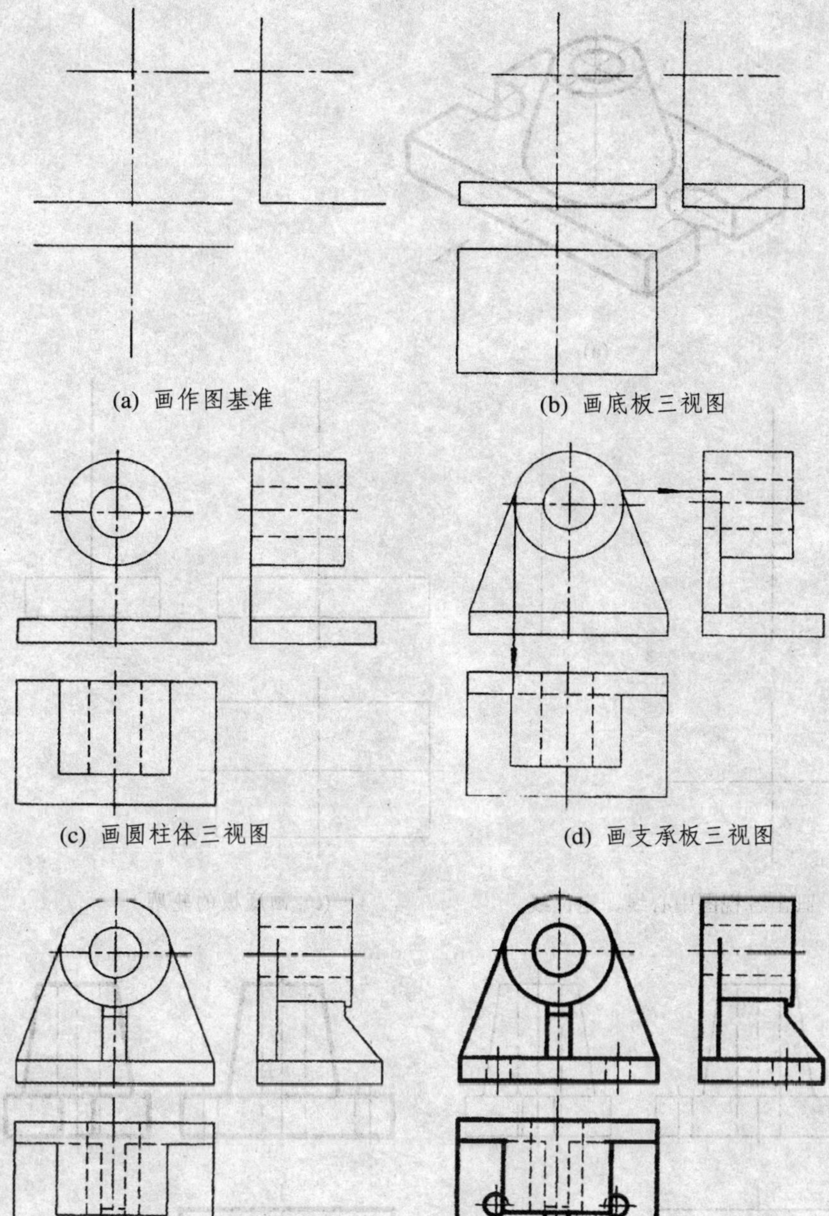

(a) 画作图基准

(b) 画底板三视图

(c) 画圆柱体三视图

(d) 画支承板三视图

(e) 画筋板三视图

(f) 检查、描深

图 7-11　轴承座视图的画图步骤

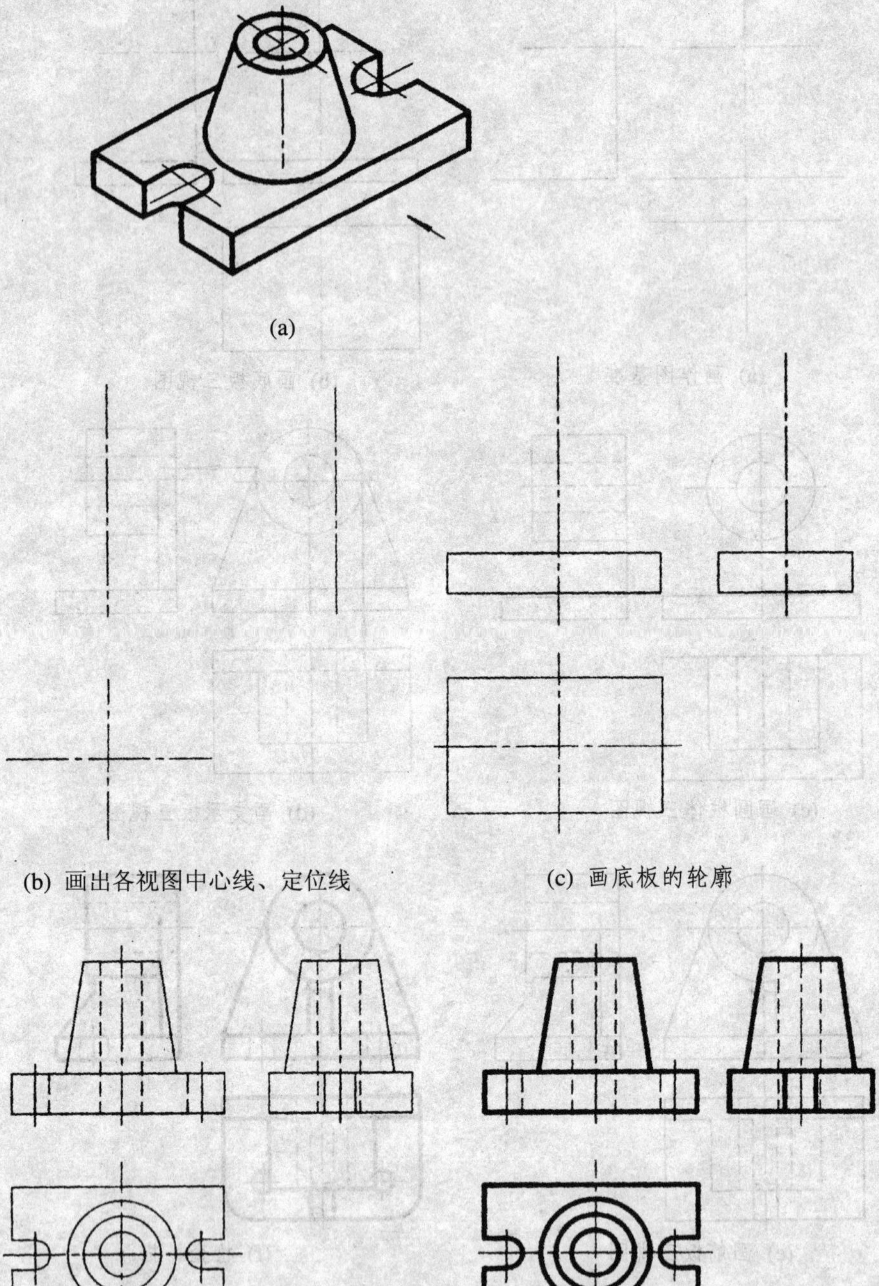

(a)

(b) 画出各视图中心线、定位线

(c) 画底板的轮廓

(d) 画圆锥和切割部分

(e) 检查底稿、描粗

图 7-12　组合体画图举例

第三节　组合体的尺寸标注

一、尺寸标注的基本要求

视图只能表达组合体的形状，而组合体的真实大小要由视图上的标注尺寸数值来确定。图样上所注的尺寸是零件进行加工制造的重要依据，因此，必须做到认真、细致。视图中标注尺寸的基本要求是：

（1）正确——尺寸注法要符合国家标准的规定；

（2）完整——尺寸必须注写齐全，既不遗漏，也不重复；

（3）清晰——标注尺寸布置的位置要恰当，尽量注写在最明显的地方，便于读图；

（4）合理——所注尺寸应能符合设计、制造、装配等工艺要求，并使加工、测量、检验方便。

本节主要讨论如何使尺寸标注整齐、清晰，在基本体、组合体的视图上如何标注尺寸，以便为零件图的尺寸标注奠定必要的基础。

二、基本体尺寸注法

任何立体都有长、宽、高三个方向的尺寸，将这三个方向的尺寸标注齐全，立体的大小就确定了，如图 7-13 所示，为基本体的尺寸标注示例。

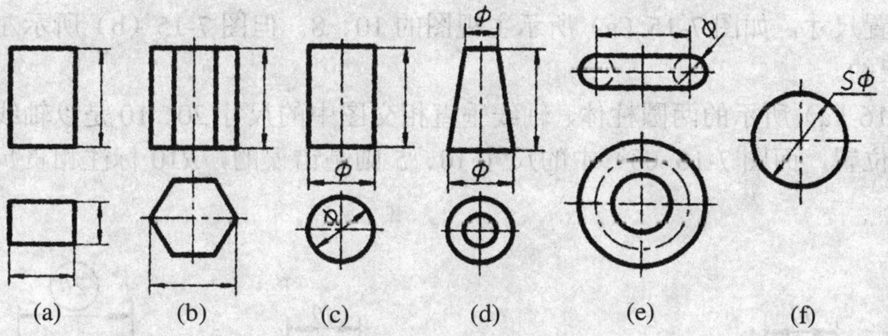

图 7-13　基本体的尺寸标注

值得注意的是，如图 7-13 所示的圆柱、圆台和圆环当标注尺寸（ϕ）之后，不画俯视图也能确定它的形状和大小。圆柱、圆锥底圆直径尺寸加注尺寸符号ϕ，则一般注在反映圆的非圆视图中，以便看图和画图。球体尺寸在ϕ或 R 前加注 S。正六棱柱的俯视图的正六边形的对边尺寸和对角尺寸只需标注一个，如果都注上，必须将其中的一个作为参考尺寸用括号括起来。特列：在正六边形螺母视图中，同时注出对角距尺寸及对边距扳手开口尺寸。

三、切割体和相贯体的尺寸注法

标注被平面截切后的立体时，除了注出基本立体定形尺外，还应注出确定截平面位置的定位尺寸，如图 7-14 所示。

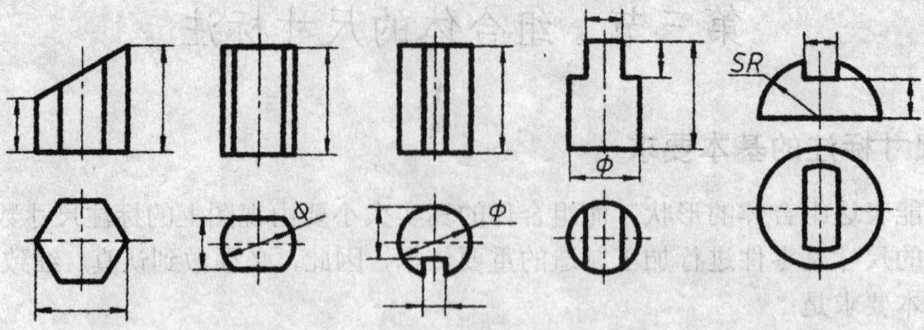

图 7-14　切割基本体的尺寸标注

立体被投影面的平行面切割，应加注一个定位尺寸；立体被投影面的垂直面切割后，应加注两个定位尺寸；立体被一般位置平面切割，则应加注三个定位尺寸。

对于相贯立体，应加注各相体之间相对位置的定位尺寸。这些尺寸注全后截交线、相贯线就随之被确定了。因此截交线、相贯线上一律不标注尺寸。

对于不完整的圆柱面、球面一般大于一半者标注直径尺寸，尺寸数字前加ϕ；等于或小于一半者标注半径尺寸，尺寸数字前加 R，半径尺寸必须注在反映圆弧实际形状的视图上，如图 7-14（e）所示。

尺寸不能标注在被平面截切的截交线上和两立体相交的相贯线上，正确的注法应是标注截平面的位置尺寸，如图 7-15（a）所示主视图的 10、8。但图 7-15（b）所示左视图中的尺寸 20 是错误的。

如图 7-16（a）所示的两圆柱体、轴线垂直相交图中的尺寸 20、10 是以轴线为基准来确定两圆柱的位置，而图 7-16（b）中的尺寸 10、5 则是错误的，$R10$ 标注相贯尺寸更是严重错误。

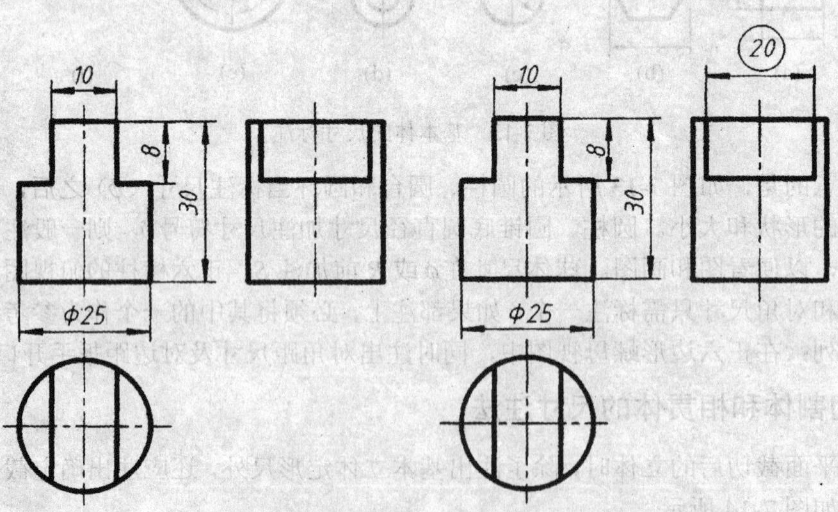

（a）正确　　　　（b）错误

图 7-15　截切体的尺寸标注正误对比

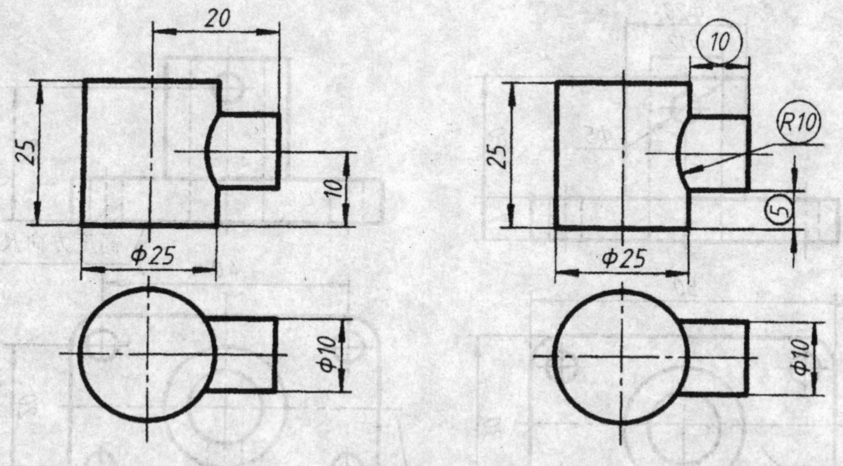

（a）正确　　　　（b）错误

图 7-16　相贯体的尺寸标注正误对比

四、组合体的尺寸注法

组合体尽管形体各异，但都可以看成是由一些基本体组成的，因此，在标注组合体尺寸时，可用形体分析法标注出各组成部分的定形尺寸和定位尺寸。

1．尺寸种类

（1）定形尺寸

确定各基本形体的形状、大小的尺寸称为定形尺寸，如图 7-17（a）所示。

（2）定位尺寸

确定各基本形体间相对位置的尺寸称为定位尺寸，如图 7-17（b）所示。

在标注定位尺寸时，首先要确定标注尺寸的起点——尺寸基准。每一组合体共有长、宽、高三个方向的尺寸基准，如图 7-17（b）所示以通过圆柱体轴线的侧平面作为长度方向的基准，按左右对称标注底板上的小圆柱孔轴线在长度方向上的定位尺寸 40；以过圆柱体轴线的正平面作为宽度方向的基准，按前后对称标注底板上的小圆柱孔在宽度方向的定位尺寸 20；以底面为高度方向的尺寸基准，标注空心圆柱体前面孔的轴线在高度方向上的定位尺寸为 22。

这里需要指出，在实际的生产过程中，由于加工、安装等方面的要求，定位尺寸并非一个方向只能有一个，多余的基准称为辅助基准，将在零件图中讲述。

（3）总体尺寸

表示组合体总长、总宽、总高的尺寸称为总体，如图 7-17（c）所示。组合体总长 50、总宽 30、总高 27。这里需注意组合体总长定位尺寸已标注完整，再加上总体尺寸有时必将出现尺寸的重复，必须进行调整。如图 7-17（c）所示主视图中高度方向的尺寸，如果标出总高尺寸 27，那么去掉定形尺寸 20。调整后，标注出组合体的全部尺寸，如 7-17（d）所示。

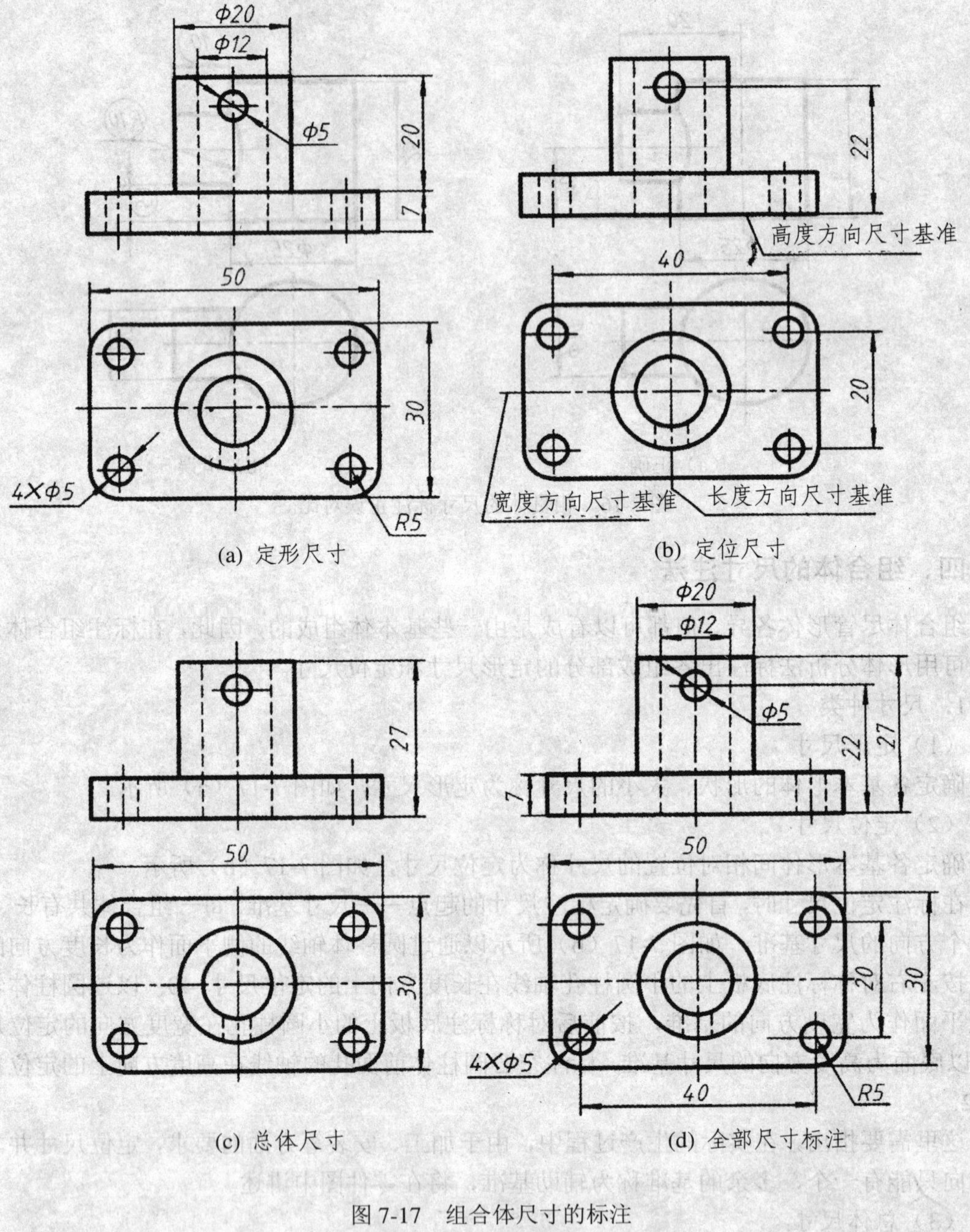

图 7-17　组合体尺寸的标注

当组合体底板的端部是与底板上的圆柱孔同轴线的圆柱面时，习惯上常常注出圆柱孔轴线的定位尺寸和外端面圆柱面的半径 R，而不再标注总长的尺寸，如图 7-18 所示。

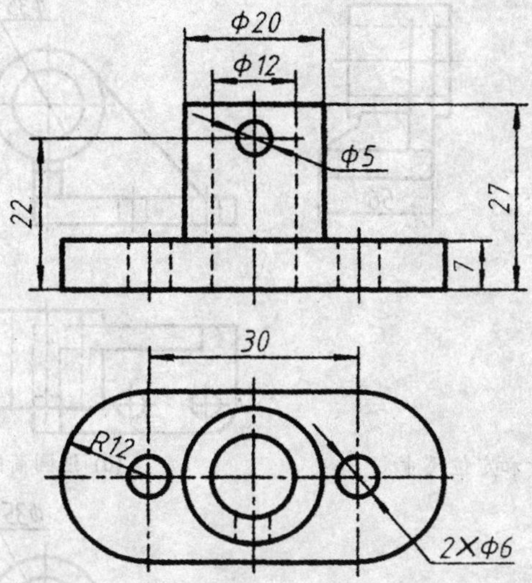

图 7-18　不必注出总体长度尺寸示例

五、标注尺寸的方法与步骤

现以图 7-19 所示支架为例，说明标注尺寸的方法与步骤。

（1）形体分析

将支架分为底板、圆筒、支承板和肋板四个部分，如图 7-19（a）所示。

（2）选择尺寸基准

选择长、宽、高三个方向的尺寸基准，如图 7-19（b）所示。

（3）逐个注出各简单部分的定形尺寸和定位尺寸，如图 7-19（c）、（d）、（e）所示。

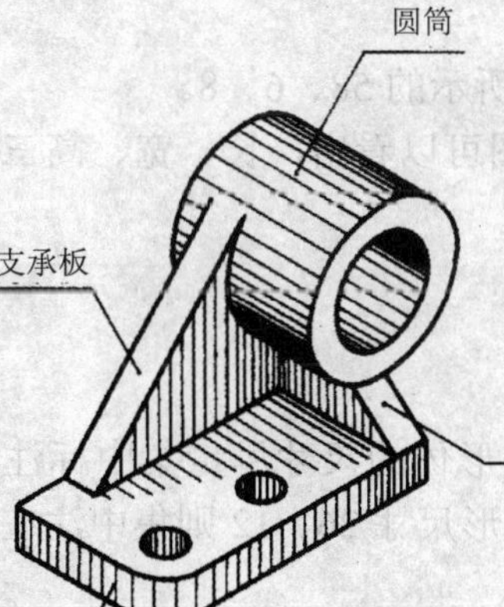

(a) 支架形体分析

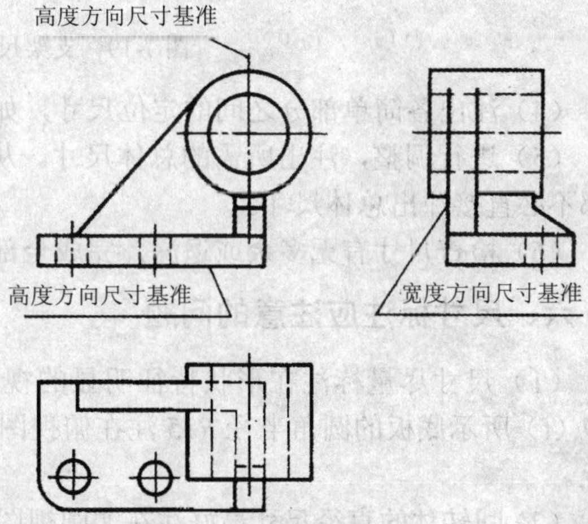

(b) 选择基准

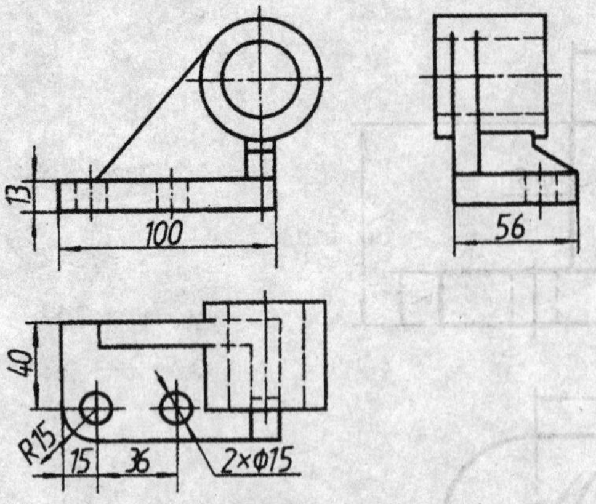

(c) 注底板的定形尺寸和定位尺寸

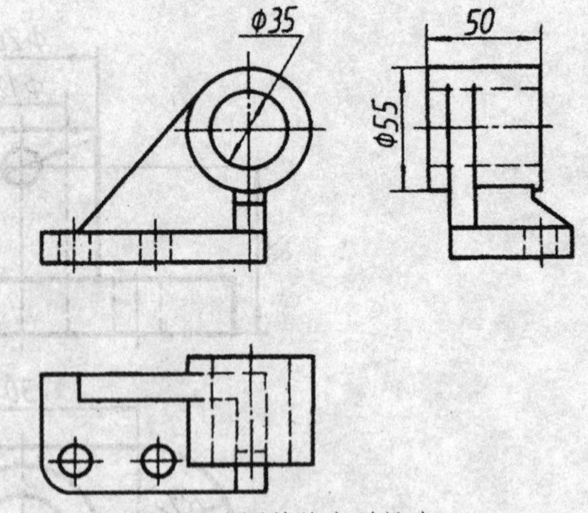

(d) 注圆筒的定形尺寸

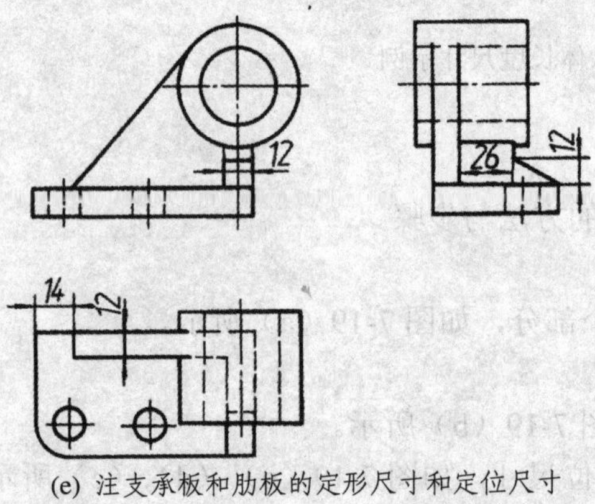

(e) 注支承板和肋板的定形尺寸和定位尺寸

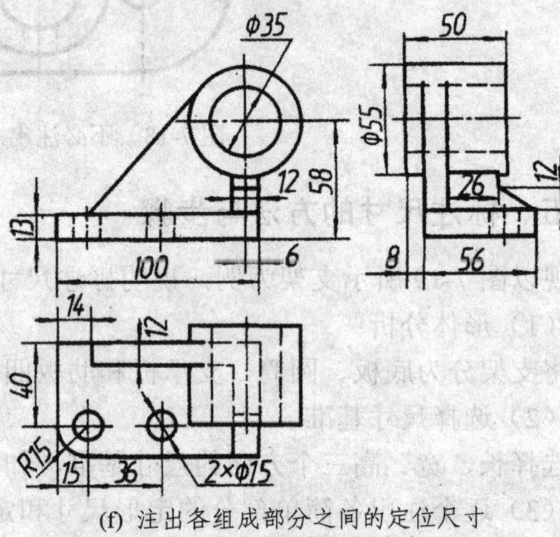

(f) 注出各组成部分之间的定位尺寸 (58、3、8)，完成全部标注

图 7-19　支架尺寸的标注步骤

（4）注出各简单部分之间的定位尺寸，如图 7-19（f）所示的 58、6、8。

（5）进行调整，注出所需的总体尺寸。从支架的三视图可以看出，长、宽、高三个方向都不必直接注出总体尺寸。

（6）检查尺寸有无多余或遗漏，完成全部标注。

六、尺寸标注应注意的问题

（1）尺寸尽量标注在形状特征明显的视图上，且同一形体的尺寸尽量集中标注。如 7-19（f）所示底板的圆角半径 *R*15 注在俯视图上，肋板的定形尺寸 26、12 则集中注在左视图上。

（2）回转体的直径尺寸最好注在非圆视图上。如图 7-19（f）所示支架上的圆筒外径 $\phi55$ 注在左视图上。

（3）尺寸一般注在视图外边，在不影响清晰的情况下也可以注在视图内。标注同一方向的尺寸时，应该小尺寸在内、大尺寸在外，尽量避免尺寸线和尺寸界线相交，如图 7-20 所示。

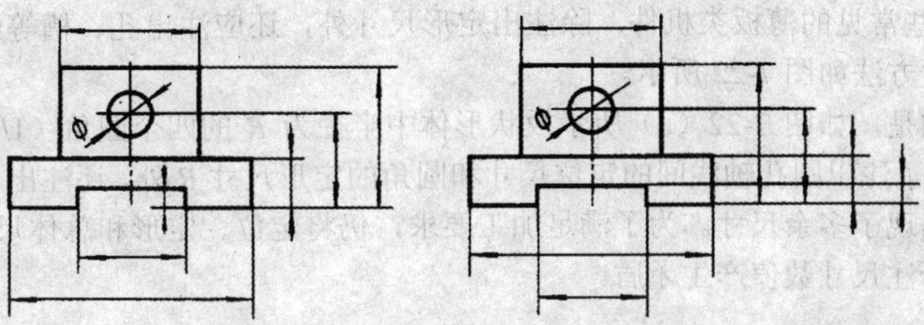

（a）清晰　　（b）不好

图 7-20　尺寸的清晰布置

（4）不应直接在截交线或相贯线上标注尺寸，而应标注产生交线的形体和截平面的定形及定位尺寸，如图 7-21 所示。

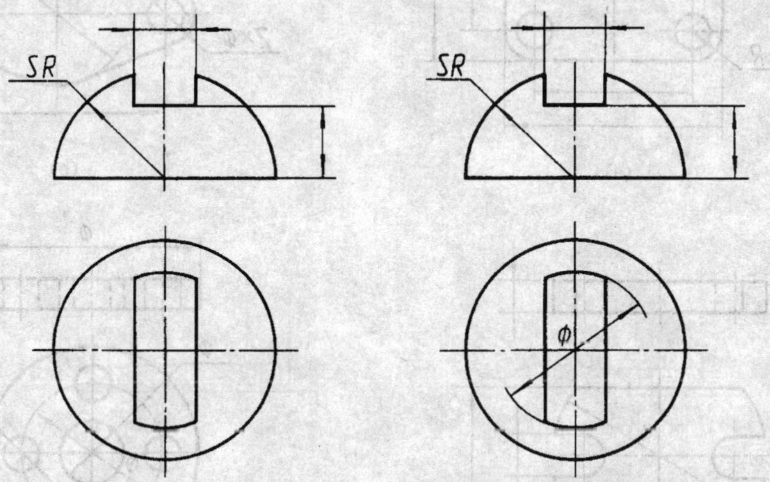

(a) 正确　　(a) 错误

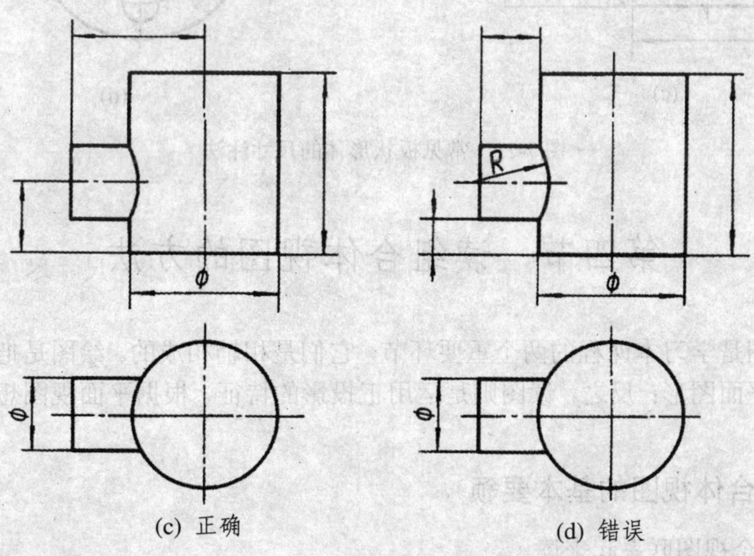

(c) 正确　　(d) 错误

图 7-21　组合体表面有交线时的尺寸注法

（5）对一些常见的薄板类机件，除注出定形尺寸外，还应注出孔、槽等结构的定位尺寸。合理的标注方法如图 7-22 所示。

应该注意的是，如图 7-22（a）所示板状形体中半径为 *R* 的四个圆角（1/4 圆柱）与四个圆孔同轴，除了注出圆孔轴线间的定位尺寸和圆角的定形尺寸 *R* 外，还注出了板状形体的总长及总宽，出现了多余尺寸。为了满足加工要求，仍将定位、定形和总体尺寸同时注出，此时应避免使所注尺寸数值产生矛盾。

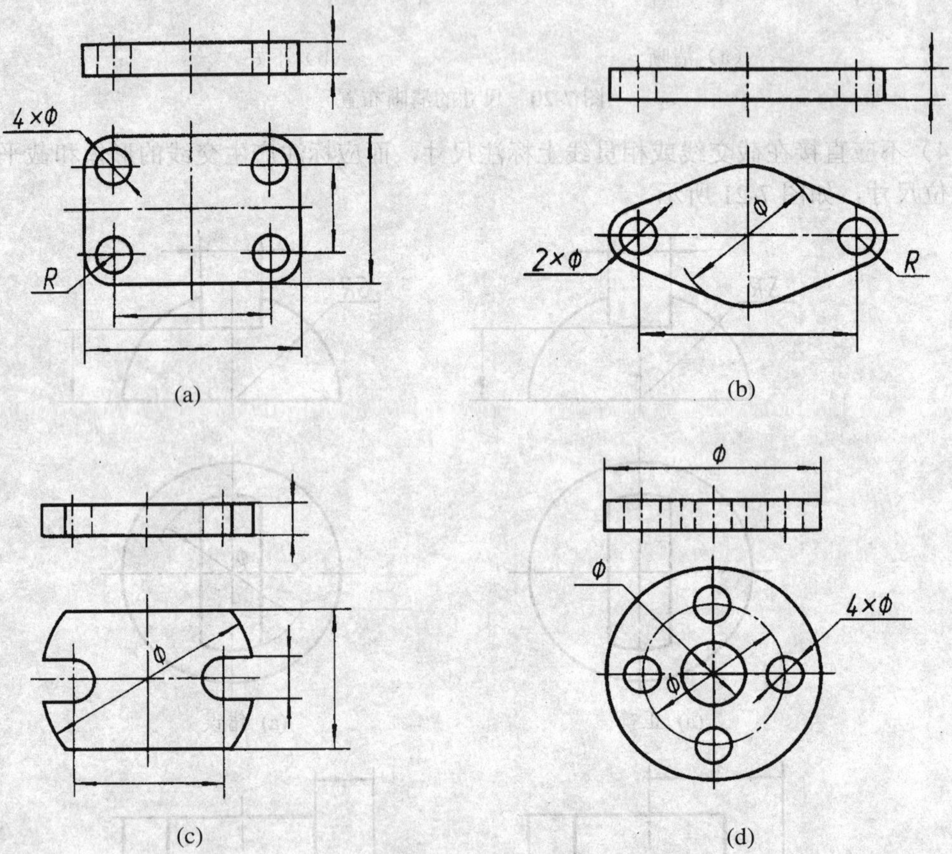

图 7-22　常见板状形体的尺寸注法

第四节　读组合体视图的方法

绘图和读图是学习本课程的两个重要环节，它们是相辅相成的。绘图是把空间立体用正投影法投影成平面图形；反之，读图则是运用正投影的特征，根据平面视图想象出该立体的形状和结构。

一、读组合体视图的基本要领

1．要将各个视图联系起来读

在常见的图样中，组合体的形状是通过几个视图来表达的，每个视图只能反映机件一个方面的形状，因而，仅用一个或两个视图往往不能唯一地表达某一组合体的形状。

如图 7-23 所示的五组视图，它们的主视图均相同。如果仅看一个视图就不能确定组合体的空间形状和各部分间的相对位置，必须同俯视图联系起来看，才能明确组合体各部分的形状和相对位置。由组合体的主视图了解各部分间的上下、左右相对位置，从俯视图上可以了解各部分之间的前后、左右的相对位置。

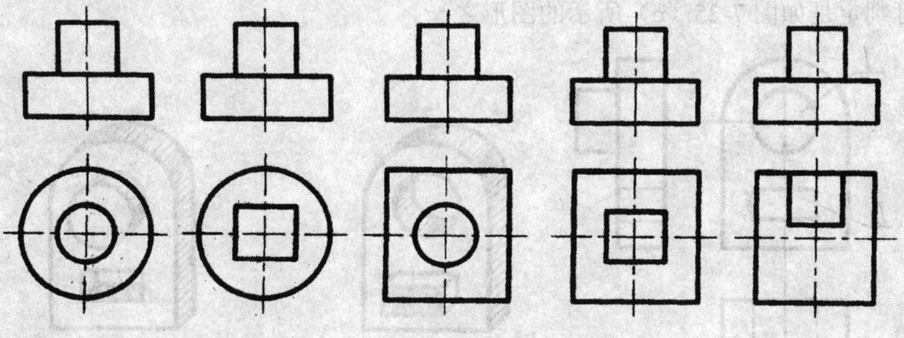

(a) (b) (c) (d) (e)

图 7-23 主视图、俯视图联系起来读图

如图 7-24 所示，虽然它们的主视图、左视图均相同，却表示了不同的形体。由此可见，必须把所给出的几个视图联系起来读，才能准确地想象出物体的形状。

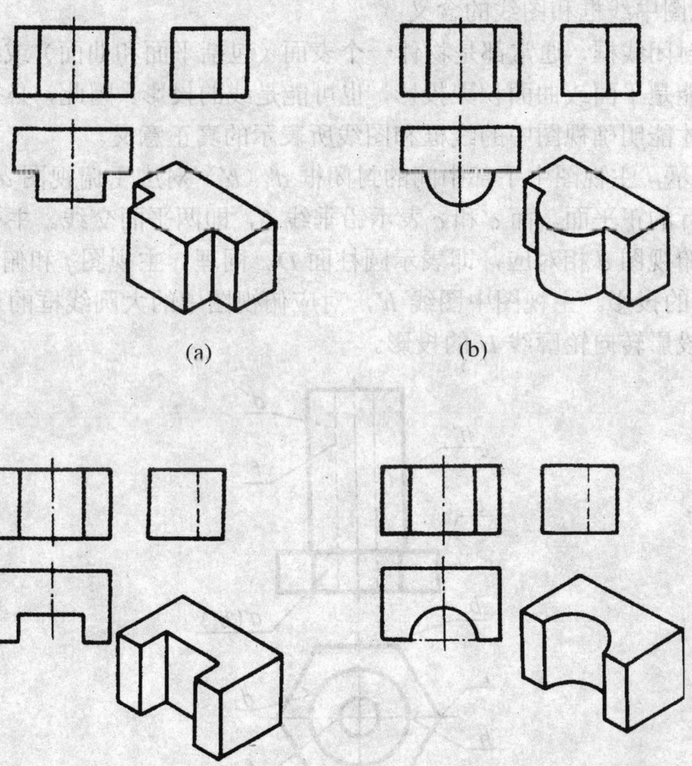

(a) (b) (c) (d)

图 7-24 主视图、俯视图联系起来读图

2．要抓住形状与位置特征明显的视图进行分析

读图时，必须抓住反映形状特征和位置特征的视图。如图 7-23 所示的视图，其俯视图最能反映物体形状特征，只要与主视图联系起来看，就可想象出物体的形状。如图 7-25（a）所示，看主视图、俯视图物体上的Ⅰ与Ⅱ两部分哪个凸起，哪个凹进无法确定，可能是图 7-25（b）或图 7-25（c）。而左视图明显的反映了位置特征，只要把主、左两个视图联系起来看，就可判定是如图 7-25（c）所示的图形之一。

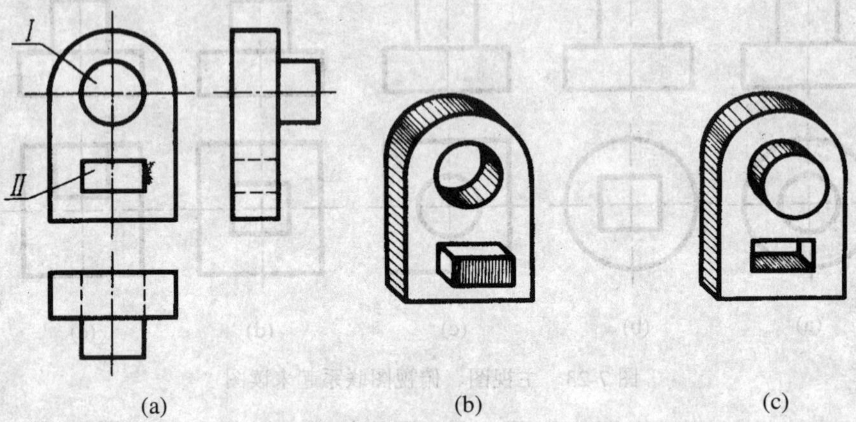

图 7-25　从反映形体特征和位置明显的视图读图

3．要明确视图中线框和图线的含义

视图中每个封闭线框，通常都是物体一个表面（包括平面和曲面）或孔的投影。视图中的每一条图线可能是平面或曲面积聚投影，也可能是线的投影。因此，必须将几个视图联系起来对照分析，才能明确视图中的线框和图线所表示的真正意义。

如图 7-26 所示，主视图中下部中间的封闭框 a'（b'）对应于俯视图 a、b 两条直线，即表示为前后两平行的正平面。而 c'和 c 表示铅垂线 C，即两平面交线。主视图上部粗实线所围成的线框 d'与俯视图 d 相对应，即表示圆柱面 D。同理，主视图 f'和俯视图 f 表示组合体上圆柱形通孔 F 的投影。主视图中图线 h'，对应俯视图中的大圆线框的最左点 h，因而 h' 是圆柱面的正面投影转向轮廓线 H 的投影。

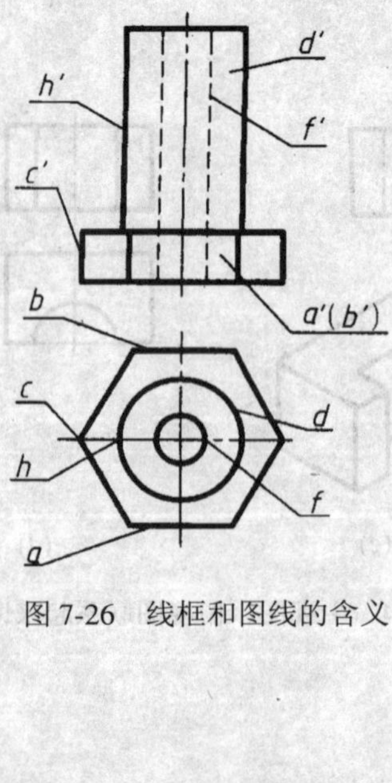

图 7-26　线框和图线的含义

二、读图的基本方法

1．形体分析法

读图的基本方法与画图一样，主要也是运用形体分析法。读图时可根据组合各个视图的特点，将视图分成若干部分，即按投影特性，逐个找出各个基本体在其他视图的投影，确定各基本体的形状以及各基本体之间的相对位置，最后想象出组合体的整体形状。

例 7-2：如图 7-27（a）所示，由组合体的主视图、俯视图想象出整体形状，并补画左视图。

读图：

（1）分线框，对投影

将主视图与俯视图对应，按照投影规律找出基本体的投影及对应关系，想象出该组合体分为两部分，Ⅰ为空心半圆柱体、Ⅱ为立板。

（2）识形体，定位置

根据每一部分的视图，先看大体，后看细节，逐个想象出基本体的形状和它们之间的相互位置。

（3）综合起来想整体，如图 7-27（c）所示，并绘制出左视图，如图 7-27（b）所示。

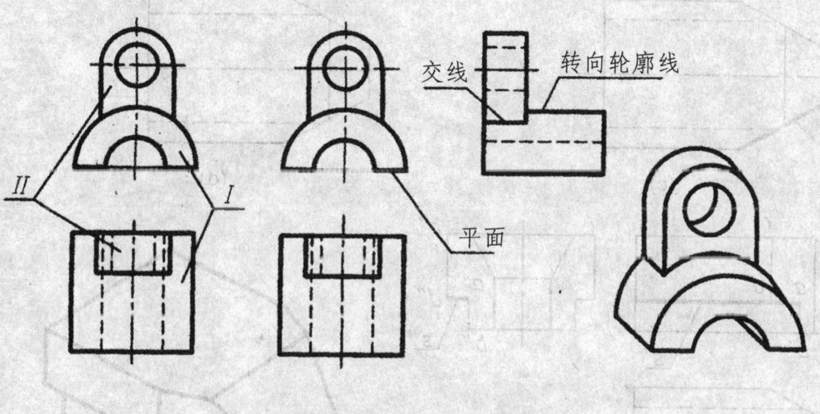

图 7-27　形体分析法读组合体视图

2．线面分析法

在读图时，对比较复杂的组合体不易读懂的部分，可在采用形体分析法的基础上，进一步使用线面分析法来帮助想像和读懂这些局部的形状。线面分析法是把组合体分为若干个面，逐个根据面的投影特点确定其空间形状和相对位置，从而想像出组合体的形状。

例 7-3：看懂图 7-28（a）所示组合体压块的主、俯、左三视图。

读图：

（1）分线框，识面形

从图 7-28（a）所示压块的三视图可知，它是由一块四棱柱体切割而成的，且前后对称。主视图左上方的缺角是用正垂面截切的；左方前后对称的缺角是分别用两个铅垂面对称截切的；前后下方的缺块是分别用正平面和水平面截切的。

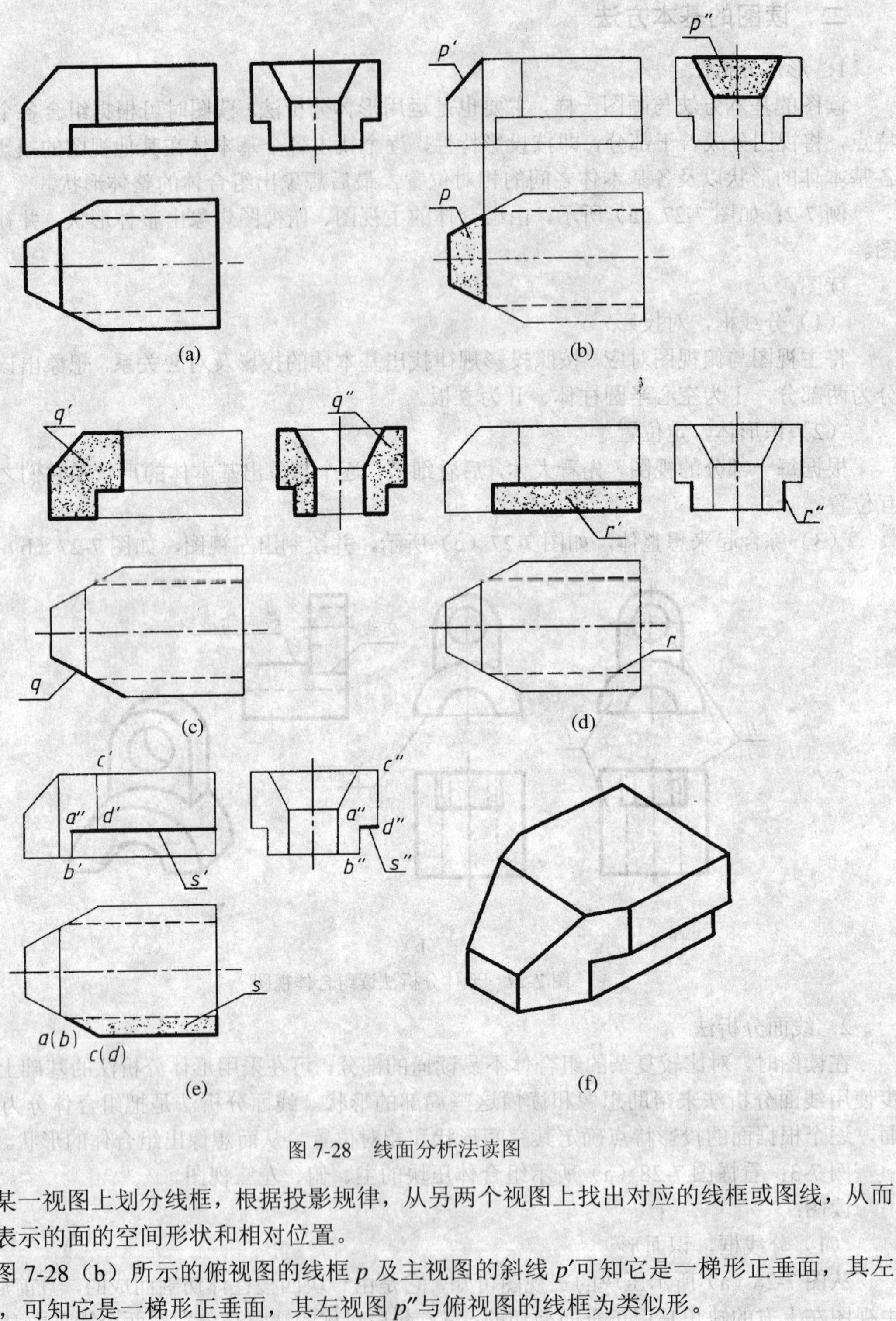

图 7-28　线面分析法读图

从某一视图上划分线框，根据投影规律，从另两个视图上找出对应的线框或图线，从而得出所表示的面的空间形状和相对位置。

由图 7-28（b）所示的俯视图的线框 p 及主视图的斜线 p'可知它是一梯形正垂面，其左视图 p''，可知它是一梯形正垂面，其左视图 p''与俯视图的线框为类似形。

由图 7-28（c）所示的主视图的线框 q'及俯视图的斜线 q，可知它是一多边形铅垂面，其左视图 q''为主视图的类似形。

由图 7-28（d）所示的主视图的线框 r'及左视图的直线 r''，可知它是矩形正平面，其俯视图为一条直线段，但这里是虚线。

由图 7-28(c)所示的俯视图的线框 s 和主、左视图各为一特殊位置直线 s'、s''的对应关系可知 S 为水平面。

（2）识交线，想整形

如图 7-28(e)所示，以 AB、AD、CD 三条直线为例，直线 AB 是铅垂面 Q 和正平面 R 的交线，必定是铅垂线；直线 AD 是铅垂面 Q 和水平面 S 的交线，必定是水平线；直线 CD 也是铅垂线。

将线面的分析综合起来便可以想象出压块的整体形状，如图 7-28（f）所示。

综上所述，可以看出形体分析法多用堆叠和挖切型的组合体，线面分析法多用于挖切型的组合体。

读图时，通常将形体分析法与线面分析法配合使用，当组合体形状较复杂时，可用形体分析法分部分识读组合体，而各形状和细节则需用线面分析法才能分析清楚。即“形体分析看大概”、“线面分析看细节”。

本 章 小 结

一、知识体系

- 组合体
  - 组合形式
    - 堆叠
    - 挖切
    - 综合
  - 画图方法——形体分析法
  - 尺寸标注
    - 正确
    - 完整
    - 清晰
    - 合理
  - 读图方法
    - 形体分析法
      - 分线框，对投影
      - 识形体，定位置
      - 综合起来想整体
    - 线面分析法
      - 分线框，识面形
      - 识交线，想整形
    - 综合分析法
      - 形体分析看大概
      - 线面分析看细节

二、复习思考

(一) 思考题

1. 什么是组合体？组合体的形式有哪些？

2. 什么是形体分析法？

3. 如何画组合体的视图？

(二) 选择题（将正确的答案代号填在括号里）

1. 画组合体的视图时，首先应该进行________。

(a) 尺寸分析　(b) 线段分析　(c) 视图选择　(d) 形体分析

2. 读组合体视图中形体较复杂的细部结构时，要进行的分析是________。

(a) 形体分析　(b) 线面分析　(c) 投影分析　(d) 尺寸分析

3. 组合体尺寸标注的基本要求是________。

(a) 正确、完整、清晰、合理　(b) 只有定形尺寸和定位尺寸

(c) 只有总体尺寸　(d) 无须标注

(三) 判断题（正确的打“√”、错误的打“×”）

1. 形体分析法既是画组合体视图的方法，也是读组合体视图的方法。

2. 叠加型组合体的视图，除标注各基本体的定形尺寸外，还要标注定位尺寸和总体尺寸。

3. 切割型组合体的视图，需要标注的尺寸是原体尺寸和截平面的尺寸。

第八章 图样画法

【学习要求】

熟练掌握视图的画法、标注及适用条件，熟练掌握各种剖视、断面图的表达内容及画法，掌握剖视、断面图的识读方法。

【主要内容】

视图、剖视图、断面图、剖视图与断面图的识读。

机件是机器、部件和零件的总称。由于机件的形状和结构的多样性和复杂性，仅用前面讲述的三视图，就很难把它们的内外形状准确、清晰、完整地表达清楚，必须采用其他表达方法。GB/T 4458.6-2002 采用国际标准 ISO 128-44 规定了绘制图样、剖视图和断面图的基本方法，对各种表达方法作了明确的规定画法，本章着重介绍一些常用的表达方法。

第一节 视　　图

视图是用来表达机件外部结构的图形。为了不用虚线而且尽量反映实形，国家标准规定了不同的视图。一般有基本视图、向视图、局部视图和斜视图。

一、基本视图

制图标准规定用正六面体的六个面作为基本投影面，将形体放在其中，然后向六个投影面投影所得到的视图称为基本视图。

六个基本视图的形成如图 8-1（a）中箭头所指方向，旋转到与正面在同一平面内。六个基本视图的配置（GB/T 17451-1998）如图 8-1（b）所示。即在原有的正立面、水平面、右侧面以外增加了前立面、顶面和左侧立面，共六个投影面。相应得到六个视图，主视图、俯视图、左视图、右视图（由右向左投影）、后视图（由后向前投影）、仰视图（由下向上投影），六个投影面的展开方法仍然是正立面保持不动，六个视图应符合“长对正、高平齐、宽相等”的投影规律。

在绘制机件的图样时，应根据机件的复杂程度，选用其中必要的几个基本视图，选择的原则是：

（1）选择表示机件信息量最多的那个视图作为主视图，通常是机件的工作位置或加工位置或安放位置；

（2）在机件表示明确的前提下，使视图的数量为最少；

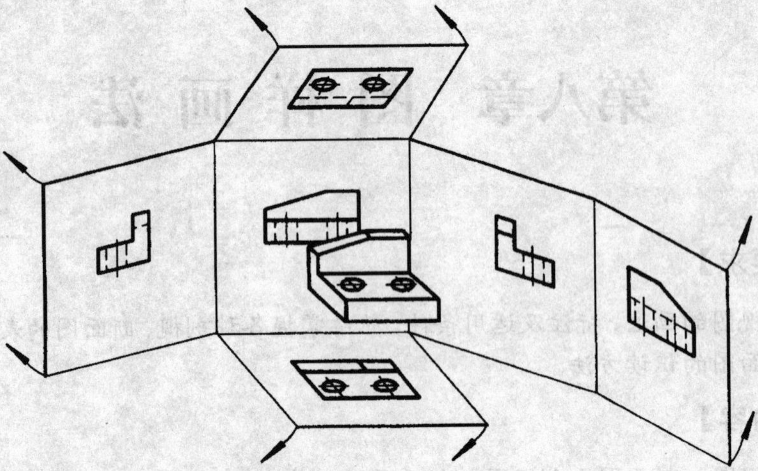

(a)

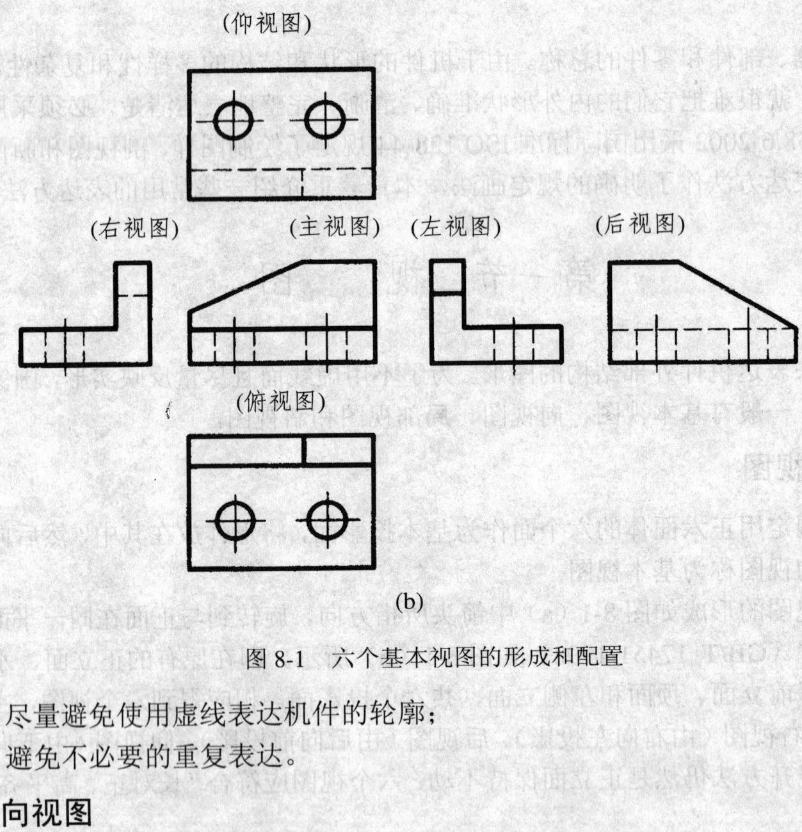

(b)

图 8-1　六个基本视图的形成和配置

（3）尽量避免使用虚线表达机件的轮廓；

（4）避免不必要的重复表达。

二、向视图

向视图是可以自由配置的视图。根据需要允许从以下两种表达方式中选择一种。

（1）在向视图上标注大写拉丁字母，并在相应视图的附近用箭头指明投射方向，并标注相同的字母，如图 8-2（a）所示。

（2）在向视图的下方（或上方）标注图名。标注图名的各视图位置，应根据需要和可能按相应的规则布置，如图 8-2（b）所示。

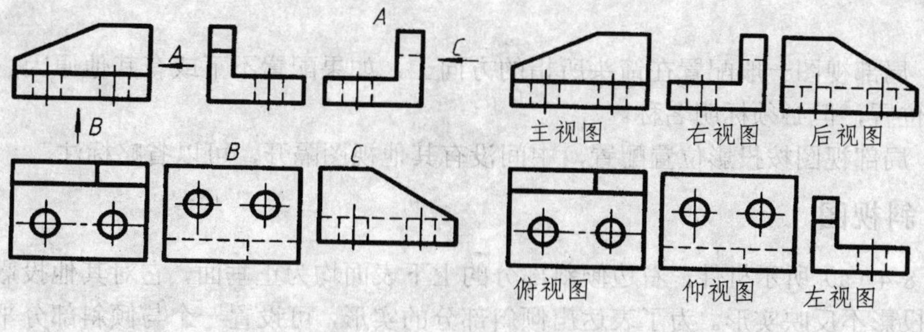

（a）　　　　　　　　（b）

图 8-2　向视图配置的两种形式

实际制图时，应根据物体的形状和结构特点，按需要选择视图，一般优先选用主视图、俯视图、左视图三个基本视图，然后考虑其他视图，在完整、清晰地表达形体的前提下，力求使视图数量少、制图简便。基本视图上一般只画出可见部分，必要时才画出不可见部分。

三、局部视图

如图 8-3 所示的机件，有了主视图和俯视图，形体的大部分形状已表达清楚，只有两个凸台部分尚未表达清楚，如果再用左视图或右视图表达就显得很累赘。图中仅画出需要表达的部分，既简洁又明了。这种将形体某一部分的形状和大小向基本投影面投影所得的视图称为局部视图。

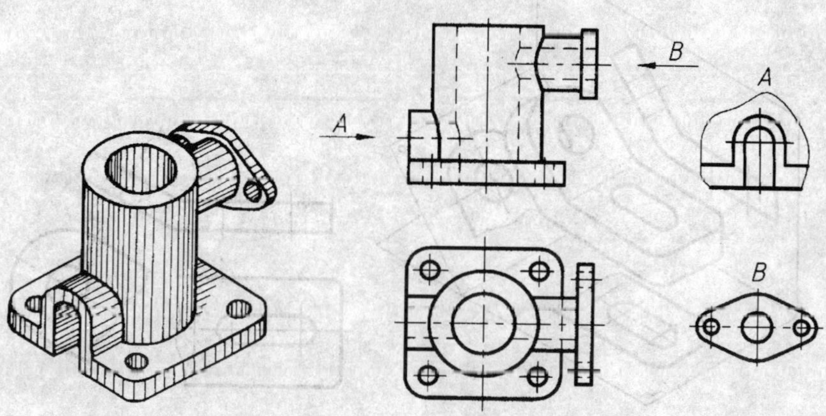

（a）立体图　　（b）基本视图　　（c）局部视图

图 8-3　局部视图

局部视图的投影面仍为基本投影面，所表达的只是形体的局部，不画的部分用波浪线断开，这样既省图面又省工作量。但局部视图依附于基本视图，所以，局部视图和基本视图比例相同。

画局部视图应注意的事项：

（1）必须用带字母的箭头在基本视图上标明局部视图的位置和方向，并在局部视图的下方或上方注写相同字母的“×向”名称。

（2）局部视图有明显的轮廓线，以轮廓线为界，否则以波浪线为界。波浪线不要超出轮廓线。

（3）局部视图一般配置在箭头所指的方向上，如果配置不下或有其他原因，可移到图纸的任何位置，但必须标明名称。

（4）局部视图按投影位置配置，中间没有其他视图隔开，可以省略标注。

四、斜视图

如图 8-4（a）所示机件，右边倾斜部分的上下表面均为正垂面，它对其他投影面是倾斜结构，其投影不反映实形。为了表达出倾斜部分的实形，可设置一个与倾斜部分平等的投影面，再将该结构向新投影面投影得到其实形，如图 8-4（b）所示。这种将机件向不平行于任何基本投影面的平面投影所得的视图，称为斜视图。

画斜视图时，一般按投影关系配置，即箭头所指的方向，必要时也可配置在其他适当的位置，在不致引起误解时，允许将斜视图旋转配置，如图 8-4（c）所示。用旋转符号表示，旋转符号的尺寸和比例如图 8-4（d）所示，该图名称的大小写字母靠近旋转符号的箭头端，也允许将旋转角度标注在字母之后，角度值是实际旋转角大小，箭头的方向为旋转方向。

根据 GB/T 14751-1998 规定，在斜视图上方标出视图名称“×”，在相应的视图附近用箭头指明投影方向，并注上同样的字母。不论图形和箭头如何倾斜，图样中的字母总是水平书写。

斜视图应表达实形，与其他部分用波浪线断开。波浪线的画法如图 8-5 所示。

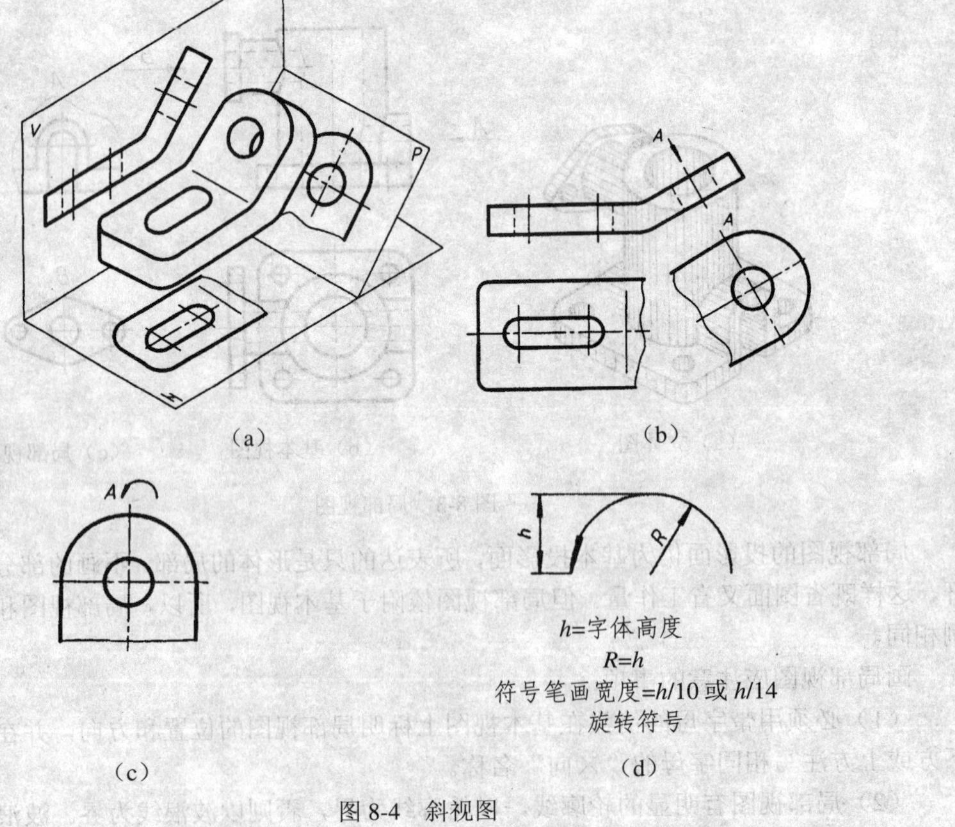

图 8-4 斜视图

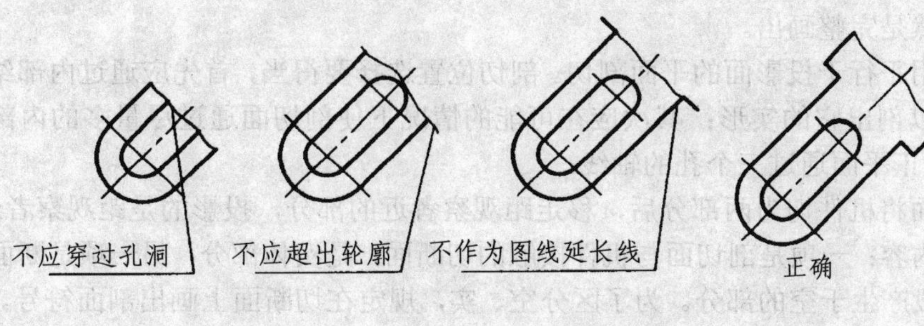

图 8-5　波浪线的画法

第二节　剖　视　图

一、剖视图的概念

当机件的内部形状比较复杂时，在视图中就会出现许多虚线，视图中的各种图线纵横交错在一起，造成层次不清，影响视图的清晰，且不便于绘图、标注尺寸和读图。为了解决机件内部形状的表达问题，减少虚线，国家标准规定采用假想切开机件的方法将内部结构由不可见变为可见，从而将虚线变为实线。

（一）剖视图的形成

假想用剖切面从适当的位置剖开机件，将处在观察者和剖切面之间的部分移去，而将其余部分向投影面投影所得到的图形，称为剖视图，如图 8-6 所示。

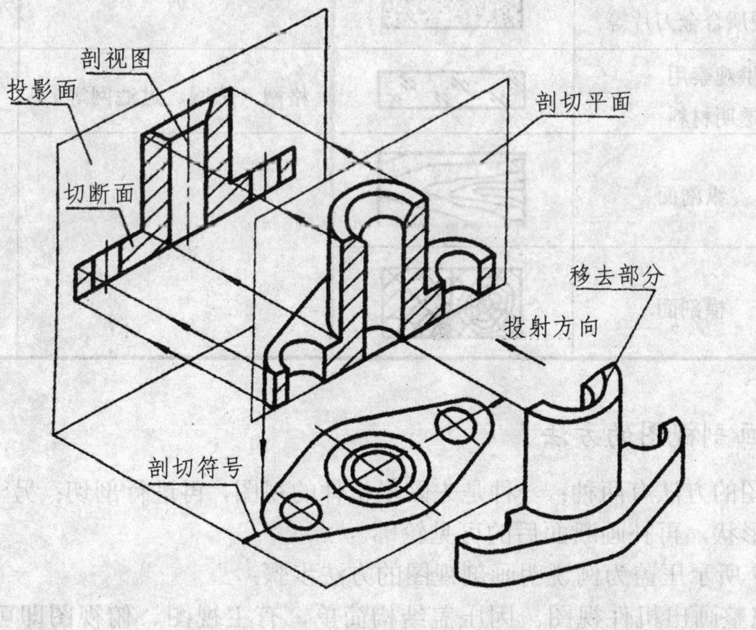

图 8-6　剖视图的概念

注意：剖视图是一种假想的表达手法，机件并不被真正切开，因此除剖视图外，机件的其他视图仍然是完整画出。

一般采用平行于投影面的平面剖切。剖切位置选择要得当，首先应通过内部结构的轴线或对称平面以剖出它的实形；其次应在可能的情况下使剖切面通过尽量多的内部结构，图 8-6 中，一个正平面通过三个孔的轴线。

当剖切面将机件切为两部分后，移走距观察者近的部分，投影的是距观察者远的部分。它包括两项内容：一项是剖切面与机件接触的切断面，是实体部分；另一项是断面后的可见轮廓线，一般产生于空的部分。为了区分空、实，规定在切断面上画出剖面符号。剖面符号的规定如表 8-1 所示。

表 8-1　材料的剖面符号

材料	剖面符号	材料	剖面符号
金属材料（已有规定剖面符号者除外）		木质胶合板（不分层数）	
线圈绕组元件	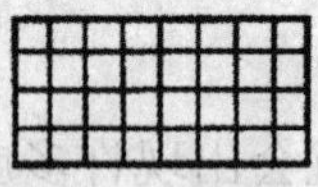	基础周围的泥土	
转子、电枢、变压器、电抗器等的叠钢片		混凝土	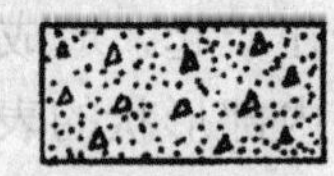
非金属材料（已有规定剖面符号者除外）		钢筋混凝土	
型砂、填砂、粉末冶金、砂轮、陶瓷刀片、硬质合金刀片等	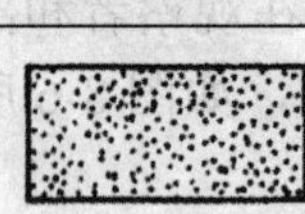	砖	
玻璃及供观察用的其他透明材料	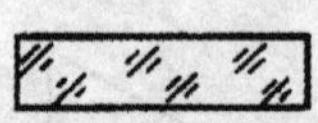	格网（筛网、过滤网等）	
木材　纵剖面		液体	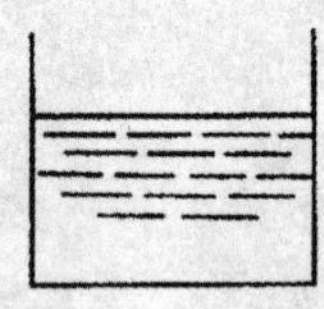
木材　横剖面			

（二）画剖视图的方法

画剖视图的方法有两种：一种是先画出机件的视图，再进行剖切；另一种是先画出剖切面后的断面形状，再补画断面后的可见轮廓。

以图 8-7 所示压盖为例说明画剖视图的方法步骤：

（1）完整画出机件视图。因压盖结构简单，有主视图、俯视图即可表达清楚，如图 8-7（a）所示。

（2）选择适当的位置。因三个内孔的轴线处在一个平面内，则应让剖切平面通过这个平面，且用剖切符号标出剖切位置，即在俯视图两端标注 A 的粗短线，如图 8-7（b）所示。

（3）从剖切平面的左端或右端开始，依次画出剖切面与机件内、外基本形体的交线，孔的转向轮廓线由虚线变为实线。按规定金属机件在断面上应画出与水平方向成45º剖面线，且同一个零件在不同的剖视图中的剖面线方向应相同，间隔相等，如图 8-7（b）主视图所示。

（4）补面切断面后的可见轮廓线，底线左右两端孔的上下轮廓线，中间孔的上下轮廓线和圆台圆住的交线。检查无误后再加深粗实线，如图 8-7（c）所示。

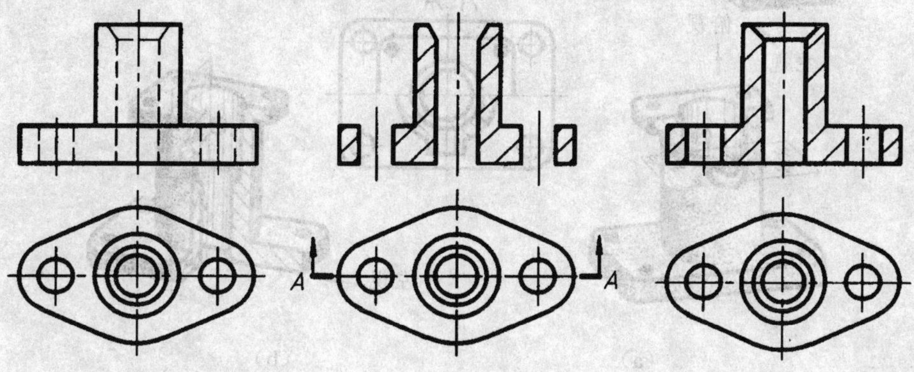

（a）　　（b）　　（c）

图 8-7　剖视图的画法

（三）剖视图的标注及配置

一般应在剖视图的上方中间标出剖视图的名称“×—×”。在剖切面积聚为直线的视图上标注相同字母，用剖切符号表示剖切位置。剖切符号线宽为（1～1.5）d、长约 5～10mm 的粗实线。剖切符号尽量不与图形的轮廓线相交或重合，在剖切符号外侧画出与剖切符号相垂直的细实线和箭头表示投影方向，如图 8-7 所示。

剖视图省略标注有以下两种情况：

（1）当剖视图按投影关系配置，中间又没有其他图形隔开时，可省略箭头；

（2）当单一剖切平面通过机件的对称平面或者基本对称平面且符合上述条件时，可全部省略。

二、剖视图的种类

剖视图按剖切范围分为全剖视图、半剖视图和局部剖视图。

（一）全剖视图

用剖切面完全地将形体剖开所得的视图称为全剖视图，一般用于内部结构复杂而外形简单的形体，或者只是为了表达形体的内部结构，如图 8-7 所示。后面将要介绍的旋转剖视、阶梯剖视、斜剖视也属于全剖视。

（二）半剖视图

当物体具有对称平面时，向垂直于对称平面的投影面上投射所得的图形，可以对称中心线为界，一半画成剖视图，另一半画成视图，这种组合的图形称为半剖视图。如图 8-8 所示。

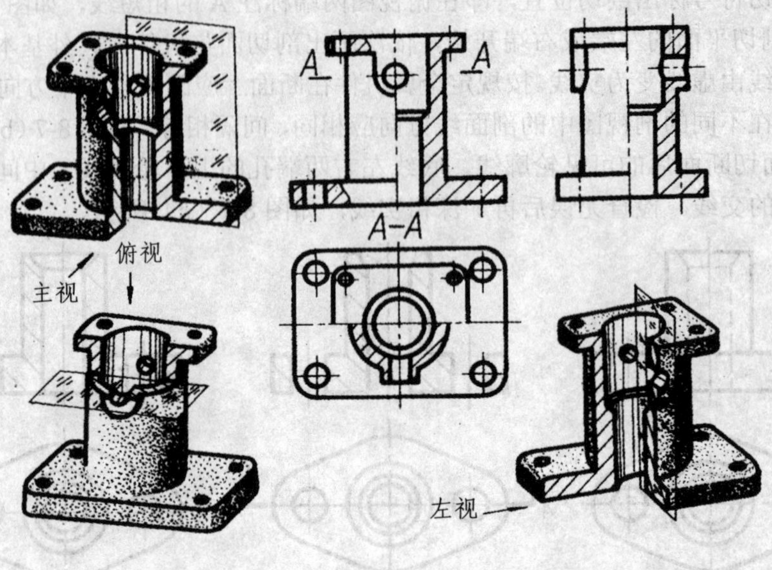

(a)　　　　(b)

图 8-8　支座的半剖视图

半剖视图适用于两种情况：

（1）在与机件的对称平面相垂直的投影图上，如果机件的内外形状都需要表达，则可以图形的对称中心线为界线画或半剖视，如图 8-8（b）所示的主视图、俯视图；

（2）当机件的结构接近于对称，而且不对称的部分另有图形表达清楚时，也可画成半剖视图，如图 8-9 所示的带轮。

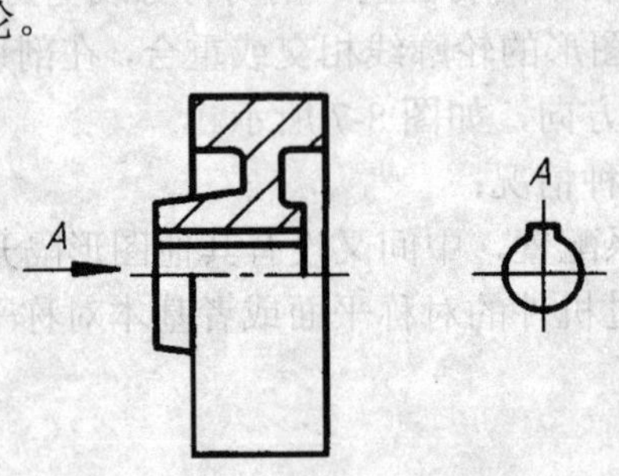

图 8-9　带轮的半剖视图

半剖视图并没有用垂直于投影的平面剖切，因而视图和剖视图的分界线只能是细点画线，而不能画成粗实线。标注方法与全剖视图相同，如图 8-8 所示。人们往往将左右对称图形的右半边画成剖视图，而上下对称的图形则剖开下半部分。

半剖视图中，机件的内部形状已在半个剖视图中表达清楚，因此在半个视图中不必画虚线。

（三）局部剖视图

用剖切面局部地剖开机件，所得到的剖视图称为局部剖视图，如图 8-10（a）所示。

局部剖视图不受图形是否对称的限制，在什么部位剖切、剖切面有多大，均可根据实际机件的结构选择，是一种灵活方便的表达方法，运用得当可使图形简明清晰。

局部剖视图适用于三种情况：

（1）机件上有局部内形需要表达，如图 8-10 所示。

（2）机件的内外结构均需表达，但不具有与剖切平面相垂直的对称平面，不能采用半剖视图，这时如果内外结构不相互重叠，则可以将一部分画成剖视图表达内形，另一部分画成视图表达外形，如图 8-10 所示。

（3）当图形的对称中心线或对称平面与轮廓线重合时，要同时表达内外结构形状，又不宜采用半剖视图，这时可采用局部剖视图，其原则是保留轮廓线，如图 8-11 所示。

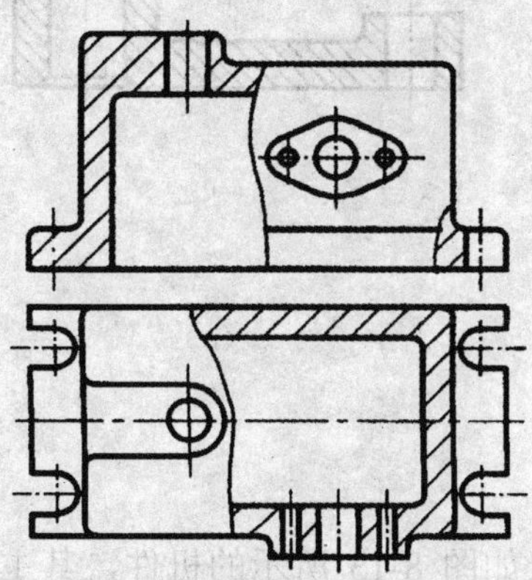

图 8-10　局部剖视图

（a）　（b）　（c）

图 8-11　机件棱线与对称线重合局部剖视图的画法

注意：①当被剖结构为回转体时允许将该结构的中心线作为局部剖视图与视图的分界线。②单一剖切平面的剖切位置明显时，局部剖视图的标注可省略，如图 8-10、8-11 所示。

三、剖切方法

由于机件内部结构形状多种多样，仅用一个与基本投影面平行的平面剖切是不够的，为此，国家标准规定了多种剖切方法。

1．单一剖切面剖切

（1）用一个平面剖切机件或用一柱面剖切机件的方法，称为单一剖切

采用柱面剖切机件时，剖视图应按展开绘制。一般常用平行于基本投影面的单一剖切平面剖切（平面剖）。前面讲述的全剖视图、半剖视图和局部剖视图多是用单一剖切平面剖切得到的剖视图。

（2）单一斜剖切面

用不平行于任何基本投影面，却垂直于一个基本投影面的剖切平面剖开机件的方法称为斜剖，如图 8-12 所示。它适用于机件上的倾斜结构有内形需剖开表达的情况。

采用斜剖时必须标注，如图 8-12 中的 A-A。斜剖得到的剖视图最好放在箭头所指的位置与原视图保持直接的投影关系，必要时可移到其他位置，甚至可以将倾斜图形旋转。

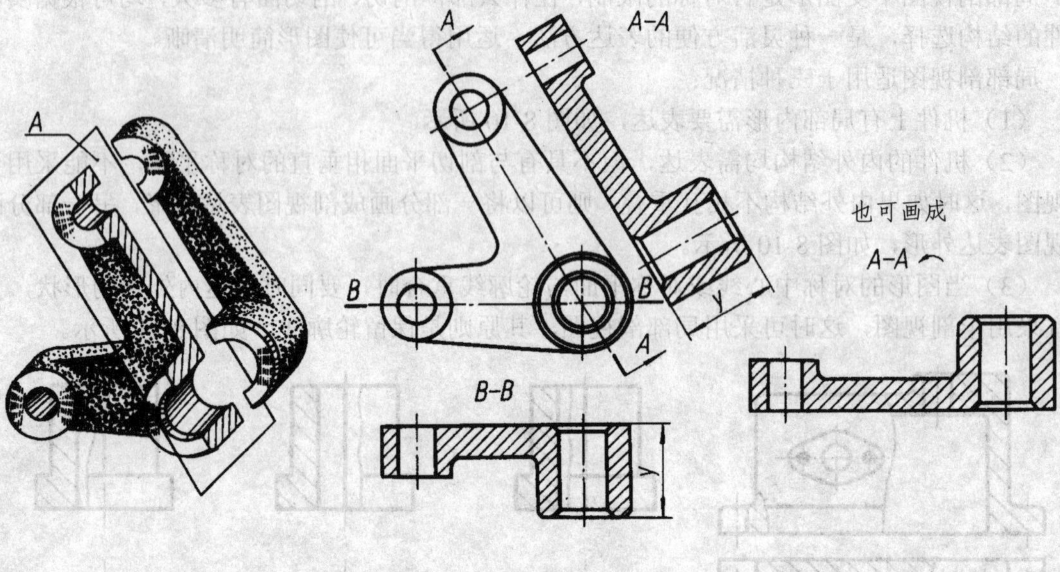

（a）　　　　　　（b）　　　　　　（c）

图 8-12　单　斜剖切面全剖视图

2．几个平行的剖切平面

用几个平行的剖切平面剖开机件的方法，称为阶梯剖。如图 8-13 所示的机件，其主视图是用了两个相互平行的且平行于基本投影面的剖切平面剖切的。阶梯剖适用于表达外形简单，内形较复杂且难以用单一剖切平面剖切表达的机件。阶梯剖必须标注，它的各剖切平面相互连接而不重叠，其转折符号成直角且应对齐，如图 8-13 所示。当转折处位置有限又不会误解时可省略字母。剖切是假想的，在剖视图中不得画出各剖切面的分界线，类似于用同一个平面剖出的剖视图。

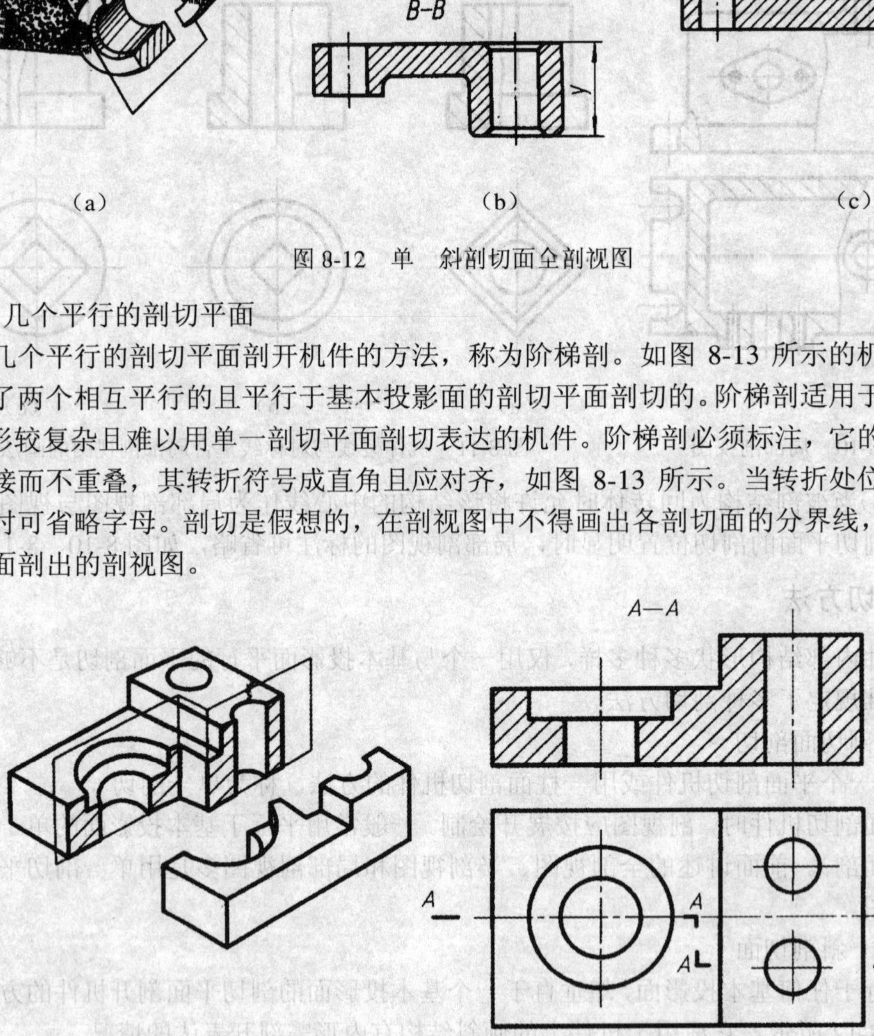

图 8-13　阶梯剖

在画阶梯剖时，图形内不应出现不完整的要素。仅当两个要素在图形上具有公共对称中心线或轴线时，可以各画一半，此时应以对称中心线或轴线为界，如图 8-14 所示。

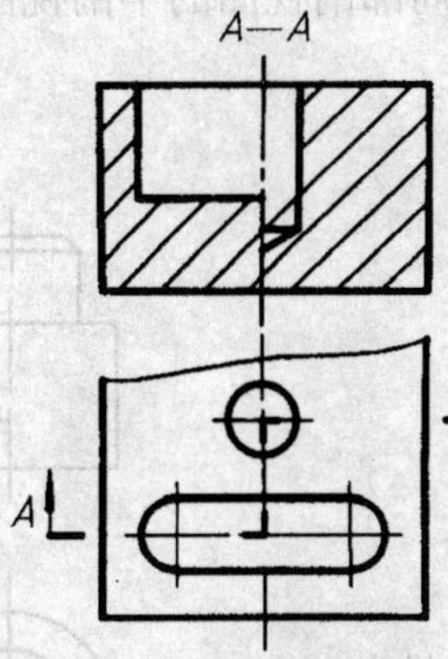

图 8-14　各画一半的剖视图

应该明确的是：剖视图的种类是根据机件需要表达内剖结构、外部形状，还是内外形都需要表达，然后观察是否具有对称结构。剖切方法则是根据机件的内剖结构的分布情况选择的。因此，不论采用何种剖切方法都可以根据表达的需要画成全剖视图、半剖视图或局部剖视图。

3．几个相交的剖切面（交线垂直于某一投影面）

当机件上的孔、槽等结构沿机件的某一回转轴线分布时，可采用几个相交于回转轴线的剖切面剖开机件，以表达这些结构的形状。如图 8-15 所示，用两个相交于机件轴线（正垂线）的侧平面和正垂面剖开机件，并将正垂面上剖到的倾斜部分结构及其有关部分绕轴线旋转到与侧面平行后再向侧面投射，即得到用两个相交平面剖切的 *A-A* 全剖视图。

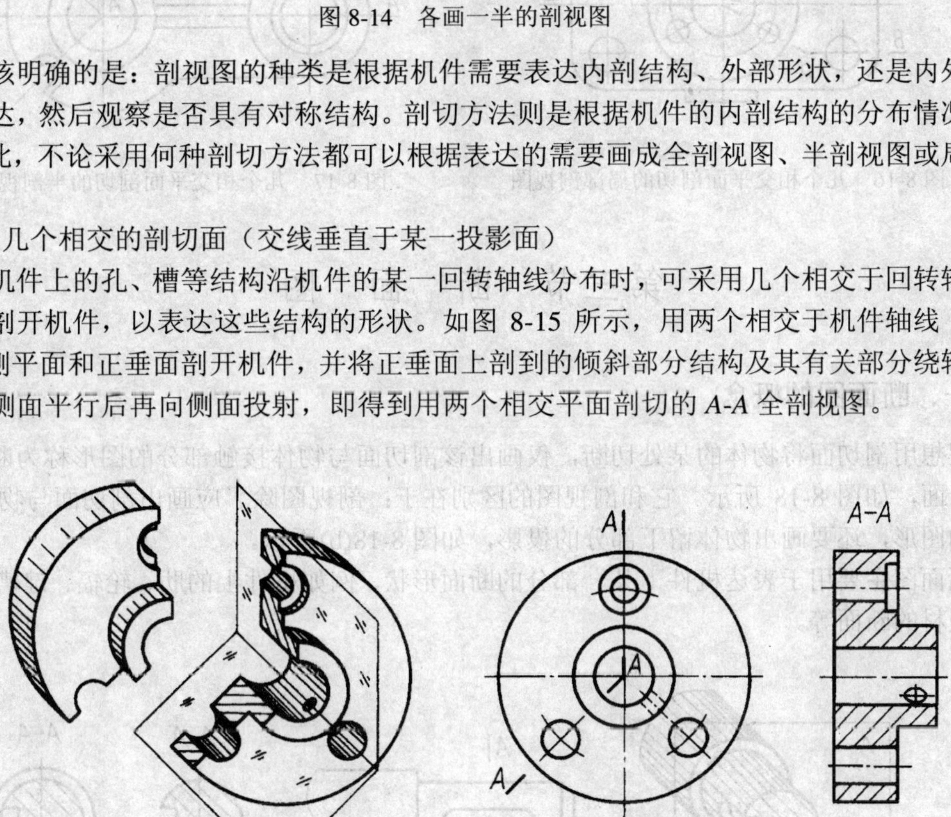

(a)　　　　(b)

图 8-15　几个相交平面剖切的全剖视图

采用几个相交平面剖切，应注意以下几点：

（1）作剖视图时，只旋转机件上被剖到的倾斜部分结构，而倾斜剖切面后面的其他分结构仍按原来位置投影，如图 8-15 所示的油孔。

（2）剖视图必须标注，其标注方法与几个平行平面剖切的剖视图相同，如图 8-15（b）所示。

采用几个相交的剖切面,也可获得局部剖视图的半剖视图，如图 8-16 及图 8-17 所示。

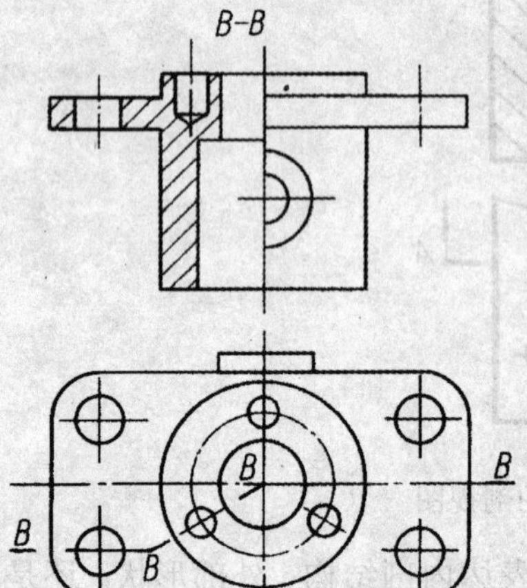

图 8-16　几个相交平面剖切的局部剖视图

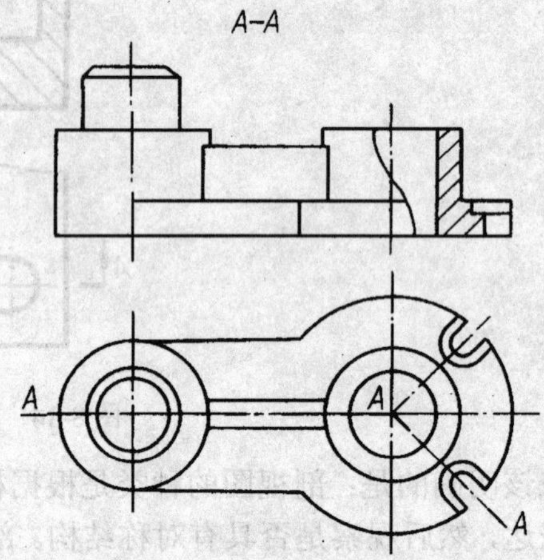

图 8-17　几个相交平面剖切的半剖视图

第三节　断　面　图

一、断面图的概念

假想用剖切面将物体的某处切断，仅画出该剖切面与物体接触部分的图形称为断面图，简称断面，如图 8-18 所示。它和剖视图的区别在于：剖视图除了应画出剖切面与物体接触部分的图形，还要画出物体留下部分的投影，如图 8-18(b)所示。

断面图主要用于表达机件上某一部分的断面形状，例如机件上的肋、轮辐、键槽、小孔以及型材的断面等。

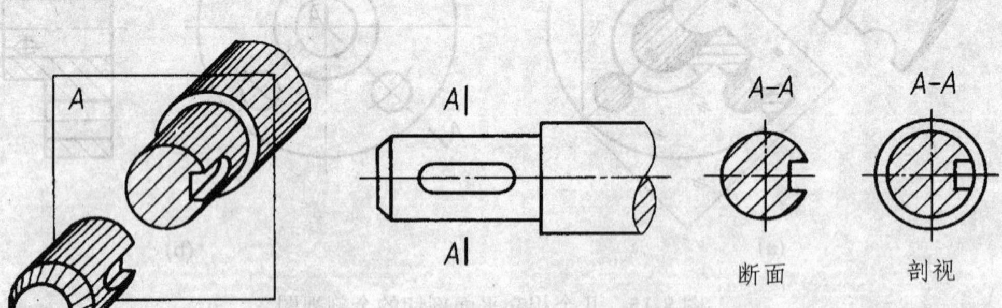

(a)　　　(b)

图 8-18　断面图

二、断面图的种类

根据 GB/T 4458.6-2002 规定，断面图分为移出断面和重合断面两种。

画在视图外的断面图称为移出断面。如图 8-18 所示，移出断面的轮廓线用粗实线绘制。

1．移出断面的画法及配置原则

（1）移出断面通常配置在剖切线的延长线上，如图 8-19 所示。

（2）移出断面的图形对称时也可画在视图的中断处，如图 8-20 所示。

（3）必要时移出断面图可配置在其他适当位置，如图 8-21 所示。

（4）由两个或多个相交的剖切平面剖切得出的移出断面图，中间一般应断开，如图 8-22 所示；

（5）当剖切平面通过回转体而形成的孔凹坑的轴线时，则这些结构按剖视图绘制，如图 8-23 所示。

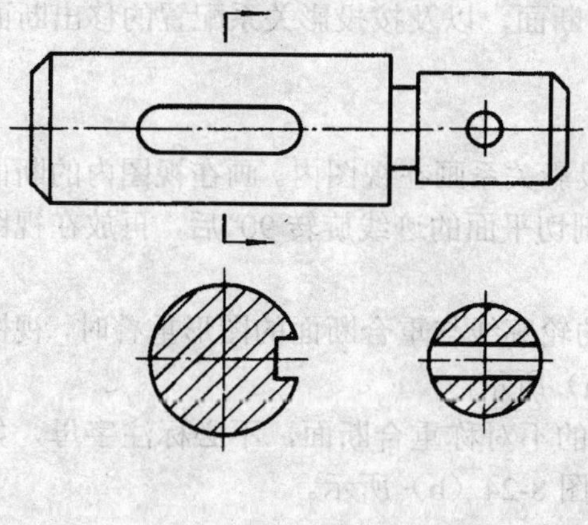

图 8-19　配置在剖切线的延长线上

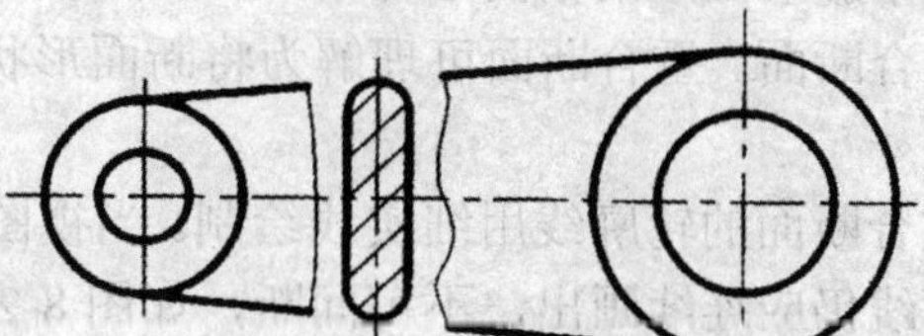

图 8-20　对称移出断面的画法

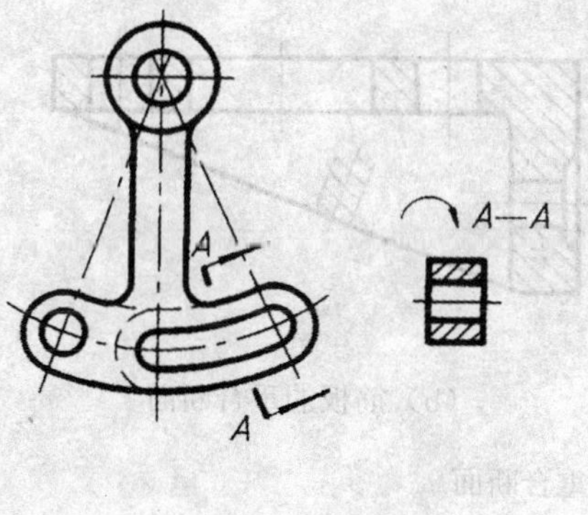

图 8-21　断面旋转

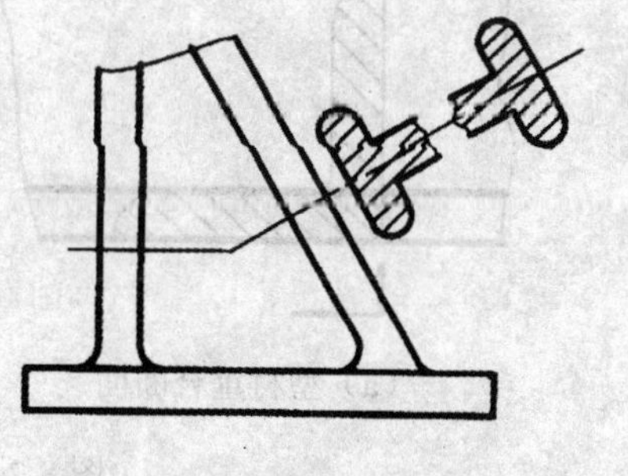

图 8-22　两断面中间断开

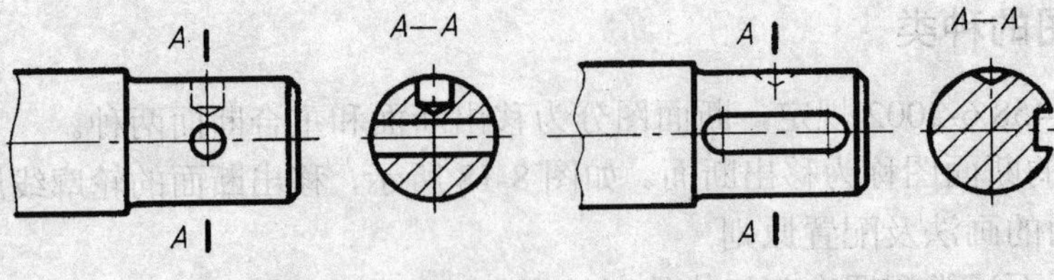

(a)　　　　　　　　　　　　　　　　　　　　　(b)

图 8-23　移出断面中孔和凹坑的画法

2．移出断面的标注

（1）移出断面一般用剖切符号表示剖切位置，用箭头表示投射方向，并注上字母。在断面图的上方用同样的字母标出相应的名称“×—×”。经过旋转后的断面图应加注“旋转”符号，如图 8-21 所示。

（2）配置在剖切符号延长线上的不对称移出断面不必标注字母，如图 8-19 所示。

（3）不配置在剖切符号延长线上的对称移出断面，以及按投影关系配置的移出断面，一般不必标注箭头，如图 8-23 所示。

3．重合断面

在不影响图形清晰的条件下，断面图也可按投影关系画在视图内。画在视图内的断面图称为重合断面。重合断面可理解为将断面形状绕剖切平面的迹线旋转 90º 后，再放在视图之内。

重合断面的轮廓线用细实线绘制。当视图中的轮廓线与重合断面的图形重叠时，视图中的轮廓线仍应连续画出，不可间断，如图 8-24（a）所示。

因重合断面的位置固定而配置在剖切符号上的不对称重合断面，不必标注字母，如图 8-24（a）所示。对称的重合断面也不必标注，如图 8-24（b）所示。

断面图一般用来表达孔、槽、轮辐、筋板等结构。

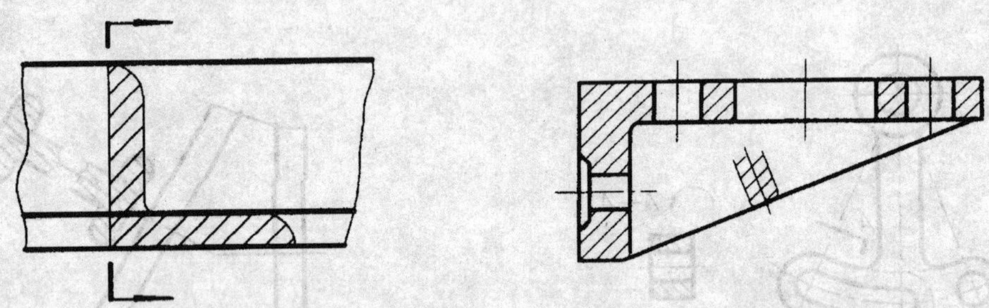

（a）型材重合断面　　　　　　　　　　　（b）筋板的重合断面

图 8-24　型材和筋板的重合断面

第四节　其他表达方法

一、局部放大图

将机件上某一部分的细小结构，用大于原图形所采用的比例画出的图形，称为局部放大图。局部放大图可画成视图、剖视图、断面图，它与被放大部分的原表达方式无关。局部放大图应放置在被放大部分的附近，如图 8-25 所示。

绘制局部放大图时，应用细实线圈出放大部位，同一机件上有几个被放大部分时，必须用罗马数字依次标出被放大的部位，并在局部放大图的上方标注出相应的罗马数字和所采用的比例，用细横线上下分开标出，如图 8-26（a）所示。机件上只有一处放大时，局部放大图只需注明所采用的比例。同一机件上不同部位局部放大图相同或对称时，只需画出一个，如图 8-26（b）所示。

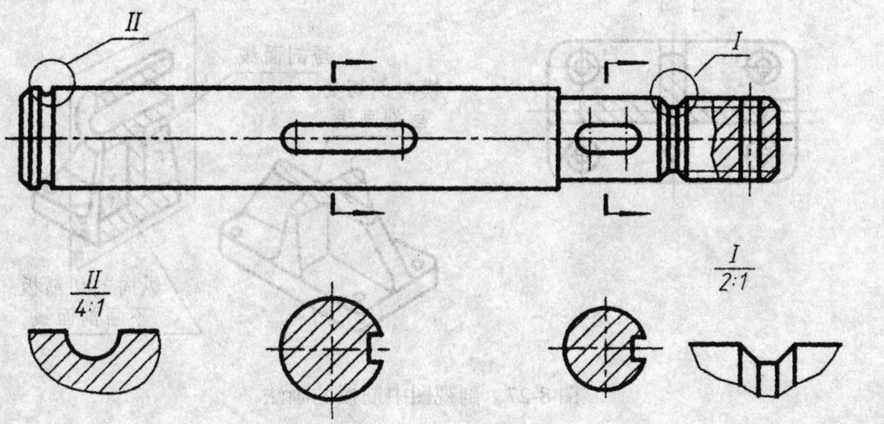

图 8-25　局部放大图

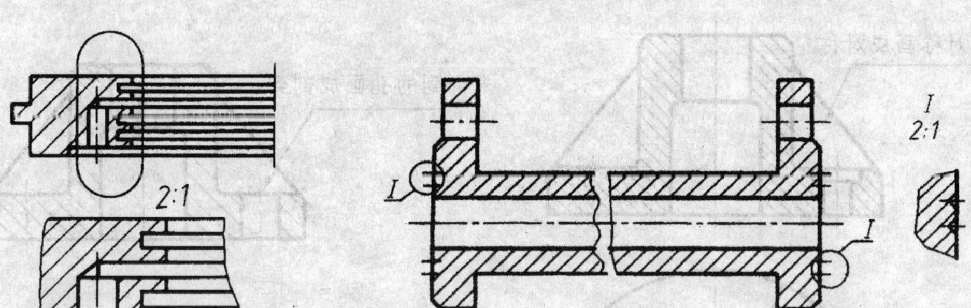

（a）　　　　（b）

图 8-26　只有一处放大和几处放大图相同的画法

二、简化画法

为了使制图简便，国家标准（GB/T 16675.1-1996）规定了技术图样中通用的简化画法，包括规定画法、省略画法、示意画法等。常用的简化画法有以下几种：

1．筋、轮辐、孔等结构剖切时的简化画法

（1）对于机件的筋、轮廓及薄壁等，如按纵向剖切，这些结构都不画剖面符号，而用粗实线将它与其邻接部分分开，如图 8-27 所示。

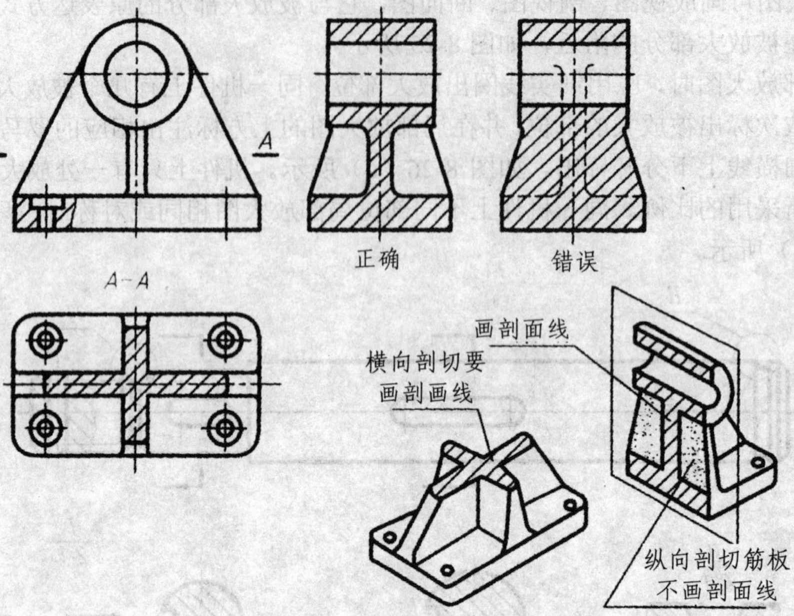

图 8-27　剖视图中筋板的画法

当机件回转体上均匀分布的筋、轮辐、孔等结构不处于剖切平面上时，可将这些结构旋转到剖切平面上画出，并且不必标注，如图 8-28 和图 8-29 所示。

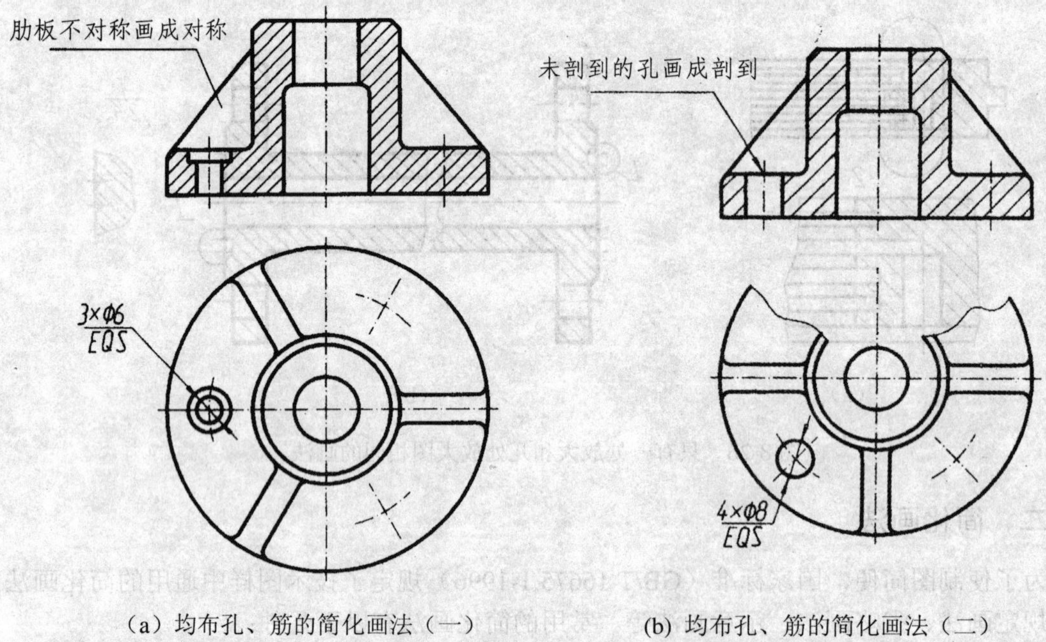

（a）均布孔、筋的简化画法（一）　　(b) 均布孔、筋的简化画法（二）

图 8-28　均布孔、筋的简化画法

（2）圆柱形法兰和类似机件上均匀分布的孔，可按图 8-30 所示（由机件外向该法兰端面方向投影）。

（3）在不引起误解时、过渡线、相贯线，允许简化，如用圆或直线代替非圆曲线，如图 8-30 所示。

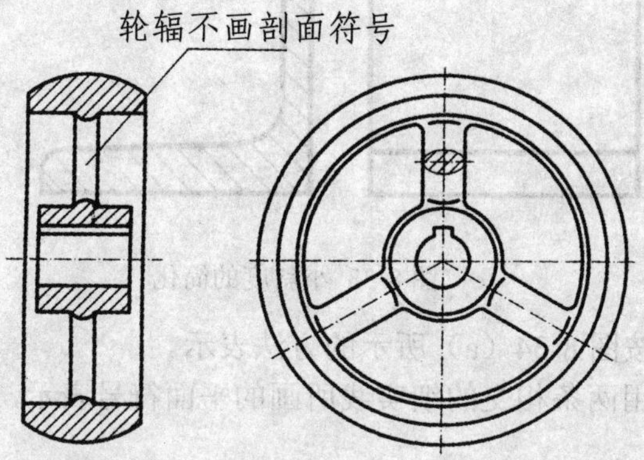

图 8-29　剖视图中轮辐的画法

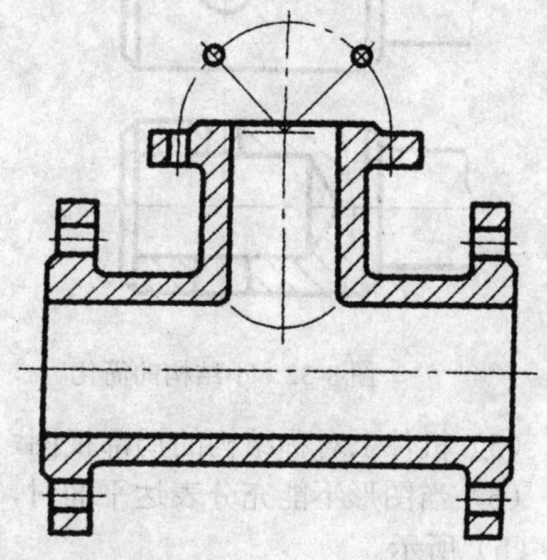

图 8-30　均匀分布孔的画法

2．对相同结构和小结构的简化

（1）当机件具有若干相同结构（如齿槽）并按一定规律分布时，只需画出几个完整的结构，其余用细实线连接，但必须在图中注出该结构的总数，如图 8-31（a）所示。

（2）直径相同且成规律分布的孔（螺孔、沉孔等），可以只画出一个或几个，其余的只需用细点画线表示其中心位置，且应注明孔的总数，如图 8-31（b）所示。

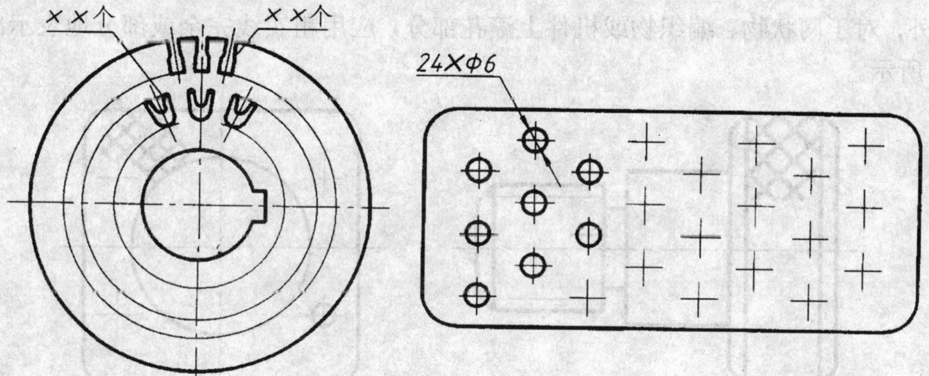

图 8-31　相同要素的简化画法

（3）机件上的较小结构，如在一个图形中已表示清楚时，其他图形可省略或简化。如图 8-32 所示的小圆锥孔，它在主视图上的投影只画了两个圆，在俯视图上小圆锥孔与内外圆柱面的相贯线允许简化，用直线代替非圆曲线。

（4）机件上斜度不大的结构，如在一个图形中已表达清楚时，其他图形可按小端画出，如图 8-33 所示。

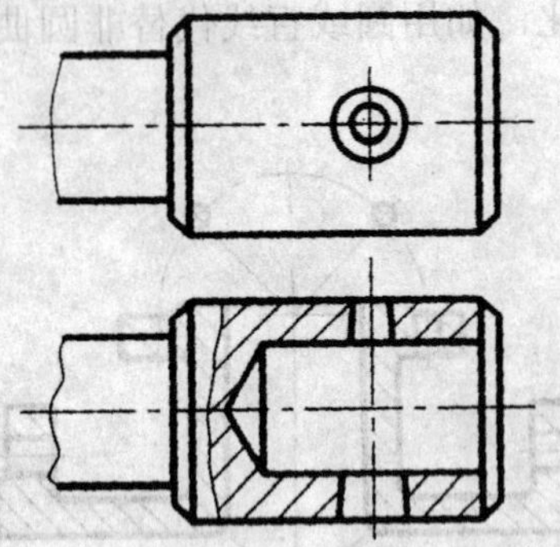

图 8-32　小结构的简化

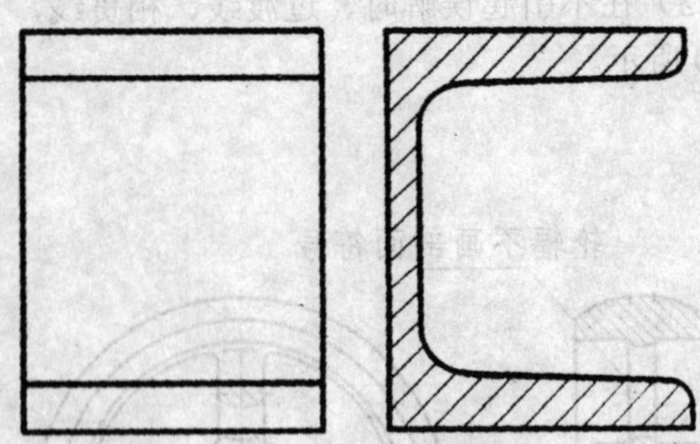

图 8-33 小斜度的简化

（5）机件上对称结构的局部视图，可按图 8-34（a）所示的方法表示。

（6）当图形不能充分表达平面时，可用两条相交的细实线所画的平面符号表示，如图 8-34（b）所示。

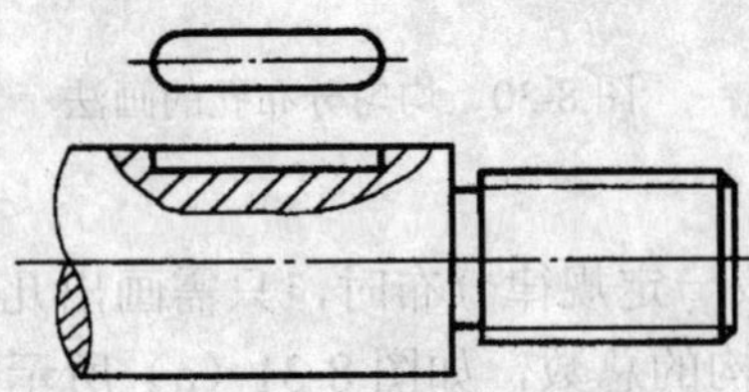

（a）对称结构的局部视图

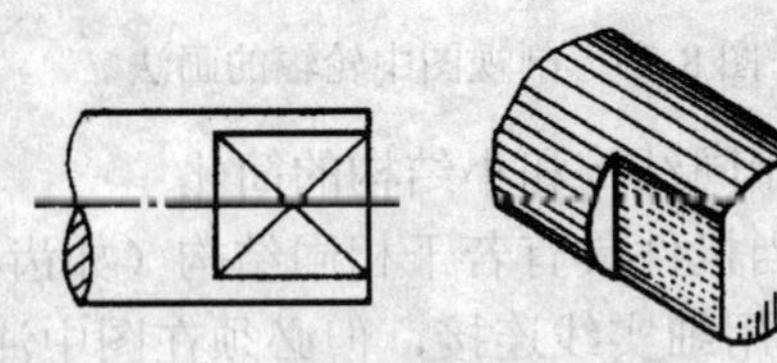

（b）平面的表示法

图 8-34　对称结构的局部视图和小平面的画法

另外，对于网状物、编织物或机件上滚花部分，应用粗实线完全或部分地表示出来，如图 8-35 所示。

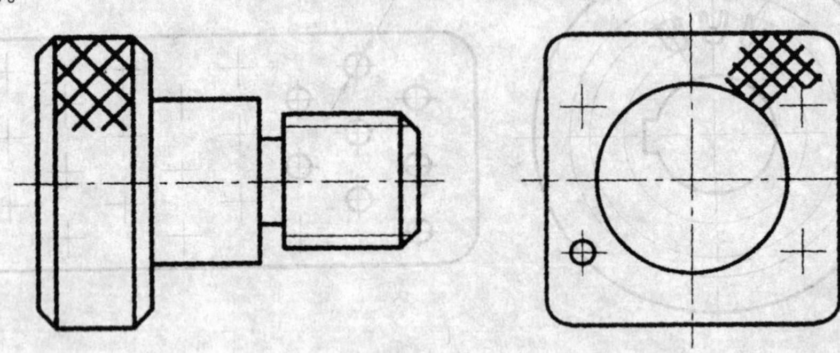

图 8-35　网状物、编织物的简化

3．图形的简化画法

（1）在不致引起误解时，对于对称机件的视图，可以只画一半或四分之一，并在对称中心线的两端画出对称符号，即与对称中心线垂直的两条短平行细实线，如图 8-36 所示。

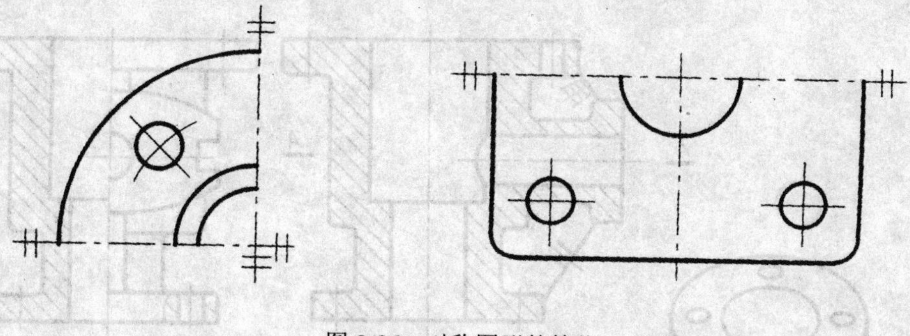

图 8-36　对称图形的简化

（2）在较长的机件（轴、杆、型材、连杆等）沿长度方向的形状一致或按一定规律变化时，可断开后缩短绘制，但要标注实际的长度尺寸，如图 8-37 所示。

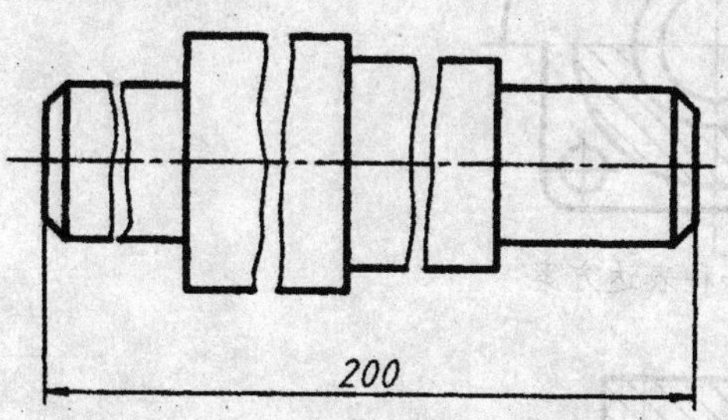

（a）断开轴

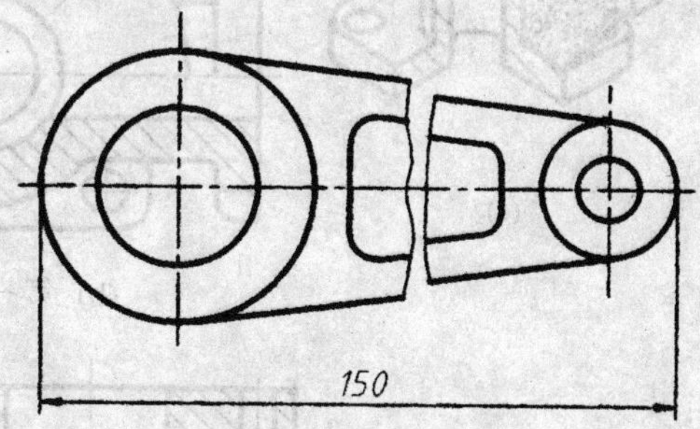

（b）断开连杆

图 8-37　长机件的断开画法

第五节　表达方法的综合举例

机件的结构形状多种多样，表达方法也各不相同，在实际的应用中，应当根据机件的不同结构特点，在完整、清晰地表达机件各部分结构形状的前提下，力求制图简便。在确定一个机件的表达方案时，要恰当地选取用各种表达方法，对于同一个机件来说可能有几种表达方法，经过比较之后，确定较好的方案。

以图 8-38（a）所示的机件（阀体）为例，加以分析。如图 8-38 所示列出了两种表达方案，第一种表达方案，主视图采用全剖视图，表达了内腔的结构形状；俯视图作了 *A-A* 半剖视，表达了顶部外形圆盘形状和小孔结构，同时也表达了中间圆柱体与底板的形状和小孔结构；筋板的结构形状采用了重合断面；左视图也为半剖视，表达了凸缘的形状与阀体的内腔形状。第二种方案是在第一种方案的基础上改进的，由于第一种表达方案的左视图与主视图所表达的内容有不少重复之处，此方案省略了左视图，而用 B 向局部视图表达凸缘的形状；主视图采用局部剖视图，表达了内腔形状和底板上的小孔。经过比较第二种方案更为简明。

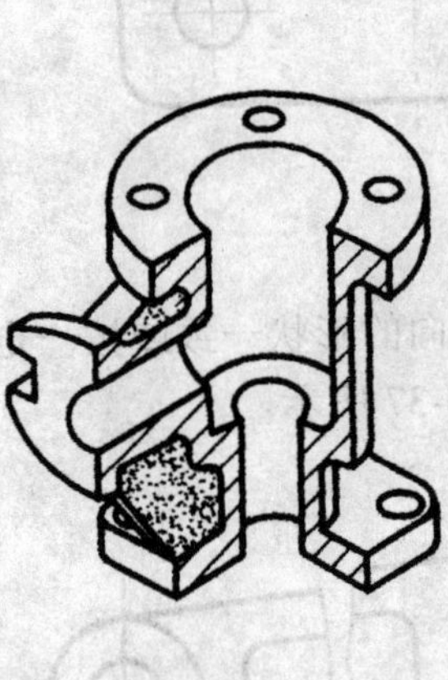

(a)

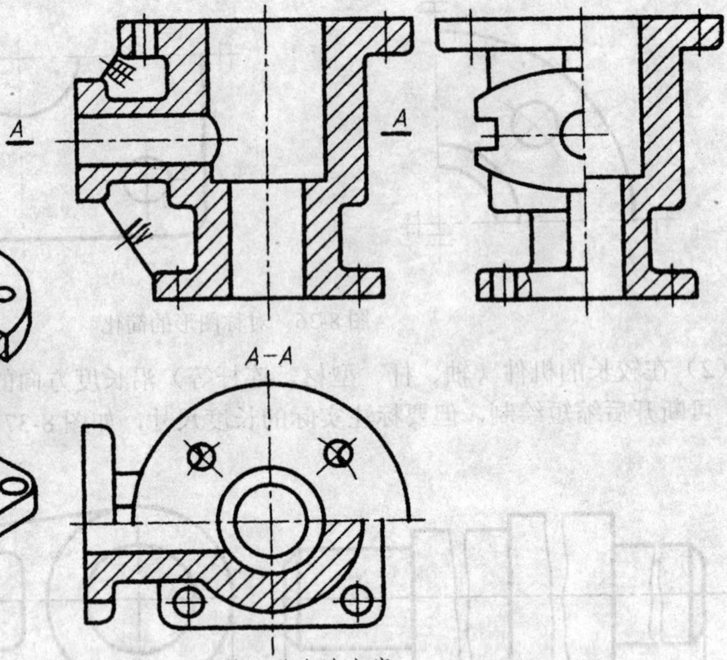

(b) 第一种表达方案

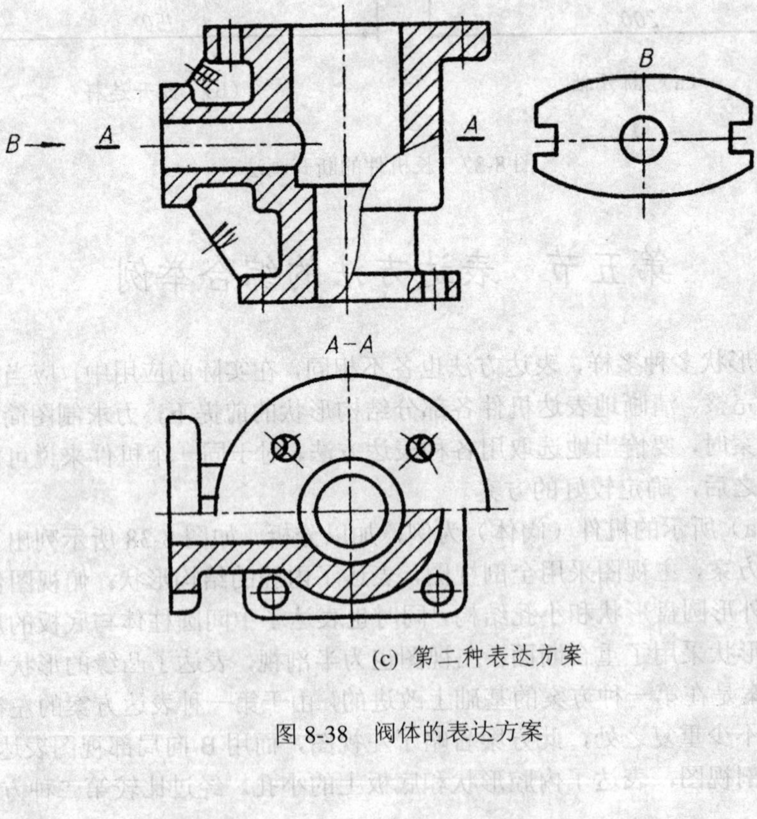

(c) 第二种表达方案

图 8-38　阀体的表达方案

本 章 小 结

一、知识体系

- 视　图
  - 基本视图
    - 仰视图
    - 右视图　主视图　左视图　后视图
    - 俯视图
  - 向视图：表达某一方向的视图，在视图上标注“×”向
  - 局部视图：表达平行于基本投影面的局部外形
  - 斜视图：表达倾斜结构的外形
- 剖视图
  - 概念
    - 形成
    - 画法
  - 种类
    - 全剖视（阶梯剖、斜剖视）
    - 半剖视
    - 局部剖视
  - 标注
- 断面图
  - 概念
  - 种类
    - 移出断面
    - 重合断面
  - 标注
- 其他表达
  - 局部放大
  - 简化画法

二、复习思考

（一）思考题

1. 六个基本视图是怎样形成的？如何配置？
2. 剖视图是怎样形成的？有哪些种类？
3. 什么叫断面图？有哪些种类？

（二）选择题（将正确的答案代号填在括号里）

1. 能表达出形体上下和前后方位的投影图是________。

（a）主视图　　（b）后视图　　（c）仰视图　　（d）右视图

2．画局部视图时，应在基本视图上标注出________。

（a）投影方向　　（b）名称　　（c）不标注　　（d）投影方向和相应字母

3．重合断面应画在________。

（a）视图轮廓线以外　　（b）视图轮廓线以内

（c）按投影关系配置　　（d）剖切位置线的延长线上

（三）判断题（正确的打“√”、错误的打“×”）

1．斜视图是向不平行与任何基本投影面的辅助投影面上投影的。

2．选择全剖视图的条件是外形复杂而内部简单的形体。

3．阶梯剖视所用的剖切平面是几个平行的剖切平面。

第九章　标准件和常用件

【学习要求】

掌握标准件和常用件的标注和画法。

【主要内容】

螺纹及螺纹连接件、键、销、齿轮、弹簧、滚动轴承的标注和画法。

在各种机械设备中被广泛应用的螺栓、螺母、垫圈、螺钉、螺柱、键、销、齿轮、弹簧、滚动轴承等通用的零部件，由于它们的使用量大，为便于设计、制造和选用，国家已对这些零件的结构、形状、尺寸、技术要求等作了统一规定，实行了标准化，故称为标准件。也有些用量大的零件，如齿轮、弹簧等，国家只对其中的部分参数实行了标准化，这类零件称为常用件。

本章着重介绍标准件和常用件的结构、规定画法及标注

第一节　螺　　纹

螺纹是各种零件上常见的结构形式，零件通过这种结构起到连接紧固或传递运动和动力的作用。

一、螺纹的形式

（1）圆柱螺旋线的形成

动点 A 沿圆柱的一条母线作等速直线运动，与此同时该母线又绕圆柱轴线作等速旋转运动，动点 A 在此圆柱面上的运动轨迹称为圆柱螺旋线。如图 9-1 所示。

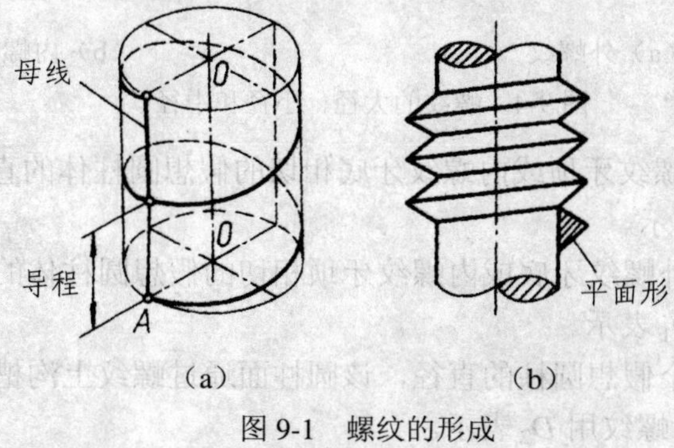

图 9-1　螺纹的形成

2．螺纹的形成

各种螺纹都是根据螺旋线原理加工而成，如图 9-2 所示为车床车制外螺纹的示意图，圆柱体（工件）作等速旋转，车刀沿轴线方向作等速移动，刀尖即形成螺旋线运动，车刀刀刃不同，在圆柱上切去部分的截面形状也不同，可以得到不同的螺纹，在圆柱外表面形成的螺纹称为外螺纹，在圆柱内表面形成的螺纹称为内螺纹，如图 9-3 所示为外螺纹。

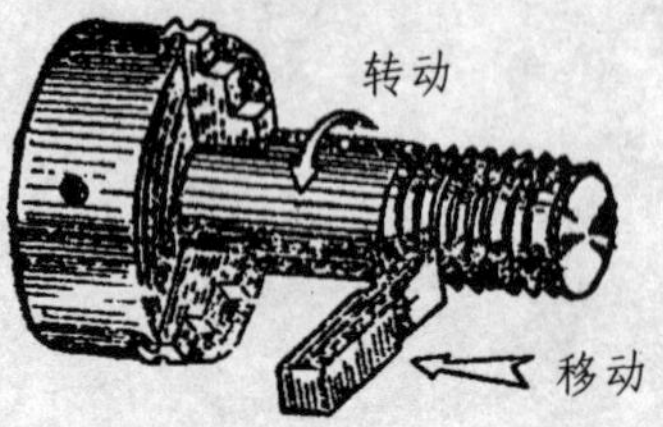

图 9-2　车制外螺纹

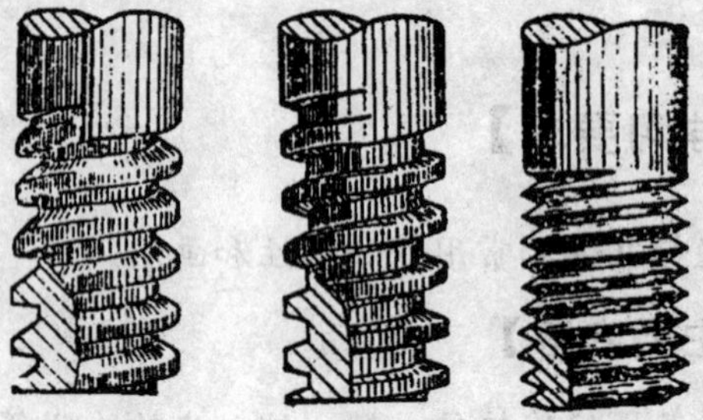

（a）　（b）　（c）

图 9-3　不同形状的螺纹

2．螺纹的要素

螺纹的基本要素是确定螺纹形状和尺寸的基本依据，一对旋合的螺纹，基本要素必须相同，否则不能旋和。

（1）牙型

在通过螺纹轴线的剖面上，螺纹的轮廓形状称为牙型、常见的螺纹牙型有三角形、梯形、锯齿形和矩形等。

（2）直径（如图 9-4 所示）

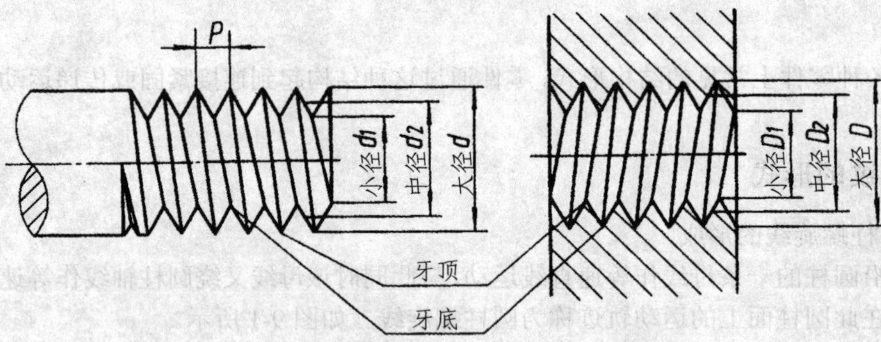

（a）外螺纹　（b）内螺纹

图 9-4　螺纹的大径、小径和中径

①大径 d 或 D：与外螺纹牙顶或内螺纹牙底相切的假想圆柱体的直径称为大径，外螺纹用 d 表示，内螺纹用 D 表示。

②小径 d_1 或 D_1：与外螺纹牙底或内螺纹牙顶相切的假想圆柱体的直径称为小径。外螺纹用 d_1 表示，内螺纹用 D_1 表示。

③中径 d_2 或 D_2：一个假想圆柱的直径，该圆柱面通过螺纹上沟槽和凸起宽度相等的地方，外螺纹用 d_2 表示，内螺纹用 D_2 表示。

④公称直径：代表螺纹尺寸的直径，指螺纹大径的基本尺寸。

（3）线数 n

螺纹有单线和多线之分，沿一条螺旋线形成的螺纹称单线螺纹，沿两条或两条以上在轴向等距分布的螺旋线形成的螺纹称多线螺纹，如图 9-5（a）所示。

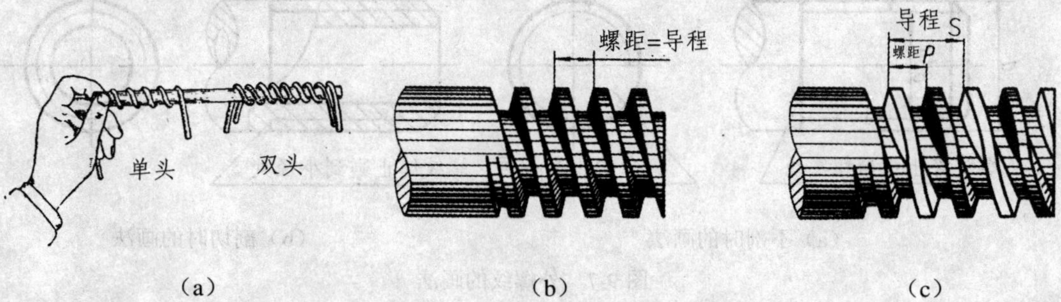

图 9-5 螺纹的线数、螺距及导程

（4）螺距 P 和导程 s

相邻两牙在中径线上对应两点的轴向距离称为螺距，如图 9-5（b）所示。同一条螺旋线上相邻两牙在中径线上对应两点间的轴向距离称为导程。如图 9-5（c）所示。

螺纹导程=螺距×线数，即 $s=p\cdot n$。

（5）旋向

是指螺纹旋进的方向，顺时针旋转时旋入的螺纹称为右旋螺纹；逆时针旋转时旋入的螺纹称为左旋螺纹。判别旋向时，将螺杆轴线垂直放置，若螺纹自左向右上升则为右旋螺纹，反之为左旋螺纹，如图 9-6 所示。

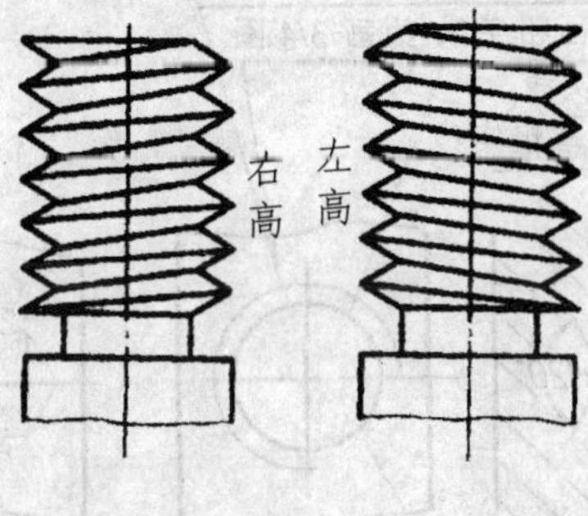

（a）右旋　（b）左旋

图 9-6 螺纹的旋向

二、螺纹的规定画法

1．外螺纹的画法

如图 9-7（a）所示，按国标规定，螺纹牙顶（大径）及螺纹终止线用粗实线表示；牙底（小径）用细实线表示，在螺杆的倒角或倒圆部分牙底线也应画出。在投影为圆的视图中，表示牙底的细实线圆只画约四分之三圆，倒角圆省略不画。当外螺纹被剖切时，剖切部分的螺纹终止线只画到小径处，剖面线画到表示牙顶的粗实线处，如图 9-7（b）所示。

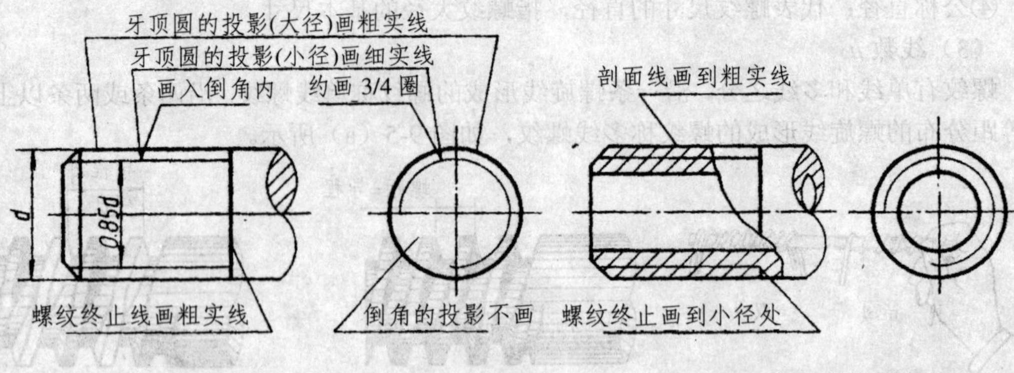

（a）不剖时的画法　　（b）剖切时的画法

图 9-7　外螺纹的画法

2．内螺纹的画法

如图 9-8（a）所示，在平行于螺纹轴线的投影面的视图中，内螺纹通常画成剖视图，牙顶（小径）用粗实线表示，牙底（大径）用细实线表示，螺纹终止线用粗实线表示，剖面线画到表示牙顶的粗实线处，在垂直于螺纹轴线的投影面的视图中，表示牙底的细实线圆只画约四分之三圆，倒角圆省略不画。

对于不穿通的螺纹孔，钻孔深度与螺纹深度应分别画出，钻孔深度应比螺纹深度约大 0.5*D*，并且钻孔底部应画出 120° 的锥顶角。

不可见的内螺纹，则表示螺纹的图线均用虚线绘制，如图 9-8（b）所示。

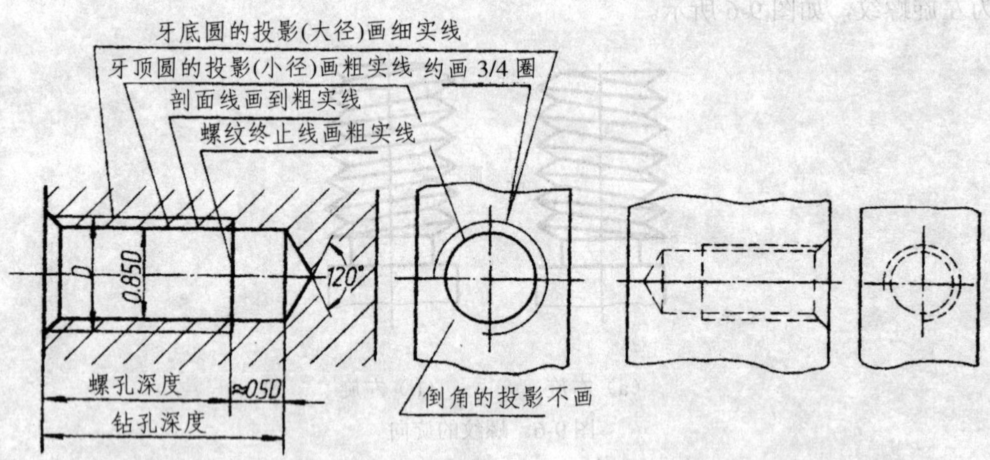

（a）剖切时的画法　　（b）不剖时的画法

图 9-8　内螺纹的画法

为作图简便，内、外螺纹的小径可近似地取大径的 0.85 倍，画出如图 9-7（a）、图 9-8（a）所示，螺尾部分一般不画出，当需要画出螺尾时，该部分用于轴线成 30° 的细实线画出，如图 9-9 所示。

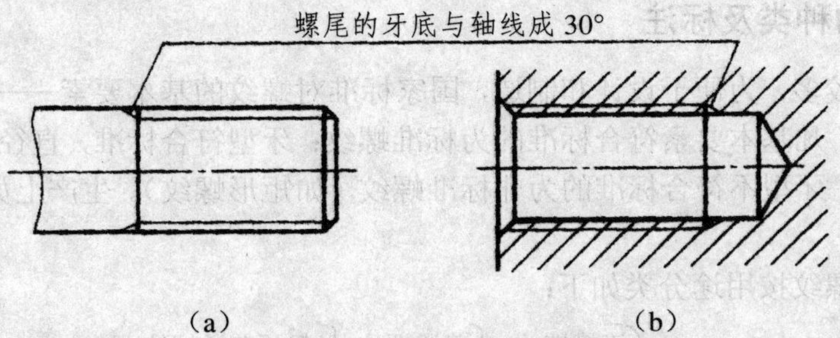

图 9-9　螺尾的画法

3．内、外螺纹连接的画法

只有螺纹要素相同的内、外螺纹才能连接，如图 9-10 所示，内、外螺纹连接常采用剖视图表示，并使剖切平面通过螺杆的轴线。这时，螺杆按未剖切绘制，用剖视图表示螺纹的连接时，其旋合部分按外螺纹的画法绘制，其余部分仍按各自的画法表示，画图时还应注意，表示螺纹大、小径的粗细实线应分别对齐，而与螺杆头部倒角的大小无关。

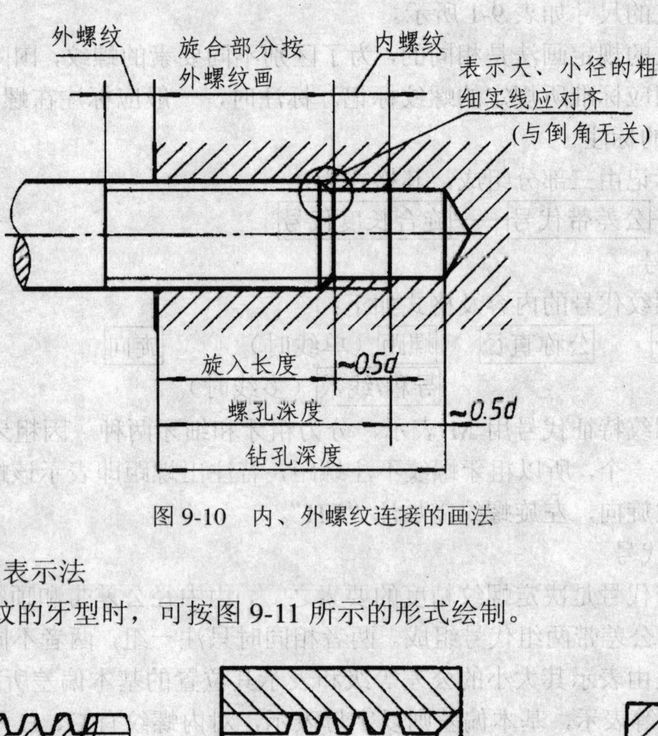

图 9-10　内、外螺纹连接的画法

4．螺纹牙型的表示法

当需要表示螺纹的牙型时，可按图 9-11 所示的形式绘制。

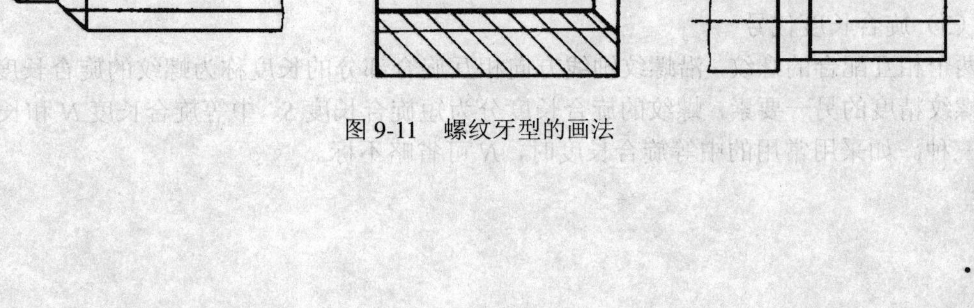

图 9-11　螺纹牙型的画法

三、螺纹的种类及标注

螺纹的种类较多，为便于设计和制造，国家标准对螺纹的基本要素——牙型、直径和螺距作了统一规定。凡基本要素符合标准的为标准螺纹；牙型符合标准，直径或螺距不符合标准的为特殊螺纹；牙型不符合标准的为非标准螺纹（如矩形螺纹）。生产上如果无特殊需要，均采用标准螺纹。

常用的标准螺纹按用途分类如下：

- 螺纹
  - 连接螺纹
    - 普通螺纹
      - 粗牙普通螺纹
      - 细牙普通螺纹
    - 管螺纹
      - 非螺纹密封的管螺纹
      - 用螺纹密封的管螺纹
  - 传动螺纹
    - 梯形螺纹
    - 锯齿形螺纹

连接螺纹用于起连接作用的螺纹紧固件上，传动螺纹用于起传递运动和动力的机件上，几种常用标准螺纹的尺寸如表 9-1 所示。

由于各种螺纹的规定画法是相同的，为了区别不同要素的螺纹，国际标准规定标准螺纹应在图样上注出相应标准所规定的螺纹标记。标注时，一般应标注在螺纹的大径上。

1．普通螺纹的标注

普通螺纹的标记由三部分组成，其格式为：

螺纹代号——公差带代号——旋合长度代号

（1）螺纹代号

普通螺纹的螺纹代号的内容及格式如下：

螺纹特征代号　公称直径 ×螺距（单线时）　旋向

　　　　　　　　　　　导程/线数（多线时）

普通螺纹的螺纹特征代号用 M 表示，分为粗牙和细牙两种。因粗牙螺纹每一公称尺寸所对应的螺距只有一个，所以粗牙螺纹不注螺距，若注出螺距即表示该螺纹为细牙螺纹，常用的右旋螺纹不注旋向，左旋螺纹需加注“LH”。

（2）公差带代号

螺纹的公差带代号是决定螺纹精度的要素之一，由中径公差带和顶径（指外螺纹的大径或内螺纹的小径）公差带两组代号组成。两者相同时只注一组，两者不同时应分别注出。而每组公差带代号又由表示其大小的公差等级和表示其位置的基本偏差所确定。公差等级以数字 4，5，6，7，8 等表示，基本偏差则以字母表示，对内螺纹有 G、H 两种，对外螺纹则有 e，f，g，h 四种。

有关公差带的概念将在第十章零件图中介绍。

（3）旋合长度代号

两个相互配合的螺纹，沿螺纹轴线方向相互旋合部分的长度称为螺纹的旋合长度，它是决定螺纹精度的另一要素，螺纹的旋合长度分为短旋合长度 *S*、中等旋合长度 *N* 和长旋合长度 *L* 三种。如采用常用的中等旋合长度时，*N* 可省略不标。

表 9-1 常用标准螺纹的种类及标注

<table>
<tr><th colspan="3">螺纹种类</th><th>牙型放大图</th><th>牙型代号</th><th>标注示倒</th><th>说明</th></tr>
<tr><td rowspan="5">连接螺纹</td><td rowspan="2">普通螺纹</td><td>粗牙普通螺纹</td><td rowspan="2">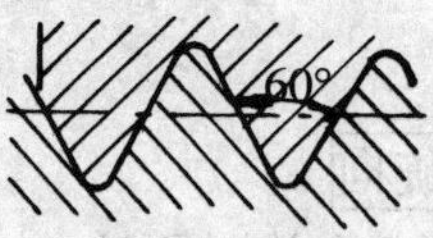</td><td>M</td><td>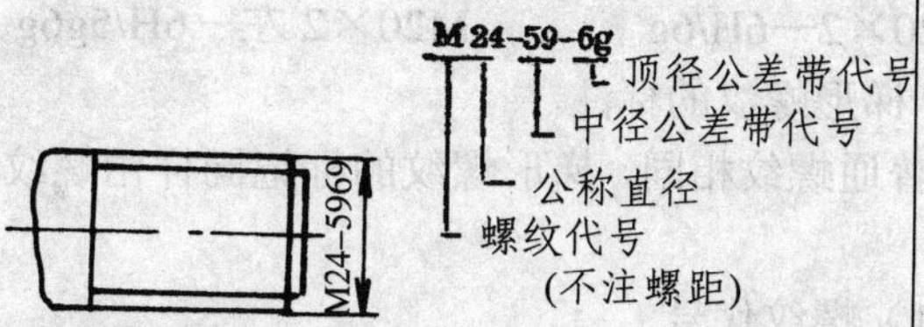</td><td>这是应用最广的连接螺纹</td></tr>
<tr><td>细牙普通螺纹</td><td>M</td><td>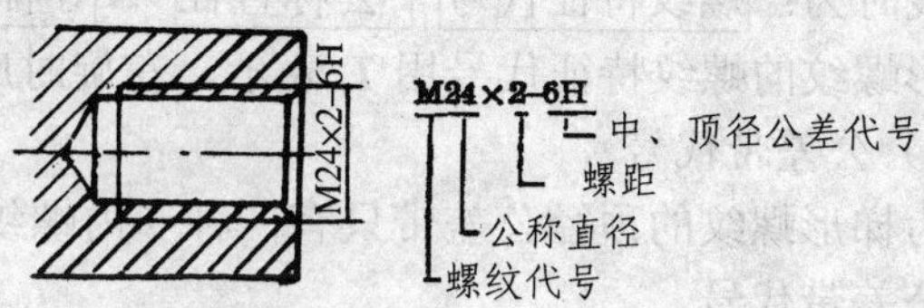</td><td>在大径相同的情况下，它的螺距比粗牙螺纹小，切深较浅，多用于薄壁或精密的零件上</td></tr>
<tr><td colspan="2">管螺纹</td><td></td><td>G</td><td>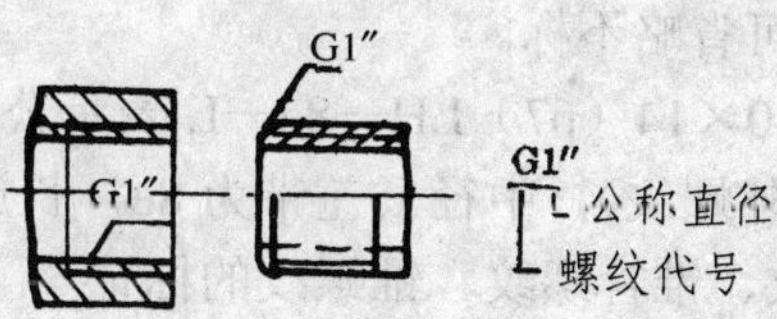</td><td>是一种螺纹深度较浅的特殊细牙螺纹，用于薄壁管件上，如自来水管，煤气管等</td></tr>
<tr><td colspan="2">锥管螺纹</td><td>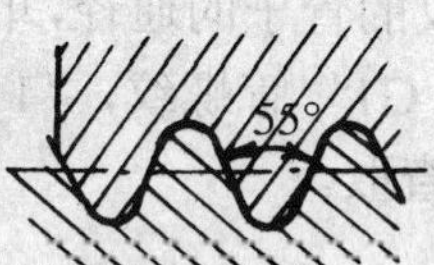</td><td>ZG</td><td>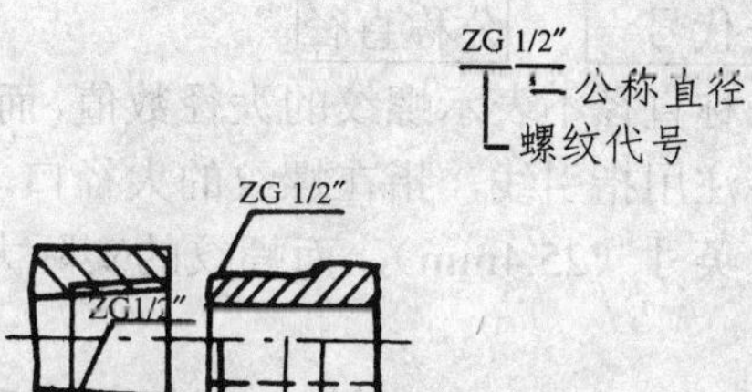</td><td>锥管螺纹的锥度为1∶16，它的密封性比圆柱管螺纹好</td></tr>
<tr><td colspan="2">锥螺纹</td><td>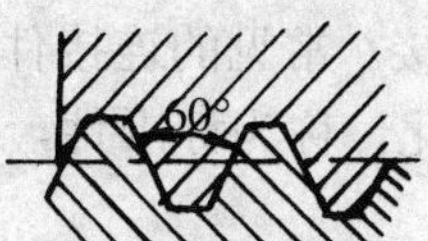</td><td>Z</td><td>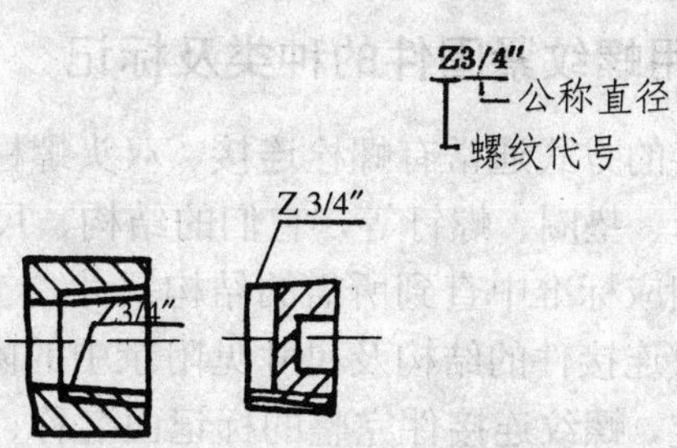</td><td>牙型角为60°，尺寸用英寸表示，锥度1∶6，多用于中、高压液压系统中</td></tr>
</table>

例 9-1：M16×1.5 左—5g6g—S 表示公称直径为 16，螺距为 1.5，左旋的细牙普通螺纹（外螺纹），中径和顶径的公差带代号分别为 5g 和 6g，短旋合长度。

内、外螺纹装配在一起，其公差带代号用斜线分开，左边为内螺纹公差带代号，右边为外螺纹公差带代号。例如：

M20×2—6H/6g　　　M20×2 左—6H/5g6g

2．梯形螺纹的标注

与普通螺纹相同，梯形螺纹的标记同样由螺纹代号、公差带代号和旋合长度代号三部分组成。

（1）螺纹代号

单线时为：螺纹特征代号　公称直径　×螺距　旋向

多线时为：螺纹特征代号　公称直径　×导程（P 螺距）旋向

梯形螺纹的螺纹特征代号用 T_r 表示，左旋时应加注“LH”，右旋时不注。

（2）公差带代号

因为梯形螺纹的顶径公差带只有一种（内螺纹为 4*H*，外螺纹为 4*h*），所以梯形螺纹只注中径公差带代号。

（3）旋合长度代号

梯形螺纹的旋合长度分为中等旋合长度 *N* 和长旋合长度 *L* 两种，如采用常用的中等旋合长度时，*N* 可省略不标。

例如：T_r40×14（p7）LH—8e—L 表示公称直径为 40，导程为 14，螺距为 7 的双线左旋梯形螺纹（外螺纹），中径公差带为 8e，长旋合长度。

3．管螺纹、锥管螺纹、锥螺纹的标记

上述螺纹的标注方式是用指引线将公称直径指到大径上，具体项目及格式为：

螺纹特征代号　公称直径

此处的公称直径不表示螺纹的大径数值，而是指加工有螺纹的管子的通径，单位用英寸，因而它们的标注用指引线，指在螺纹的大径口，如表 9-1 中的 G1″管螺纹，“1″”表示管子的通径为 1 英寸（25.4mm），而螺纹的实际大径可从附表中查取。

第二节　螺纹紧固件

一、常用螺纹紧固件的种类及标记

螺纹连接的方式通常有螺栓连接、双头螺柱连接及螺钉连接。常见的连接件有螺栓、双头螺柱、螺母、垫圈、螺钉等，它们的结构、尺寸都分别标准化，称为标准件，使用或绘图时，可以从相应标准中查到所需的结构尺寸。

常用螺纹连接件的结构及尺寸见附录中的附表 5 至附表 11。

国标规定，螺纹连接件完整的标记由名称、标准编号、型式与尺寸（型式、规格、精度、其他要求）、性能等级或材料及热处理、表面处理等组成，并规定标记允许简化。因此，通常只注写其中的名称，标准编号、型式与尺寸等三项内容，其他各项则省略不注，需要时可从紧固件标准中查得，其标记格式为：

名称　标准编号　型式与尺寸

例如：螺纹规格 d=M12，公称长度 L=80，性能等级为 8.8 级，表面氧化，产品等级为 A 级的六角头螺栓，其标记为：

螺栓　GB5782-86　M12×80

常见螺纹紧固件的标记示例如表 9-2 所示。

表 9-2　常用螺纹紧固件标记示例

名称	型式与尺寸、标记	说明
六角头螺栓	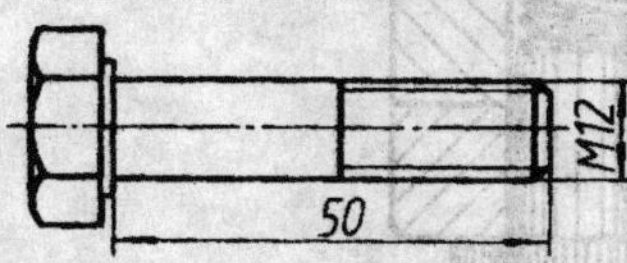 螺栓　GB/T 5782　M 12 × 50	螺纹规格 d=M12，公称长度 l=50mm，性能等级为 8.8 级，表面氧化，A 级的六角头螺栓
六角螺母	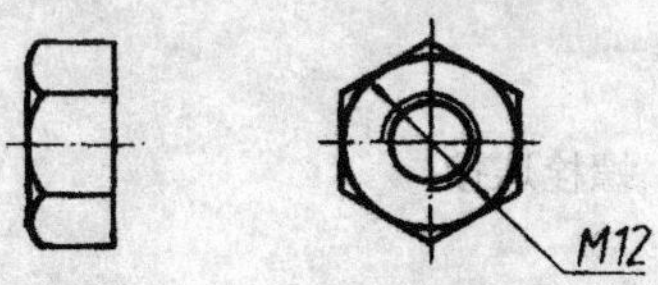 螺母　GB/T 6170 M12	螺纹规格 d=M12，性能等级为 10 级，不经表面处理，A 级的 I 型六角螺母
垫圈	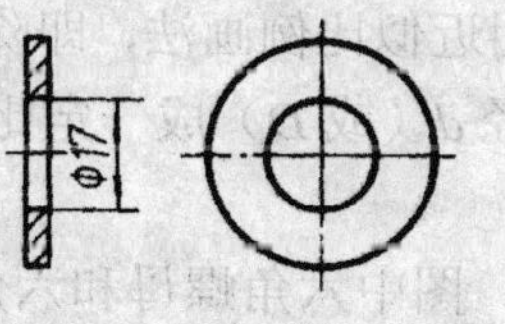 垫圈　GB/T 97.1　16 – 140HV	标准系列，公称尺寸 d=16(即与螺纹规格 d=M16R 螺栓配用)。性能等级为 140HV，不以表面处理的平垫圈
双头螺杆	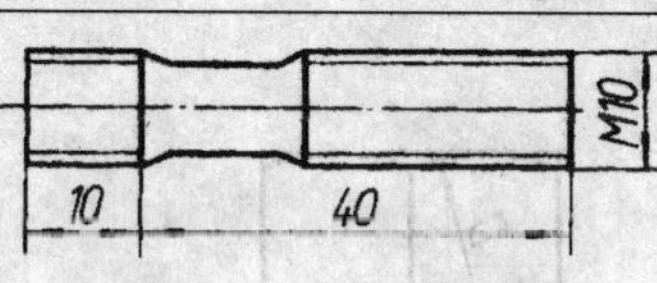 螺柱　GB/T 897　M10 × 40	两端均为粗牙普通螺纹，螺纹规格 d=M10,公称长度 l=40mm，性能等级为 4.8 级，不经表面处理，B 型，旋入端长度 b_m=1d 的双头螺栓
开槽圆柱头螺钉	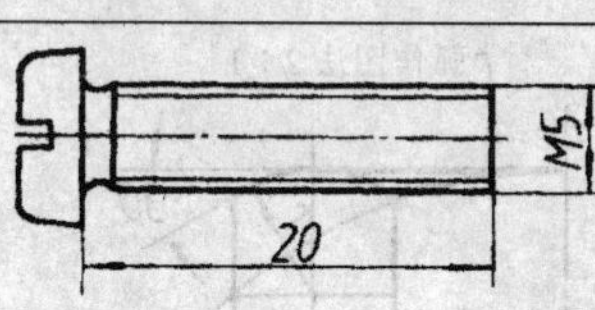 螺钉　GB/T 65　M5 × 20	螺纹规格 d=M45，公称长度 l=20mm，性能等级为 4.8 级，不经表面处理的开槽圆柱头螺钉
开精沉头螺钉	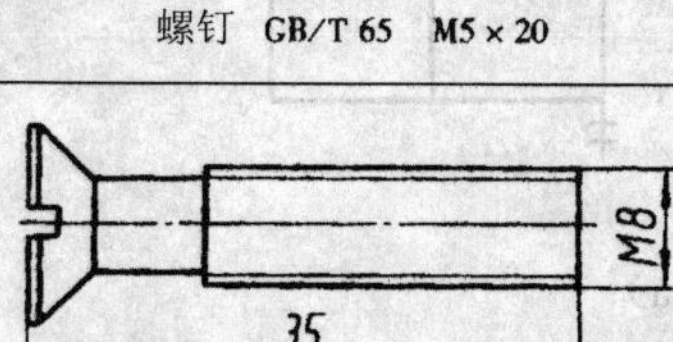 螺钉　GB/T 68　M 8 × 35	螺纹规格 d=M8,公称长度 l=35mm，性能等级为 4.8 级，不经表面处理的开槽沉头螺钉

二、螺栓连接

用螺栓、螺母、垫圈把两个被连接的零件连接在一起，称为螺栓连接。如图 9-12 所示，将螺栓穿过两个被连接件上的通孔。（孔径略大于螺栓大径 d，一般取 $1.1d$），然后套上垫圈，再用螺母拧紧，即完成连接。当被连接的两个零件不太厚，且允许钻成通孔时，常采用这种连接方式。

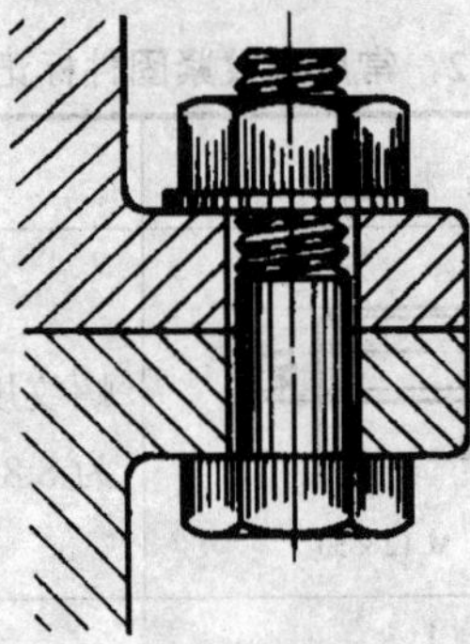

图 9 12　螺栓连接

1．螺栓、螺母及垫圈的近似画法

螺纹连接件是标准件，一般不需画零件图，当它们在装配图中出现时，可按其标记从标准中查得各部分尺寸画图，为了简化作图，常采用近似比例画法，即除了螺栓的公称长度 L 外，螺栓、螺母、垫圈的其余尺寸都取与螺纹大径 d（或 D）成一定比例的数值画图，从而节省了查表的时间。

螺栓、螺母、垫圈的比例画法如图 9-13 所示，图中六角螺母和六角头螺栓头部的端面，由于圆锥形倒角产生的六段双曲线（截交线）可用圆弧代替。

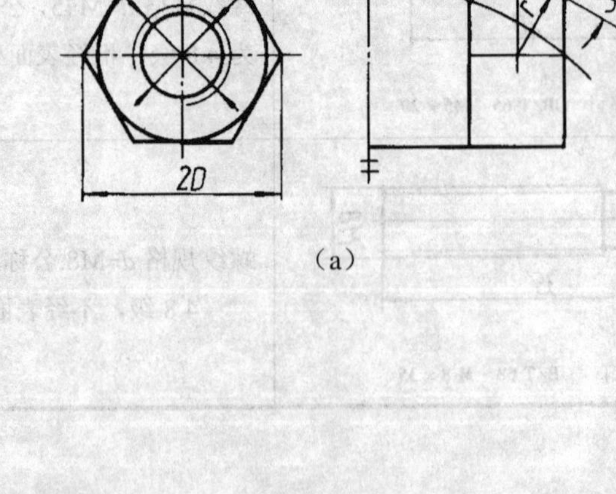

（a）

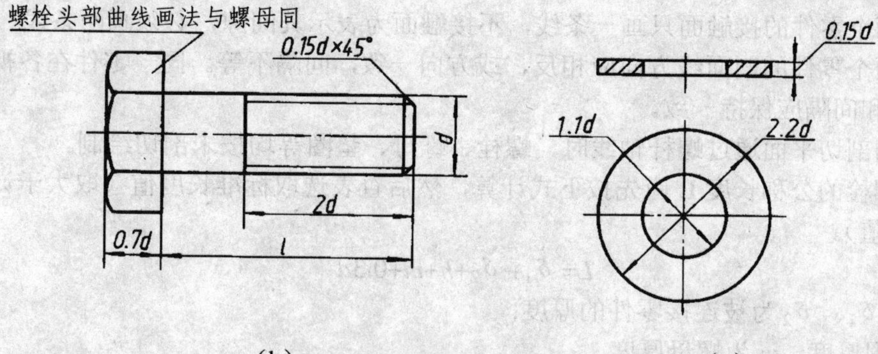

（b）　　　　　　　　　　　　　　　　（c）

图 9-13　螺栓、螺母、垫圈的近似比例画法

2．螺栓连接图的画法

用近似比例画法画螺栓连接的作图步骤可按装配顺序进行，如图 9-14 所示。

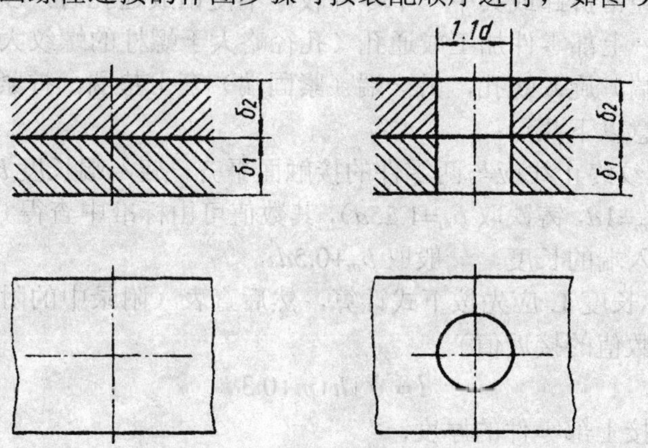

（a）两个被连接的零件　　（b）在被连接零件上钻出通孔，孔径≈1.1d

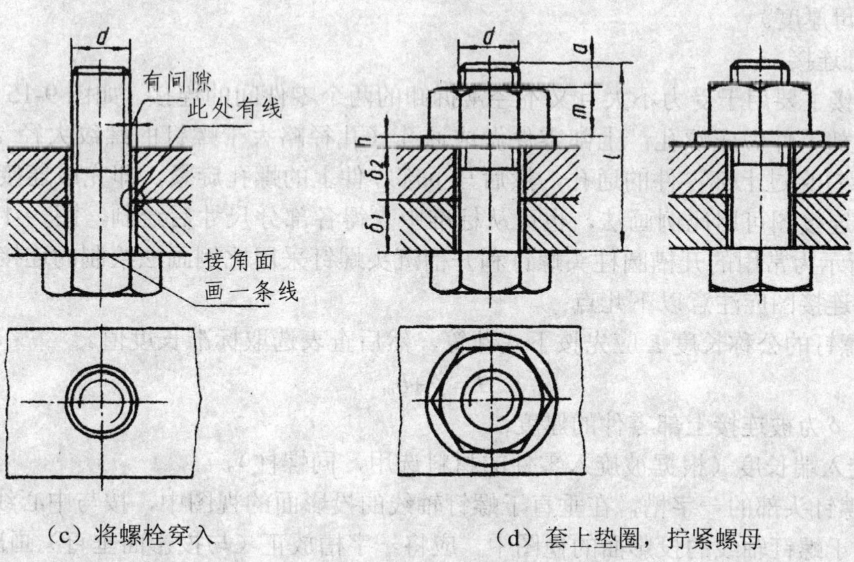

（c）将螺栓穿入　　　　　（d）套上垫圈，拧紧螺母

图 9-14　螺栓连接图的画法

画螺栓连接图应注意以下几点：

（1）两个零件的接触面只画一条线，不接触面为表示其间隙，必须画两条线。

（2）两个零件的剖面线方向应相反，或方向一致，间隔不等。同一零件在各视图中的剖面线方向和间隔应保持一致。

（3）当剖切平面通过螺杆轴线时，螺栓、螺母、垫圈等均按未剖切绘制。

（4）螺栓的公称长度 L 应先按下式计算，然后查表选取标准长度值（取大于计算所得数值的接近值）。

$$L=\delta_1+\delta_2+h+m+0.3d$$

式中，δ_1、δ_2 为被连接零件的厚度；

h 为垫圈厚度，m 为螺母厚度。

三、螺柱连接和螺钉连接

1．螺柱连接

当被连接零件需经常拆卸或其中一个零件较厚不便钻成通孔时，可采用螺柱连接，下部零件较厚加工成螺孔，上部零件加工成通孔（孔径略大于螺柱的螺纹大径 d，一般取 $1.1d$），将螺柱的一端（旋入端）旋入螺孔，另一端（紧固端）套上垫圈，拧紧螺母，完成连接。

画螺柱连接应注意以下几点：

（1）旋入端的螺纹终止线应与两零件的接触面平齐，旋入端长度 b_m 与被旋入零件的材料有关。（钢或铜取 $b_m=1d$，铸铁取 $b_m=1.25d$），其数值可由标准中查得（见附录中的附表 8）。螺孔的深度应大于旋入端的长度，一般取 $b_m+0.5d$。

（2）螺柱的公称长度 L 应先按下式计算，然后查表（附录中的附表 8）选取标准长度值（取大于计算所得数值的接近值）。

$$l=\delta+h+m+0.3d$$

式中，δ 为被连接上部零件的厚度；

h 为垫圈厚度；

m 为螺母厚度。

2．螺钉连接

螺钉连接主要用于受力不大且又不经常拆卸的两个零件间的连接。如图 9-15（a）所示，被连接的下部零件做成螺孔，上部零件做成通孔（孔径略大于螺钉的螺纹大径 d，一般取 $1.1d$），将螺钉穿过上部零件的通孔，然后与下部零件上的螺孔旋紧，即完成连接。

画螺钉连接图可用比例画法，也可从标准中查得各部分尺寸后绘制，图 9-15（b）、图 9-15（c）所示为常用的开槽圆柱头螺钉和开槽沉头螺钉采用比例画法绘制的连接图。

画螺钉连接图应注意以下几点：

（1）螺钉的公称长度 L 应先按下式计算，然后查表选取标准长度值。

$$L=\delta+b_m$$

式中：δ 为被连接上部零件的厚度；

b_m 为旋入端长度（根据被旋入零件的材料选用，同螺柱）。

（2）螺钉头部的一字槽，在垂直于螺钉轴线的投影面的视图中，按与中心线成 45° 画出；在平行于螺钉轴线的投影面的视图中，应将一字槽放正（与投影面垂直）画出。在装配图中，螺钉头部的一字槽允许涂黑表示，如图 9-15（c）所示。

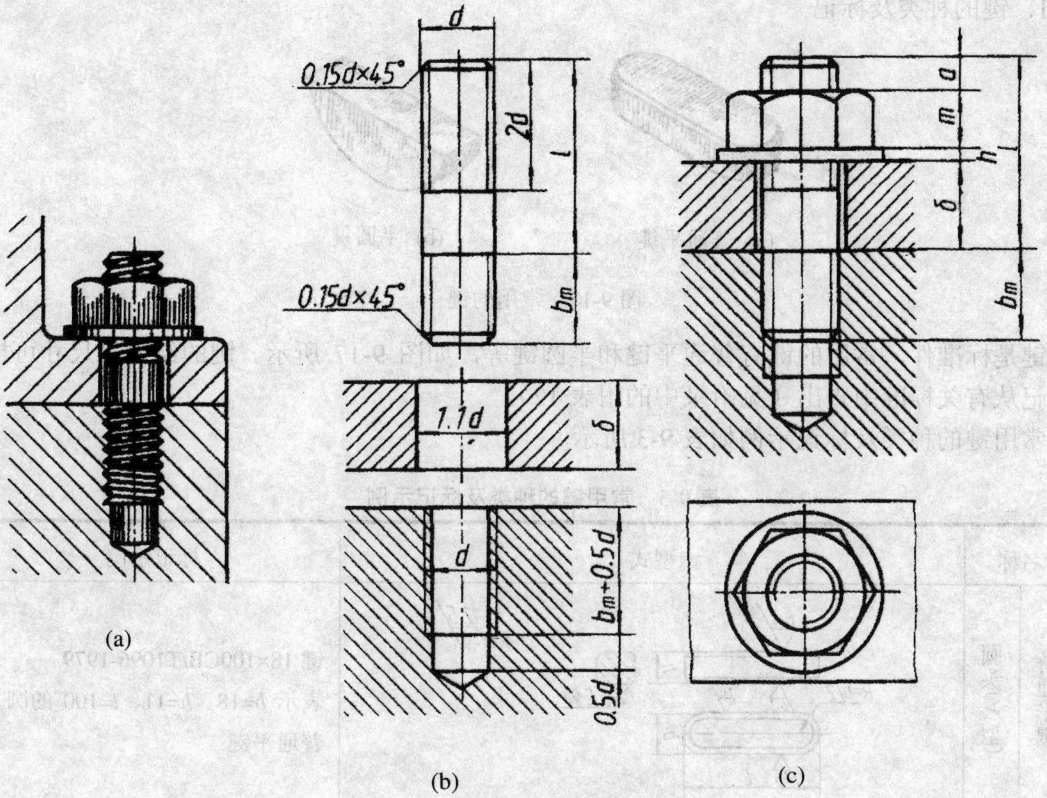

图 9-15　螺钉连接图的画法

第三节　键　与　销

一、键连接

键用来连接轴和装在轴上的轮（如齿轮、带轮等），以传递运动和动力，如图 9-16 所示，为把带轮装在轴上并使它们一起转动，可在轴的表面和轮孔中加工出键槽，将键嵌入轴的键槽内，然后将带有键槽的带轮装到轴上。

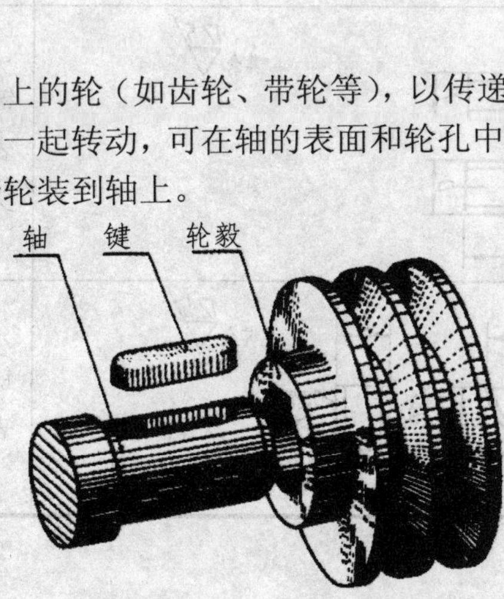

图 9-16　键连接

1．键的种类及标记

(a) 普通平键　　(b) 半圆键

图 9-17　常用的键

键是标准件，常用的键有普通平键和半圆键等，如图 9-17 所示。键的结构和尺寸可根据标记从有关标准中查出（见附录中的附表 12）。

常用键的种类及标记示例如表 9-3 所示。

表 9-3　常用键的种类及标记示例

名称		型式	标记示例
普通平键	圆头(A 型)	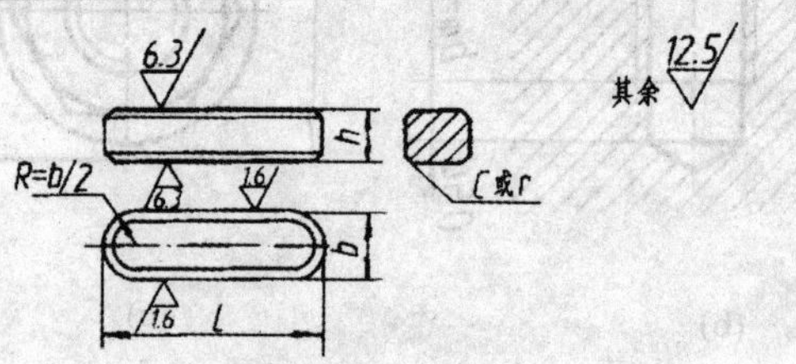	键 18×100CB/T1096-1979 表示 b=18、h=11、l=100 的圆头普通平键
普通平键	方头(B 型)	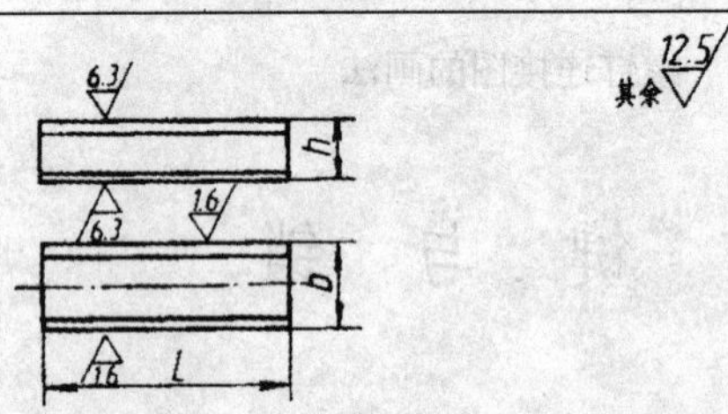	键 B18×100CB/T1096-1979 表示 b=18、h=11、l=100 的方头普通平键
	单圆(C 型)	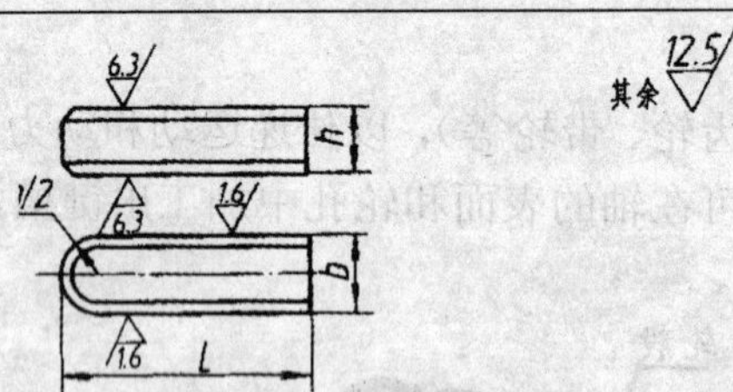	键 C18×100CB/T1096-1979 表示 b=18、h=11、l=100 的单圆头普通平键
半圆键		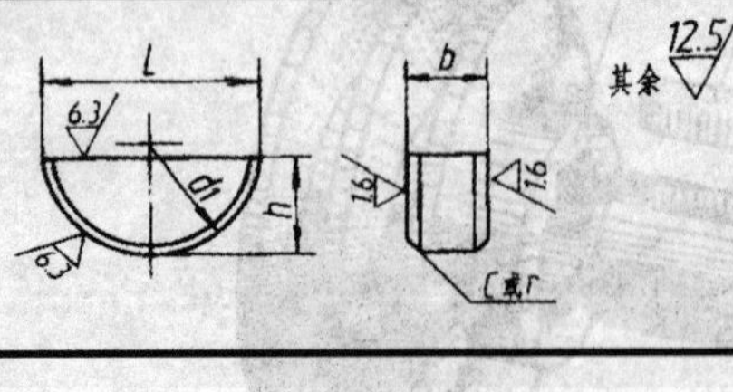	键 6×25CB/T1099-1979 表示 b=6、h=10、d_1=25 的半圆键

2．键槽的尺寸及其注法

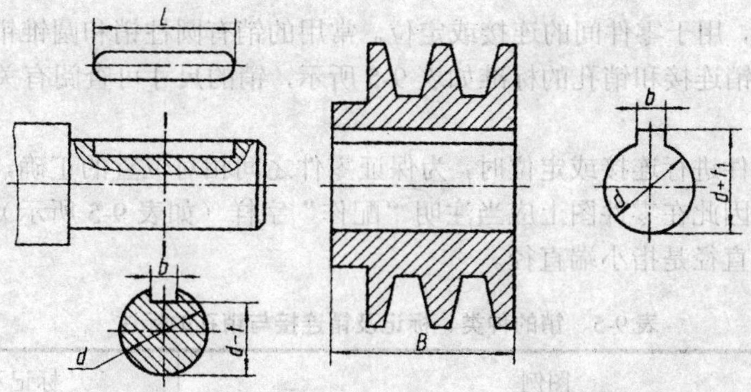

(a)　　　　　　　　　　(b)

图 9-18　键槽的尺寸注法

如图 9-18 所示为普通平键的键槽及其尺寸注法，其中 b、t、t_1 应根据轴的直径 d 从有关标准（见附录中的附表 12）中查出。轴上的键槽长度应等于键的长度，其数值 L 应小于轮毂的宽度 B（约小 10～20mm），并应选取标准值。

3．键连接图的画法

键连接图的画法如表 9-4 所示。

表 9-4　键连接的画法

名称	图例	说明
普通平键连接	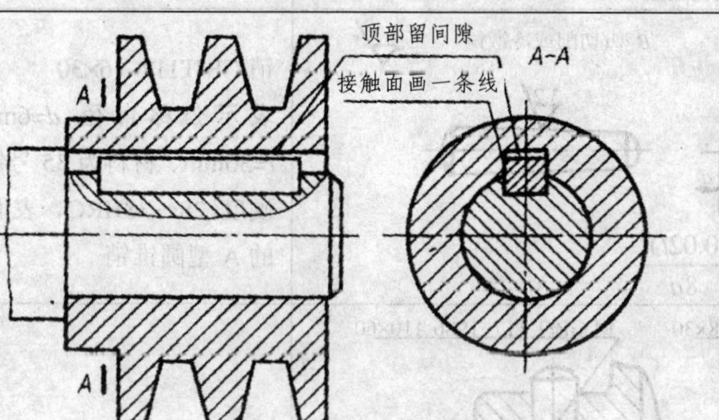	(1)键的侧面为工作面，连接时，两侧面与轴和轮孔上的键槽侧面相接触，只画一条线，顶面应留有间隙，画两条线 (2)当制切平面按纵向剖切并通过键的对称面时，键按未剖绘制
半圆键连接	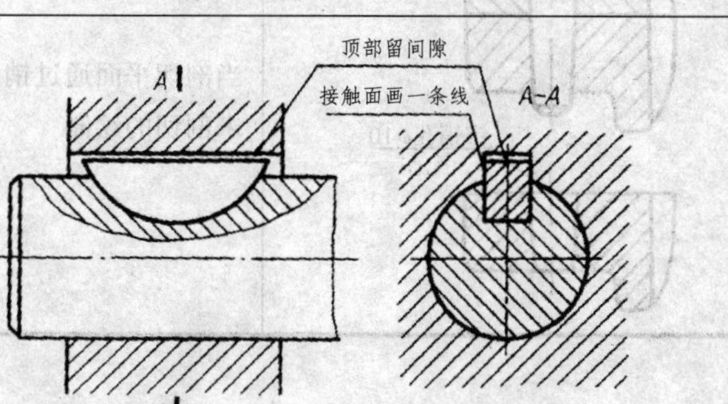	(1)键的侧面为工作面，连接时，两侧面与轴和轮孔上的键槽侧面相接触，只画一条线，顶面应留有间隙，画两条线 (2)当制切平面按纵向剖切并通过键的对称面时，键按未剖绘制

二、销连接

销也是标准件，用于零件间的连接或定位。常用的销有圆柱销和圆锥销，它们的结构形式，规定标记以及销连接和销孔的标准如表 9-5 所示，销的尺寸可查阅有关标准（附录中的附表 13、14）。

用销对两个零件进行连接或定位时，为保证零件之间相对位置的正确，两个零件上的销孔是一起加工的，因此在零件图上应当注明“配作”字样（如表 9-5 所示）。

圆锥销的公称直径是指小端直径。

表 9-5　销的种类、标记及销连接与销孔的标注

名称	图例	标记示例及说明
圆柱销	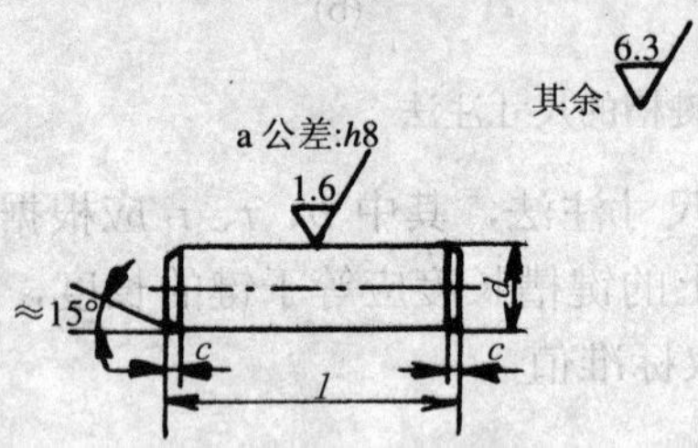 d 公差：m6 和 h8 粗糙度： 公差 m6：柱表面 R_a≤0.8μm； 公差 h8：柱表面 R_a≤1.6μm。	销 CB/T119.1 6m6×30 表示公称直径 d=6mm，公差为 m6、长度 l=30mm、材料为钢、不经淬火、不经表面处理的圆柱销
圆锥销	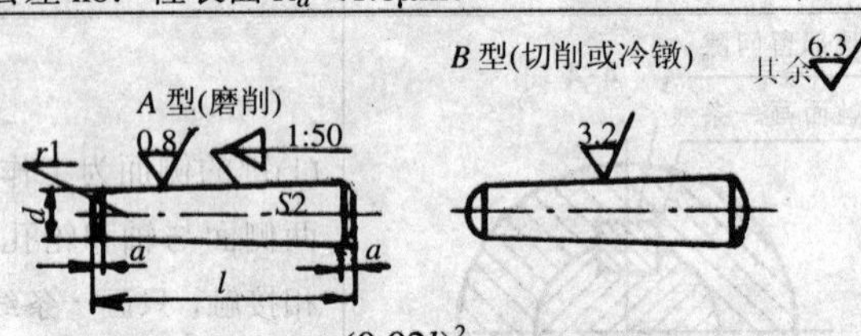 $r_1 \approx d \quad r_2 \approx \frac{a}{2} + d\frac{(0.02l)^2}{8a}$	销 CB/T117　6×30 表示公称直径 d=6mm、长度 l=30mm、材料为 35 号钢、热处理硬度 28～38HRC、表面氧化处理的 A 型圆锥销
销联接与销孔的标注	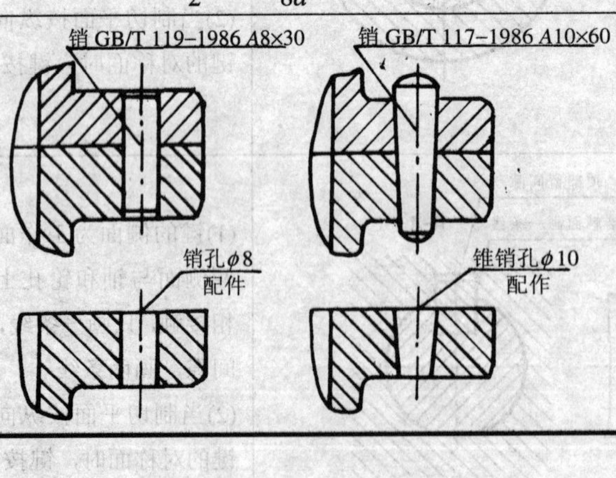	当剖切平面通过销的轴线时，销按未剖切的绘制

第四节　齿　轮

齿轮是广泛应用的一种传动零件。它不仅可用来传递动力，也可用来改变转速和旋转方向，常用的齿轮按两轴线的位置不同分为三类（如图 9-19 所示）。

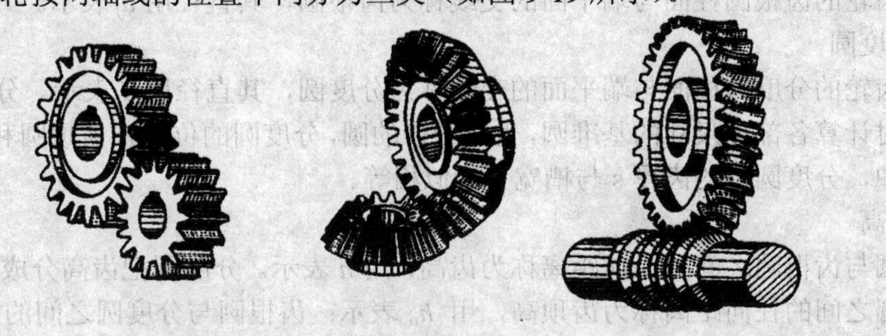

（a）直齿圆柱齿轮　　（b）直齿圆锥齿轮　　（c）蜗轮蜗杆

图 9-19　齿轮传动

（1）圆柱齿轮

用于两平行轴之间的传动。

（2）圆锥齿轮

用于两相交轴之间的传动。

（3）蜗轮、蜗杆

用于两交叉轴之间的传动。

齿轮有标准齿轮和定位齿轮之分，齿轮的齿向有直齿、斜齿和人字齿之分，齿轮的齿廓曲线有渐开线、摆线等之分，本节主要介绍齿廓曲线为渐开线的标准直齿圆柱齿轮的画法。

一、圆柱齿轮各部分的名称、代号及尺寸关系

如图 9-20 所示。

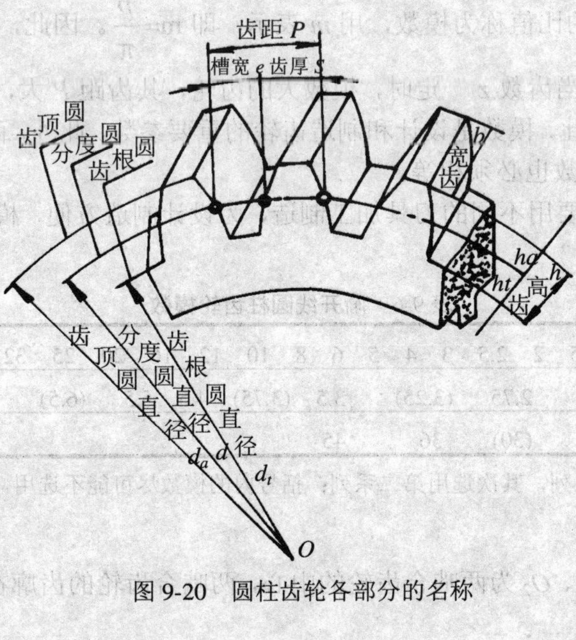

图 9-20　圆柱齿轮各部分的名称

1．齿顶圆

圆柱齿轮的齿顶圆柱面与端平面（垂直于齿轮轴线的平面）的交线称为齿顶圆，其直径用 d_a 表示。

2．齿根圆

圆柱齿轮的齿根圆柱面与端平面的交线称为齿根圆，其直径用 d_f 表示。

3．分度圆

圆柱齿轮的分度圆柱面与端平面的交线称为分度圆，其直径用 d 表示。分度圆是设计、制造齿轮时计算各部分尺寸的基准圆，也是分齿的圆，分度圆的位置在齿顶圆和齿根圆之间，标准齿轮中，分度圆上的齿厚 s 与槽宽 e 近似相等。

4．齿高

齿顶圆与齿根圆之间的径向距离称为齿高，用 h 表示。分度圆把齿高分成两部分。齿顶圆与分度圆之间的径向距离称为齿顶高，用 h_a 表示；齿根圆与分度圆之间的径向距离称为齿根高，用 h_f 表示，$h=h_a+h_f$

5．齿距

两个相邻而同侧的端面齿廓之间的分度圆弧长称为端面齿距，简称齿距，用 p 表示。

6．齿厚与槽宽

在圆柱齿轮的端平面上，一个齿的两侧端面齿廓之间的分度圆弧长称为齿厚，用 s 表示；在端平面上，一个齿槽（两相邻轮齿之间的空间）的两侧齿廓之间的分度圆弧长称为槽宽，用 e 表示。

7．模数

齿轮上有几个齿，在分度圆上就有几个齿距 p，即分度圆周长=齿数×齿距，若以 Z 表示齿轮的齿数，则

$$\pi d=zp \qquad \text{或 } d=\frac{p}{\pi}z$$

式中，齿距 p 与π的比值称为模数，用 m 表示，即 $m=\frac{p}{\pi}$。因此，上式可写成：$d=mz$

由上述关系可知，当齿数 z 一定时，模数大的齿轮，其齿距 P 大，轮齿就大，则齿轮具有较大的承载能力。因此，模数是设计和制造齿轮的重要参数。此外，两个相互啮合的齿轮，其齿距应相等，因此模数也必须相等。

不同模数的齿轮，要用不同的刀具加工制造，为设计制造方便，模数已标准化，其数值如表 9-6 所示。

表 9-6　渐开线圆柱齿轮模数

第一系列	1　1.25　1.5　2　2.5　3　4　5　6　8　10　12　16　20　25　32　40　50
第二系列	1.75　2.25　2.75　(3.25)　3.5　(3.75)　4.5　5.5　(6.5)　7　9　(11)　14　18
	22　28　(30)　36　45

注：应优先选用第一系列，其次选用第二系列；括号内的模数尽可能不选用。

8．节圆与中心距

如图 9-21 所示，O_1、O_2 为两啮合齿轮的中心，两啮合齿轮的齿廓在 O_1O_2 连线上的接触

点 P 称为节点。以 O_1、O_2 为圆心，O_1P、O_2P 为半径所作的两个相切的圆，称为节圆，其直径用 d'表示，齿轮在传动过程中假想为两个节圆柱作无滑动的滚动。对于标准齿轮，节圆和分度圆重合。

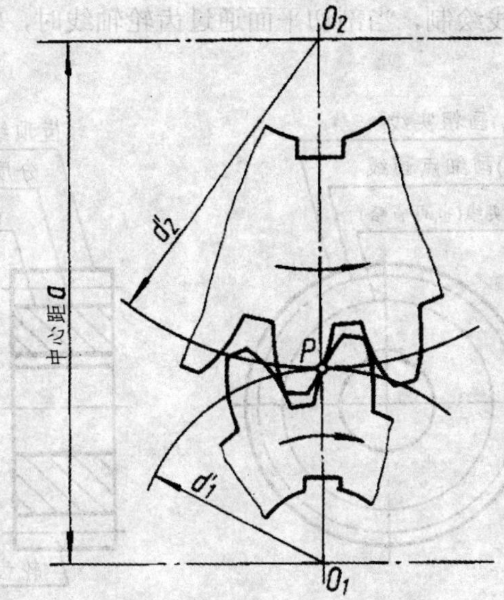

图 9-21　两啮合圆柱齿轮的节圆与中心距

两啮合的圆柱齿轮轴线之间的距离 O_1O_2 称为中心距，用 a 表示。

$$a=\frac{1}{2}d_1'+\frac{1}{2}d_2'=\frac{1}{2}m\ (z_1+z_2)$$

式中：d_1'、d_2'、z_1、z_2 分别为两齿轮的节圆直径和齿数。

标准直齿圆柱齿轮各部分的尺寸与模数有一定关系，计算公式如表 9-7 所示。其中模数 m 和齿数 z 应为已知。

表 9-7　标准直齿圆柱齿轮各部分的尺寸计算

名　　称	代号	计算公式
齿顶高	h_a	$h_a=m$
齿根高	h_f	$h_a=1.25\ m$
齿高	h	$h=h_a+h_f=2.25\ m$
分度圆直径	d	$d=mz$
齿顶圆直径	d_a	$d_a=d+2h_a=m(z+2)$
齿根圆直径	d_f	$d_f=d-2h_f=m(z-2.5)$
齿宽	B	$b=2p\sim3p$

二、圆柱齿轮的规定画法

1．单个圆柱齿轮的画法

齿轮一般用两个视图，或者用一个视图和一个局部视图表示（如图 9-22 所示）。通常将平行于齿轮轴线的投影面的视图画成剖视图，如图 9-22（b）所示。

轮齿部分的规定画法如图 9-22 所示，齿顶圆和齿顶线用粗实线绘制；分度圆和分度线用细点划线绘制。齿根圆和齿根线用细实线绘制，也可以省略不画，如图 9-22（a）所示，在剖视图中，齿根圆用粗实线绘制，当剖切平面通过齿轮轴线时，轮齿按未剖切绘制，如图 9-22（b）所示。

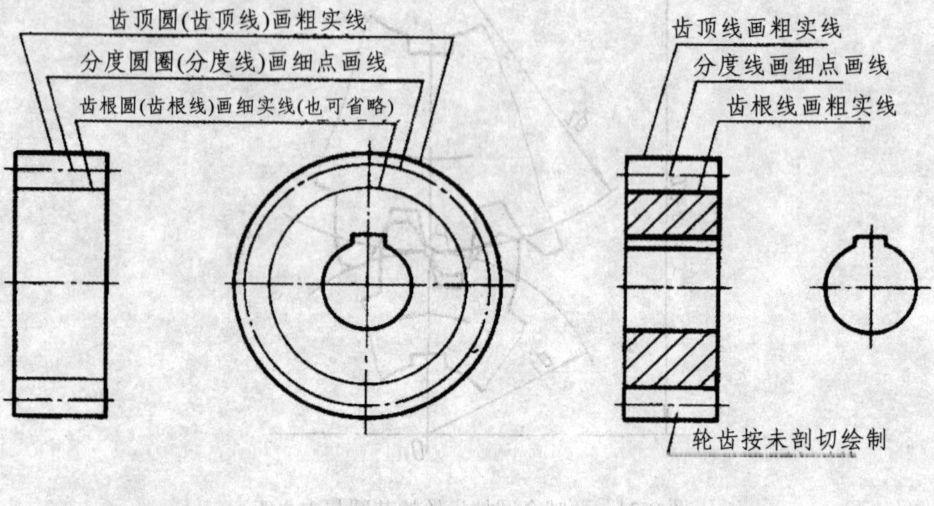

(a) 不剖时　　(b) 剖切时

图 9-22　单个圆柱齿轮的画法

2．两圆柱齿轮啮合时的画法

一对模数相同的标准齿轮啮合时，其节圆相切，啮合区的规定画法如图 9-24 所示。

在垂直于齿轮轴线的投影面的视图中，两节圆相切，啮合区内的齿顶圆用粗实线绘制，如图 9-23（a）所示；也可省略不画，如图 9-23（b）所示。

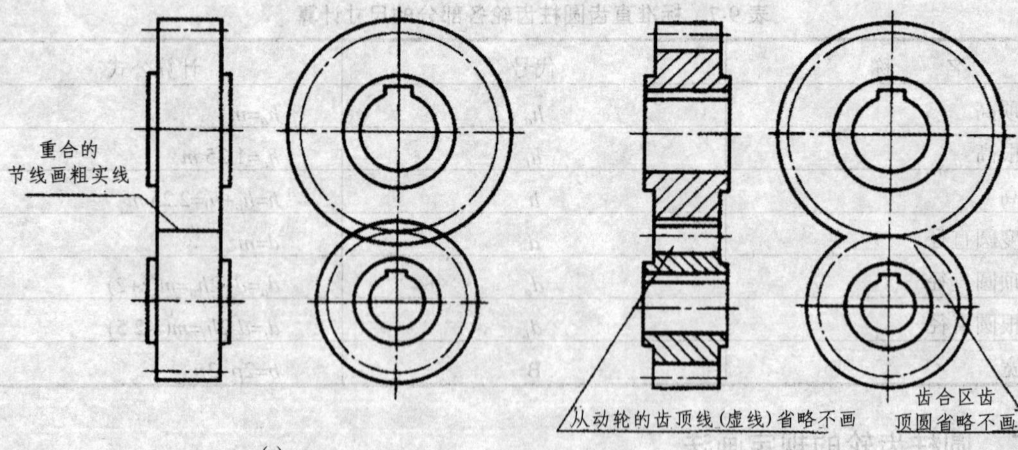

图 9-23　两圆柱齿轮啮合时的画法

在平行于齿轮轴线的投影面的视图中，啮合区的齿顶线不画,两齿轮重合的节线用粗实线绘制；其他处的节线仍用细点划线绘制（如图 9-23（a）所示），如用剖视图表示，当剖切平面通过两齿轮轴线时，在啮合区内，将一个齿轮的齿顶线用粗实线绘制，另一个齿轮的齿顶线（通常为从动轮的齿顶线）用虚线绘制（如图 9-24 所示），也可省略不画（如图 9-23（b）所示）。

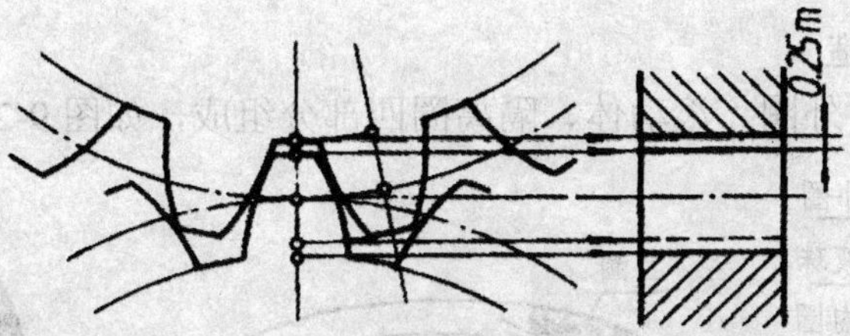

图 9-24　啮合区的齿轮在剖视图中的画法

三、圆柱齿轮零件图

如图 9-25 所示为直齿圆柱齿轮的零件图。图中除视图和应标注的尺寸外，还用表格列出了制造齿轮所需的参数，按规定，轮齿部分的尺寸只注齿顶圆直径和分度圆直径。

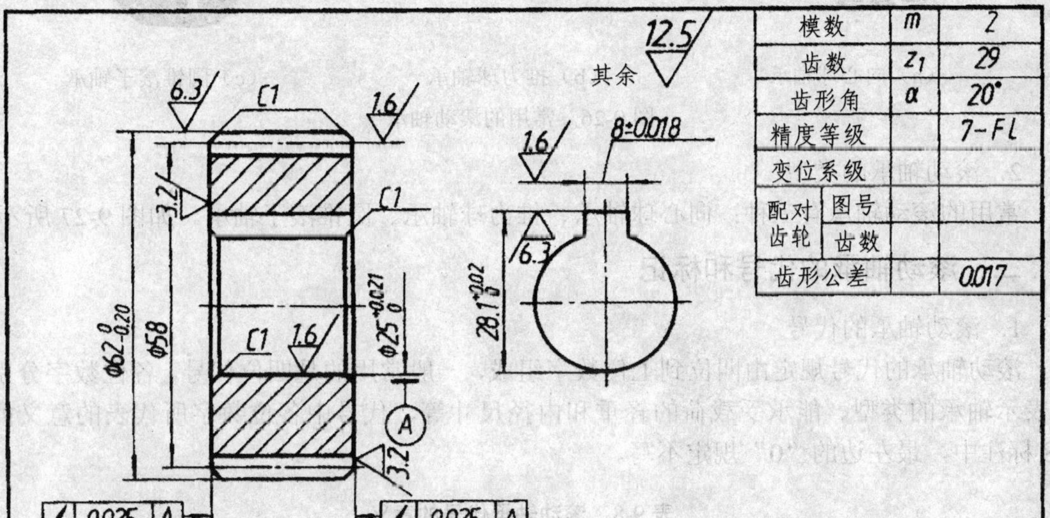

模数	m	2
齿数	z_1	29
齿形角	α	20°
精度等级		7-FL
变位系级		
配对齿轮	图号	
	齿数	
齿形公差		0.017

圆柱齿轮	比例	数量	材料
	1:1	1	45
制图	(日期)	(校名)	
校核	(日期)		

图 9-25　圆柱齿轮零件图

第五节　滚动轴承

滚动轴承是支承轴的一种标准组件，由于结构紧凑，摩擦力小，所以得到广泛使用。

一、滚动轴承的构造和种类

1．滚动轴承的构造

滚动轴承由内圈、外圈、滚动体、隔离圈四部分组成，如图 9-26（a）所示。

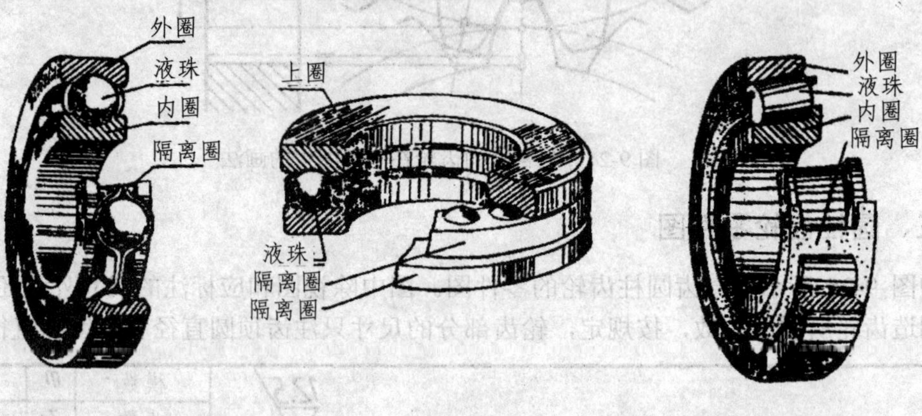

（a）向心球轴承　　（b）推力球轴承　　（c）圆锥滚子轴承

图 9-26　常用的滚动轴承

2．滚动轴承的类型

常用的滚动轴承有三种：向心球轴承、推力球轴承、圆锥滚子轴承。如图 9-27 所示。

二、滚动轴承的代号和标记

1．滚动轴承的代号

滚动轴承的代号规定由四位到七位数字组成，一般常用的是四位代号，各位数字分别用来表示轴承的类型、能承受载荷的轻重和内径尺寸等，代号中各位数字所代表的意义如表 9-8 标注中，最左边的“0”规定不写。

表 9-8　滚动轴承代号的意义

位数（自右向左）	数字代表的意义	代号 0	1	2	3	4	5	6	7	8	9
第一、二位数	轴承内径	代号数字为 00，01，02，03 分别表示轴承内径 d=10，12，15，17mm；代号数字为 04~99 时，代号数字乘 5 即为轴承内径尺寸									
第三位数	直径系列		特轻系列	轻窄系列	中窄系列	重窄系列	轻宽系列	中宽系列	特轻系列	超轻系列	超轻系列
第四位数	轴承类型	向心球轴承	向心球面球轴承	向心短圆柱滚子球轴承	向心球面滚子轴承	滚针轴承	螺旋滚子轴承	向心推力球轴承	圆锥滚子轴承	推力球轴承	推力滚子轴承

2．滚动轴承的标记

滚动轴承的标记由名称、标准号和代号组成，代号包括公差等级和型号，轴承公差等级分为B、C、D、E、G五级，G级最低，在标记中规定不标注。

标注示例：

例9-1：滚动轴承 GB273-82　D305

D　—　3　05

05：表示内径 $d=5\times5=25$（mm）

3：表示中窄系列

—：表示类型，最左边的“0”规定不写

D：表示公差等级为D级

例9-2：滚动轴承 GB301-84　8410

—　8　4　10

10：表示内径 $d=10\times5=50$（mm）

4：表示公差等级为G级（规定不标出）

8：表示推力球轴承

—：表示重窄系列

三、滚动轴承的画法

由于滚动轴承已经标准化，因此无需画它的零件图。在装配图中，也只是根据其代号从有关标准中查得外径、内径、宽度等尺寸，然后按简化画法或示意画法绘制，如表9-9所示。

当需要在装配图中较详细地表达滚动轴承的主要结构时，可采用简化画法，而只需简单表达其主要结构时，可采用示意画法，但无论采用哪种画法，都应在图样上写出轴承的代号。图标中的图示符号，则主要用于传动系统图中。

表 9-9　常用滚动轴承的画法

名称	圆心球轴承 (GB276-89)	圆锥滚子轴承 (GB207-84)	推力球轴承 (GB301-84)
代号	0000 型	7000 型	8000 型
查表所得尺寸	*d*、*D*、*B*	*d*、*D*、*T*、*B*、*C*	*d*、*D*、*T*
简化画法	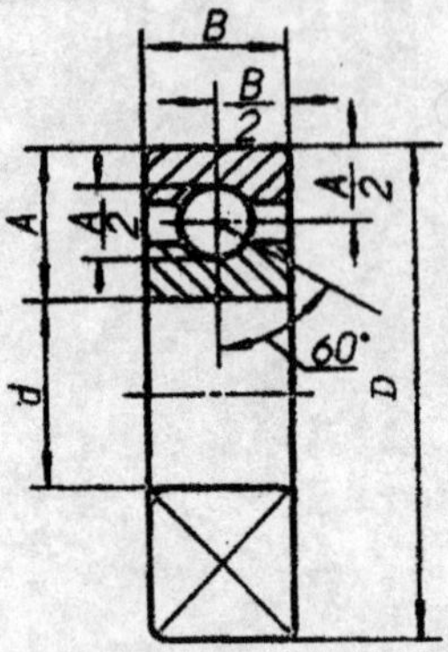	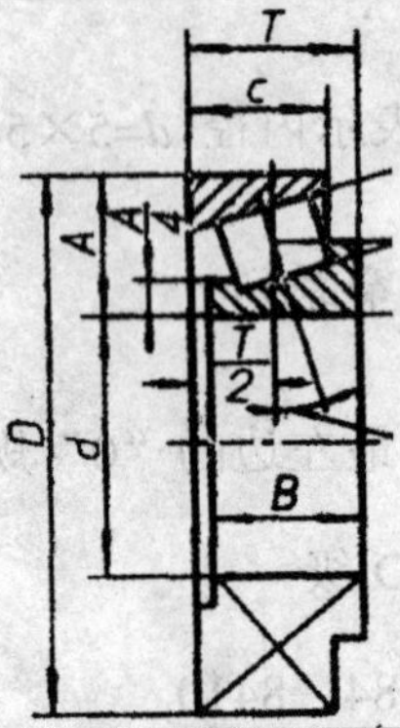	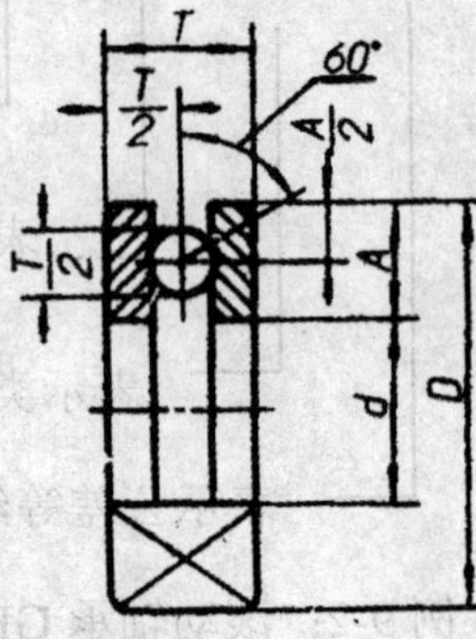
示意画法	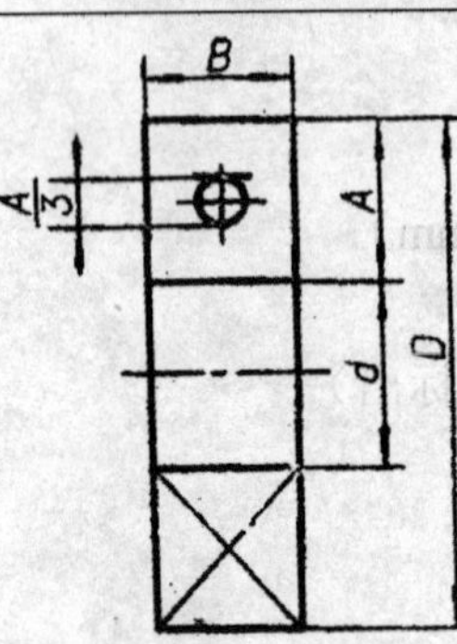	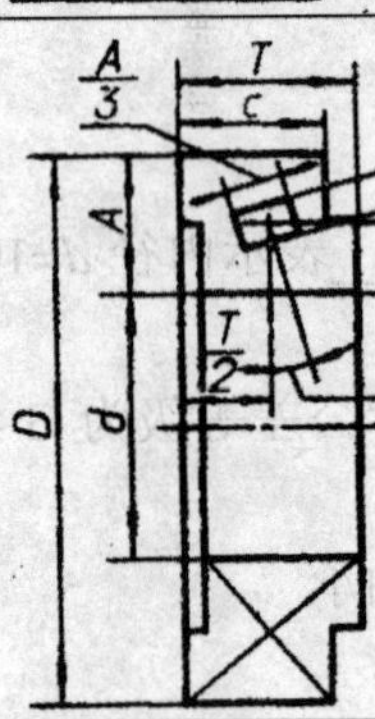	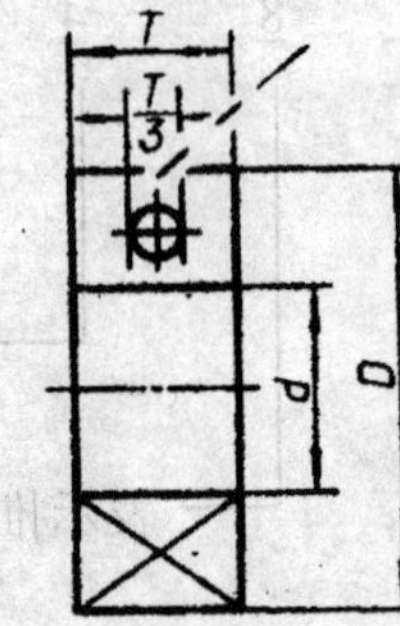
符号图示	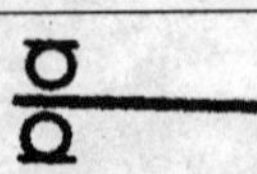		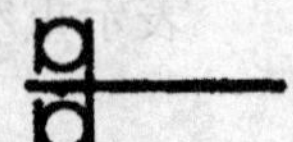

第六节　弹　簧

弹簧是一种起减振、测力和夹紧等作用的常用件，它的种类很多，本节只简要介绍常用的螺旋压缩弹簧的画法。

一、圆柱螺旋压缩弹簧各部分名称及尺寸关系

1．簧丝直径 d 制造弹簧的钢丝直径。

2．弹簧直径

外径 D：弹簧的最大直径；

内径 D_1：弹簧的最小直径；

中径 D_2：弹簧内径和外径的平均值。

$$D_2=(D+D_1)/2=D-d=D_1+d$$

3．圈数

支承圈数 n_2：为使弹簧工作时受力均匀，增加弹簧的平稳性，弹簧两端通常并紧并磨平，并紧磨平的各圈只起支承作用，故称支承圈，支承圈数有 2.5、2、1.5 圈三种，常用的是 2.5 圈，此时，两端各并紧 1/2 圈，磨平 3/4 圈。（即每一端的支承圈数为 $1\frac{1}{4}$ 圈）。

有效圈数 n：除支承圈以外的圈数。

总圈数 n_1：支承圈数和有效圈数的和。

$$n_1=n+n_2$$

4．节距 t

除支承圈外，相邻两圈对应两点之间的轴向距离。

5．自由高度 H_0

弹簧在不受外力作用时的高度。

$$H_0=nt+(n_2-0.5)d$$

6．展开长度 L

制造弹簧时所需钢丝的长度。

$$L\approx n_1[(\pi D_2)^2+t^2]^{1/2}$$

二、圆柱螺旋压缩弹簧的画法

螺旋弹簧可用视图或剖视图绘制，弹簧的真实投影比较复杂，图标中对弹簧的画法作了如下规定，如图 9-27 所示。

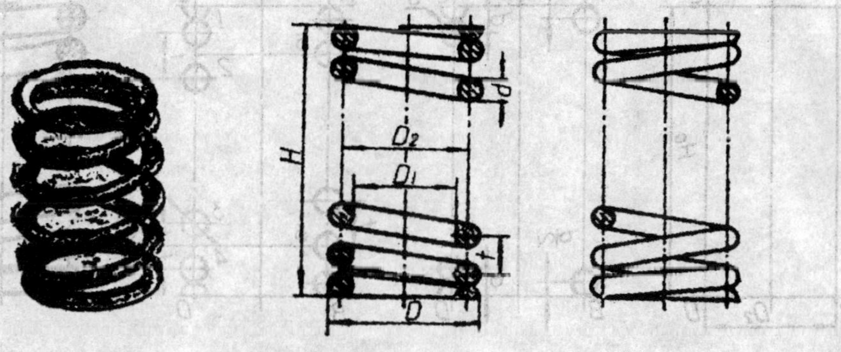

（a）　　（b）　　（c）

图 9-27　螺旋压缩弹簧各部分的名称及规定画法

1．在平行于螺旋弹簧轴线的投影面的视图中，弹簧各圈的轮廓应画成直线。

2．有效圈数在四圈以上的螺旋弹簧，中间部分可以省略，并可以适当缩短图形的长度。

3．螺旋弹簧均可画成右旋，但左旋弹簧不论画成左旋还是右旋，应一律注出旋向“左”字。

4．在装配图中，被弹簧挡住的结构一般不画出，可见部分应从弹簧的外轮廓线或从弹簧钢丝断面的中心线画起，如图 9-28（a）所示。当弹簧被剖切时，如弹簧钢丝直径在图形上等于或小于 2mm 时，其剖面可用涂黑表示，如图 9-28（b）所示，也可用示意画法，如

图 9-28（c）所示。

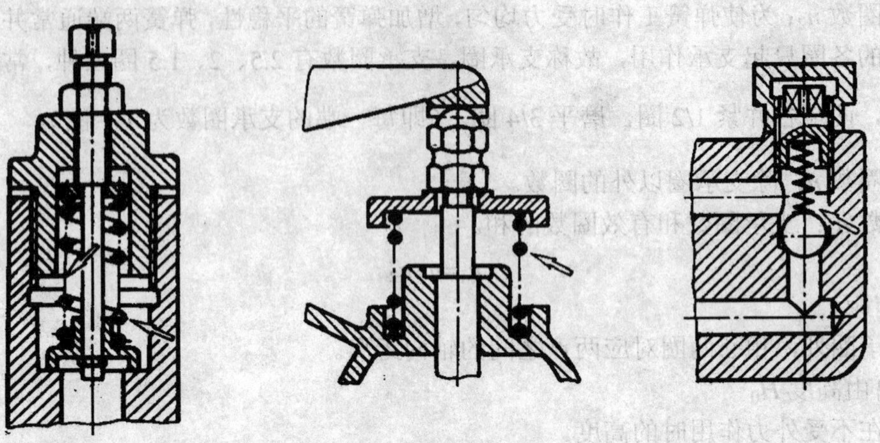

（a） （b） （c）

图 9-28 装配图中螺旋弹簧的规定画法

三、圆柱螺旋压缩弹簧的画图步骤

对于两端并紧磨平的螺旋压缩弹簧，不论支承圈数多少和末端并紧的情况如何，均可按图 9-29 所示的步骤画出。

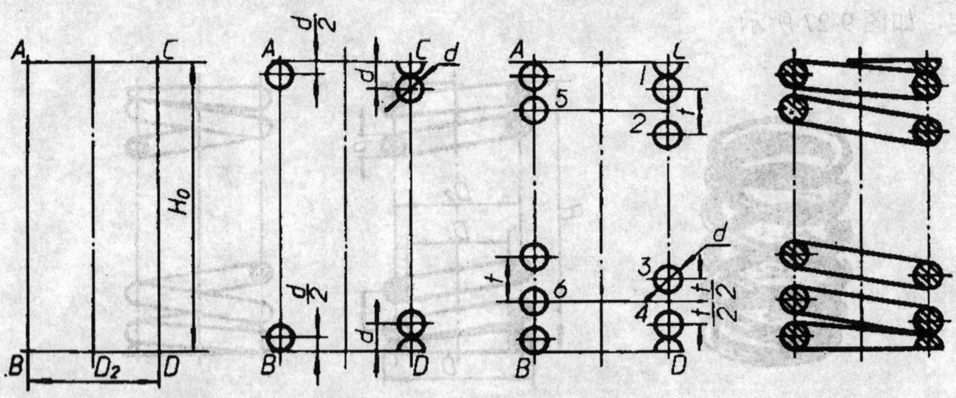

(a) 以自由高度 H_0 和中径 D_2 作矩形 ABCD

(b) 根据簧丝直径 d 画出支承圈部分

(c) 根据节距 t 画出有效圈部分

(d) 按可旋方向作出相应圈的公切线，最后画出剖面线

图 9-29 螺旋压缩弹簧的作图步骤

作图时，下列数据为已知：自由高度 H_0、弹簧钢丝直径 d、弹簧外径 D（或内径 D_1）、有效圈数 n（或总圈数 n_1）及旋向。

四、螺旋弹簧零件图

如图 9-30 所示为圆柱螺旋压缩弹簧的零件图，图样中除视图和应标注的尺寸外，还用图解法表示了弹簧的机械性能，在技术要求中注写了有关参数及加工时的要求。

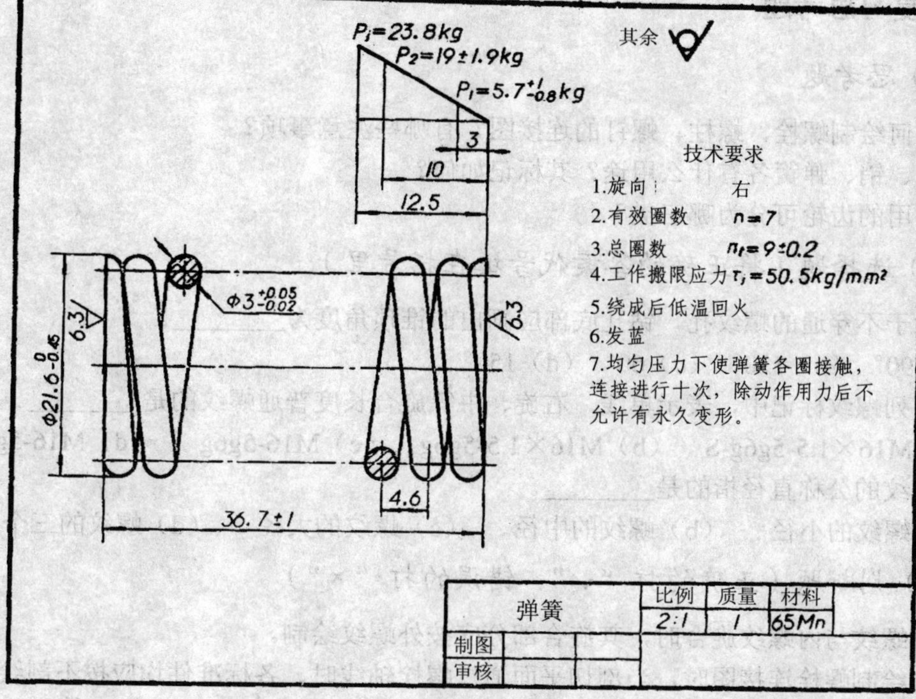

图 9-30　螺旋压缩弹簧零件图

本 章 小 结

一、知识体系

- 标准件
  - 螺纹连接件（标记、规定画法）
    - 螺栓连接
    - 螺柱连接
    - 螺钉连接
  - 键：作用、种类、标记、规定画法
  - 销：作用、种类、标记、规定画法
  - 轴承：作用、种类、标记、规定画法
- 常用件
  - 齿轮
    - 圆柱齿轮：作用各部分的名称、参数、计算公式、规定画法
    - 圆锥齿轮：作用各部分的名称、参数、计算公式、规定画法
  - 弹簧：作用各部分的名称、参数关系、规定画法

二、复习思考题

（一）思考题

1．如何绘制螺栓、螺柱、螺钉的连接图？有哪些注意事项？

2．键、销、弹簧各有什么用途？其标记如何？

3．常用的齿轮可分为哪三类？

（二）选择题（将正确的答案代号填在括号里）

1．对于不穿通的螺纹孔，钻孔底部应画出的锥顶角度为________。

（a）90°（b）120°（c）60°（d）150°

2．下列螺纹标记中，表示单线、右旋、中等旋合长度普通螺纹的是________。

（a）M16×1.5-5g6g-S （b）M16×1.5-5g6g （c）M16-5g6g （d）M16-5g6g-S

3．螺纹的公称直径指的是________。

（a）螺纹的小径 （b）螺纹的中径 （c）螺纹的大径 （d）螺纹的三个直径

（三）判断题（正确的打“√”、错误的打“×”）

1．外螺纹与内螺纹旋合时，其旋合部分应按外螺纹绘制。

2．在绘制螺栓连接图时，当剖切平面通过螺栓轴线时，各标准件均应按不剖绘制。

3．圆柱齿轮各部分的名称有：齿顶圆、齿根圆、分度圆等。

第十章 零 件 图

【学习要求】

了解零件图的内容，掌握绘制与识读零件图的方法及与零件图有关的工艺常识。

【主要内容】

介绍零件图的内容、绘制与识读零件图的方法以及与零件图有关的工艺常识。

第一节 零件图的作用和内容

任何机器或部件都是由各种零件按一定的要求装配而成的。表示零件的结构、大小及技术要求的图样称为零件图。

一、零件图的作用

零件图是制造和检验零件的依据，是指导生产机器零件的重要技术文件之一。零件图反映了设计者的意图，表达了机器或部件对零件的要求。

二、零件图的内容

如图 10-1 所示为带轮的零件图。一张完整的零件图一般应包括以下的基本内容。

1．一组视图

用一组恰当的视图、剖视图、断面图和局部放大图等表达方法，完整清晰地表达出零件的结构和形状。

2．全部尺寸

正确、完整、清晰、合理地标注出组成零件各形体的大小及其相对位置的尺寸，即提供制造和检验零件所需的全部尺寸。

3．技术要求

用规定的代号、数字和文字简明地表示出在制造和检验时技术上应达到的要求。如表面粗糙度、公差与配合、形位公差、材料的热处理及表面处理等。

4．标题栏

在零件图右下角，用标题栏写明零件的名称、数量、材料、比例、图号以及设计、制图、校核人员签名和绘图日期。如图 10-1 所示带轮的零件图，就表明了一张零件图的基本内容。

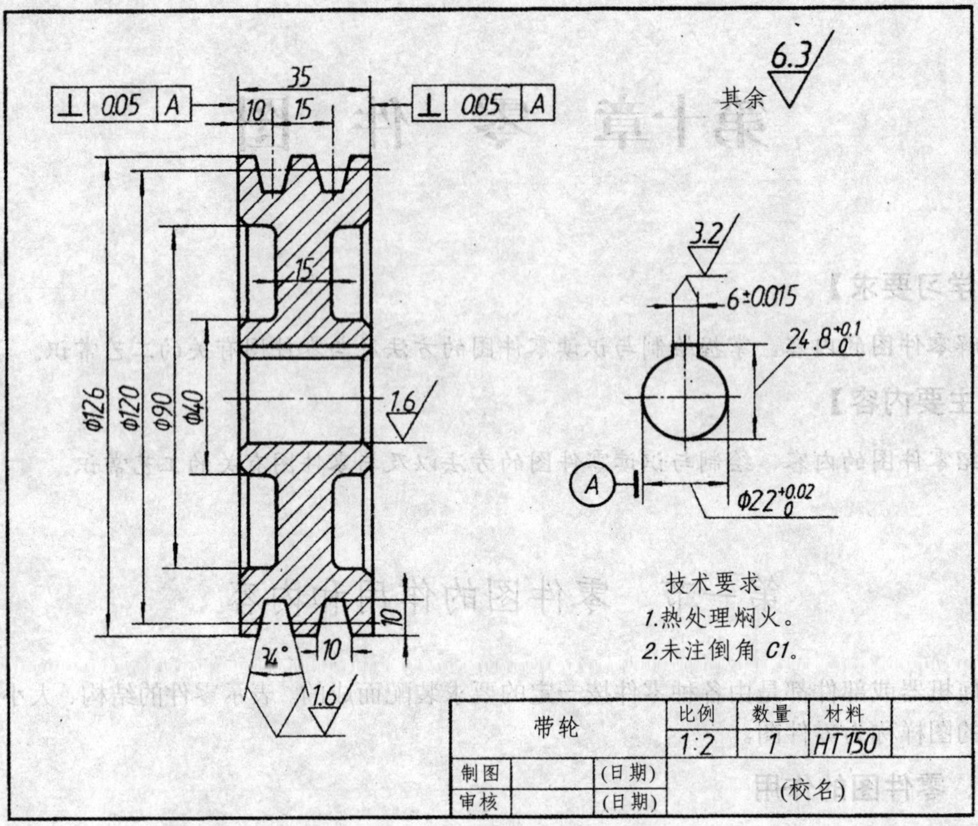

图 10-1　带轮的零件图

第二节　零件图的视图选择和尺寸标注

一、零件图的视图选择

在零件图的视图选择之前，应首先对零件进行形体分析和结构分析，要分清主要形体和次要形体，并了解其功用及加工方法，以便确切地表达零件的结构形状，反映零件的设计和工艺要求。要确定一个较好的表达方案，就必须合理地选择主视图和其他视图。

（一）主视图的选择

主视图是零件图中最重要的图形，主视图选择得合理与否，直接影响整个表达方案的合理性，选择主视图一般应考虑以下几个原则：

1．形状特征原则，

形状特征原则能充分反映零件的结构形状特征；

2．工作位置原则

工作位置原则反映零件在机器或部件工作时的位置；

3．加工位置原则

加工位置原则零件在主要工序中加工时的位置。

在确定一个零件的主视图时，根据零件的结构特征有所侧重，如图 10-2（a）所示的轴类零件是以加工位置和其轴线方向的结构特征选择主视图；如图 10-2（b）所示的摇杆是以结构形状特征和工作位置选择主视图。

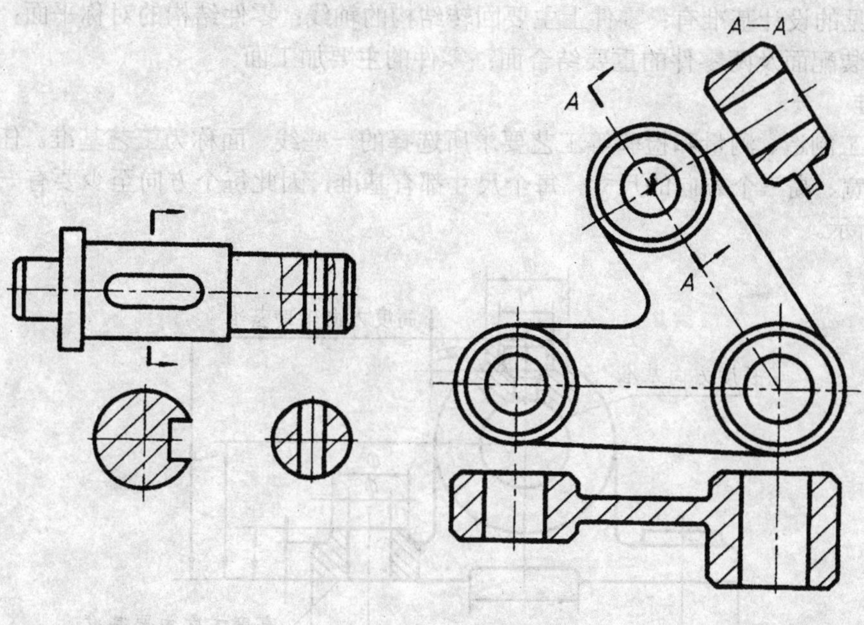

图 10-2 主视图的选择

（二）其他视图的选择

对于结构复杂的零件，主视图中没有表达清楚的部分，必须选择其他视图，包括剖视图、断面图、局部放大图和简化画法等。选择其他视图时要注意以下几点：

（1）所选择的表达方法要恰当，每个视图都有明确的表达目的。对零件的内部形状与外部形状、主体形状与局部形状的表达，每个视图都应该有所侧重。

（2）所选视图的数量要恰当。在完整、清晰地表达零件内、外结构形状的前提下，尽量减少图形个数，以便于画图和读图。

（3）对于表达同一内容的视图，应拟出几种表达方法，经比较后再确定较好的一种表达方案。

二、零件图中的尺寸标注

零件图中标注的尺寸是加工和检验零件的重要依据。也是零件图的重要内容之一。标注零件图尺寸的基本要求仍然是完整、正确、清晰、合理四个方面。其中完整、正确、清晰的要求在组合体的尺寸标注中已作了阐述，要做到标注尺寸合理，还需要较多的机械设计和机械制造方面的知识，这里只介绍一些合理标注尺寸的基本知识。

（一）尺寸基准的选择

如前所述，标注和度量尺寸的起点称为基准。根据基准的作用不同，一般可将基准分为设计基准和工艺基准。

1．设计基准

根据零件的结构、设计要求，用以确定该零件在机器中的位置和几何关系的一些线、面为设计基准。常见的设计基准有：零件上主要回转结构的轴线；零件结构的对称平面；零件的重要支承面、装配面及两零件的重要结合面；零件的主要加工面。

2．工艺基准

根据零件加工制造、测量和检验等工艺要求所选择的一些线、面称为工艺基准。任何一个零件都有长、宽、高三个方向的尺寸，每个尺寸都有基准，因此每个方向至少要有一个基准。如图 10-3 所示。

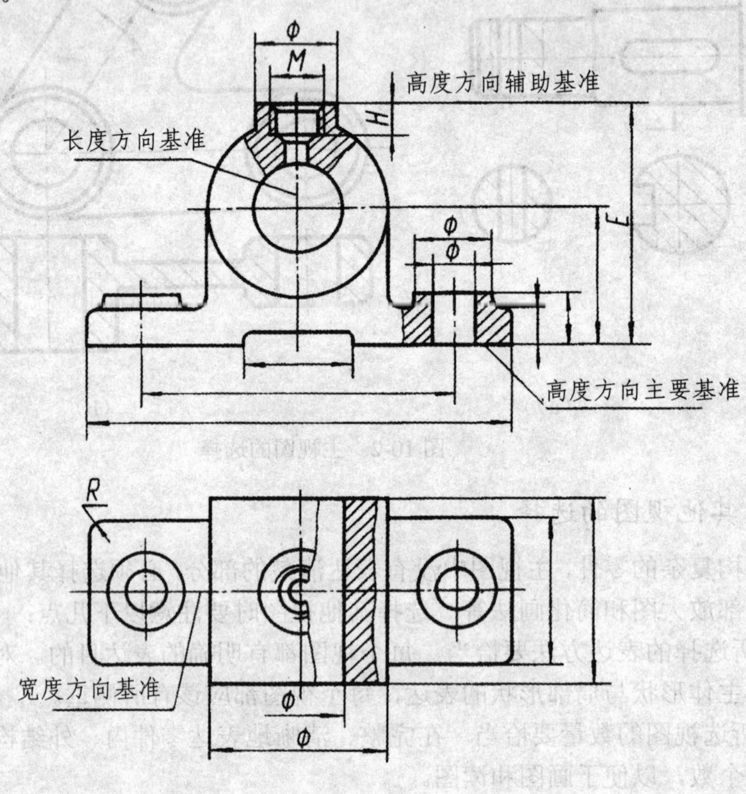

图 10-3　轴承座的尺寸基准

（二）标注尺寸的注意事项

1．重要尺寸应从主要基准直接注出

零件的重要尺寸是指影响产品性能、工件精度、装配精度及互换性的尺寸。为了使零件的重要尺寸不受其他尺寸误差的影响，应在零件图中直接把重要尺寸注出。如图 10-4 所示的尺寸 A 就是重要尺寸，它不受其他尺寸的影响。

2．避免注成封闭尺寸链

封闭的尺寸链是首尾相接，形成一个封闭圈的一组尺寸。如图 10-5（a）所示注成封闭尺寸链，尺寸 B 将受到 A、C 的影响而难于保证。正确的标注是将不重要的尺寸 A 去掉，B 不受尺寸 C 的影响，如图 10-5（b）所示。

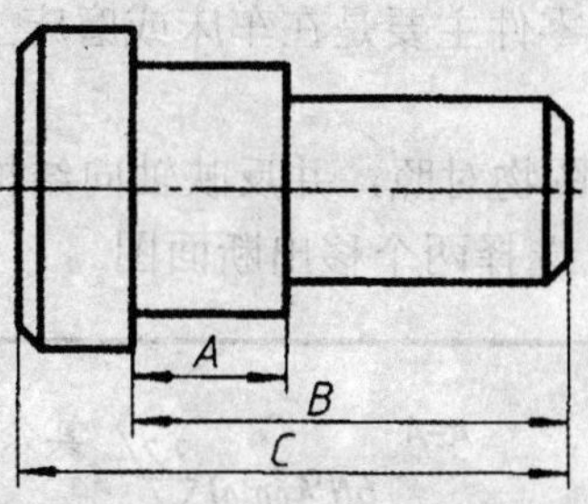

图 10-4　重要尺寸标注

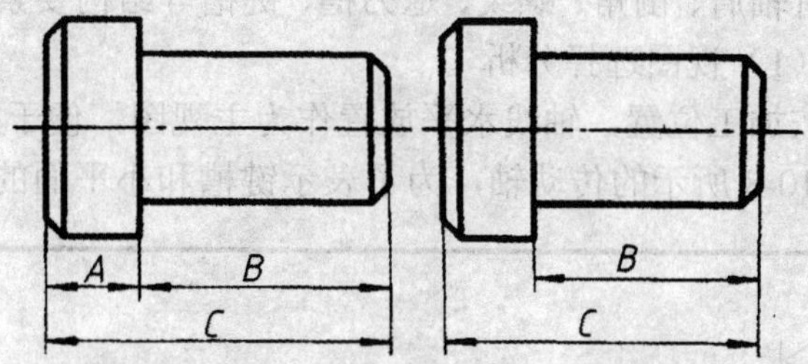

（a）　　　　　　　　（b）

图 10-5　不标注成封闭尺寸链

3．标注尺寸要考虑工艺要求

按加工顺序标注尺寸符合加工过程，便于加工和测量，从而保证工艺要求。轴套类零件的一般尺寸或零件阶梯孔等都按加工顺序标注尺寸。如图 10-6（a）所示的轴类零件便于加工，而图 10-6（b）所示的轴类零件不便于加工。

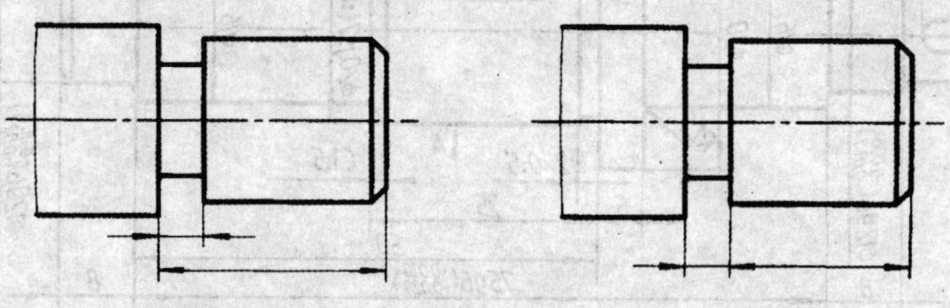

（a）　　　　　　　　（b）

图 10-6　标注尺寸要便于加工

如图 10-7 所示为套筒，如果没有特殊要求时应注成图 10-7（a）所示形式，将便于测量；若注成图 10-7（b）所示形式，则不便于测量。

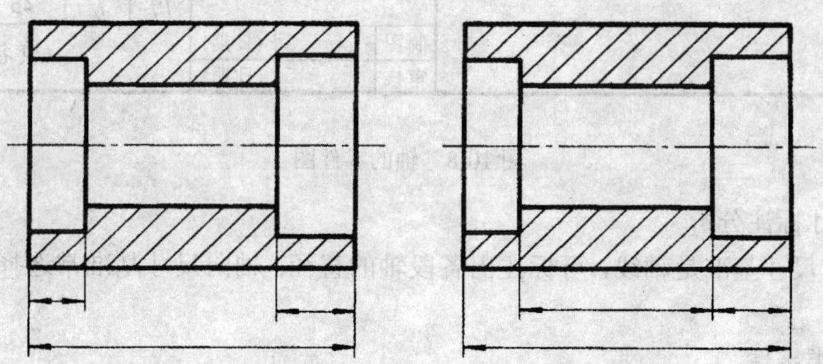

（a）　　　　　　　　（b）

图 10-7　标注尺寸要便于测量

三、典型零件的视图选择和尺寸标注

1．轴套类零件

轴套类零件的基本形状是同轴回转体，这类零件主要有轴、套筒和衬套等。沿轴线方向通常有轴肩、倒角、螺纹、退刀槽、键槽等结构要素。此类零件主要是在车床或磨床上加工。

（1）视图选择分析

按加工位置，轴线水平放置作为主视图，便于加工时图物对照，并反映轴向结构形状。如图 10-8 所示的传动轴，为了表示键槽和小平面的深度，选择两个移出断面图。

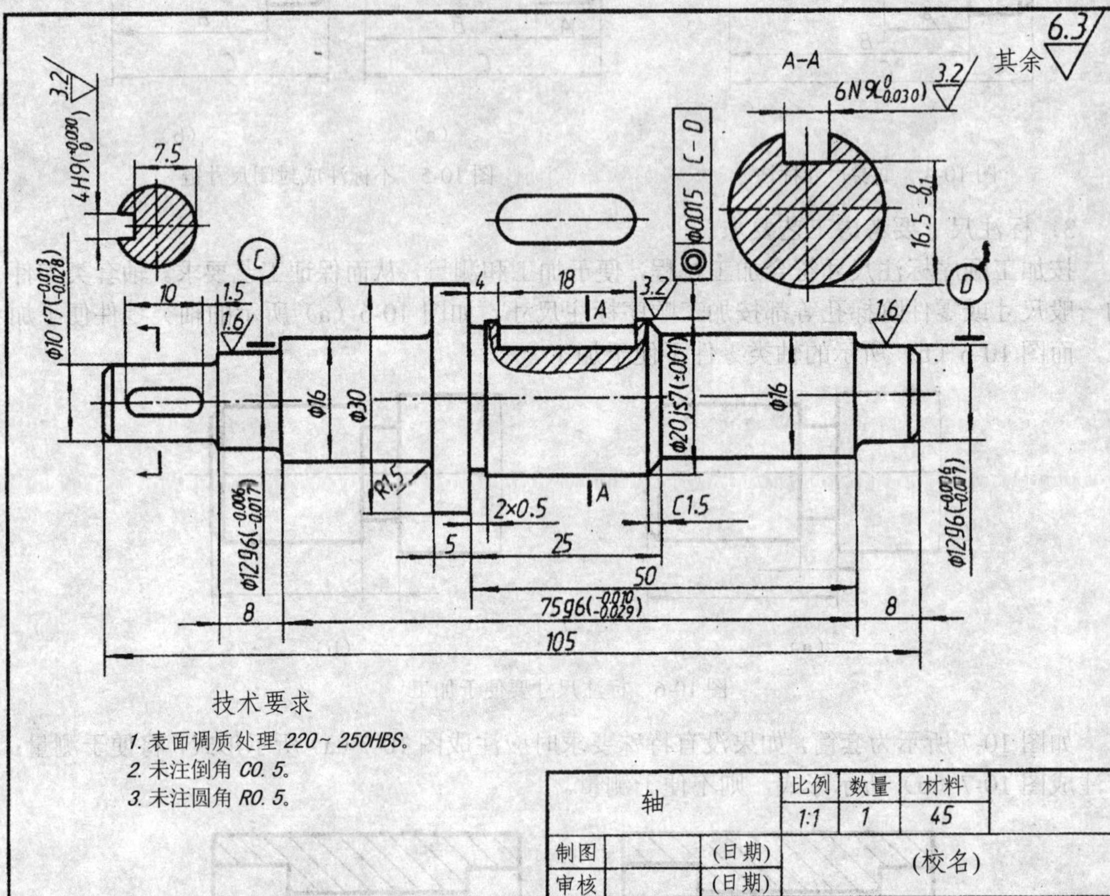

图 10-8　轴的零件图

（2）尺寸标注分析

轴的径向尺寸基准是轴线，可标注出各段轴的直径；轴向尺寸基准常选择重要的端面及轴肩。

2．轮盘类零件

轮盘类零件的结构特点是轴向尺寸小而径向尺寸大的盘状结构，这类零件主要有齿轮、带轮、手轮、法兰盘及端盖等，其主体多数是由共轴回转体构成，也有主体形状是矩形的，并在径向分布有螺孔或光孔、销孔等。盘盖类零件主要在车床上加工。

（1）视图选择分析

轮盘类零件一般选择两个视图，一个是轴向剖视图，另一个是径向视图。如图 10-9 所示，端盖的主视图是以加工位置和表达轴向结构形状特征为原则选取的，采用全剖视，表达端盖的轴向结构层次。左视图表达了端盖径向结构形状特征是大圆角的方形结构，分布四个沉头孔。

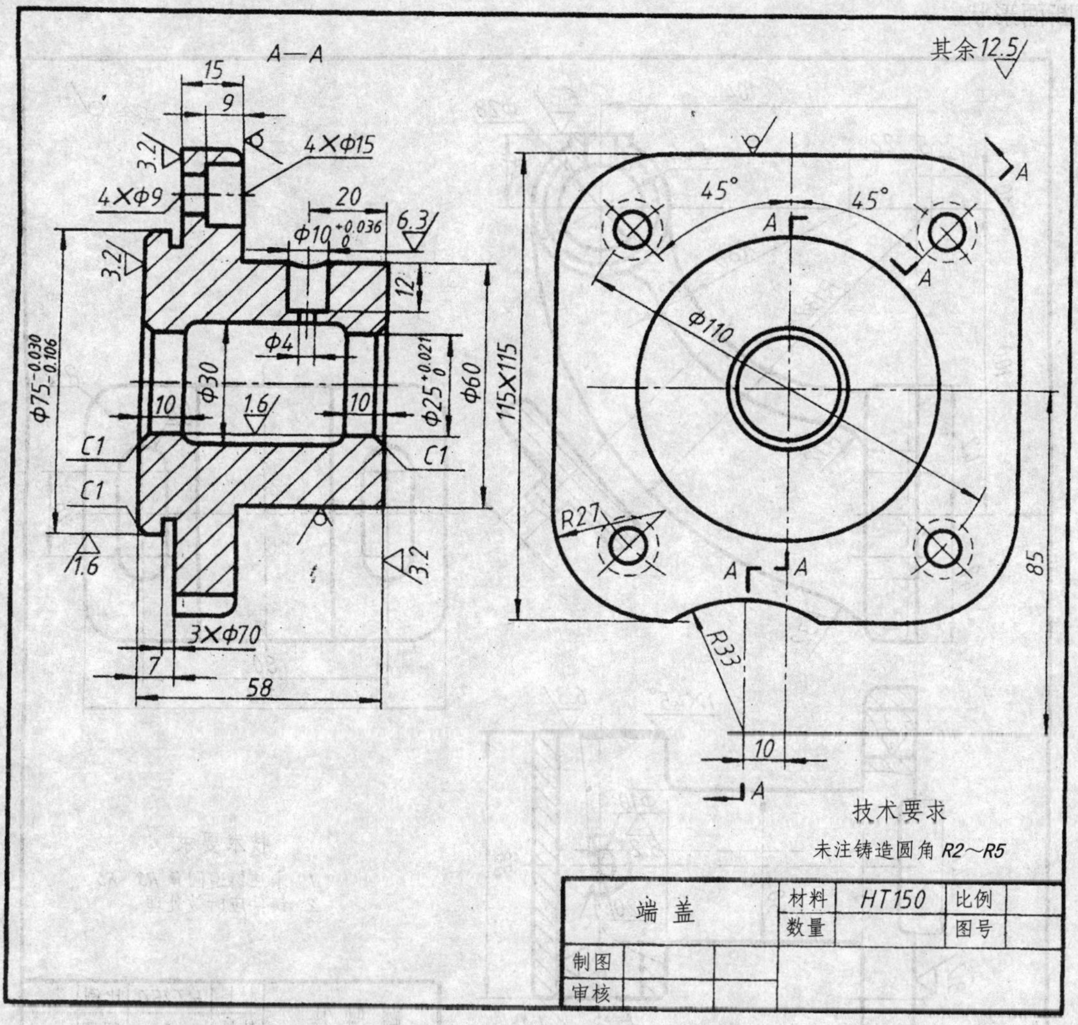

图 10-9　盘盖类零件图

（2）尺寸标注分析

轮盘类零件在标注尺寸时，通常选用通过轴孔的轴线作为径向主要尺寸基准。长度方向的主要尺寸基准，常选用主要的端面。如图 10-9 所示端盖的主视图是选左端面作为零件长度方向的尺寸基准；轴孔等直径尺寸，都是以轴线为基准标注出的。

3．叉架类零件

叉架类零件主要起支承和连接作用，其结构形状比较复杂，且不太规则，这类零件包括拨叉、连杆、拉杆、支架等。需要在多种机床上加工。

（1）视图选择分析

这类零件由于加工位置多变，在选择主视图时，主要考虑工作位置和形状特征。叉架类零件常需要两个或两个以上的基本视图，并且要用局部视图、剖视图等表达零件的细部结构。

图 10-10 所示的踏脚座，除主视图外，还采用了俯视图，表达安装板、筋和轴承的宽度，以及它们的相对位置。并且 A 向局部视图表达安装板左端面的形状。用移出断面图表达筋的断面形状。

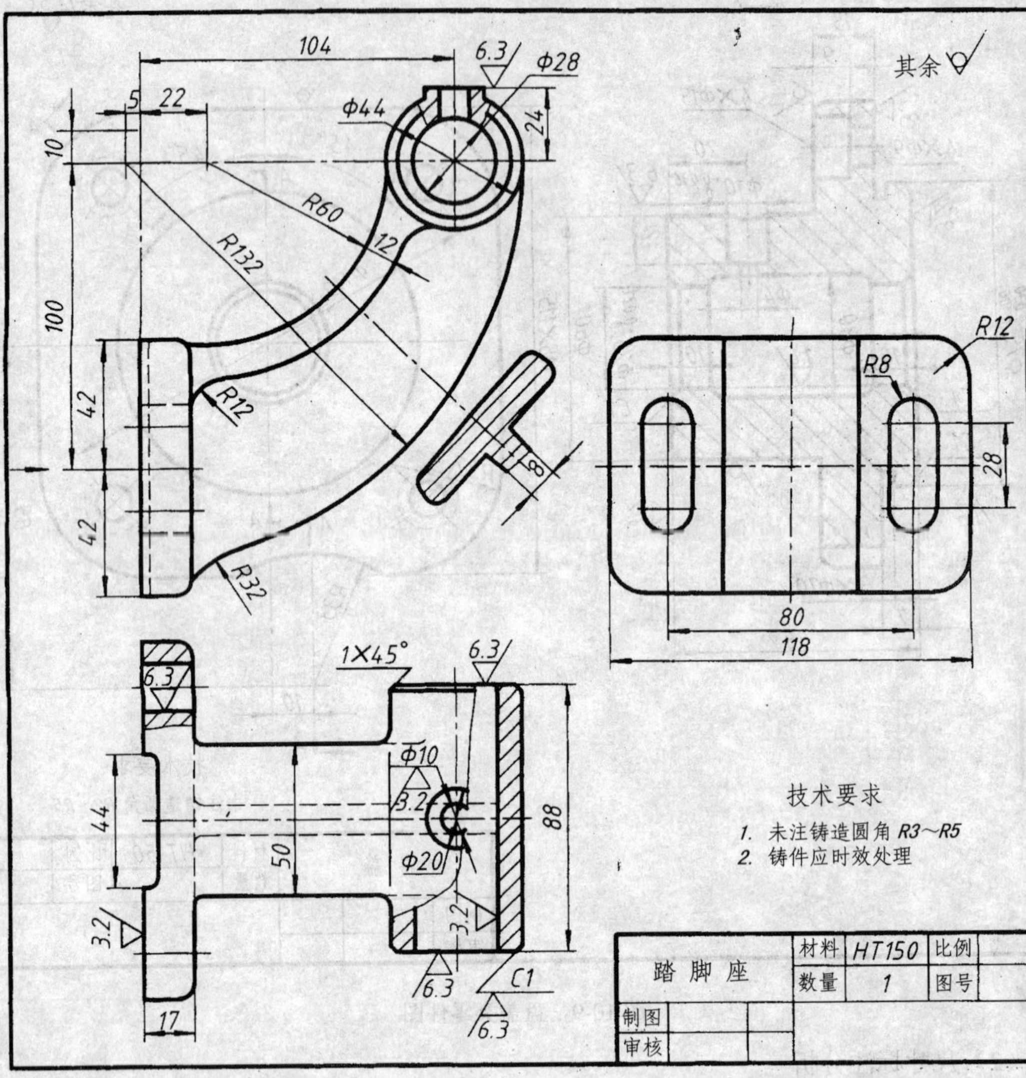

图 10-10　叉架类零件

（2）尺寸标注分析

标注叉架类零件的尺寸时，常用安装基准面或零件的对称面作为高度方向的尺寸基准。

4．箱体类零件

箱体类零件是机器或部件的主体部分，用来支承、包容、保护运动零件或其他零件。这类零件主要有各种泵体、阀体、变速箱箱体、机座等，其形状结构比较复杂，加工工序较多。一般均按工作位置和形状特征原则选择主视图，其他视图至少两个或两个以上，应根据实际情况适当采取剖视图、断面图、局部视图和斜视图等多种形式，以清晰地表达零件内外形状。

（1）视图选择分析

如图 10-11 所示阀体的主视图按工作位置选取，采用全剖视，清楚地表达内腔的结构，右端圆法兰上有通孔。从左视图中可知四个孔的分布情况，左视图采用半剖视，从半个视图中可知，阀体左端是方形法兰，并有四个螺孔；从半剖视图中可知，阀体外形是圆柱体。俯视图表示了方形法兰的厚度，局部剖表示螺孔深度。

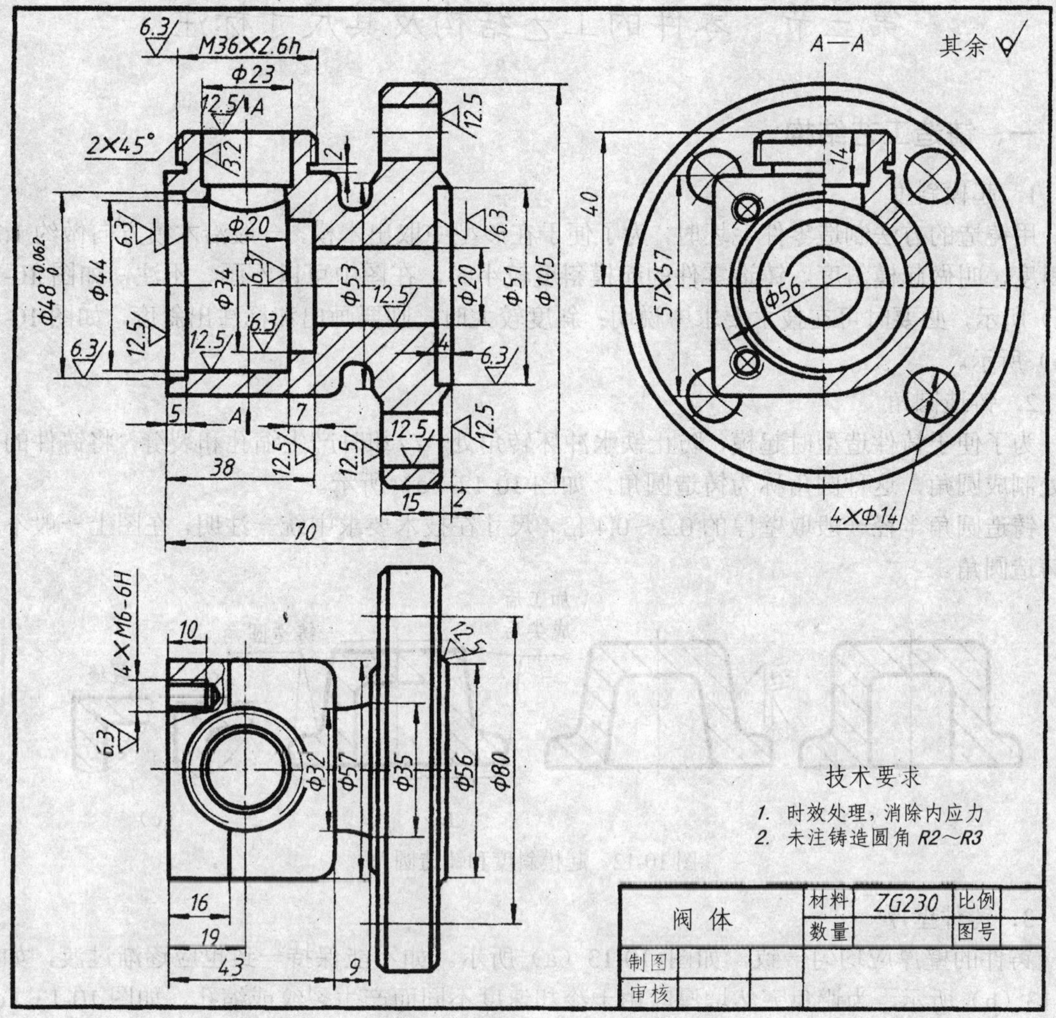

图 10-11 阀体零件图

（2）尺寸标注分析

常选用设计轴线、对称面、重要端面和重要安装面作为尺寸基准。对于箱体上需要加工的部分，应尽可能按便于加工和检验的要求标注尺寸。阀体长度方向尺寸基准是通过 A-A 剖切平面的轴线；通过水平中心线的平面是高度方向的尺寸基准；俯视图中的对称中心线是宽度方向的尺寸基准。

5．其他零件

除了上述四类常见的零件之外，还有一些电讯、仪表工业中常见的薄板冲压零件、镶嵌零件和注塑零件等。有些电讯、仪表设备中的底板、支架，大多是用板材剪裁、冲孔，再冲压成型。这类零件的弯折处，一般有小圆角。零件的板面上有许多孔和槽口，以便安装电器元件或部件，并将该零件安装到机架上。这种孔一般都是通孔，在不致引起看图困难时，只将反映其真形的那个视图画出，而在其他视图中的虚线就不必画出了。

第三节　零件的工艺结构及其尺寸标注

一、铸造工艺结构

1．起模斜度

用铸造的方法制造零件毛坯时，为了便于在砂型中取出木模，一般沿木模方向做约 1:20 的斜度，叫做起模斜度。铸造零件的起模斜度较小时，在图中可以不画、不注，如图 10-12（a）所示，必要时可在技术要求中说明；斜度较大时，则要画出和标注出斜度，如图 10-12（b）所示。

2．铸造圆角

为了便于铸件造型时起模，防止铁水冲坏转角处、冷却时产生缩孔和裂缝，将铸件的转角处制成圆角，这种圆角称为铸造圆角，如图 10-12（c）所示。

铸造圆角半径一般取壁厚的 0.2～0.4 倍，尺寸在技术要求中统一注明，在图上一般不标注铸造圆角。

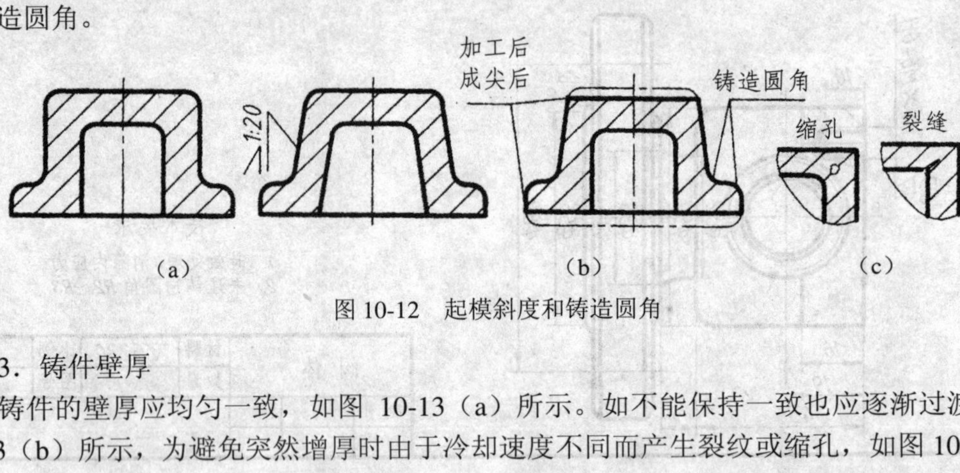

图 10-12　起模斜度和铸造圆角

3．铸件壁厚

铸件的壁厚应均匀一致，如图 10-13（a）所示。如不能保持一致也应逐渐过渡，如图 10-13（b）所示，为避免突然增厚时由于冷却速度不同而产生裂纹或缩孔，如图 10-13（c）所示。

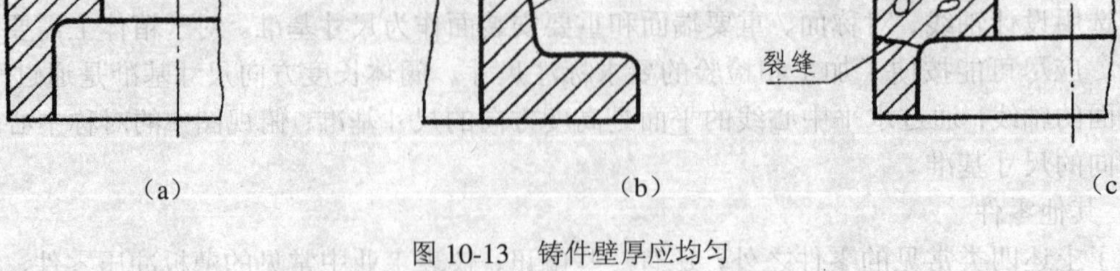

图 10-13　铸件壁厚应均匀

4．过渡线

铸件及锻件两表面相交时，表面交线因圆角而使其模糊不清，为了方便读图，画图时两表面交线仍按原位置画出，但交线的两端空出不与轮廓线的圆角相交，此交线称为过渡线。过渡线应用细实线绘制，如图 10-14 所示为常见过渡线的画法。

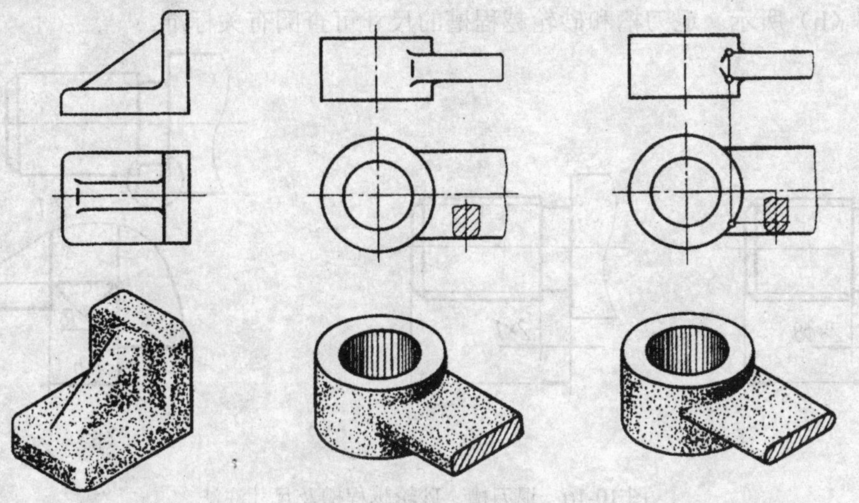

（a）平面与平面相交　（b）平面与曲面相交　（c）曲面与曲面相交

图 10-14　铸件表面上的过渡线

二、机械加工的工艺结构

1．倒角和倒圆

为便于装配和除去毛刺、锐边，在轴和孔的端部常加工成倒角。常用的是 45° 倒角，其画法及尺寸注法如图 10-15（a）所示。在不致引起误解时，零件图中的倒角可以省略不画，其尺寸可以简化标注，如图 10-15（b）所示（图中符号 C 表示 45° 倒角）。

为了增加强度，在阶梯轴的轴肩处常加工成圆角过渡的形式，称为倒圆，其画法及尺寸注法如图 10-15 所示。倒角及倒圆的尺寸可查阅有关标准。

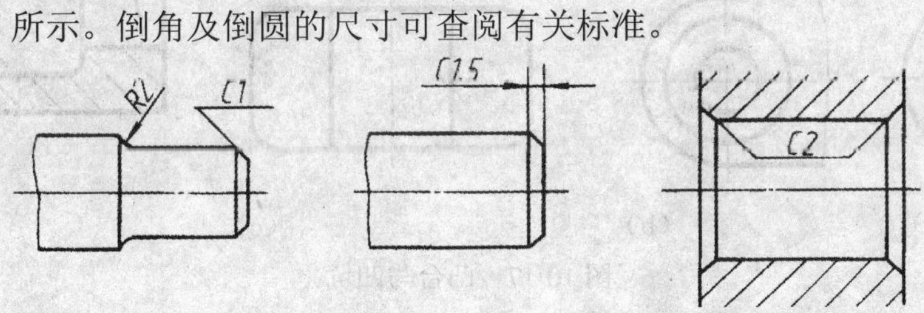

（a）

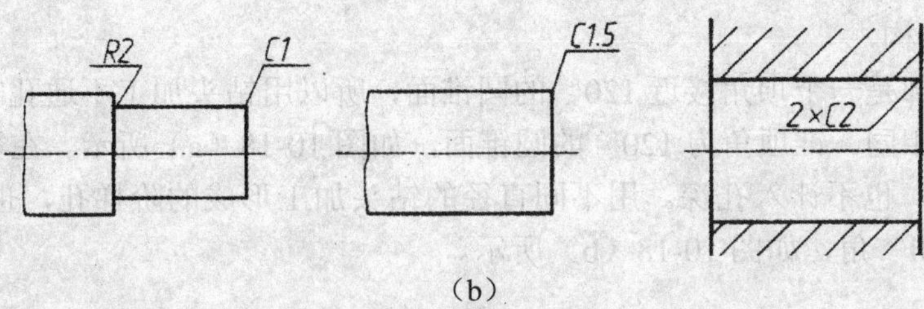

（b）

图 10-15　倒角、倒圆及尺寸注法

2．退刀槽和砂轮越程槽

在车削或磨削时，为便于退出刀具或使砂轮可稍越过被加工的表面，常在被加工面的末端预先车出退刀槽或越程槽，如图 10-16 所示。其尺寸可按“槽宽×槽深”或“槽宽×直径”的形式注出，如图 10-16（a）所示。当槽的结构比较复杂时，可画出局部放大图以标注尺寸，如图 10-16（b）所示。退刀槽和砂轮越程槽的尺寸可查阅有关标准。

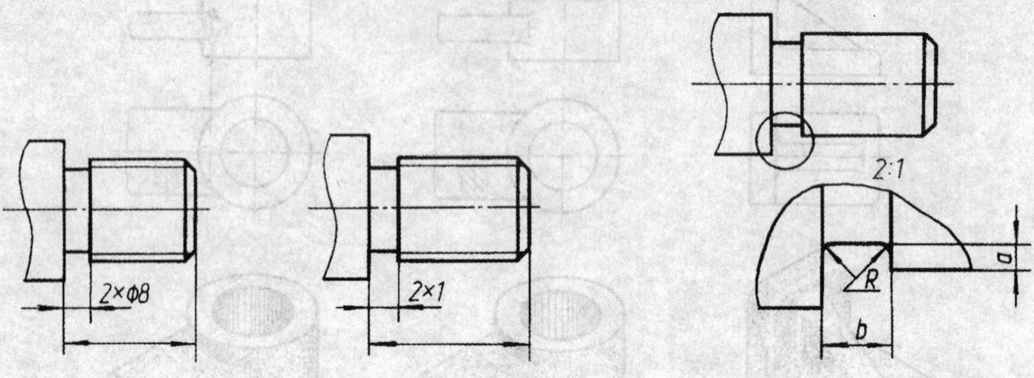

（a）　（b）

图 10-16　退刀槽、砂轮越程槽及尺寸注法

3．凸台和凹坑

零件上凡与其他零件接触的表面通常要进行机械加工。为了减少加工面积并使零件表面间接触良好，常在零件上设计出凸台、凹坑等结构，如图 10-17 所示。

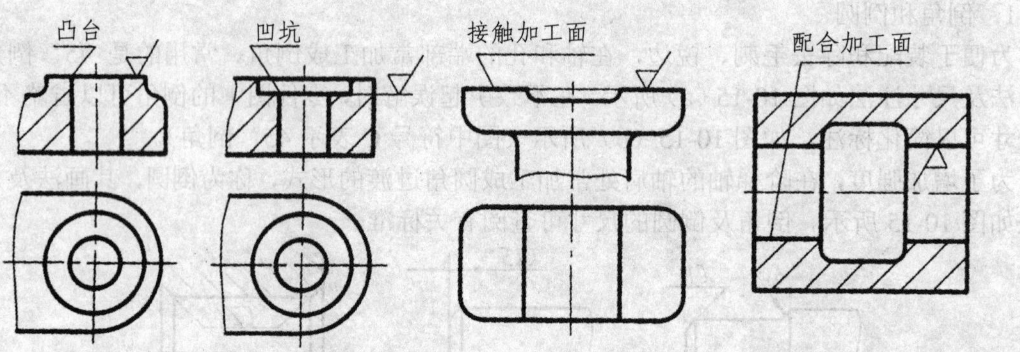

（a）　（b）　（c）　（d）

图 10-17　凸台与凹坑

4．零件上常见孔的结构及尺寸注法

（1）钻孔结构

由于钻头端部是一个顶角接近 120° 的圆锥面，所以用钻头加工不通孔时，末端形成了与钻头端部形状相同、锥顶角为 120° 的圆锥面，如图 10-18（a）所示。在零件图上，该部分一般不注尺寸，也不计入孔深。用不同直径的钻头加工形成的阶梯孔，也应在钻深为 H 的过渡处画成 120° 角，如图 10-18（b）所示。

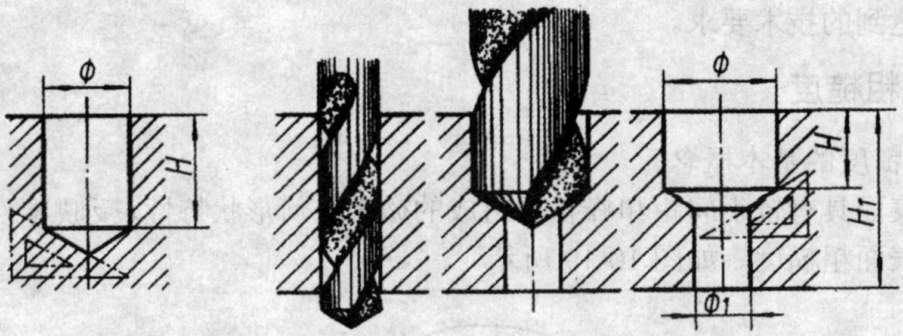

（a）　　　　　　　　　　（b）

图 10-18　钻孔结构及尺寸注法

（2）零件上常见孔的尺寸注法

光孔、螺孔以及为适应各种螺纹紧固件连接的沉孔、锪平及埋头孔等是零件上常见的结构。各类孔的尺寸除采用普通注法外，常采用旁注和符号结合的方法简化标注，并应尽可能使用符号或缩写词，如表 10-1 所示。

表 10-1　常见孔的尺寸注法

种类	普通注法	简化注法	说明
光孔	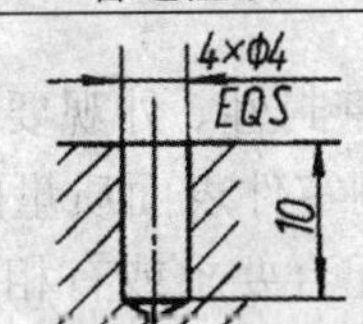	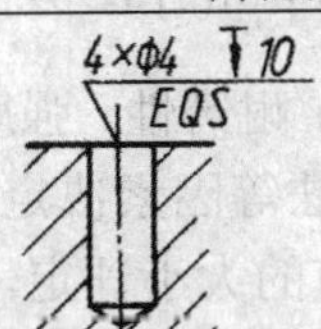 或 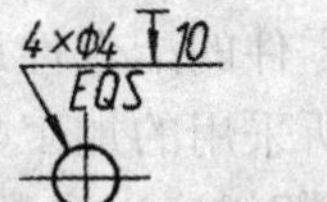	4 个光孔均布，孔深 10，“↧”为孔深符号，“EQS”为“均布”缩写词
螺孔	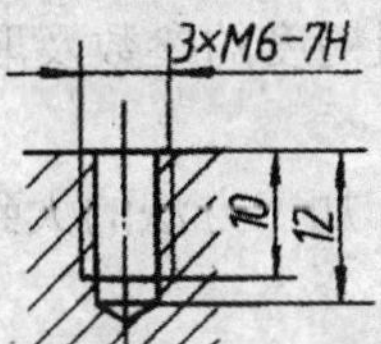	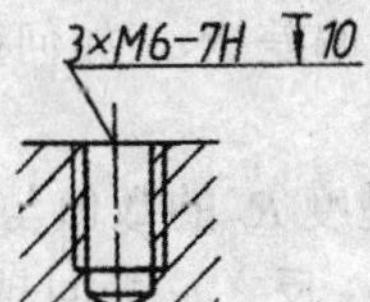 或 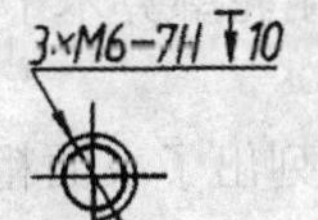	3 个螺孔，螺孔深 10，钻孔深一般不注

第四节　零件图上的技术要求

一、技术要求的内容

在零件图中除了一组视图和尺寸标注外，还应具备加工和检验零件的技术要求，零件图中的技术要求主要包括以下内容：

（1）零件的表面粗糙度。

（2）尺寸公差、形状公差和位置公差；对零件的材料、热处理和表面修饰的说明。

（3）关于特殊加工表面修饰的说明。

以上内容可以用国家标准规定的代号或符号在图中注出，也可以用文字或数字在零件图右下方适当的位置写明。如图 10-2 所示轴的零件图中就是以符号、代号或文字说明了该零件在制造时应达到的技术要求。

二、表面粗糙度

1．表面粗糙度的基本概念

表示零件表面具有较小间距和峰谷所组成的微观几何形状特性，反映零件表面微观不平的程度，称为表面粗糙度。如图 10-19 所示。

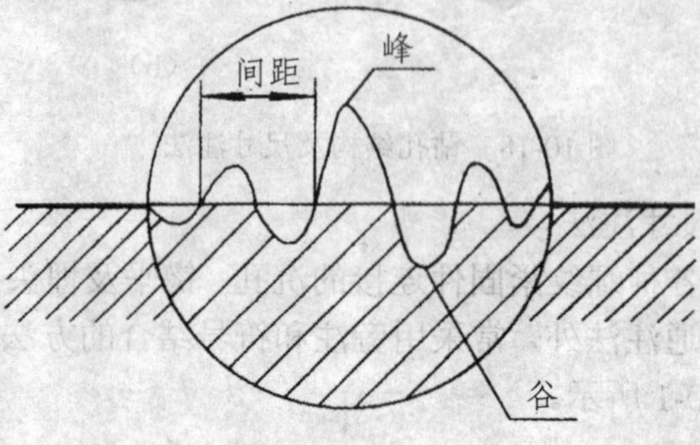

图 10 19　表面粗糙度

表面粗糙度对零件的配合性质、耐磨性、强度、抗腐性、密封性、外观要求等影响很大，表面粗糙度一般由所采用的加工方法等因素决定，是一项控制零件表面质量的重要指标。

国标规定，表面粗糙度以参数值的大小评定。凡零件上有配合要求或有相对运动的表面，表面粗糙度参数值要小。评定表面粗糙度的参数有：轮廓算术平均偏差 R_a、微观不平度十点高度 Rz。优先选用轮廓算术平均偏差 R_a。如何确定表面粗糙度的参数及取值，可参阅有关的书籍和手册。

如表 10-2 所示列出了表面粗糙度 R_a 的数值与表面特征、加工方法的大致关系。从表中可以看出：R_a 值越大，表面越粗糙；反之，表面越光滑平整。

表 10-2　表面粗糙度 R_a 值与加工方法

R_a/μm	表面特征	加工方法	应用举例
50 25 12.5	粗面	粗车、粗铣、粗刨、钻孔、锯断以及铸、锻、轧制等	多用于粗加工的非配合表面，如机座底面、轴的端面、倒角、钻孔、键槽非工作面，以及铸、锻件的不接触面等
6.3 3.2 1.6	半光面	精车、精铣、精刨、铰孔、刮研、拉削（钢丝）等	较重要的接触面和一般配合表面，如键槽和键的工作面、轴套及齿轮的端面、定位销的压入孔表面
0.8 0.4 0.2	光面	精铰、精磨、抛光等	要求较高的接触面和配合表面，如齿轮工作面、轴承的重要表面、圆锥销孔等
01 005 0.025	镜面	研磨、超级精密加工等	高精度的配合表面，如要求密封性能好的表面、精密量具的工作表面等

2．表面粗糙度的代（符）号及其标注

在 GB/T 131-93 中规定，表面粗糙度符号是由规定的符号和有关参数值组成的。表面粗糙度符号如表 10-3 所示，

表 10-3　表面粗糙度符号

符　　号	意义及说明	表面粗糙度数值注写位置
	基本符号，表示表面可用任何方法获得。当不加注粗糙度参数值或有关说明时，仅适用于简化代号标注	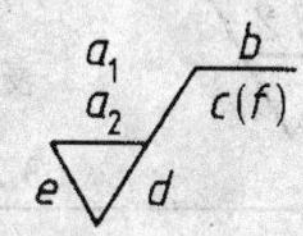 a_1、a——粗糙度高度参数代号及其数值，单位是 μm； b——加工要求、镀覆、表面处理或其他说明等； c——取样长度，单位是 mm，或波纹度，单位是 μm； d——加工纹理方向符号； e——加工余量，单位是 mm； f——粗糙度间距参数值，单位是 mm，或轮廓支承长度率
	基本符号加一短划，表示表面是用去除材料的方法获得。如车、铣、钻、磨、剪切、抛光、腐蚀、电火花加工、气割等	
	基本符号加一小圆，表示表面是用不去除材料方法获得。如铸、锻、冲压变形、热轧、冷轧、粉末冶金等，或者是用于保持原供应状况的表面（包括保持上道工序的状况）	
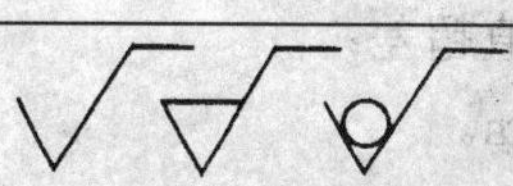	在上述三个符号的长边上均可加一横线，用于标注有关参数和说明	
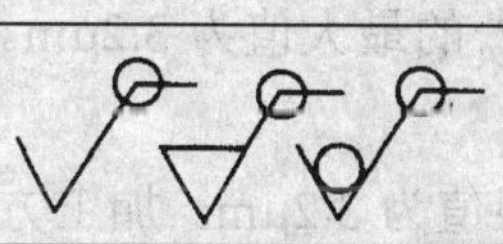	在上述三个符号上均可加一小圆，表示所有表面具有相同的表面粗糙度要求	

表 10-4　表面粗糙度符号的画法

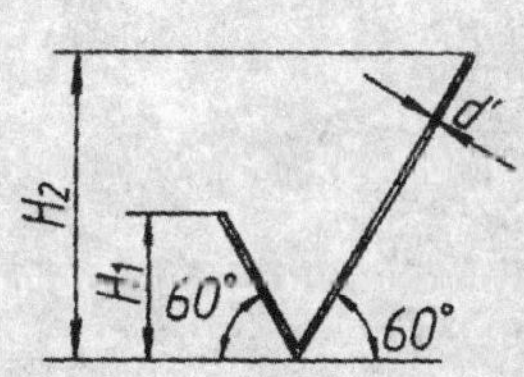						
	轮廓线的线宽　b	0.5	0.7	1	1.4	2
	数字与大写字母（或/和小写字母）的高度　h	3.5	5	7	10	14
	符号线宽　d' 数字和字母的笔画宽度　d	0.35	0.5	0.7	1	1.4
	高度　H_1	5	7	10	14	20
	高度　H_2	11	15	21	30	42

3．表面粗糙度参数

表面粗糙度参数的单位是μm。注写 R_a 时，只写数值；注写 R_z 时，应同时注出 R_z 和数值。只注一个值时，表示为上限值；注两个值时，表示为上限值和下限值。表面粗糙度参数标注示例如表 10-5 所示。

表 10-5　表面粗糙度参数标注

代　号	意　　义	代　号	意　　义
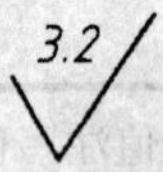	用任何方法获得的表面粗糙度，R_a 的上限值为 3.2μm	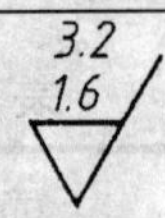	用去除材料的方法获得的表面粗糙度，R_a 的上限值为 3.2μm，下限值为 1.6μm
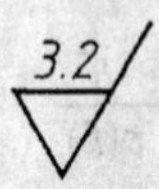	用去除材料的方法获得的表面粗糙度，R_a 的上限值为 3.2μm		用去除材料的方法获得的表面粗糙度，R_2 的上限值为 3.2μm
	用不去除材料的方法获得的表面粗糙度，R_a 的上限值为 3.2μm		

说明:

①标注轮廓算术平均偏差 R_a 时，可省略符号 R_a;

②当标注上限值或上限值与下限值时，允许实测值中有 16%的测值超差;

③当不允许任何实测值超差时，应在参数值的右侧加注 max 和 min。

例 10-1：如图 10-20（a）所示表示用去除材料的方法获得的表面，R_a 的最大值为 3.2μm。最小值为 1.6μm，不允许有任何实测值超差。

如图 10-20（b）所示表示用去除材料的方法获得的表面，R_a 的上限值为 3.2μm。加工方法为铣削。

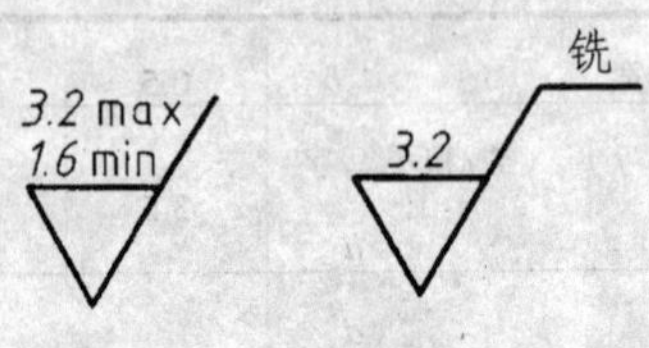

（a）　　（b）

图 10-20　表面粗糙度参数标注

4．表面粗糙度代号在图样中的标注

在同一图样上，每一个表面只注一次粗糙度代号，且应注在可见轮廓线、尺寸界线、引出线或它们的延长线上，并尽可能靠近有关尺寸线。符号的尖端必须从材料外指向表面。表 10-6 为表面粗糙度在图样中的标注方法。

表 10-6　表面粗糙度在图样中的标注

图例	说明	图例	说明
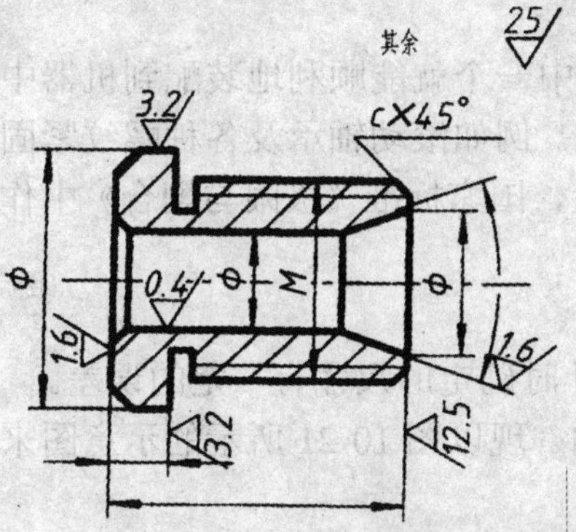	零件的大部分表面具有相同表面粗糙度要求时，对其中使用最多的一种可统一注在图纸的右上角，加注其余二字	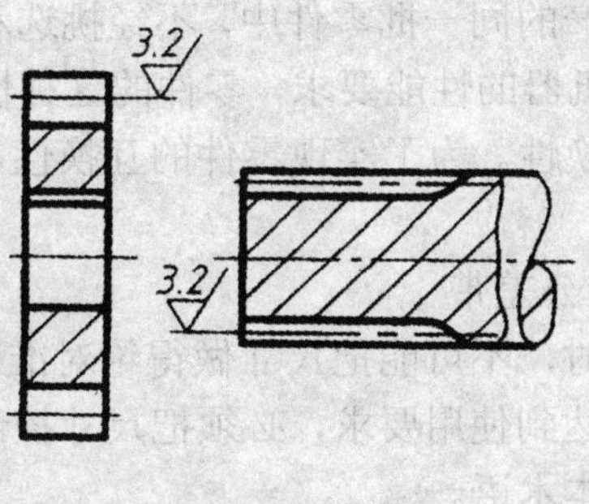	齿轮、渐开线花键的工作表面，在图中没有表示出齿形时，其粗糙度代号可注在分度线上
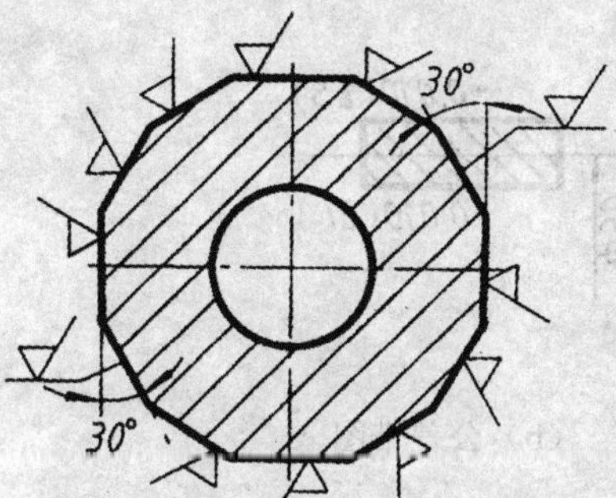	代号中的数字及符号的方向必须按图中的规定标注。代号中的数字方向应与尺寸数字的方向一致	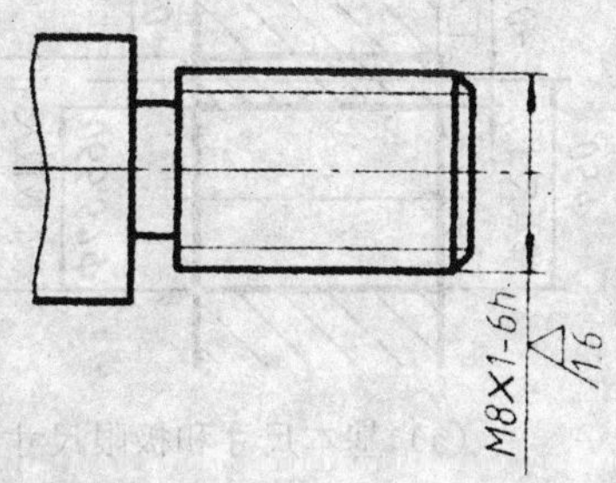	螺纹表面需要标注表面粗糙度时，标注在螺纹尺寸线上
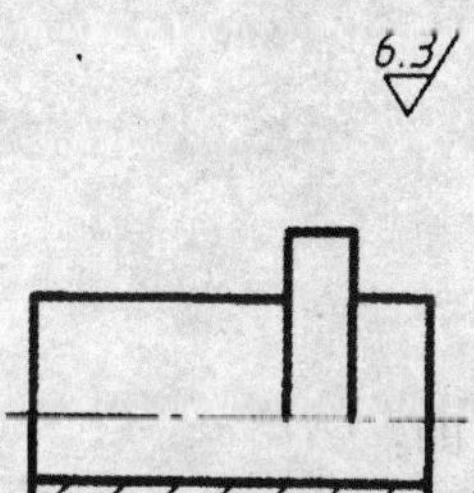	当零件所有表面具有相同表面粗糙度要求时，可在图样右上角统一标注代号	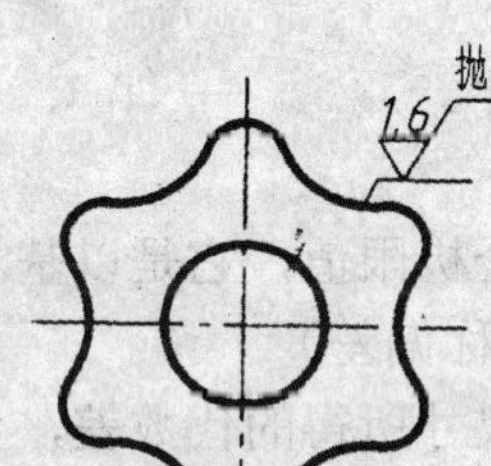	零件上连续要素及重复要素（孔、槽、齿）的表面，其表面粗糙度代号只注一次
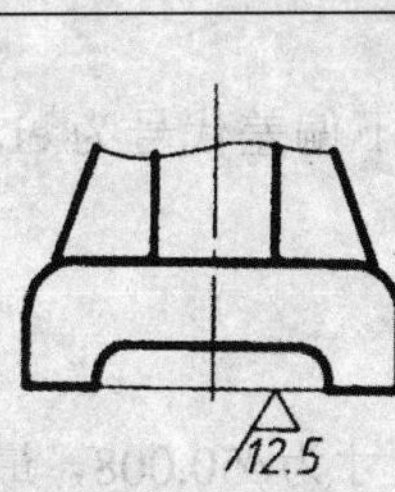	对不连续的同一表面，可用细实线相连，其表面粗糙度代号可注一次	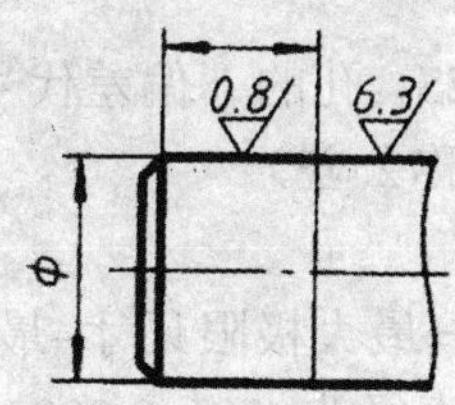	同一表面上有不同表面粗糙度要求时，应用细实线分界，并注出尺寸与表面粗糙度代号

三、公差与配合

（一）公差与配合的基本概念

1．零件的互换性

在批量生产的同一批零件中，不经挑选和修配，任取其中一个就能顺利地装配到机器中去，并能满足机器的性能要求，零件的这种性能称为互换性。例如滚动轴承及各种螺纹紧固件等都具有互换性。为了实现零件的互换性，确保产品质量，国家标准《极限与配合》中作出了有关规定。

2．公差与公差带

加工零件时，不可能把尺寸做得绝对准确，总会和设计时确定的尺寸有一定的误差。

为使零件达到使用要求，必须把尺寸控制在一定范围内。现以图 10-21 所示的示意图来介绍公差的基本术语。

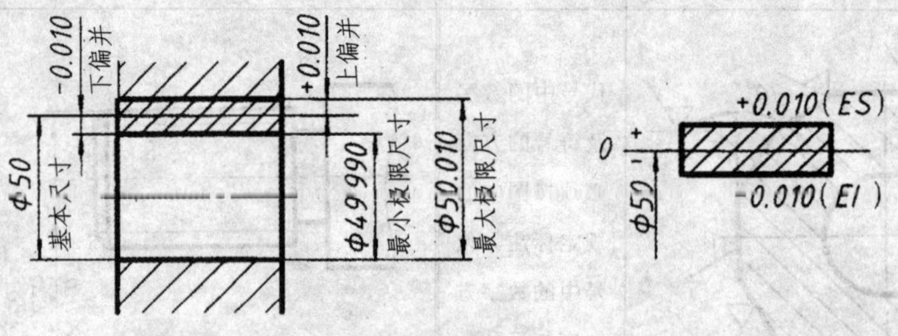

（a）基本尺寸和极限尺寸　　　　　　（b）公差带图

图 10-21　公差的基本术语

（1）基本尺寸

它是设计给定的尺寸。

（2）极限尺寸

允许尺寸变化的两个极限值，它是以基本尺寸为基数来确定的。

（3）尺寸偏差（简称偏差）

某一尺寸减其基本尺寸所得的代数差，分别称为上偏差和下偏差；即：

上偏差=最大极限尺寸–基本尺寸

下偏差=最小极限尺寸–基本尺寸

（4）国家标准规定

孔的上偏差代号为 ES，孔的下偏差代号为 EI；轴的上偏差代号为 es，下偏差代号为 ei。

（5）尺寸公差（简称公差）

允许尺寸的变动量。

公差=最大极限尺寸–最小极限尺寸=上偏差–下偏差

例 10-2：　一根轴的直径为$\phi 50^{+}-0.008$。其基本尺寸为$\phi 50$，最大极限尺寸为$\phi 50.008$，最小极限尺寸为$\phi 49.992$。

上偏差=50.008–50=0.008

下偏差=49.992–50=-0.008

公差=50.008−49.992=0.016　或=0.008−（−0.008）=0.016

（6）零线

在公差带图（公差与配合图解）中确定偏差的一条基准线，即零偏差线。通常以零线表示基本尺寸。

（7）尺寸公差带（简称公差带）

在公差带图中由代表上、下偏差的两条直线所限定的区域。

3．配合

（1）配合种类

基本尺寸相同的、相互结合的孔和轴公差带之间的关系称为配合。

根据使用要求不同，配合有松有紧。孔的实际尺寸大于轴的实际尺寸，就会产生间隔；孔的实际尺寸小于轴的实际尺寸，就会产生过盈。因此，配合分为如图 10-22 所示的三种类型。

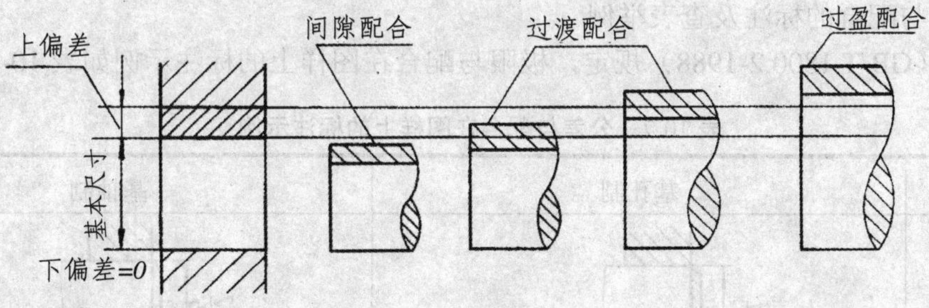

（a）基孔制配合

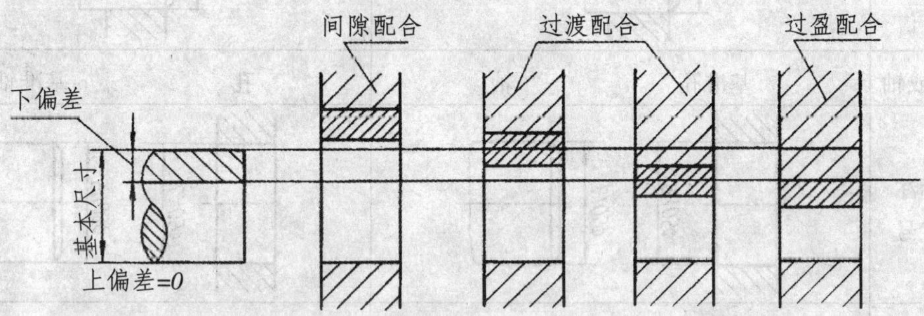

（b）基轴制配合

图 10-22　配合的示意图

间隙配合：具有间隙（包括最小间隙等于零）的配合。此时，孔的公差带在轴的公差带之上。间隙配合主要用于孔、轴的活动连接。

过渡配合：可能具有间隙或过盈的配合。此时，孔的公差带与轴的公差带相互交叠。过渡配合主要用于孔、轴间的定位连接。

过盈配合：具有过盈（包括最小过盈等于零）的配合。此时，孔的公差带在轴的公差带之下。过盈配合主要用于孔、轴间的紧固连接，它不允许两者有相对运动。

（2）配合制度

基本尺寸确定后，可通过改变孔、轴的基本偏差以得到松紧不同的各种配合。太多的配合不利于设计和制造。为此，可将其中一个零件作为基准，使其基本偏差不变，而通过改变另一零件的基本偏差达到松紧不同的各种配合。国标规定了下列两种配合制度。

①基孔制

基本偏差为一定的孔的公差带，与不同基本偏差的轴的公差带形成各种配合的一种制度，如图 10-22（a）所示。

基孔制配合中的孔称基准孔，其基本偏差代号为 H，下偏差为零。

②基轴制

基本偏差为一定的轴的公差带，与不同基本偏差的孔的公差带形成各种配合的一种制度，如图 10-22（b）所示。

基轴制配合中的轴称基准轴，其基本偏差代号为 h，上偏差为零。

由于轴的加工比孔容易，因此，一般优先选用基孔制配合。在某些情况下，如一根等直径的轴上需同时装配几个不同配合性质的孔时，应采用基轴制配合。

4．公差与配合的标注及查表举例

按国标（GB/T 1800.2-1988）规定，极限与配合在图样上的标注示例如表 10-7 所示。

表 10-7　公差与配合在图样上的标注示例

配合种类		基孔制		基轴制	
在装配图上的注法		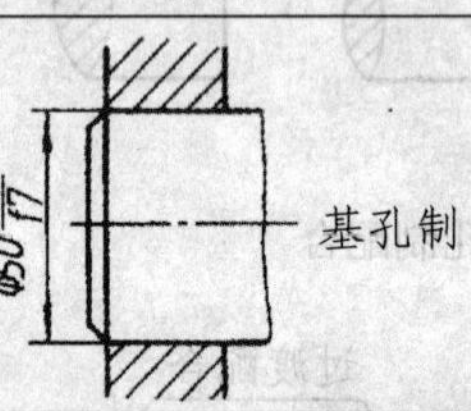		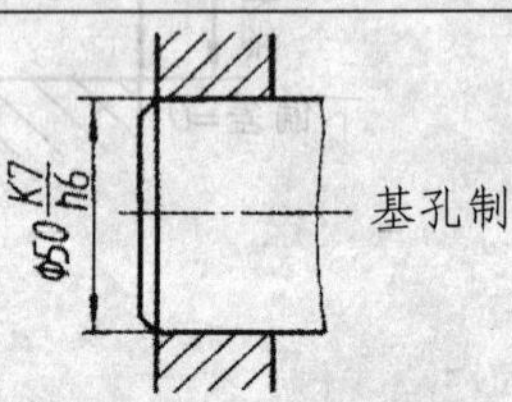	
在零件图上的注法	孔或轴	基准孔	轴	孔	基准轴
	标注代号	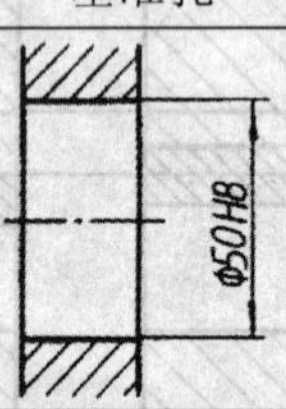	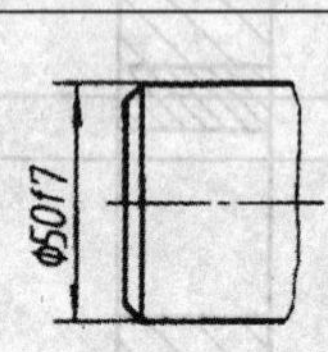		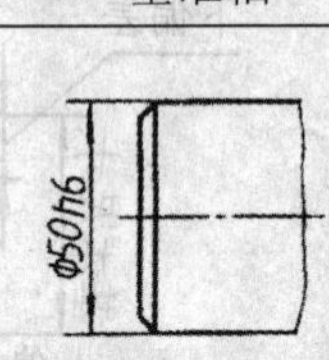
	标注偏差值	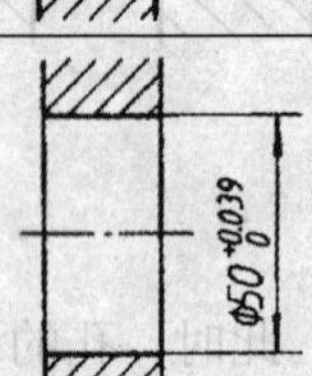	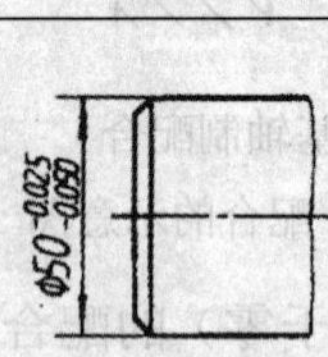	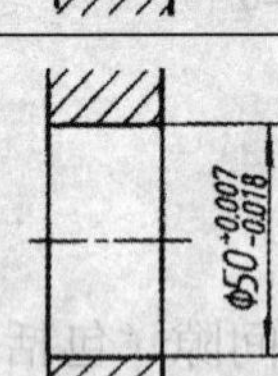	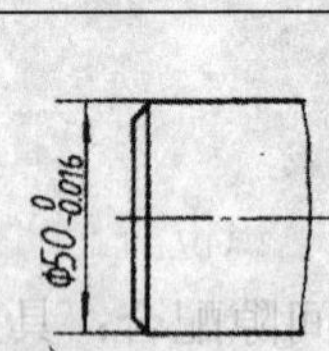
	标注代号及偏差值	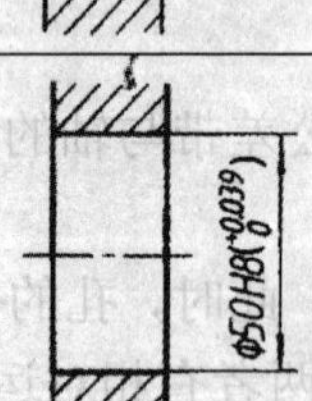	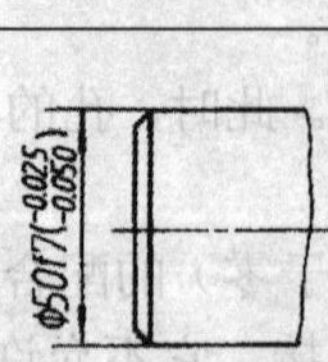	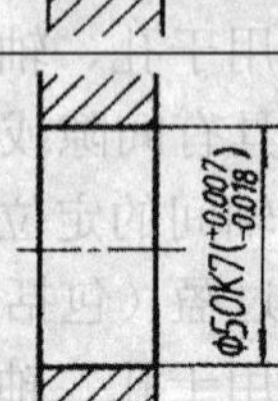	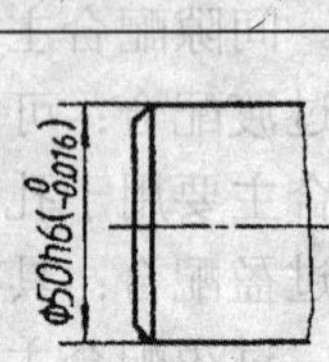

（1）在装配图上的标注

在装配图上标注配合时，采用以下形式：

$$\text{基本尺寸}\frac{\text{孔基本偏差代号、标准公差等级（孔的公差带代号）}}{\text{轴基本偏差代号、标准公差等级（轴的公差带代号）}}$$

若为基孔制配合，孔的基本偏差代号为基准孔的代号 H；若为基轴制配合，轴的基本偏差代号为基准轴的代号 h。

例如，表 10-6 中所注的$\phi 50\frac{H8}{f7}$，表示孔、轴配合的基本尺寸为$\phi 50$，采用基孔制配合，基准孔的标准公差等级为 8 级，基准孔与其相配合的轴采用 f 配合（查表可知为间隙配合），轴的标准公差等级为 7 级。

（2）在零件图上的标注

在零件图上标注公差时，只要把装配图上所注分式中的分子部分移注到孔的基本尺寸之后，将分母部分移注到轴的基本尺寸之后，即完成公差在零件图上的标注。其标注形式有三种：在基本尺寸之后注出公差带号，或注出上、下偏差值，或两者同时注出，如表 10-7 所示。

（3）查表举例

根据孔、轴的基本尺寸及公差带代号，便可从孔、轴的极限偏差表

（附录中的附表 16、17）分别查得孔、轴的上、下偏差值。

例 10-3：查表确定$\phi 50\frac{H8}{f7}$中孔和轴的上、下偏差值。

查表：

$\phi 50\frac{H8}{f7}$为基孔制间隙配合，其中$\phi 50$H8 为基准孔的基本尺寸和公差带代号。由孔的极限偏差表（附录中的附表 17）查得基准孔的上、下偏差值$^{+39}_{\ 0}$ μm，换算了成以 mm 为单位时，可写成：$\phi 50^{+0.039}_{\ 0}$。

$\phi 50f7$ 为与基准孔相配合的轴的基本尺寸和公差带代号。由轴的极限偏差表（附录中的附表 16）查得轴的上、下轴差值为$^{-25}_{-50}$ μm，换算成以 mm 为单位时可写成：$\phi 50^{-0.025}_{-0.050}$。

四、形位公差简介

形位公差是形状公差和位置公差的简称，是指零件的实际形状和实际位置对理想形状和理想位置的允许变动量。

对一般零件来说，它的形状和位置公差，可由尺寸公差、加工机床的精度等加以保证。而对精度较高的零件，则根据设计要求，需在零件图上注出有关的形状和位置公差。

1．形位公差代号、基准代号

形位公差的名称和符号如表 10-8 所示。

表 10-8　形位公差项目符号（摘自 GB/T 1182-1996）

公差		特征项目	符号	有或无基准要求	公差		特征项目	符号	有或无基准要求
形状	形状	直线度	—	无	位置	定向	平行度	∥	有
		平面度	⏥	无			垂直度	⊥	有
		圆度	○	无			倾斜度	∠	有
		圆柱度	⌭	无		定位	位置度	⌖	有或无
形状或位置	轮廓	线轮廓度	⌒	有或无			同轴（同心）度	◎	有
							对称度	⌯	有
		面轮廓度	⌓	有或无		跳动	圆跳动	↗	有
							全跳动	⌰	有

（1）公差框格

公差要求在矩形框格中给出，必须按标准标注，如图 10-23（a）所示。

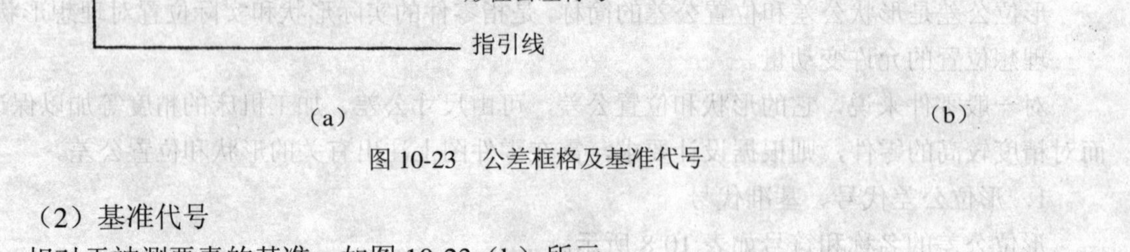

（a）　（b）

图 10-23　公差框格及基准代号

（2）基准代号

相对于被测要素的基准，如图 10-23（b）所示。

2．形位公差标注示例

（1）被测要素的标注

标注形位公差时，指引线的箭头要指向被测要素的轮廓线或其延长线上。当被测要素是线或表面时，指引线的箭头应指向要素的轮廓线或其延长线上，并明显地与尺寸线错开，如图 10-24 所示。当被测要素是轴线时，指引线的箭头应与该要素尺寸线的箭头对齐，指引线箭头所指方向是公差带的宽度方向或直径方向，如图 10-25（a）所示。当被测要素为各要素的公共轴线或公共中心平面时，指引线箭头可直接指在轴线或中心线上，如图 10-25（b）所示。

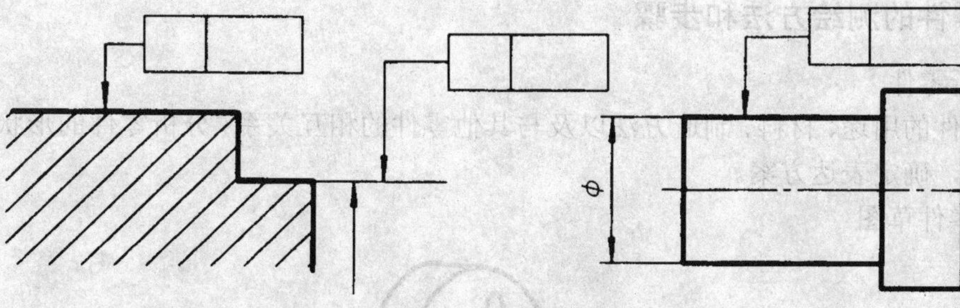

图 10-24　被测要素为表面的标注

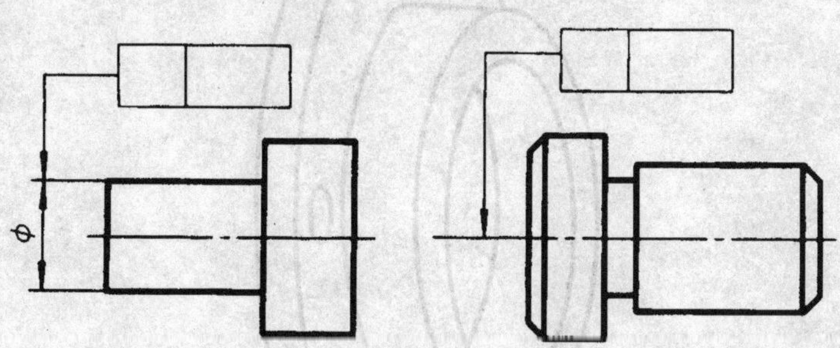

（a）　　　　　　　　　　　　（b）

图 10-25　被测要素为轴线时的标注

（2）基准要素的标注

基准要素的标注是用带基准符号的指引线将基准要素与公差框格的另一端相连。基准符号的连线必须与基准要素垂直，如图 10-26（a）所示。当基准符号不便与公差框格直接相连时，采用基准代号标注，并在公差框格的第二格内填写与基准代号相同的字母，如图 10-26（b）所示。

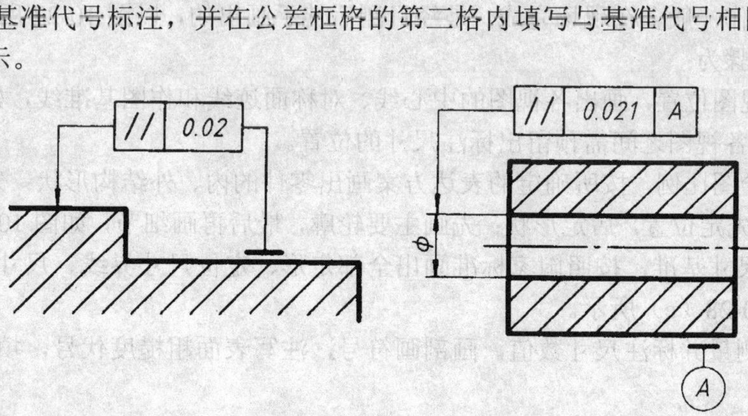

（a）　　　　　　　　　　　　（b）

图 10-26　基准要素标注形式

第五节　零 件 测 绘

根据已有的机器零件绘制零件草图，然后根据整理的零件草图绘制零件图的全过程，称为零件测绘。在对零件进行技术改造、仿制和修配时，要通过测绘来获得图样。

一、零件的测绘方法和步骤

1．分析零件

了解零件的用途、材料、制造方法以及与其他零件的相互关系；分析零件的形状和结构；选择主视图，确定表达方案。

2．画零件草图

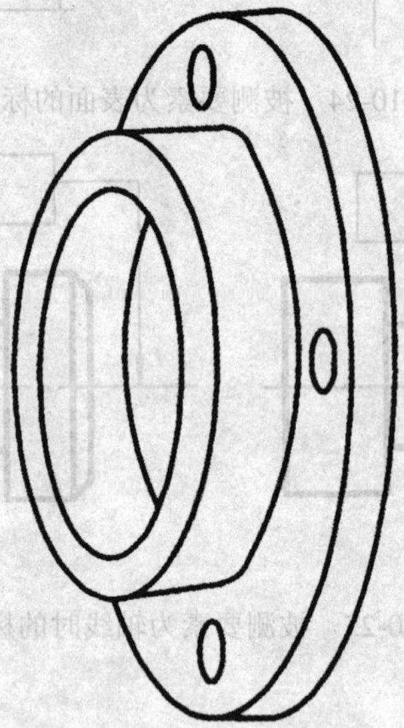

图 10-27　端盖立体图

零件测绘工作一般多在现场完成，是经目测后徒手画出的，以图 10-27 所示的端盖零件为例，其绘制步骤为：

（1）布置视图位置，画出各视图的中心线、对称面迹线和作图基准线，如图 10-28（a）所示，注意：在各视图之间需预留出标注尺寸的位置。

（2）确定绘图比例，按所确定的表达方案画出零件的内、外结构形状；先画主要形体，后画次要形体；先定位置，后定形状；先画主要轮廓，最后再画细节，如图 10-28（b）所示。

（3）选定尺寸基准，按照国家标准画出全部定形、定位尺寸界线、尺寸线。校核后加深图线，如图 10-28（c）所示。

（4）逐个测量并标注尺寸数值，画剖画符号，注写表面粗糙度代号，填写技术要求和标题栏。

3．画零件图

画零件图的步骤与画草图类似，绘图过程中要注意：草图中的表达方案不够完善的地方，在画零件图时应加以改进。如果遗漏了重要的尺寸，必须到现场重新测量。尺寸公差、形位公差和表面粗糙度要符合产品要求，应尽量标准化和规范化。

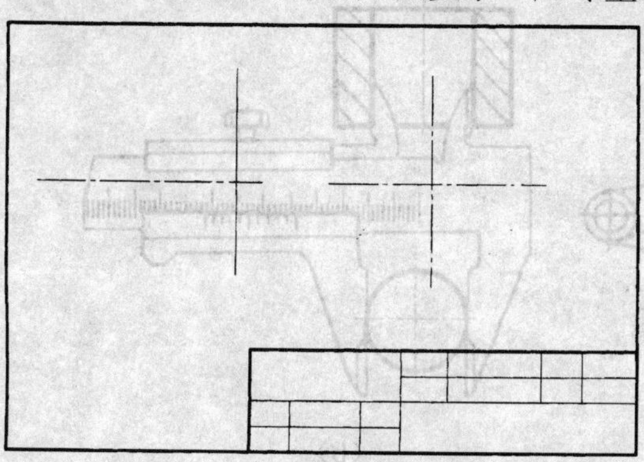

（a）画各视图基准线

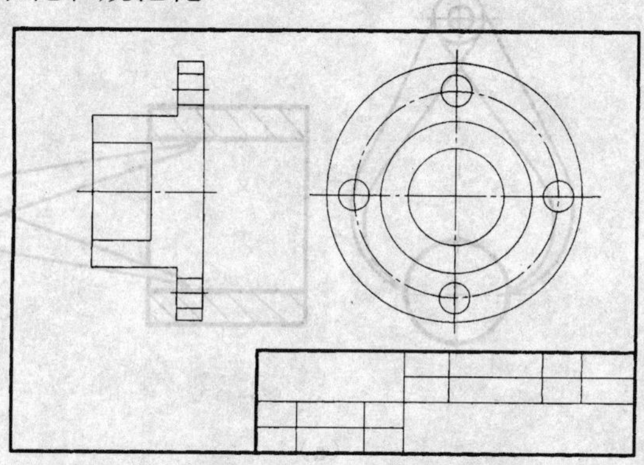

（b）画各视图轮廓线

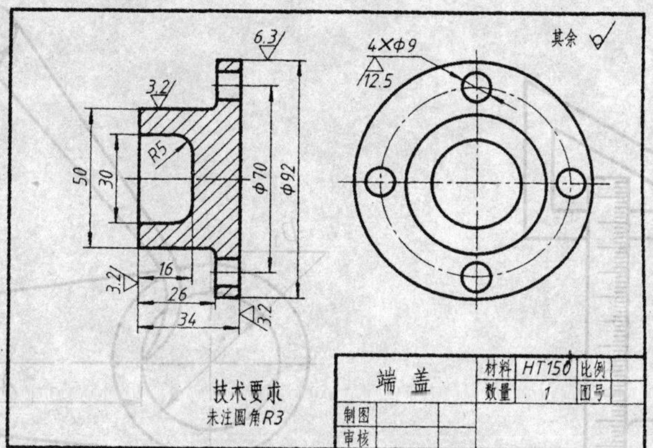

（c）画尺寸线尺寸界线并描深

图 10-28　画零件图的步骤

二、零件尺寸的测量方法

测量尺寸是零件测绘过程中的重要内容，零件上的全部尺寸数值的量取应集中进行，这样不但可以提高工作效率，这样可以避免错误和遗漏。测量的基本量具有：钢尺、内、外卡钳、游标卡尺和螺纹规等。下面介绍常用的测量方法：

1．回转体内外径的测量

回转体内、外径一般用内、外卡测量，如图 10-29（a）所示，然后移至钢尺上读数。也可用游标卡尺测量，如图 10-29（b）所示。

2．直线尺寸的测量

直线尺寸一般可用钢尺或三角板直接量出，如图 10-30（a）所示。

3．孔中心距的测量

两孔中心距的测量根据孔间距的情况不同，可用卡尺、直尺或游标卡尺测量，如图 10-30（b）所示。测量后用式 $A=A_0+\frac{D1}{2}+\frac{D2}{2}$ 计算。

使用卡钳时注意：有外卡量取外径时，外钳所在平面必须垂直于圆柱体的轴线；用内卡钳量取内径时，卡钳所在平面必须包含圆孔的轴线。

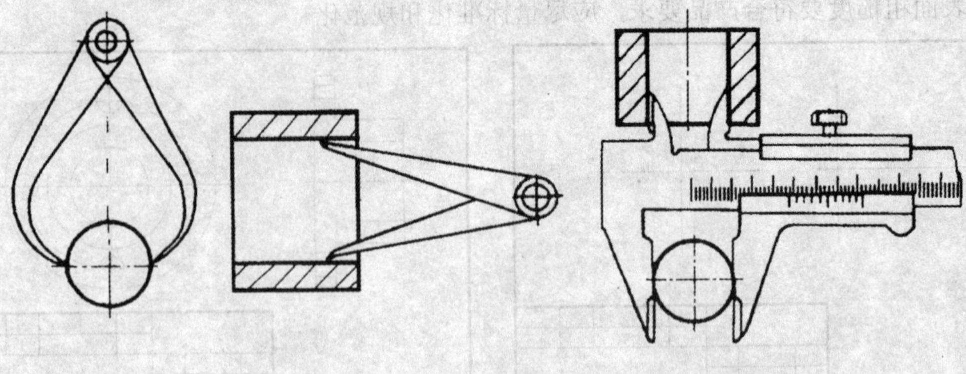

图 10-29 直径的测量

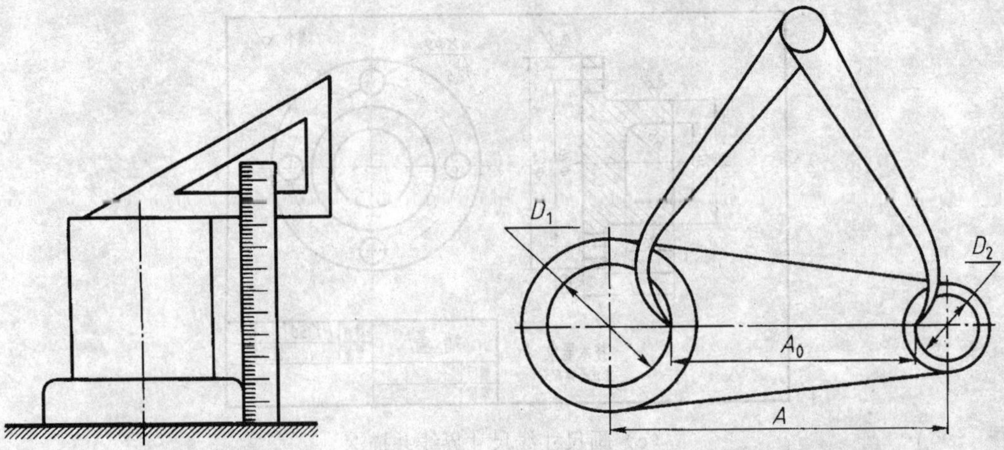

（a） 直线尺寸测量　　　　（b） 两孔中心距测量

图 10-30 直线与孔距测量

三、测量注意事项

（1）不要忽略零件上的工艺结构，如铸造圆角、倒角、退刀槽、凸台等。

（2）有配合关系的尺寸，可测量出基本尺寸，其偏差应经分析选用合理的配合关系查表得出；对于非配合尺寸或不主要尺寸，应将测得的尺寸齐全完整。

（3）对螺纹、键槽、沉头孔、螺孔深度、齿轮等已标准化的结构，在测得主要尺寸后，应查表采用标准结构尺寸。

第六节 读零件图

在设计、生产、安装、维修机器设备以及进行技术交流时，经常要阅读零件图。从事工程操作的人员必须掌握阅读零件图的方法和具备阅读零件图的能力。

一、读零件图的基本要求

（1）分析视图，想象出零件的结构形状。

（2）分析尺寸和技术要求，了解零件的名称、用途材料等。

二、读零件图的方法与步骤

现以图 10-31 所示蜗轮减速箱体的零件图为例，说明读零件图的方法与步骤。

1．概括了解

从标题栏了解零件的名称、材料、比例和用途，并结合已给的视图初步了解该零件的大致形状。

从图 10-31 中的标题栏可知，该零件是蜗轮减速箱的箱体，材料为灰铸铁（HT150），画图比例为 1∶2。箱体是减速箱的主体零件，用于安装和支承蜗轮及蜗杆轴。从视图中可以看出，箱体的大致形状为一个具有内腔的长方体。

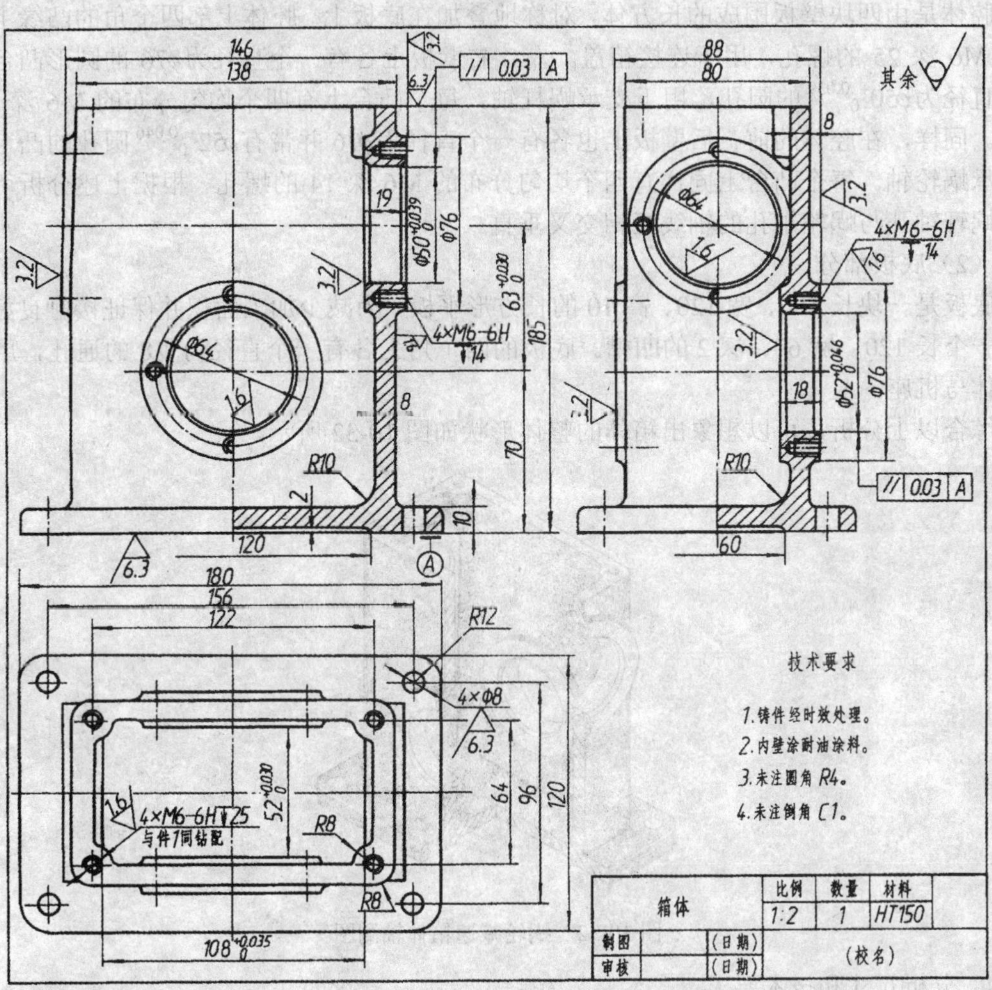

图 10-31　蜗轮减速箱体零件图

2．分析表达方案

了解该零件选用了几个视图，弄清各视图间的关系及表达重点。对于剖视图则应明确剖切位置及投射方向。

如图 10-31 所示箱体由主视图、俯视图、左视图三个视图表示。主视图是单一剖切面剖切的半剖视图，剖切平面通过箱体前后方向的对称面，表达了箱体主视方向的内、外结构和形状。俯视图表达了箱体俯视方向的外形。左视图是单一剖切面剖切的半剖视图，剖切面通过箱体左右方向的对称面，反映了箱体左视方向的内、外结构和形状。

3．分析形体，想象零件的结构形状

这是看懂零件图的重要环节。在分析表达方案的基础上，运用形体分析法及线面分析法，弄清零件各组成部分的形状及相对位置，进而想象出零件的整体形状。

如图 10-31 所示箱体由腔体和底板两部分组成。

（1）腔体部分

腔体是由四块壁板围成的长方体，对称地叠加在底板上。腔体上部四个角的凸缘上各有一个 M6 深 25 的螺孔，用于连接箱盖。左、右壁板上各有一个直径为$\phi 76$ 的圆形凸台，其上有直径为$\phi 50^{+0.039}_{0}$ 的圆孔，用于支承蜗杆轴。每个凸台上有四个均匀分布的 M6 深 14 的螺孔。同样，在腔体的前、后壁板上也各有一个直径为$\phi 76$ 并带有$\phi 52^{+0.046}_{0}$ 圆孔的凸台，用于支承蜗轮轴。每个凸台上同样有四个均匀分布的 M6 深 14 的螺孔。根据上述分析可以看出，蜗轩轴孔与蜗轮轴孔的轴线互相交叉垂直。

（2）底板部分

底板是一块长 180、宽 120、高 10 的长方形平板。为减少加工面积并保证接触良好，中部有一个长 120、宽 60、深 2 的凹槽。底板的四个角上各有一个直径为 φ 8 的通孔，用于连接箱体与机座。

综合以上分析，可以想象出箱体的整体形状如图 10-32 所示。

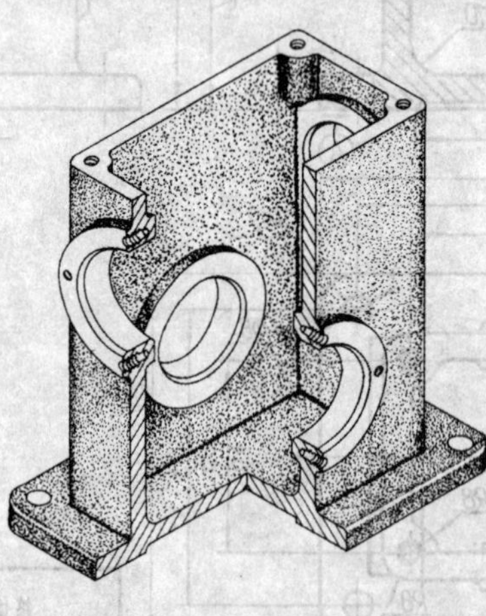

图 10-32　蜗轮减速箱体轴测图

4．分析尺寸和技术要求

找出零件各方向上的尺寸基准，分析各部分的定形尺寸、定位尺寸及零件的总体尺寸。了解配合表面的尺寸公差，有关的形位公差及表面粗糙度等。

如图 10-31 所示，箱体长度方向的尺寸基准为通过蜗轮轴孔轴线的左右方向的对称面。宽度方向的尺寸基准为通过蜗杆轴孔轴线的前后方向的对称面。高度方向的尺寸基准为箱体的安装基面，即底面。各方向上的主要尺寸如 $108^{+0.035}_{0}$、$50^{+0.030}_{0}$ 以及为保证与蜗杆正确啮合的两轴孔的中心距 $63^{+0.030}_{0}$ 等，都是从这些主要基准直接注出的。

除主要基准外，每个方向上还有辅助基准，读者可自行分析。

如图 10-31 所示标注的尺寸公差、形位公差、表面粗糙度等技术要求进一步体现了箱体的结构特点。从图中可以看出，蜗杆轴孔 $\phi 50^{+0.039}_{0}$ 及蜗轮轴孔 $\phi 52^{+0.046}_{0}$ 均为表面粗糙度要求较高（R_a 的值为 1.6μm）、尺寸精度要求较高（查表可知公差带代号为 H8）的基准孔。它们的轴线与底面的平行度公差均为 0.03，以保证传动准确。此外，为保证蜗轮与蜗杆的正确啮合，两轴孔的中心距 $63^{+0.030}_{0}$，腔体左右壁板上两圆形凸内侧面的距离 $108^{+0.035}_{0}$，腔体前后壁板上两圆形凸台内侧面的距离 $52^{+0.030}_{0}$ 都规定了公差要求。

5．归纳总结

通过以上分析，将零件的结构形状、尺寸和技术要求等综合起来，就能对零件有一个较为全面的认识，从而达到读懂零件图的要求。

还应该注意，在读图过程中，上述读图步骤不能截然分开，而应穿插进行。

本 章 小 结

一、知识体系

- 零件图
  - 作用和内容
    - 一组视图
    - 全部尺寸
    - 技术要求
    - 标题栏
  - 视图选择和标注
  - 典型零件图
    - 轴套类
    - 轮盘类
    - 叉架类
    - 箱体类
  - 工艺结构
    - 铸造工艺
    - 机械加工的工工艺
  - 技术要求
    - 表面粗糙度
    - 公差与配合
  - 零件图的测绘
  - 零件图的识读

二、复习思考

（一）思考题

1．零件图包括哪些内容？

2．在零件图的视图选择时，应考虑哪几个原则？

3．常见的典型零件有哪些？

（二）选择题（将正确的题号填在括号内）

1．在铸造过程中，为了便于在砂型中取出木模，一般沿木模方向所做的斜度为______。

（a）1：10　（b）1：20　（C）10：1　（D）20：1

2．可能产生间隙也可能产生过盈的配合是______。

（a）间隙配合　（b）过渡配合　（c）过盈配合　（d）间隙与过渡配合

3．在公差配合的两种基准制中，使用最多的配合制度是______。

（a）基孔制　（b）基轴制　（c）公制　（d）英制

（三）判断题（正确打“√”，错误打“×”）

1．表示零件的结构、大小及技术要求的图样的零件图。

2．零件图中标注的尺寸是加工和检验零件的重要依据。

3．标注和度量尺寸的起点称为基准。根据作用不同，可分为设让基准和工艺基准。

第十一章　装　配　图

【学习要求】

掌握装配图的用途和内容，部件的表达方法及绘制装配图的方法和步骤；掌握阅读装配图的方法；初步了解机器部件的测绘过程和具体步骤。

【主要内容】

装配图中部件的表达方法；装配图中应标注的尺寸和技术要求以及零件序号的编注和明细栏的填写；装配结构的合理性要求；由装配图拆画零件图的方法。

第一节　装配图概述

一台比较复杂的机器，都是由若干个部件组成，而部件又是由许多零件装配而成。如图 11-1 所示是千斤顶的立体图，它是由 7 个零件组成的。如图 11-2 所示是千斤顶的装配图，这种表达机器或部件的图样，称为装配图。

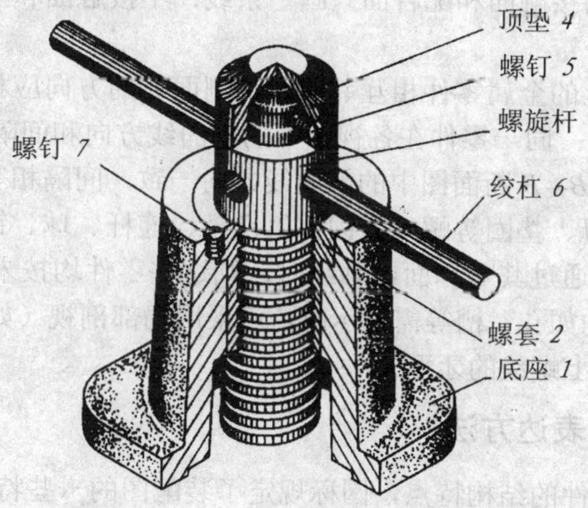

图 11-1　千斤顶轴测图

一、装配图的作用

装配图是用来表达机器或部件的图样。它反映了机器或部件的整体结构和工作原理、零件之间的装配连接关系。是设计和绘制零件图的主要依据，也是装配生产过程、调试、安装、维修的主要技术文件。

二、装配图的内容

1．一组图形

用视图、剖视图、断面图等表明产品或部件的整体结构、工作原理、零件之间的装配连接关系及主要零件的结构形状。

2．必要的尺寸

在装配图中，只需标注与产品或部件的性能、规格以及装配、安装等有关的尺寸。

3．技术要求

用文字或符号说明产品或部件在装配、安装、检验及调试中应达到的要求。

4．标题栏、零件序号及明细栏

在装配图中，除用标题栏填写部件的名称、图号、比例等以外，还需对每种零件编写序号，并在标题栏上方画出明细栏，详细列出每种零件的名称、数量、材料等。

第二节　装配图的视图表达方法

前面介绍的各种视图、剖视图、断面图等表达物体结构形状的方法都适用于装配图。

一、装配图的规定画法

因为装配体是由若干零件装配成的，因此装配图首先要反映出各零件间结合的情况，也要能正确地区分不同的零件。为此在绘制装配图时应遵守以下几点规定。

（1）相邻两个零件的接触面和配合面只画一条线；不接触面和非配合面画两条线（如图 11-2 所示）。

（2）两个或两个以上的金属零件相互邻接时，剖面线的方向应相反，或方向一致而间隔不等（如图 11-2 所示）；同一零件在各视图中的剖面线方向和间隔必须一致。如图 11-2 所示的螺旋杆在俯视图和 *B—B* 断面图中的剖面线方向一致，间隔相等。

（3）对于螺栓、螺母、垫圈等螺纹紧固件以及轴、连杆、球、键、销等实心零件，若按纵向剖切，且剖切平面通过其对称面或轴线时，则这些零件均按未剖切绘制（如图 11-2 所示）；当其上的局部结构如孔、槽等需表示时，可采用局部剖视（如图 11-2 所示用局部剖视表示螺旋杆 3 与螺套 2 上螺纹的牙型）。

二、装配图的特殊表达方法

为简明地表达一些部件的结构特点，国标规定了装配图的一些特殊画法。

1．沿零件的结合面剖切和拆卸画法

在装配图中，当某些零件遮住了其他需要表达的零件或装配关系时，可假想沿零件的结合面剖切（如图 11-2 中的 *A—A* 剖视）或假想将某些零件拆卸后绘制，需要说明时可加注“拆去 ×× 等”（如图 11-3 所示俯视图的右半部分，就是假想拆去轴承盖、上轴衬、螺栓、螺母等零件后绘制而成）。

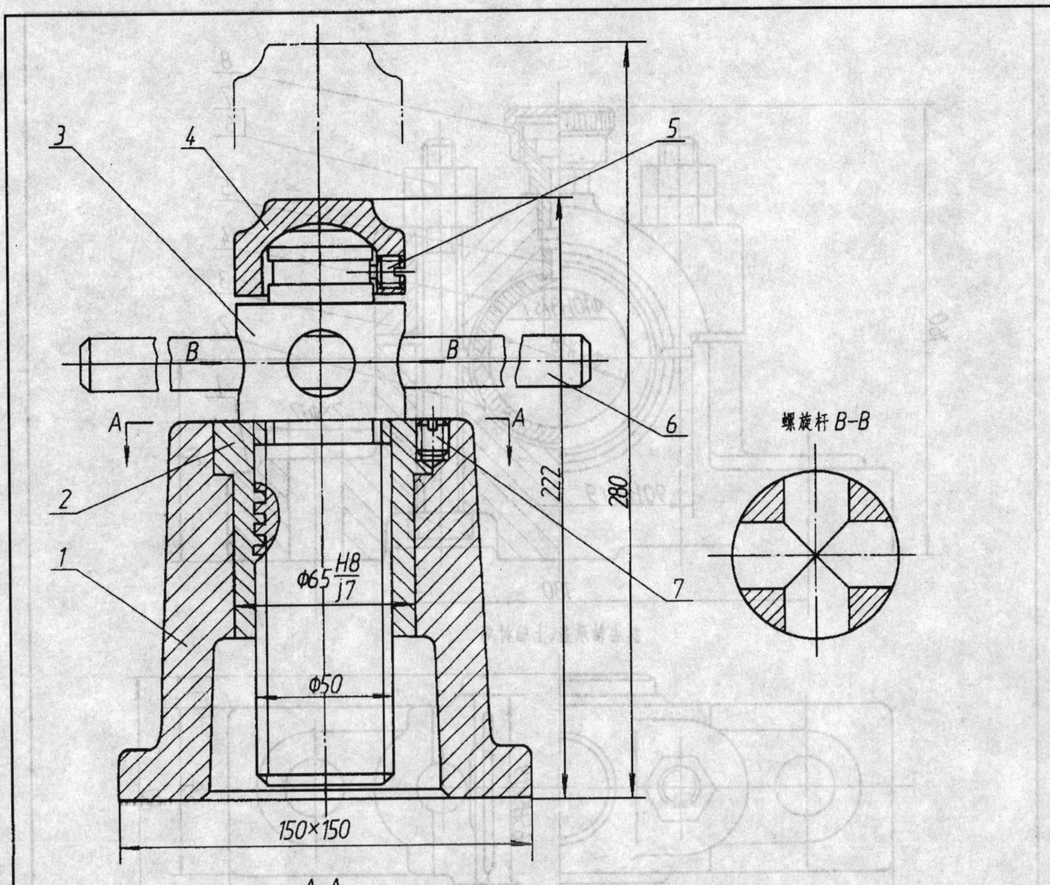

7	螺钉M10×12	1	35	GB/T73-1985
6	绞杠	1	Q235A	
5	螺钉M8×12	1	35	GB/T75-1985
4	顶垫	1	Q275	
3	螺旋杆	1	Q235B	
2	螺套	1	ZCuAl9Mn2	
1	底座	1	HT200	
序号	零件名称	数量	材料	备注

千斤顶		比例	重量	共 张
		1:3		第 张
制图	(日期)	(校名)		
校核	(日期)			

图 11-2　千斤顶装配图

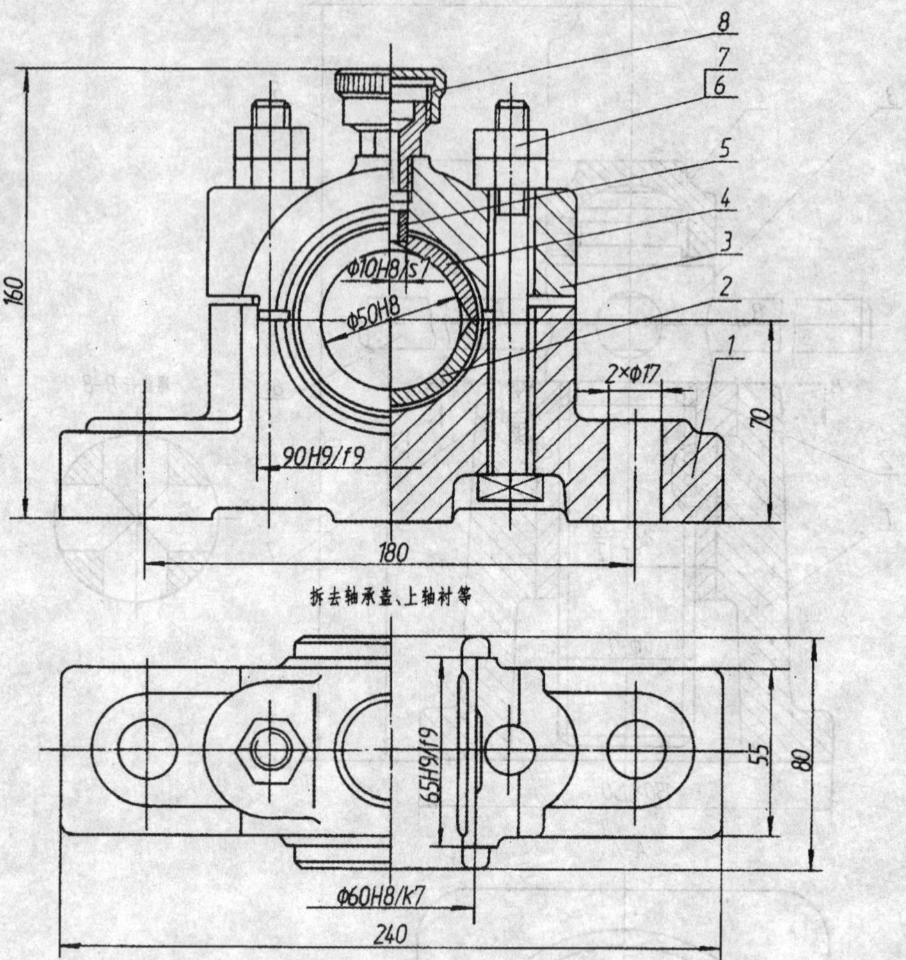

序号	零件名称	数量	材料	备注
8	油杯12	1		GB/T1154
7	螺母M12	4	Q235A	GB/T6170-2000
6	螺栓M12×130	2	Q235A	GB/T5782-2000
5	轴衬固定套	1	Q235A	
4	上轴衬	1	ZCuAl9Mn2	
3	轴承盖	1	HT150	
2	下轴衬	1	ZCuAl9Mn2	
1	轴承座	1	HT150	

滑动轴承		比例	重量	共 张
		1:2		第 张
制图	（日期）	（校名）		
校核	（日期）			

图 11-3　滑动轴承装配图

2．单独表示某个零件

在装配图中可以单独画出某一零件的视图以表示其结构形状，但必须在所画视图的上方注出该零件的视图名称，在相应视图的附近用箭头指明投射方向并注上同样的字母，如图 11-2 中的“螺旋杆 *B*—*B*”。

3．假想画法

当需要表示运动零件的极限位置时，极限位置的轮廓线可用双点划线表示。如图 11-2 所示的螺杆画成最低位置，而用双点划线表示它的最高位置。

对于不属于本部件，但与本部件有关系的相邻零件也可用双点划线表示其假想位置。

4．简化画法

（1）对于装配图中若干相同的零件组如螺栓连接、螺钉连接等，可以详细地画出一组，其余只需细点划线表示其中心位置（如图 11-4 所示）。

（2）在装配图中，零件的倒角、倒圆、退刀槽、凸台、凹坑、沟槽及其他细节可不画出；螺栓、螺钉的头部及螺母也可采用简化画法（如图 11-4 所示）；滚动轴承可按图 11-4 所示的通用画法简化绘制。

（3）在装配图中，宽度小于或等于 2mm 的狭小面积的剖面，可用涂黑代替剖面符号（如图 11-4 所示）。

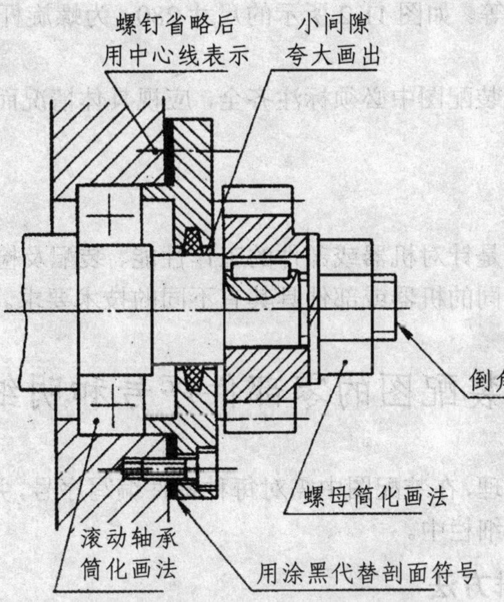

图 11-4　装配图的简化画法

第三节　装配图的尺寸标注和技术要求

一、装配图的尺寸标注

装配图中只需标注以下几种尺寸：

1．规格或性能尺寸

表示产品或部件的规格、性能的尺寸，它是设计或选用产品时的主要依据。如图 11-2 所示千斤顶装配图中的螺杆直径$\phi 50$。

2．装配尺寸

包括零件之间有配合要求的尺寸及装配时需保证的相对位置尺寸。如图 11-2 所示螺套与底座的配合尺寸$\phi65\dfrac{H8}{j7}$及图 11-3 所示轴承孔的中心高 70。

3．安装尺寸

将部件安装到基座或其他部件上所需的尺寸。如图 11-3 所示两个螺栓孔的定形尺寸Φ 17 及其定位尺寸 180。

4．外形尺寸

表示机器或部件的总长、总宽、总高的尺寸。如图 11-3 所示滑动轴承的外形尺寸为长 240、宽 80、高 160。

5．其他重要尺寸

指设计过程中经计算或选定的重要尺寸以及其他必须保证的尺寸，如运动零件的极限位置尺寸，主体零件的重要尺寸等。如图 11-2 所示的尺寸 280，为螺旋杆上升时的极限位置尺寸。

上述各种尺寸并不是每张装配图中必须标注齐全，应视具体情况而定。有时一个尺寸还可能兼有两种作用。

二、技术要求

装配图上的技术要求主要是针对机器或部件的工作性能、装配及检验要求、调试要求及使用与维护要求所提出的，不同的机器或部件具其有不同的技术要求。

第四节　装配图的零部件序号和明细栏

为便于看图及进行图样管理，在装配图中需对每种零件编写序号，并将每种零件的序号、名称、数量、材料等填写在明细栏中。

一、零部件序号的编排方法

（1）零件序号的形式如图 11-5 所示。指引线（细实线）自所指部分的可见轮廓内引出，并在末端画一圆点，如图 11-5（a）所示。若所指部分（很薄的零件或涂黑的剖面）不便画圆点时，可在指引线末端画出箭头，并指向该部分的轮廓，如图 11-5（b）所示。指引线的另一端画一段水平线（细实线）或圆（细实线），内注序号。序号字高应比图中尺寸数字的高度大一号或两号（如图 11-5 所示）。

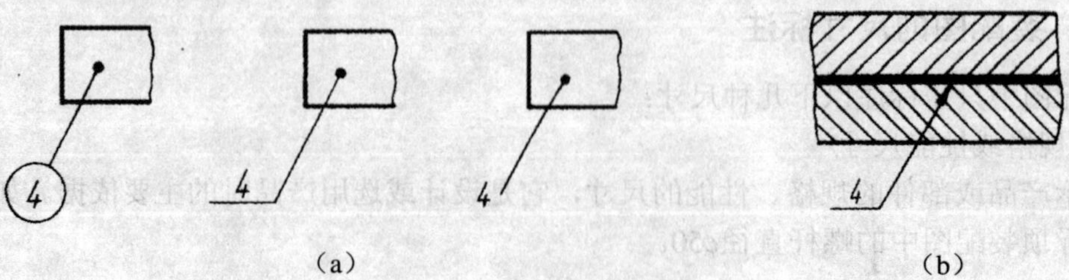

图 11-5　零件序号的编排

（2）装配图中所有的零件都必须编写序号，相同的零件只编一个号。标准化组件如滚动轴承、油杯等可看作一个整体，只编一个号。一组紧固件及装配关系清楚的零件组，可以采用公共指引线编号（如图 11-6 所示）。

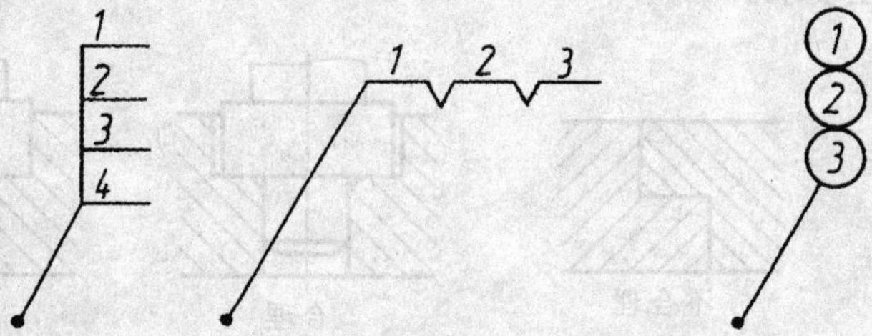

（a）　　（b）　　（c）

图 11-6　公共指引线

（3）指引线相互不能相交，当通过有剖面线的区域时，不能与剖面线平行。必要时可画成折线，但只允许曲折一次。

（4）序号应按水平或垂直方向排列整齐，并按顺时针或逆时针顺序编号（如图 11-2、图 11-3 所示）。

二、明细栏

国家标准（GB/T 10609-1989）对明细栏的内容及格式已作了规定。如图 11-7 所示明细栏格式供校内参考使用。

明细栏应配置在标题栏的上方。零件序号及其他应填写的项目按自下而上的顺序填写。如标题栏上方位置不够时，可紧靠在标题栏左边自下而上连续填写。

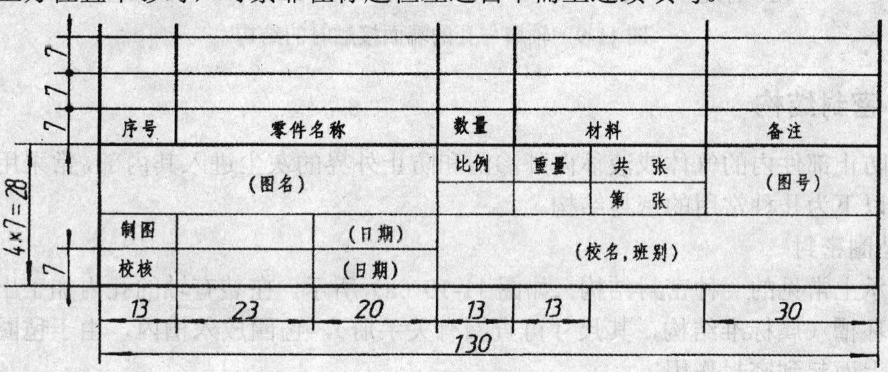

图 11-7　标题栏和明细栏

第五节　装配结构的合理性简介

为保证零件装配成机器或部件后的装配质量，便于安装、拆卸与维修，设计时必须考虑装配结构的合理性。下面对常见的装配结构作简要介绍。

一、接触面的合理结构

（1）两个零件接触时，在同一方向上一般只能有一对接触面（如图 11-8 所示），以保证接触良好并降低加工要求。

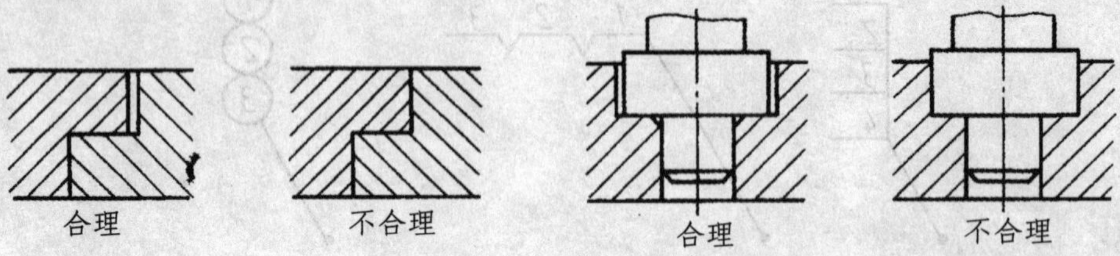

（a）　　　　　　　　　　（b）

图 11-8　同一方向上的接触面

（2）当孔和轴配合，且轴肩和孔的端面互相接触时，则孔应倒角或轴的根部切槽，以保证接触良好（如图 11-9 所示）。

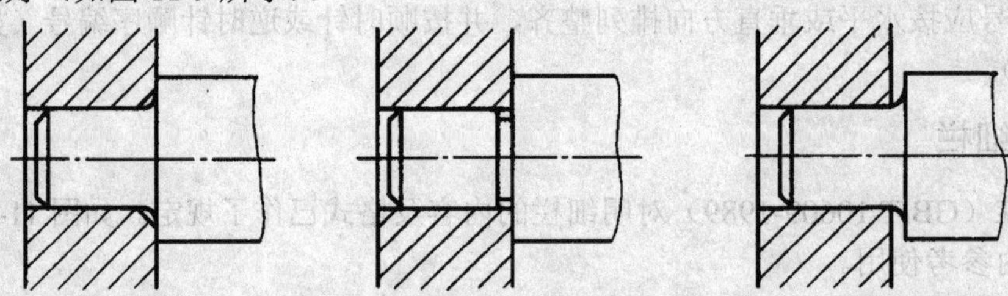

（a）合理　　　　（b）合理　　　　（c）不合理

图 11-9　轴肩与孔的端面接触时的结构

二、密封结构

为了防止部件内的气体或液体向外渗漏和防止外界的灰尘进入其内部，常采用防漏的密封结构。以下为几种常用的密封结构。

1．毡圈密封

为轴承上常见的一种密封结构。如图 11-10（a）所示，在装有轴的孔内加工出一个截面为梯形的环槽（属标准结构，其尺寸可查阅有关手册），毡圈放入槽内，由于毡圈有弹性且紧贴在轴上而起到密封作用。

2．垫片密封

常用于防止液体或气体从两零件的结合处渗漏，如图 11-10（a）所示。

3．填料密封

为泵、阀类部件中常见的密封结构，如图 11-10（b）所示，当填料被填料压盖压紧后即可起到密封作用。画图时，压盖要画在开始压填料的位置。

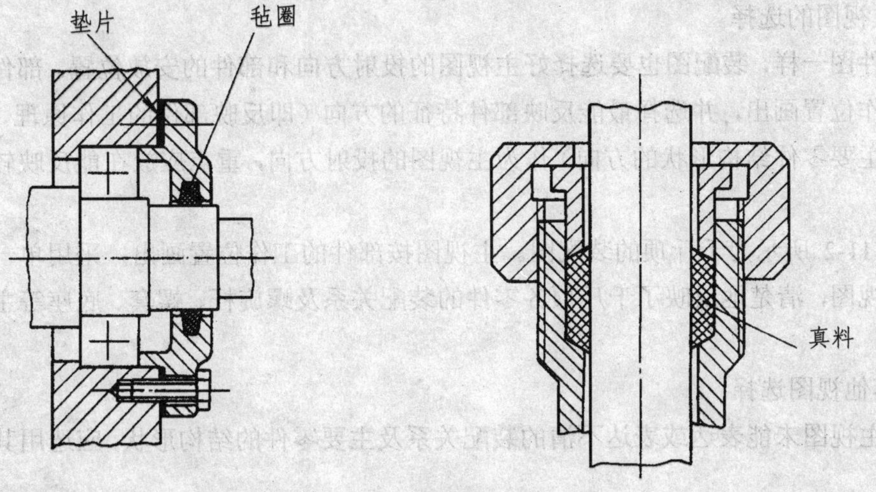

图 11-10　密封结构

第六节　由零件图画装配图

现以图 11-1 所示千斤顶为例，说明画装配图的方法与步骤

一、阅读零件图，了解装配体

画装配图前应依次阅读零件图，弄清各零件的结构形状，并结合有关资料及装配体的轴测图（或实物），了解所画装配体的用途、工作原理、各零件之间的装配关系及拆装顺序。

如图 11-1 所示千斤顶为汽车修理或机械安装时用来起重或顶压的工具。它利用螺旋传动顶举重物，由绞杠、螺旋杆等 7 个零件组成。绞杠 6 穿在螺旋杆 3 顶部的孔中，把螺旋杆 3 从螺套 2 中旋出，顶垫 4 上部即可把重物举起。螺套 2 镶在底座 1 的内孔中，并用螺钉 7 紧定。在螺旋杆 3 的球面形顶部套有一个顶垫 4，为防止顶垫随螺旋杆一起转动而不脱落，在螺旋杆 3 的顶部加工一环形槽，将紧定螺钉 5 的端部伸进环形槽锁住。各零件之间的装配关系如图 11-1 所示。为使螺旋杆工作时平稳地升降，螺套外表面与底座内孔之间采用基孔制配合。

二、确定视图表达方案

在分析、了解装配体的基础上，运用装配图的各种表达方法，将部件的工作原理、零件间的装配关系及主要零件的结构形状完整、清晰地表达出来。视图表达方案力求简明，便于阅读。

1．主视图的选择

和零件图一样，装配图也要选择好主视图的投射方向和部件的安放位置。部件的主视图通常按工作位置画出，并选择最能反映部件特征的方向（即反映部件的工作原理、较多的装配关系及主要零件结构形状的方向）作为主视图的投射方向，重点应放在能反映较多的装配关系上。

如图 11-2 所示为千斤顶的装配图。主视图按部件的工作位置画出，采用单一剖切面剖切的全剖视图，清楚地反映了千斤顶各零件的装配关系及螺旋杆、螺套、底座等主要零件的结构形状。

2．其他视图选择

对于主视图未能表达或表达不清的装配关系及主要零件的结构形状，应选用其他视图加以补充。

如图 11-2 所示，千斤顶的俯视图是采用单一剖切面剖切的 *A—A* 全部视图，表达螺旋杆、螺套、底座和紧定螺钉俯视方向的形状及其连接关系。用 ***B—B*** 移出断面表达螺旋杆上用于穿绞杠的四个通孔的结构。

以上表达方案，比较清楚地反映了千斤顶各零件之间的装配关系及主要零件的结构形状。

三、作图步骤

1．布置图面，画出作图基准线

根据部件大小、视图数量、定出比例和图纸幅面，画出图框、标题栏和明细栏。然后画出各视图的作图基准线（如对称中心线、主要轴线和主要零件的基准面等）。

千斤顶各视图的作图基准线如图 11-11（a）所示。

2．画底稿

一般从主视图画起，几个视图配合进行。画每个视图时，应先画部件中的主要零件及主要结构，再画出次要零件及某些细小结构。千斤顶的装配图，可先画出螺旋杆、螺套、底座等主要零件及主要结构，如图 11-11（b）所示，再画出螺钉、绞杠、顶垫等非主要零件及孔、槽、螺纹等细小结构，如图 11-11（c）所示。

3．检查、加深，完成全图

检查底稿后，画剖面线，注尺寸，编排零件序号，填写标题栏、明细栏和技术要求。最后将各类图线按规定加深，如图 11-11（d）所示。

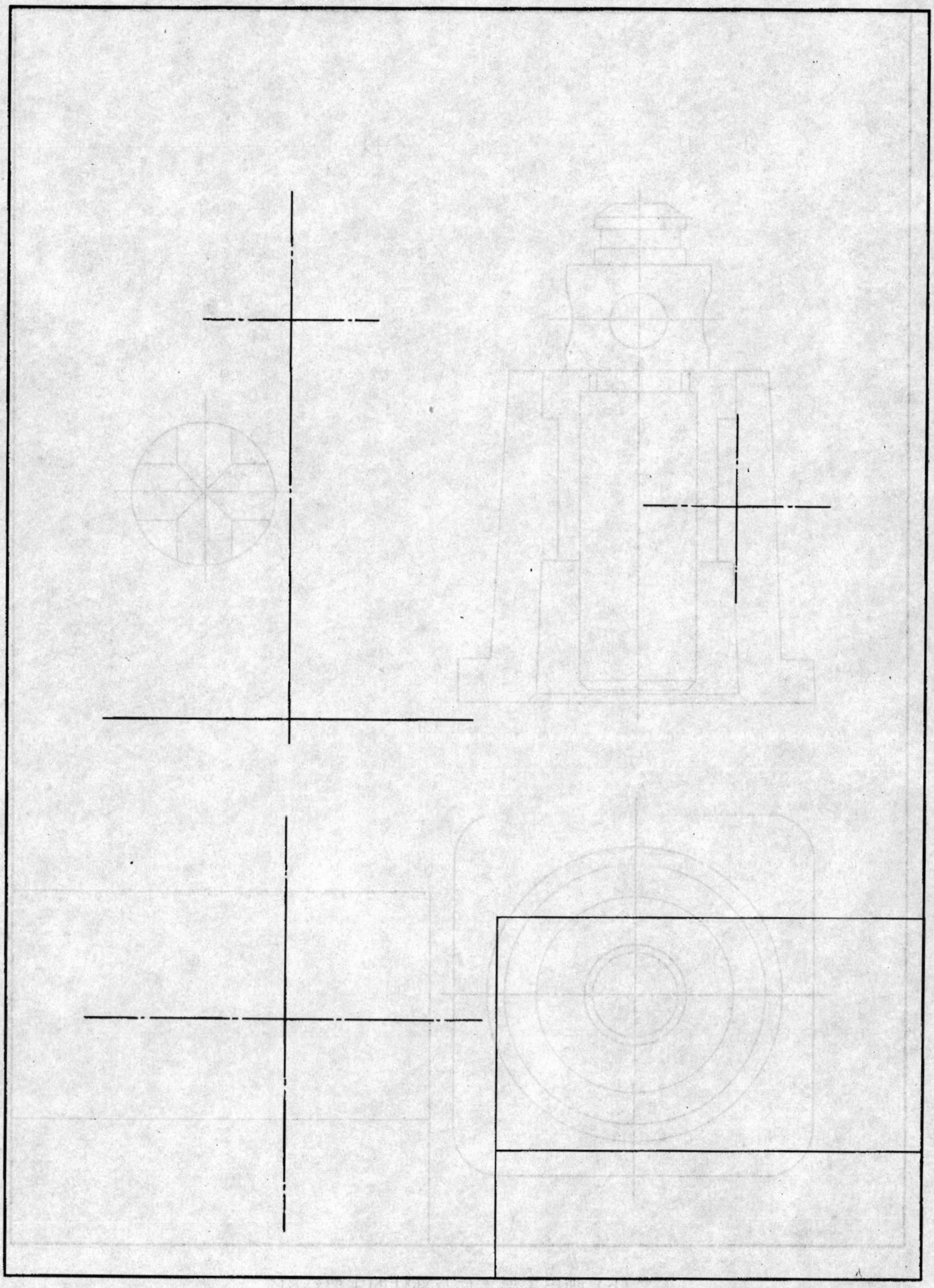

（a）布图，画作图基准线

图 11-11　千斤顶装配图的作图步骤（一）

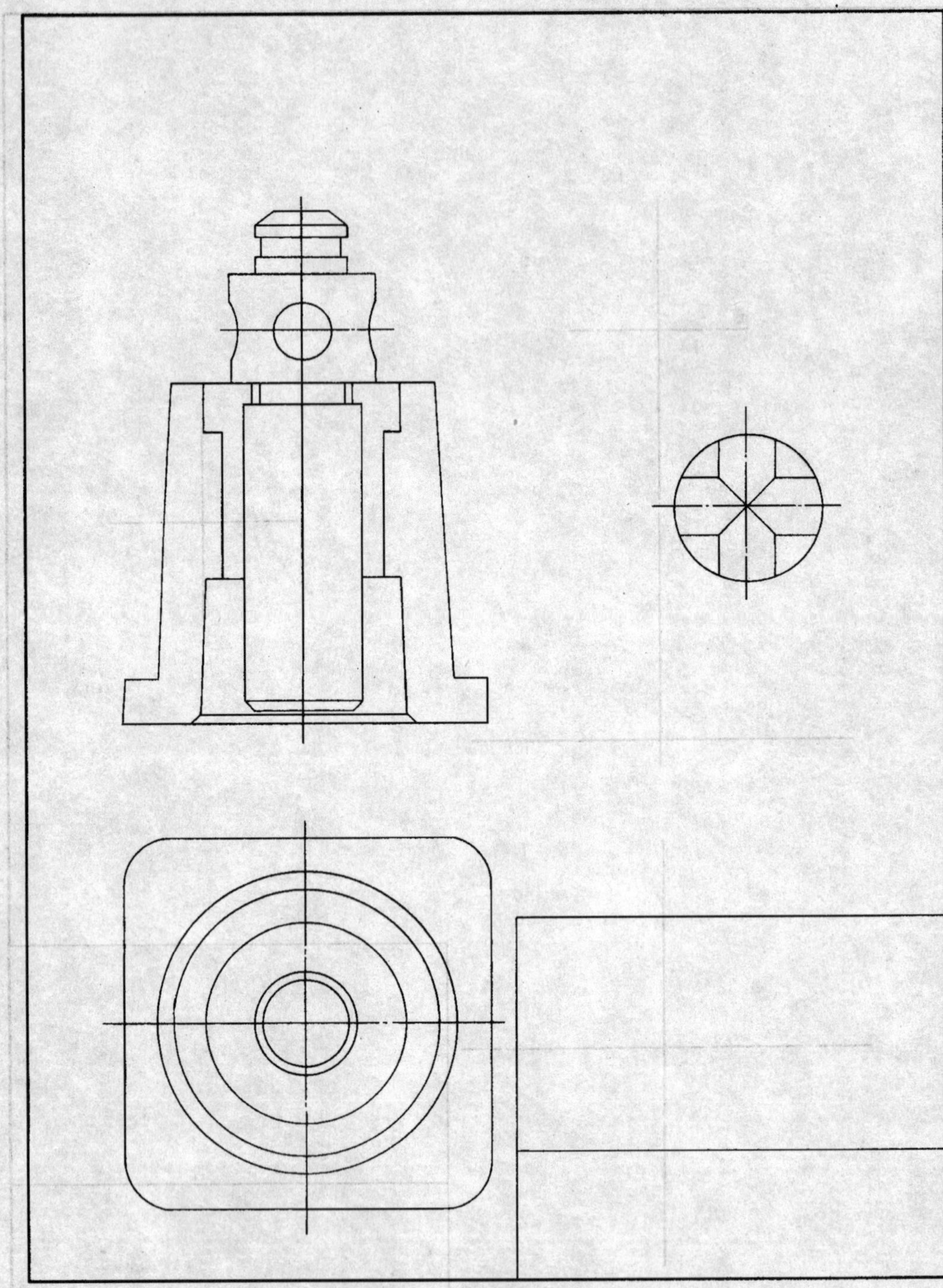

（b）画出主要零件及部件的主要结构

图 11-11　千斤顶装配图的作图步骤（二）

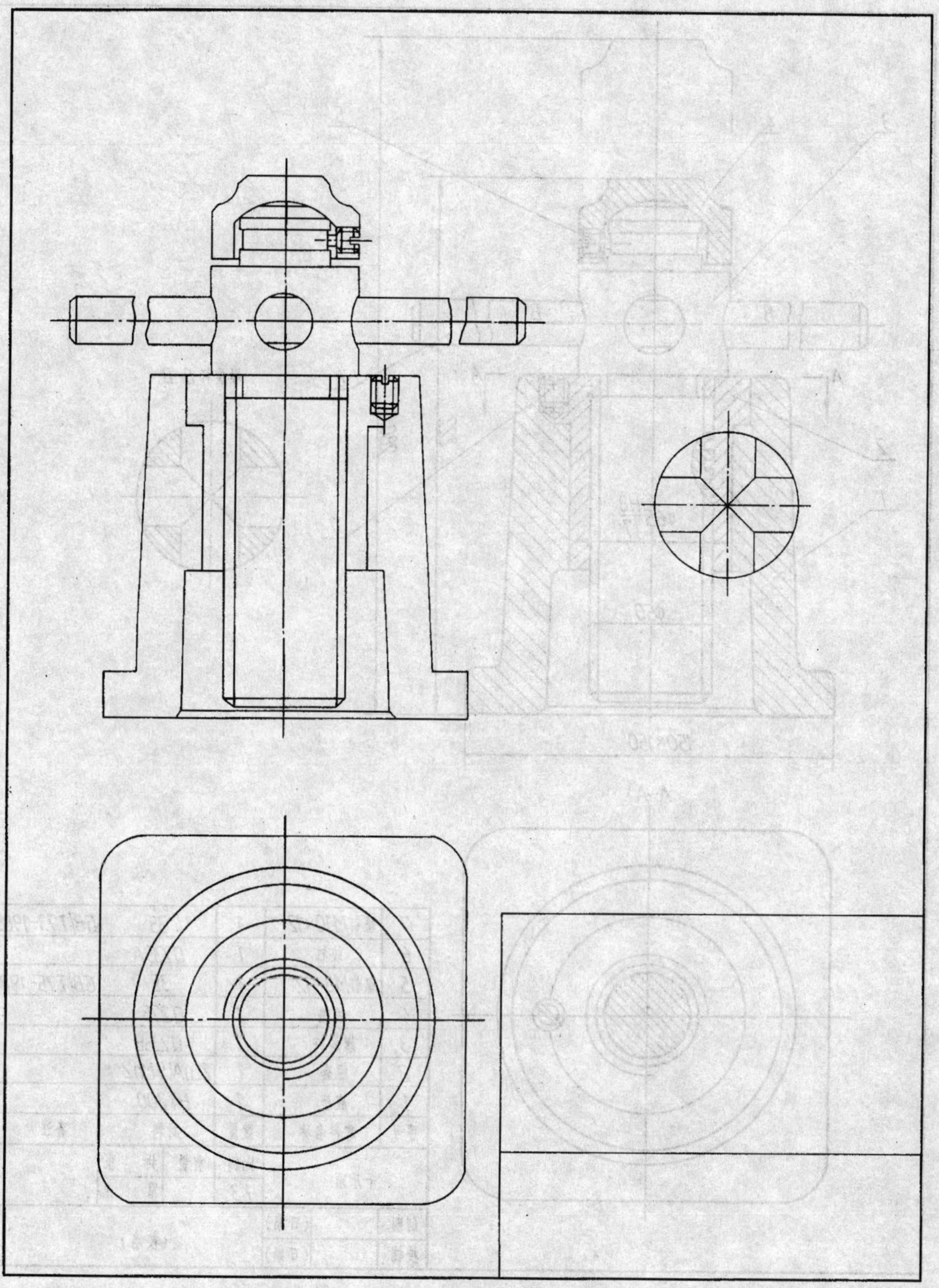

（c）画出次要零件及部件上的次要结构

图 11-11　千斤顶装配图的作图步骤（三）

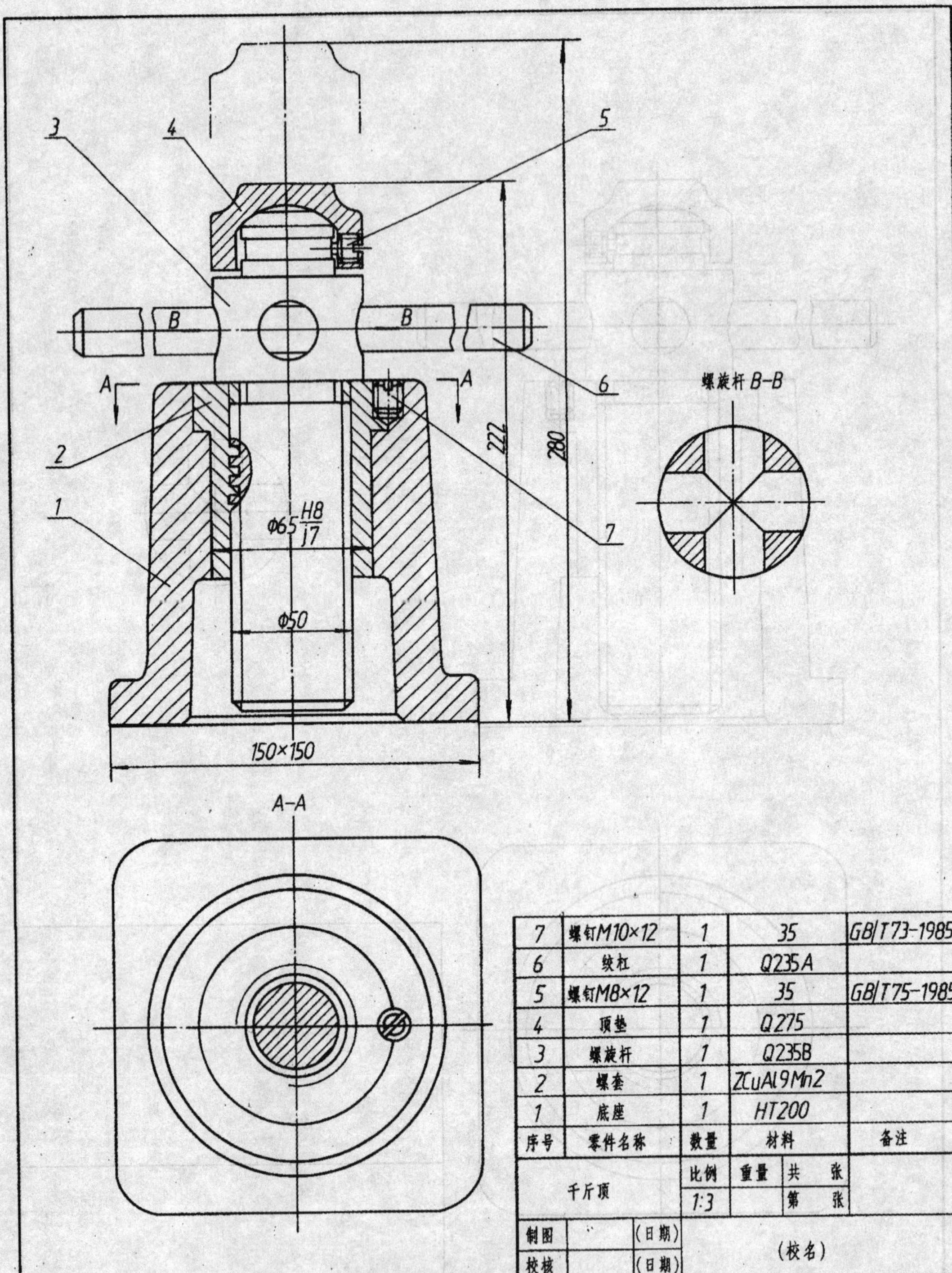

7	螺钉M10×12	1	35	GB/T73-1985
6	绞杠	1	Q235A	
5	螺钉M8×12	1	35	GB/T75-1985
4	顶垫	1	Q275	
3	螺旋杆	1	Q235B	
2	螺套	1	ZCuAl9Mn2	
1	底座	1	HT200	
序号	零件名称	数量	材料	备注

千斤顶	比例	重量	共 张	
	1:3		第 张	
制图		(日期)	(校名)	
校核		(日期)		

（d）检查底稿，完成全图

图 11-11 千斤顶装配图的作图步骤（四）

第七节 读装配图

在设计、制造、安装、维修机器设备以及进行技术交流时，都需要阅读装配图。从事工程操作的人员均应掌握阅读装配图及由装配图拆画零件图的方法。

读装配图的基本要求：了解部件的用途和工作原理；了解零件间的相互位置、装配关系及拆装顺序；弄清零件的作用及结构形状。

读装配图的方法和步骤

下面以图 11-12 所示钻模为例，说明读装配图的方法和步骤。

1．概括了解

看标题栏以及有关资料，了解部件的名称、用途、性能及工作原理；看明细栏及视图了解各零件的名称、材料、数量以及在部件中的位置。

从图 11-12 中的标题栏及明细栏可知，该部件为钻模，画图比例 1：1，由六种共八个零件组成，其中铸件两件，其余为钢件。整个装置的体积较小，结构比较简单。钻模是一种在钻孔加工时进行对中、定位用的装置。钻孔时，手持手把 5，将钻模下部的方孔套于被钻零件的突出结构上，钻头以套筒 4 的孔对中，进行钻孔加工。

2．分析视图

了解视图的名称、数量及每个视图的表达重点，弄清各视图之间的关系。

如图 11-12 所示钻模共有四个视图。主视图为几个平行平面剖切 *A—A* 全剖视图，按工作位置画出，表达了除销 6 以外所有零件的装配关系，同时也较好地反映了钻模的形状特征。左视图为几个平行平面剖切的 *B—B* 全剖视图，除了从另一个方向表达模座 1、模体 2、套筒 4 的关系外，还反映了销 6 与模座 1、模体 2 之间的连接关系。俯视图表达了钻模俯视方向的外形以及螺钉 3、销 6、套筒 4、手把 5 的位置。采用 C 向局部视图则单独表示了模座 1 上长方孔的形状。

3．分析零件和零件间的装配关系

分析零件就是弄清每个零件的结构形状及其作用，并了解零件之间的连接方式、配合关系及运动情况，这是看懂装配图的重要环节。在分析零件时，可借助于零件的序号、不同方向和不同间隔的剖面线，把一个一个零件的视图从装配中划分出来，然后对照投影关系，想象出它们的结构形状。

图 11-12 中，模体 2 和模座 1 是钻模上两个主要零件，根据剖面线方向很容易找出它们在主视图中的投影轮廓，结合俯视图、左视图可知其基本形状是外形尺寸完全相等的长方体。模体和模座用两个圆柱销 6 定位，并用两只沉头螺钉 3 连接。模体正中的圆孔上装有套筒 4，它们的配合尺寸为 $\phi 22\dfrac{H7}{h6}$。套筒 4 上有一个 ϕ14H7 的圆孔，钻孔时钻头以该孔对中。模座 1 正中有一个尺寸为 20H9 × 24H9 的长方孔，钻孔时，该孔则套于被钻零件的突出结构上。为保证对中，长方孔的中心线应与套筒上 ϕ14H7 圆孔的轴线重合。手把 5 左端带有螺纹的头部则拧入模体 2 的螺孔中，使其与模体连成一体。根据被钻零件突出结构的不同形状可更换模座 1，使模座上的长方孔与零件上突出结构的形状一致。根据被钻孔的大小可更换套筒 4。

因此，模座上长方孔的尺寸和套筒上圆孔的尺寸是钻模的规格和性能尺寸。

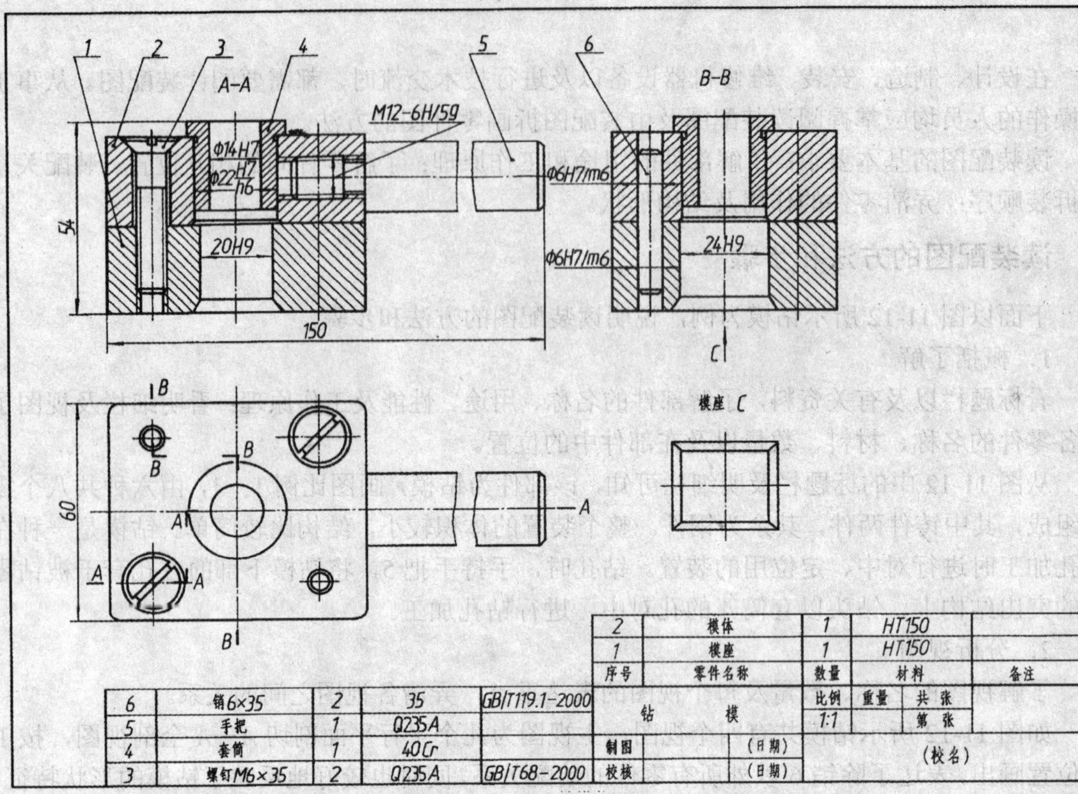

图 11-12 钻模装配图

4．归纳总结，看懂全图

在了解工作原理、看懂零件结构形状的基础上，进一步分析零件的拆装顺序及部件的构造特点，并结合尺寸、技术要求等进行全面的归纳总结，形成一个完整的概念，达到看懂装配图的目的。

图 11-12 中，钻模的拆装顺序为：先打出两个圆柱销 6，再旋出两只沉头螺钉 3，模体 2 和模座 1 即可分离。把套筒从模体 2 中取出，再将手把 5 从模体 2 的螺孔中旋出，全部零件拆卸完毕。装配的顺序则和拆卸的顺序相反。

所注尺寸，除规格、性能尺寸ϕ14H7 及 20H9、24H9 外，钻模上的装配尺寸有：套筒 4 与模体 2 的配合尺寸$\phi 22\dfrac{H7}{h6}$，手把 5 与模体 2 的螺纹连接尺寸 M12-6H/5g，圆柱销 6 与模体 2 及模座 1 的配合尺寸为$\phi 6\dfrac{H7}{m6}$。此外，图中还注出了钻模的外形尺寸为 150×60×54。

如图 11-13 所示为钻模的轴测图。

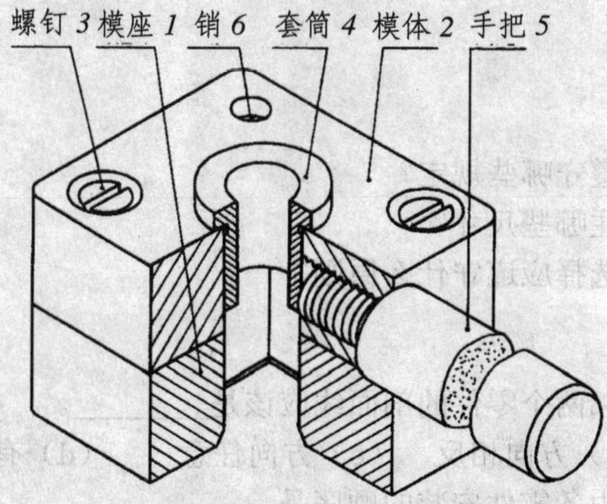

图 11-13　钻模轴测图

在读图过程中上述读图步骤不能截然分开，应视具体情况交替进行。在具备了一定的生产知识并通过反复地读图实践后，可进一步掌握阅读装配图的能力。

本 章 小 结

一、知识体系

- 装配图
  - 概述
    - 概念——表达机器与部件的图样
    - 内容——组图形、尺寸、技术要求、标题栏
    - 作用——装配、调试、安装、维修的技术文件
  - 表达方法
    - 规定画法
    - 特殊表达方法
  - 尺寸注法
    - 性能尺寸
    - 装配尺寸 → 技术要求
    - 安装尺寸
    - 外形尺寸
  - 零部件序号
    - 编排方法
    - 明细栏
  - 画装配图：零件图——装配体的轴测图
  - 读装配图
    - 了解部件的用途和工作原理
    - 了解零件的相互位置、装配关系及拆装顺序
    - 弄清零件的作用及结构形状

二、复习思考

（一）思考题

1．绘制装配图时应遵守哪些规定？

2．在装配图上应标注哪些尺寸？

3．装配图的主视图选择应遵守什么原则？

（二）选择题

1．在装配图中，相邻两个零件的剖面线应该是________。

（a）方向相同　（b）方向相反　（c）方向任意　（d）有明显区别

2．一台机器或部件由各零件安装的顺序是________。

（a）与拆卸顺序相同　（b）与拆卸顺序相反　（c）与拆卸顺序无关　（d）随意安装

3．假想将某些零件拆卸以后绘出其图形，以表达装配体内部零件的装配情况。这种画法是________。

（a）假想画法　（b）拆卸画法　（c）夸大画法　（d）简化画法

（三）判断题

1．装配图反映了机器与部件的整体结构和工作原理、零件之间的装配连接关系。

2．简化画法只是装配图的特殊表达方法之一。

3．装配尺寸包括零件之间有配合要求的尺寸及装配时需保证的相对位置尺寸。

第十二章 计算机绘图

【学习要求】

了解计算机绘图软件及所需硬件配置。掌握用户界面的操作。熟练掌握在工具栏中调用命令的方法。

【主要内容】

基本知识，用户操作界面，图层设置，绘图命令，编辑命令，图样标注。

当前，计算机硬件的性能飞速提高，各种计算机绘图软件相继开发，最常见的绘图软件有我国自主版权的软件——CAXA 电子图版和美国 Autodesk 公司开发的计算机辅助绘图软件包 AutoCAD。本章仅介绍 AutoCAD2006 版本，以便为今后深入学习 CAD 技术打下基础。

第一节 基 本 知 识

一、计算机绘图及其应用

计算机绘图是使用绘图软件和硬件绘制图形及进行有关标注的一种方法和技术。它是计算机辅助设计和计算机辅助制造的重要组成部分。

计算机辅助设计（Computer Aided Design）简称为 CAD，它是一种计算机硬、软件系统辅助人们对生产或工程进行设计的方法与技术。它包括设计、绘图、工程分析与文档制作等内容。他是一种新的设计方法，也是一门多学科综合应用的新技术。

在现代化生产中，要不断更新产品及降低产品成本，就必须缩短设计、绘图与制造的周期。其有效途径是利用计算机绘图（CG）、计算机辅助设计（CAD）、计算机辅助制造（CAM）、计算机辅助工程（CAE）等实现设计、绘图和制造管理的全自动化。在全自动化生产中，计算机绘图是整个计算机辅助工程的核心。其应用非常广泛，例如：

（1）工程图。如二维或三维机械图、建筑图、管线图、水利工程图等。

（2）测量图。如地理图、地形图、地质图、航海图、气象图、资源图、矿藏勘探图等。

（3）统计管理图。如直方图、线条图、工作进度表及生产中的各种图表等。

（4）模拟及动画。仿真模拟图形；人体运动、动画、广告、游戏等。

（5）美术设计。如花纹图案、平面广告设计等。

（6）科学计算的可视化。如各种声、光、热、电、力学、流体场的三维及多维空间中的各种各样的图形显示问题。

（7）物质结构、医学方面的图。如分子结构图、结晶解析图、人体结构图等。

随着计算机的硬件和软件技术的进步和发展，计算机绘图的应用领域会越来越广泛。

二、系统要求

对于 Auto CAD2006 中文版来讲，并不是所有的硬件都会直接影响其表现性能，大多数配件只影响到它的实际使用，例如大屏幕高分辨率显示器尽管它不会提高 Auto CAD2006 中文版的运行速度和功能，但它将给实际使用带来极大的方便。

在所有配件里只有中央处理器、显示卡、内存会直接影响到 Auto CAD2006 中文版的运行。笔者推荐使用 Auto CAD2006 的系统配置，如表 12-1 所示。

表 12-1　使用 Auto CAD2006 的系统配置

硬件	基本配置	建议配置
CPU	Pentium Ⅲ以上	Pentium Ⅳ以上
显示卡	尽量选择支持 OpenGL 的 3D 加速卡	
内存	128MB 以上	256MB 以上
硬盘剩余空间	安装后剩余 300MB	安装后剩余 500MB

三、软件简介

AutoCAD 自 1982 年问世以来，版本不断更新，从最早的 1.0 版已更新到现在的 AutoCAD2006 版，可以说 AutoCAD2006 是 Autodesk 公司继 AutoCAD2004 和 AutoCAD2005 之后的又一次划时代之作，它的绘图环境与操作界面更为友好和便捷。其主要功能可概括如下：

1．强大的绘图功能

在 AutoCAD 下可以方便地用多种方式绘制各种二维基本图形对象。比如点、直线、圆、圆弧、正多边形、椭圆、多段线、样条曲线等。

2．灵活的图形编辑功能

可以用多种方式对选定的图形对象进行图形编辑。如移动、旋转、缩放、延伸、修剪、倒角、圆角、复制、阵列、镜像、删除等。

3．方便的标注功能

在 AutoCAD 下可以为绘制的图形标注尺寸。注写中文和西文字体以及对封闭区域标注填充图案（剖面材料符号）。

4．实用的绘图辅助工具

为了精确绘图，AutoCAD 提供了多种绘图辅助工具，它包括绘图区光标点的坐标显示、用户坐标系、捕捉、栅格、极轴、对象捕捉、追踪捕捉、正交方式等功能。

5．图层、颜色和线形设置管理功能

为了便于对图形的组织和管理，AutoCAD 提供有图层、颜色、所要求的线型和图线宽度等对象特性。图层可以被打开或关闭、冻结或解冻、锁定或解锁。

6．图块和外部参照功能

为了提高绘图效率，AutoCAD 提供了图块和对非当前图形的外部参照功能。可以将重复使用的图形定义成图块，在需要时依不同的基点、比例、转角插入到新的图形中，或将外部的图形文件引入到当前图形中，除此之外，还增加了动态块。

7．显示控制功能

AutoCAD 提供了多种方法来显示与观看图形。

8．三维绘图和渲染功能

AutoCAD 提供有多种三维绘图命令，如长方体、圆柱体、球、圆锥、圆环、楔形体以及将平面图形经回转和平移分别生成回转扫描体和平移扫描体等。通过对立体间的交、并、差等布尔运算，可完成更复杂的立体三维实体造型。

9 图形输出功能

可以用任意比例将所绘图形的全部或部分输出到图纸或文件中，从而获得图形的硬拷贝或电子拷贝。

10．网络功能

主要体现在 Internet 方面的功能，用户可以实时更新产品信息，发布含有图形、图像的 Web 页。“通讯中心”可以查看到所需的帮助信息。在兼容性和设计共享方面的功能，可以将不同地域的用户连接在一起相互沟通，与会人员可以共享图形文件，并可以用 VoloView 等创建电子标记文件，以便对设计提出修改和建议。

第二节 基本操作

一、AutoCAD 的安装与启动

AutoCAD 的安装采用了智能化的安装向导，操作非常简单，用户只需一步一步按照屏幕提示操作即可完成整个安装过程。并在“桌面”上自动生成 AutoCAD2006 中文版快捷图标。

启动 AutoCAD 有多种方法，最简单的方法是在 Windows 桌面上双击快捷图标。也可以从程序中启动，即“单击开始→程序→Autodesk →AutoCAD2006→AutoCAD2006”。启动后首先显示 AutoCAD 的启动画面，然后自动进入系统“AutoCAD2006 启动” 窗口，单击“确定”后，进入“AutoCAD2006 新功能专题研习”窗口，从中可按用户的需要进行初始绘图环境设置。

二、操作界面

启动 AutoCAD 并完成初始绘图环境设置后，将出现如图 12-1 所示的主窗口，它由标题栏、菜单栏、工具栏、图形窗口、活动助手、命令窗口、文本窗口和状态栏组成。它是用户与 AutoCAD 进行交互操作的界面，现分别介绍如下。

对于某些命令，除了可以通过在命令窗口输入命令、点取工具栏图标或点取菜单项来完成外，还可以使用键盘上的一级功能键，现将可以使用的功能键及相应功能说明如下：

F1：调用 AutoCAD 帮助对话框；

F2：图形窗口与文本窗口的互相切换；

F3：对象捕捉开关；

F4：校准数字化仪开关；

F5：等轴测平面间的切换开关；

F6：坐标显示模式的切换开关；

F7：栅格（Grid）模式开关；

F8：正交（Ortho）模式开关；

F9：间隔捕捉（Snap）模式开关；

F10：极轴追踪（Polar）开关；

F11：对象追踪（Otrack）开关；

F12：DYN（动态输入）开关。

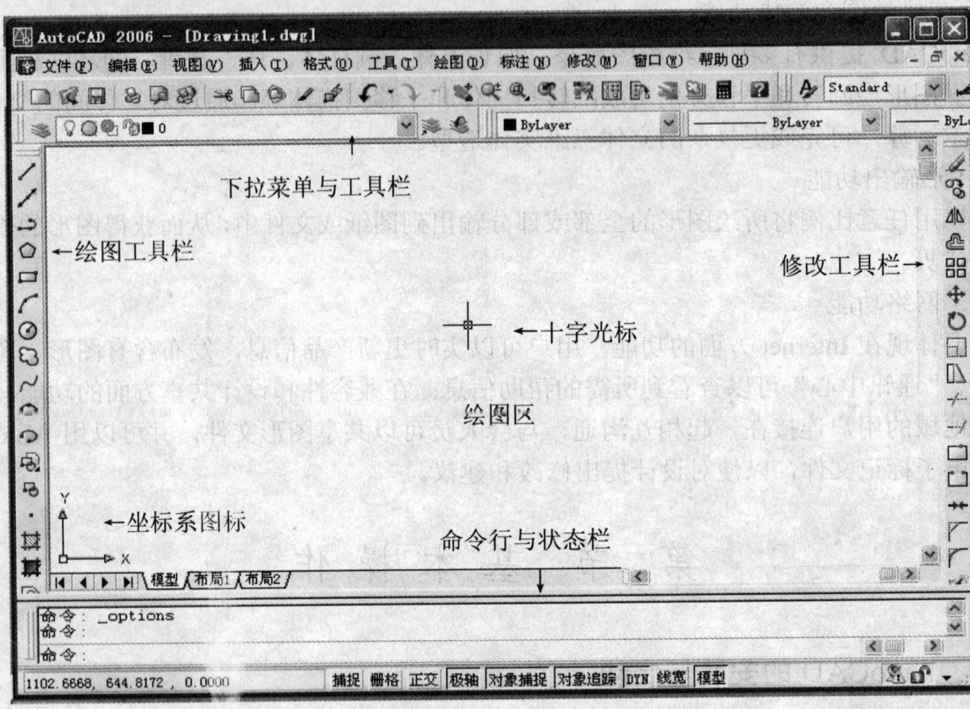

图 12-1　主窗口

三、数据的输入方法

1．点的输入

在绘图过程中，常需要输入点的位置，AutoCAD 提供了如下几种输入点的方式：

（1）用键盘直接在命令行中输入点的坐标

点的坐标可以用直角坐标、极坐标、球面坐标或柱面坐标表示。

直角坐标有两种输入方式："X，Y[，Z]"（点的绝对坐标值，例如："100，50"）和"@X，Y[，Z]"（相对于上一点的相对坐标值，例如："@50，-30"）。

极坐标的输入方式为："长度＜角度"（其中，长度为点到坐标原点的距离，角度为原点至该点连线与 *X* 轴的正向夹角，例如："25＜45"＝或"@长度＜角度"（相对于上一点的相对极坐标，例如@"50＜-30"）。

（2）用鼠标等定标设备移动光标单击左键在屏幕上直接取点。

（3）用键盘上的箭头移动光标按回车键取点。

（4）用目标捕捉方式捕捉屏幕上已有图形的特殊点（如端点、中点、中心点、插入点、交点、切点、垂足点等)。

(5)直接距离输入。先用光标拖拉出橡皮筋线确定方向，然后用键盘输入距离。

(6)使用过滤法得到点。

2. 距离值的输入

在 AutoCAD 命令中，有时需要提供高度、宽度、半径、长度等距离值。AutoCAD 提供了两种输入距离值的方式：一种是用键盘在命令行中直接输入数值；另一种是在屏幕上点取两点，以两点的距离值定出所需数值。表 12-2 所示列出了数值输入的五种格式。

表 12-2 数值输入的五种格式

1	整数	18，58，98，-10，-20
2	实数	21.8,53.8,-19.1
3	分数	70/8,100/7,-50/3
4	选取两点	直接在屏幕中选取两点
5	'CAL 计数器	结合其他命令，务必要使用透明命令'CAL 调出表示式后就可以输入正常的数学计算式

注意：命令上有“'”符号表示该命令为透明命令，可以不中断当前正在使用的命令。

技巧：如果输入分数 138.5/9 是无法接受的，除非改为 1385/90，就是将分子和分母同乘以 10，去掉小数点。实例操作如下：

命令：OFFSET

当前的设置：删除源=否 图层=源 OFFSETGAPTYPE=0

指定偏移距离或[通过（T）/删除（E）/图层（L）]< 通过>：70/8 ←正确（可操作）

命令：OFFSET

当前的设置：删除源=否 图层=源 OFFSETGAPTYPE=0

指定偏移距离或[通过（T）/删除（E）/图层（L）]<8.7500>：138.5/9 ←分数含小数点

需要数值距离、两点或选项关键字。 ←错误（不可操作）

命令：OFFSET

当前的设置：删除源=否 图层=源 OFFSETGAPTYPE=0

指定偏移距离或[通过（T）/删除（E）/图层（L）]<8.7500>：123.5/12+2.8×3.5←计算式

需要数值距离，两点，或选项关键字。 ←错误（不可操作）

命令：OFFSET

当前的设置：删除源=否 图层=源 OFFSETGAPTYPE=0

指定偏移距离或[通过（T）/删除（E）/图层（L）]<15.3750>：'CAL ←呼叫计算器

>>>>表达式：123.5/12+2.8×3.5 ←正确（可操作）

继续执行 OFFSET 命令。

第三节　图 层 设 置

一、图层简介

1. 图层的概念

图层可以看做是透明的电子图纸，用来分类组织不同的图形信息；在绘制较为复杂的图形时，为了使图形的结构更加清晰，通常可以将图形中不同性质的实体放置于不同的层面上。这些不同的层就叫图层。在绘制一些复杂的图形时，建立图层不仅能使图形的各种信息清晰、有序，而且也给图形的绘制、修改、编辑和输入提供了很大的方便。

2. 图层的特点

用户绘制的每个对象都具有各自的对象特性。在某一图层中生成的对象一般都具有用户预先为该图层定义的特征。具体来说，图层都具有下列特点：

（1）每一图层对应有一个图层名，系统缺省设置的图层为“0”（零）层，其余图层由用户根据绘图需要命名创建，数量不要超过256层。

（2）各图层具有同一坐标系，好像透明纸重叠在一起。每一图层对应一种颜色、一种线型。新建图层的缺省为白色、连续线（实线）。图层的颜色和线型设置可以修改。一般在一个图层上创建图形对象时，就自然采用该图层对应的颜色和线型，称为随层（Bylayer）方式；

（3）当前作图使用的图层称为当前层，当前层只有一个，但可以切换；

（4）图层所具有的特征，可以根据用户的需要进行设置和控制；

（5）AutoCAD 通过图层命令（LAYER）、“图层”工具栏中的图层列表以及工具图标等实施图层操作。

二、设置图层

（一）创建图层

1. 调用命令

命令行：LAYER（缩写名：LA，可透明使用）

菜单栏：格式（<u>O</u>）→图层（L）

工具栏：“对象特性”→

2. 主要功能

打开“图层特性管理器”对话框。利用此对话框可以对图层进行各种操作。

3. 格式示例

命令：LAYER↙

执行了上面的操作后，会弹出“图层特性管理器”对话框，如图12-2所示。

在“图层特性管理器”对话框中，单击新建按钮，可以新建一个名为“图层 1”的图层，随后可分别设置：图层的颜色、线型、线宽等；如果继续单击新建按钮，就会依次新建和设置“图层 2”、“图层 3”等图层；有时为了满足制图的国标要求，还可利用命令“LTSCALE” 来调整线型中短划、间隔的显示长度。

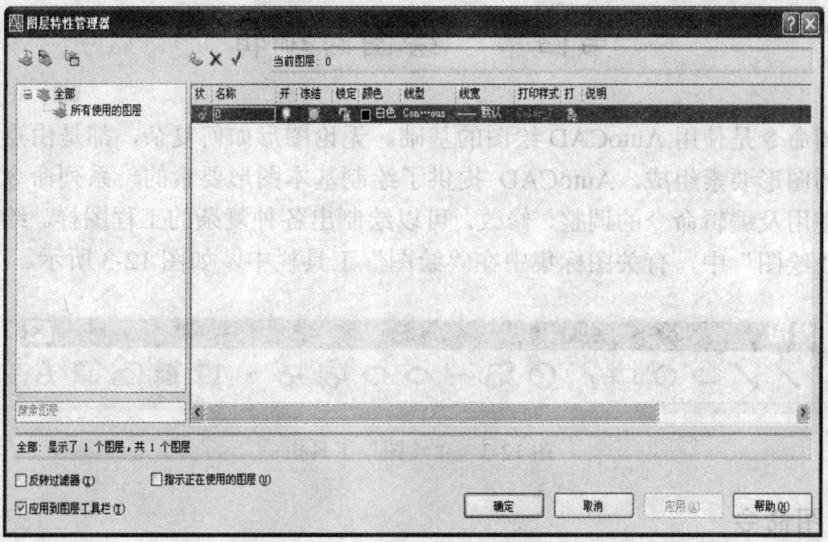

图 12-2 “图层特性管理器”对话框

三、图层管理

在图层的实际使用中，有时为了修改的方便或出图的目的要求，需要对图层进行保护性的管理操作。即“关闭”、“冻结”和“锁定”。

打开（ON）/ 关闭（OFF）：如果关闭图层的显示，那么图形不能被显示或打印出来，但这些图形仍然是存在的。重生成图形时，该图层上的图形可以重新生成。

冻结（Freeze）/ 解冻（Thaw）：如果被冻结图层，那么其中的图形不能被显示或打印出来，并且重新生成图形时，不能生成这些图形。也就是说，冻结图层上的对象不参加计算，因此可以明显提高绘图速度。

锁定（Lock）/ 解锁（Unlock）：如果图层为锁定，那么其上的实体仍然可以在屏幕上显示，也可以打印出来，只是不能对其中的图形进行修改。

注意：需要指出，在被关闭的图层上可以添加、删除、修改任何实体，仅仅是不被显示而已，只能在当前层上画图，不能冻结当前层（读者可以通过实例进行图层的控制操作）。

重点：“关闭”、“冻结”、“锁定”和不打印之间的区别（如表 12-3 所示）。

表 12-3 图层控制管理的效果

图层的控制项目	荧屏视觉	编辑处理结果	当前层
关闭	看不到	找不到不能编辑	可（能画图）
冻结	看不到	找不到不能编辑	不可
锁定	看得到	可找到不能编辑	可
不打印	看得到	不打印	可

第四节　绘图与编辑

二维绘图命令是使用 AutoCAD 绘图的基础。无论图形如何复杂，都是由点、线、圆、弧等最基本的图形要素组成。AutoCAD 提供了绘制基本图形要素的一系列命令，通过这些命令的组合使用及编辑命令的调整、修改，可以绘制出各种复杂的工程图样。绘图命令集中在下拉菜单“绘图”中，有关图标集中在“绘图”工具栏中，如图 12-3 所示。

图 12-3　“绘图”工具栏

一、绘图命令

在 AutoCAD 中，直线类图形可以使用直线、多段线、射线、参照线、多线等命令绘制。

（一）直线 （LINE）

1．调用命令

命令行: LINE （L）

菜单栏: [绘图]→[直线]

工具栏: [绘图]→ ⁄ （直线）

2．主要功能

主要功能绘制直线。

（二）多段线（PLINE）

1．调用命令

命令行:　PLINE （PL）

菜单栏: [绘图]→[多段线]

工具栏: [绘图]→　（多段线）

2．主要功能

其主要功能是创建二维多段线。

（三）圆（CIRCLE）

1．调用命令

命令行:　CIRCLE（C）

菜单栏: [绘图]→[圆]

工具栏: [绘图]→（圆）

2．主要功能

可以使用多种方法创建圆。

在下拉菜单中单击[绘图]→[圆]，出现子菜单，如图 12-4 所示。

（四）圆弧（ARC）

1．调用命令

命令行：ARC（A）

菜单栏：[绘图]→[圆弧]

工具栏: [绘图]→ （圆弧）

2．主要功能

是使用多种方法创建圆弧。

绘制圆弧的菜单命令如图 12-5 所示，操作方法同圆的操作方法。

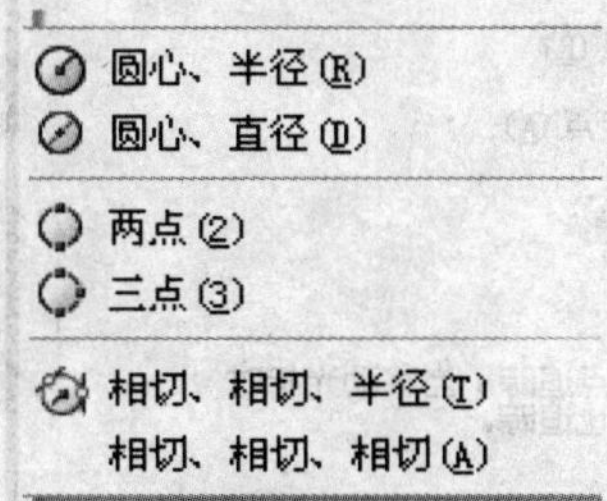

图 12-4　画圆菜单

图 12-5　画圆弧菜单

注意：圆弧的角度与半径值均有正、负之分，当输入正值时，系统沿逆时针方向绘制圆弧；若输入负值时，系统将沿顺时针方向绘制圆弧。

（五）矩形（RECTANG）

1．调用命令

命令行：RECTANG（REC）

菜单栏：[绘图]→[矩形]

工具栏: [绘图]→ （矩形）

2．主要功能：已指定两个对角点的方式绘制矩形，当两角点形成的边长相同时则生成正多边形。

（六）正多边形（POLYGON）

1．调用命令

命令行：POLYGON（POL）

菜单栏：[绘图]→[正多边形]

工具栏: [绘图]→ （正多边形）

2．主要功能：绘制从 3 到 1024 边的正多边形。

除此之外还有多线“MLINE”（多用于绘房建图）、点“POINT”、椭圆或椭圆弧“ELLIPSE”等命令。

在绘图过程中需要捕捉特征点时，需要设置自动捕捉方式，以便达到精确绘图的目的。以对话框形式设置自动捕捉的方法如下。

单击下拉菜单→工具→草图设置； AutoCAD 弹出“草图设置”对话框，打开“对象捕捉”选项卡，如图 12-6 所示；并在“对象捕捉”标签下的“对象捕捉模式”中选定所需要的对象捕捉功能后按“确定”按钮；并在 AutoCAD 的操作界面右下方启用“对象捕捉”功能。

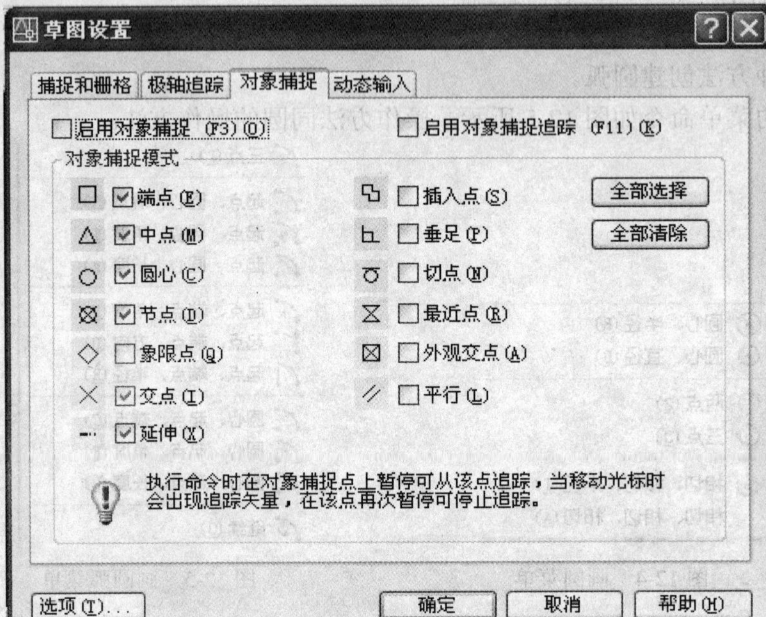

图 12-6 “草图设置”对话框

例 12-1：用画矩形（或直线）、圆、多边形等命令完成图 12-7 所示的平面图形组合。

分析：首先弄清各平面图形的接触关系，然后确定作图的先后顺序。

作图步骤：（详细作图过程略），作图简明步骤提示如下。

（1）画矩形；

（2）画同心圆；

（3）画内接三边形和外切六边形。

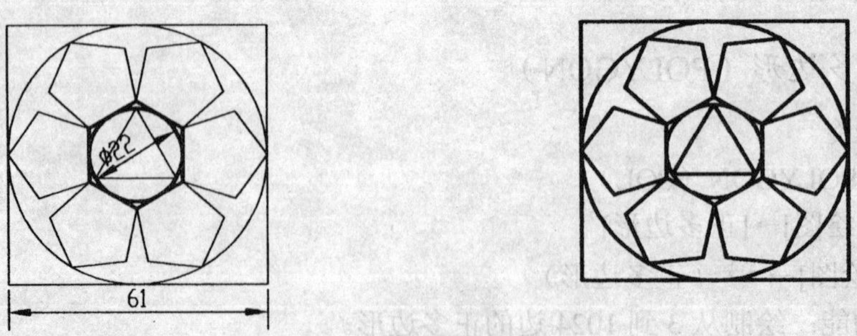

（a） （b）

图 12-7 平面图形组合

二、构造选择集的方法

编辑命令的操作一般分为两步进行：即首先选择编辑对象，然后实施编辑操作。下面我们就如何选择对象作简单的介绍。

命令：SELECT

选择对象：指定点或输入选项（此时十字光标由小框“对象选择靶”代替）

窗口（W）/最近（L）/窗交（C）/框选（BOX）/全部（ALL）/栏选（F）/圈围（WP）/圈交（CP）/编组（G）/添加（A）/删除（R）/多选（M）/上一个（P）/放弃（U）/自动（AU）/单选（SI）

特别注意：只要使用编辑命令，就会出现选择对象，当选择好对象后，一定要回车。

例 12-2：在当前屏幕上已绘有图 12-8（a）所示的一段圆弧、两个圆和五条直线，现欲对其中的部分图形对象进行删除操作，则首先应指定要删除的图形对象，即构造选择集，然后才能对选中的部分执行删除操作。

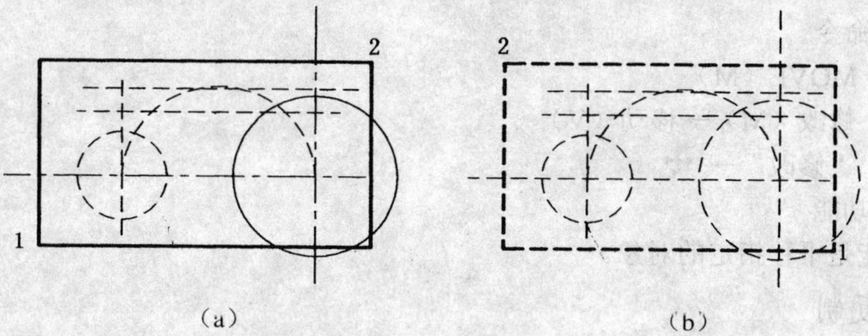

图 12-8　窗口方式和窗交方式

命令：ERASE↙　　（删除图形命令）

选择对象：W↙　　（选窗口方式，先左后右）

指定第一个角点：（单击 1 点）

指定对角点：　　（单击 2 点）

找到 5 个：　　　（选中部分变虚显示）如图 12-8（a）所示

选择对象：　　　（回车，结束选择过程，删去选定的直线）

注意：在上面的构造选择集的操作中，我们采用窗口方式（先左后右）；如果采用窗交方式 C（先右后左），则还有一个圆和两条点划线与窗口边界相交，他们也会被删去，如图 12-8（b）所示。

重点：使用自动开窗口非常方便，其操作方法是：当命令行出现“选择对象”时，可随时在编辑过程中开窗口，用鼠标在对象附近任意一点单击，然后向右开窗口是窗口方式，向左开窗口是窗交方式，无需输入选项。

三、编辑命令

一般说来，一个完美的图形不是完全靠绘图命令就能完成的，往往需要经过反复的修改，即对图形进行编辑。只有掌握各种图形编辑功能，才能给绘图带来很大的方便和快捷。图形编辑命令集中在下拉菜单“修改”中，有关图标集中在“修改”工具栏中，如图 12-9 所示。

图 12-9 “修改”工具栏

（一）旋转

1．调用命令

命令行：ROTATE（RO）

菜单栏：修改（M）→旋转（R）

工具栏：“修改”→

2．主要功能

其功能是绕指定中心旋转图形。

（二）移动

1．调用命令

命令行：MOVE（M）

菜单栏：修改（M）→移动（V）

工具栏：“修改”→ 

2．主要功能

主要功能是平移指定的对象。

（三）复制

1．调用命令

命令行：COPY（CO）

菜单栏：修改（M）→复制（Y）

工具栏：“修改”→ 

2．主要功能

主要功能是复制选定对象，可作多重复制。

（四）镜像

1．调用命令

命令行：MIRROR（MI）

菜单栏：修改（M）→镜像（I）

工具栏：“修改”→ 

2．主要功能

用轴对称方式对指定对象作镜像，该轴称为镜像线。镜像时可删去原图形，也可以保留原图形（镜像复制）。

（五）偏移

1．调用命令

命令行：OFFSET（O）

菜单栏：修改（M）→偏移（S）

工具栏：“修改”→

2．主要功能

主要功能是将指定对象偏移，即画出等距线。

（六）阵列

1．调用命令

命令行：ARRAY（AR）

菜单栏：修改（M）→阵列（A）

工具栏：“修改”→

2．主要功能

主要功能是对选定对象作矩形或环形阵列式复制。

例 12-3：利用直线、矩形绘图命令和删除、复制、镜像等命令完成图 12-10 的图形。

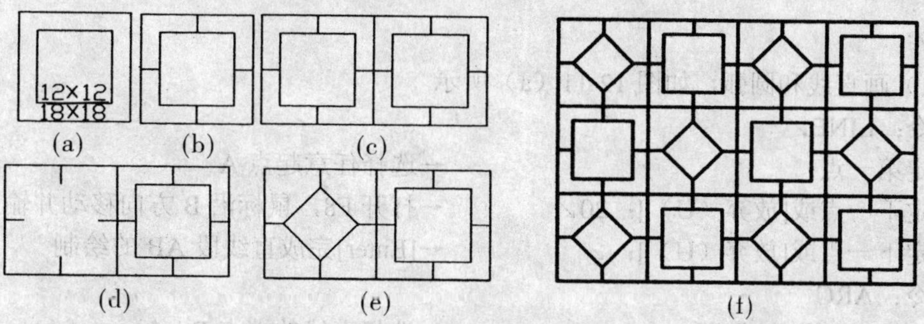

图 12-10　复制和镜像等命令的巧用

分析：注意在复制图形时的定位操作，同时注意绘图与编辑命令相结合的作图方法。

作图提示：

（1）新建图形或以“缺省设置/公制”启动系统，用矩形命令绘制 20×20 的矩形（任意拾取第一点，用相对坐标@20，20 确定第二点），调整显示大小以便进一步作图。

（2）在大矩形中绘制 10×10 的小矩形，大小矩形的间距为 5（平行线的间距）。

（3）直线命令配合中点捕捉（临时捕捉、自动捕捉均可，但将捕捉中点设置为自动捕捉更方便）绘制四条直线段。

（4）复制一个同样的图形，注意两个图形紧挨着。为了保证这种定位，要求复制的基点为第一点（如大矩形的左下角）和第二点（大矩形的右下角），或利用相对坐标输入第二点（任意拾取第一点作为基点，相对坐标@20，0 为第二点）。

（5）删除左边图形中的小矩形。

（6）直线命令配合端点捕捉（临时捕捉、自动捕捉均可，但将捕捉端点设置为自动捕捉更方便）绘制另一个方位的矩形（菱形）。

（7）按图示方法进一步编辑（复制、镜像、移动），可完成全图如 12-10（e）所示。（具体操作请自行练习，这里不再罗列。）

例 12-4：用偏移、阵列命令完成图 12-11 所示绳环花饰。

分析：先用圆弧命令和直线命令绘制出如图 12-11（a）所示的图形，再经过偏移、阵列命令进行编辑，便可迅速完成作图。

（a）　　　　　　　　（b）　　　　　　　　（c）

图 12-11　绳环花饰图

操作：

（1）画直线和圆弧，如图 12-11（a）所示

命令：LINE↙

指定第一点：　　　　　　　　←选择任意起点 A

指定下一点或[放弃（U）]：20↙　　　　←打开 F8，鼠标沿 B 方向移动并输入 20

指定下一点或[放弃（U）]：↙　　　　←[Enter]完成直线段 AB 的绘制

命令：ARC

指定圆弧的起点或[圆心（C）]：　　　　←选择直线的端点 B

指定圆弧的第二个点或[圆心（C）/端点（E）]：C ↙

　　　　←输入圆心选项 C

指定圆弧的圆心：20↙　　　　←打开 F8，沿 C 方向移动并输入 20

指定圆弧的端点或[角度（A）/弦长（L）]：20↙

　　　　←打开 F8，沿 D 方向移动并输入 20

（2）偏移圆弧和直线，如图 12-11（b）所示

命令：OFFSET↙

指定偏移距离或[通过（T）/删除（E）/图层（L）]<通过>：5

　　　　←输入距离 5

选择要偏移的对象，或[退出（E）/放弃（U）]<退出>：

　　　　←选择圆弧

指定要偏移的那一侧上的点，或[退出（E）/多个（M）/放弃（U）]<退出>：

　　　　←往圆心方向选择一点作偏移复制

选择要偏移的对象，或[退出（E）/放弃（U）]<退出>：

　　　　←选择刚完成偏移复制的圆弧线段

指定要偏移的那一侧上的点，或[退出（E）/多个（M）/放弃（U）]<退出>：

　　　　←往圆心方向选择一点作偏移复制

选择要偏移的对象，或[退出（E）/放弃（U）]<退出>:

←选择刚完成偏移复制的圆弧线段

指定要偏移的那一侧上的点，或[退出（E）/多个（M）/放弃（U）] <退出>:

←往圆心方向选择一点作偏移复制

选择要偏移的对象，或[退出（E）/放弃（U）]<退出>:

←选择直线为偏移复制的线段

指定要偏移的那一侧上的点，或[退出（E）/多个（M）/放弃（U）] <退出>:

←往左侧方向选择一点作偏移复制

选择要偏移的对象，或[退出（E）/放弃（U）]<退出>:

←选择刚完成偏移的直线段

指定要偏移的那一侧上的点，或[退出（E）/多个（M）/放弃（U）] <退出>:

←往左侧方向选择一点作偏移复制

选择要偏移的对象，或[退出（E）/放弃（U）]<退出>:

←选择刚完成偏移复制的直线段

指定要偏移的那一侧上的点，或[退出（E）/多个（M）/放弃（U）] <退出>:

←往左侧方向选择一点作偏移复制

选择要偏移的对象，或[退出（E）/放弃（U）]<退出>:

←选择刚完成偏移复制的直线段

指定要偏移的那一侧上的点，或[退出（E）/多个（M）/放弃（U）] <退出>:

←往左侧方向选择一点

偏移至圆心选择要偏移的对象，或[退出（E）/放弃（U）]<退出>:

←[Enter] 退出

（3）用阵列命令完成作图

命令：ARRAY

① 切换至[环形阵列]。

② 按“选择对象”键，进入图面后，框选所有直线和圆弧。

③ 按“中心点”键，进入图面选择端点 E。

④ 方法→项目总数与填充角度。

⑤ 项目总数→4。

⑥ 填充角度→360。

⑦ 按选“确定”完成。如图 12-11（c）所示

注意：当巧妙运用阵列命令，可使作图变得简便快捷，但要特别注意阵列中心的选定。

（七）比例

1. 调用命令

命令行：SCALE（SC）

菜单栏：修改（M）→比例（L）

工具栏：“修改”→

2．主要功能

把选定对象按指定的比例进行缩放。

（八）延伸

1．调用命令

命令行：EXTEND（EX）

菜单栏：修改（M）→延伸（D）

工具栏："修改"→ --/

2．主要功能

在指定边界后，可连续选择延伸边，延伸到与边界边相交。

（九）修剪

1．调用命令

命令行：TRIM（TR）

菜单栏：修改（M）→修剪（T）

工具栏："修改"→ -/--

2．主要功能

在指定剪切边后，可连续选择被剪切的边进行修剪。

技巧：巧妙选择修剪边界，可以快捷完成作图。以实例说明如下.

例 12-5：绘制如图 12-12 所示的一个 36×36 的正方形，试用修剪的命令完成作图，并从中体会修剪命令的巧用。

分析：此题关键在于巧妙找出修剪边界，同时在修剪对象过程中要十分清楚被剪对象，认真对待保留和舍去的线段。

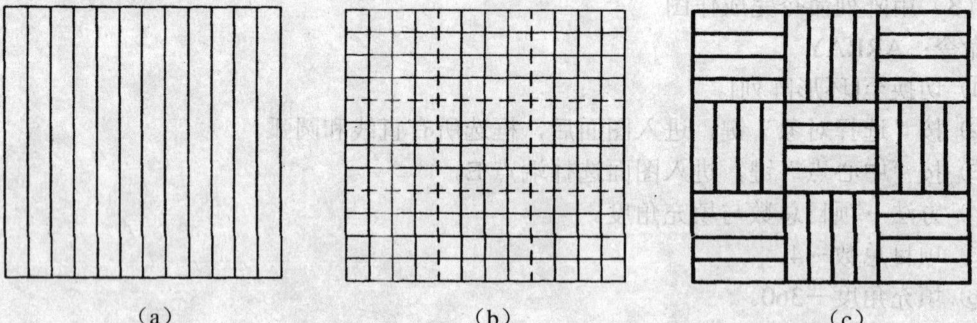

图 12-12　修剪命令的巧用

作图提示：

①用直线命令绘制正方形 36×36，并分解正方形以便下面的操作。

②用阵列或偏移命令完成如图 12-12（a）所示的一组水平的平行线（间距为 3）。

③同样绘制出另一组水平的平行线（或用复制、旋转和移动完成），如图 12-12（b）所示。

④修剪可完成作图，注意：按图示虚线选择边界，可以一次完成所有线段的修剪。

注意：选择修剪边界后不要忘记按 ENTER 键，否则，程序将不执行下一步，仍然等待输入修剪边界直到按 ENTER 键为止。

除上述编辑命令外，还有倒角、圆角和分解等。

第五节　图 样 标 注

一、文字标注

（一）文字样式

1．调用命令

命令行：STYLE

菜单栏：“格式（O）→文字样式（S）…”

工具栏：文字→

2．主要功能

弹出文字样式对话框，以便设置文字样式。

3．格式示例

命令：STYLE

执行该命令后，系统将显示如图 12-13 所示的“文字样式”对话框。

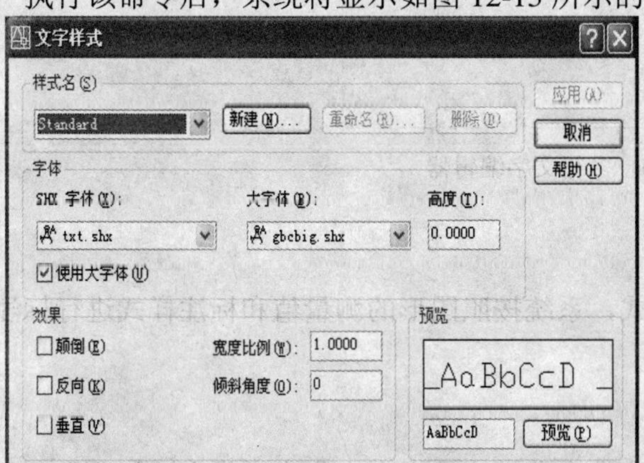

图 12-13　“文字样式”对话框

图 12-14　“新建文字样式”对话框

所有 AutoCAD 图中的文字都有其所属的文字样式，当用户建立文字时，AutoCAD 使用当前的文字样式,并设置字体、尺寸、角度、高度、宽度系数及其他特性。在一幅图形中可定义多种文字样式，以适合于不同对象的需要。

（二）多行文字

使用多行文字可以创建较为复杂的文字说明，如图样的技术要求等。

1．调用命令

命令行： MTEXT

菜单栏：“绘图→ 文字→ 多行文字”

工具栏：文字→

2．主要功能

弹出“多行文字编辑器”，输入多行文字并利用文字格式工具按钮，设置其文字样式、字体、对齐方式等字符格式。

3．格式示例

启动命令后在系统提示下：便可以开始输入多行文字。

命令：MTEXT

当前文字样式：standard

文字高度：2.5

指定第一角点：（指定矩形框的第一个角点）

指定对角点或[高度（H）/ 对正（J）/ 行距（L）/ 旋转（R）/ 样式（S）/ 宽度（W）]：

在此提示下指定矩形框的另一个角点，则显示一个矩形框，文字按缺省的左上角对正方式排布，矩形框内有一箭头表示文字的扩展方向。当指定对角点时，也可以指定其中的各选项，当指定第二角点后，AutoCAD 弹出图 12-15 所示“多行文字编辑器”对话框，从该对话框中可输入和编辑多行文字，并进行文字参数的多种设置。

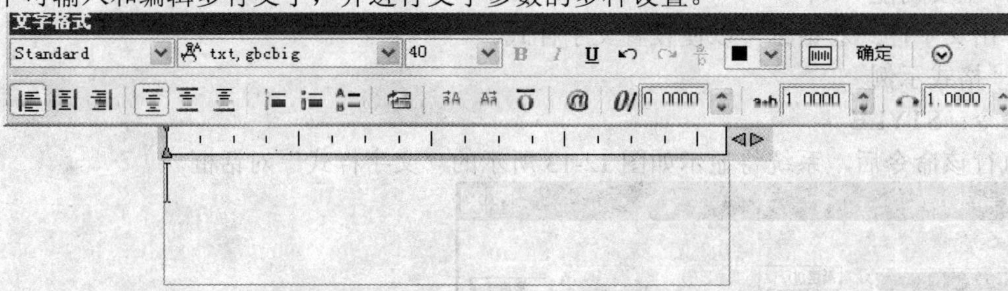

图 12-15　多行文字编辑器

二、尺寸标注

AutoCAD 的尺寸标注采用半自动方式，系统按照图形的测量值和标注样式进行标注。此外，还提供了很强的尺寸编辑功能。

（一）尺寸标注命令

由于标注类型较多，AutoCAD 把标注命令和标注编辑命令集中安排在“标注”下拉菜单和“标注”工具栏中（如图 12-16 所示），使用户可以灵活方便地进行尺寸标注。如图 12-16 列出了“标注”工具栏中每一图标的功能。

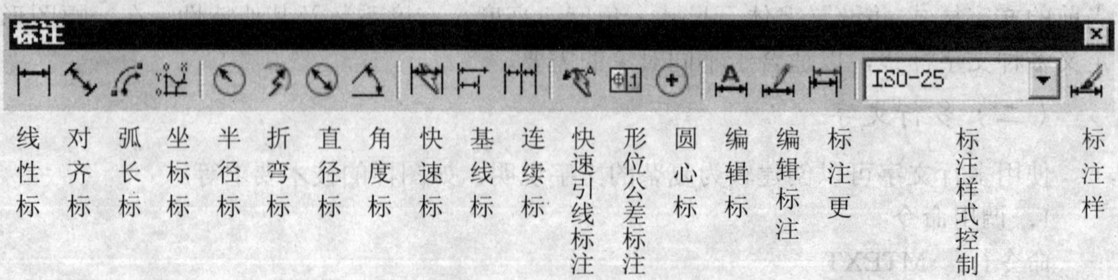

图 12-16　“标注”工具栏

（二）尺寸标注样式

尺寸标注样式是一系列尺寸标注变量的集合，这些尺寸标注变量是利用图 12-17 所示“标注样式管理器”对话框完成的。下面新建一个符合国标的建筑图标注样式。

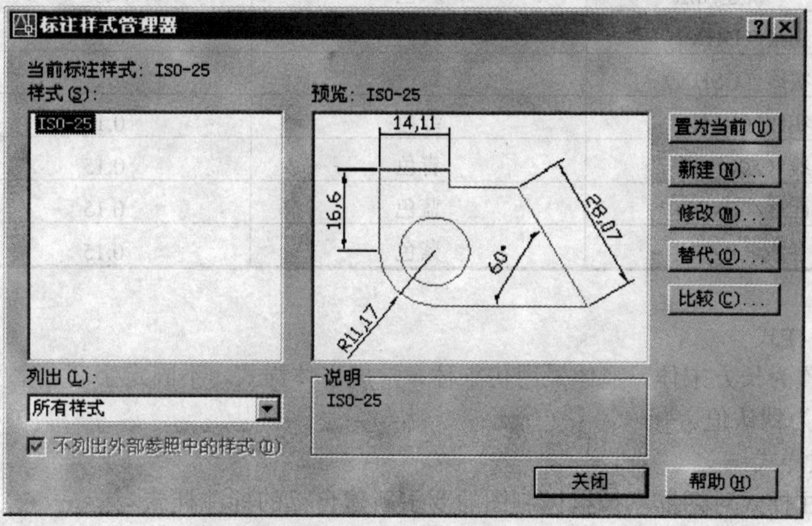

图 12-17 “标注样式管理器”对话框

各种尺寸标注如图 12-18 所示尺寸标注样例。

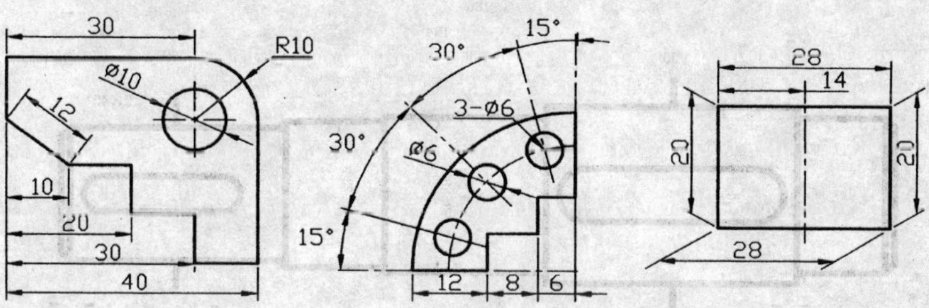

(a) (b) (c)

图 12-18 尺寸标注样例

第六节 计算机绘图实例

在 A3 的图幅上绘制如图 12-19 所示的机械图——传动轴。绘图的步骤和方法如下：

一、设置绘图环境

1．图幅设置

默认 A3 的图幅。

2．单位制与精度

采用公制缺省设置。

3．图层设置（如表 12-4 所示）

表 12-4　图层设置

新建图层	颜色	线宽
点划线（DHX）	红色	0.15
粗实线（CSHX）	黄色	0.5
细实线（XSHX）	绿色	0.15
虚线（XX）	青色	0.15
剖面线（PMX）	蓝色	0.15
尺寸线（BZX）	紫色	0.15

4．文字样式

一般设置为长方宋体。字体采用仿宋体，常规字体样式，不固定字高，宽度系数可定为 0.707，其他为默认值。

5．标注样式

打开标注样式对话框，按机械制图的要求新建自己的标注样式。

二、绘制机械图——传动轴

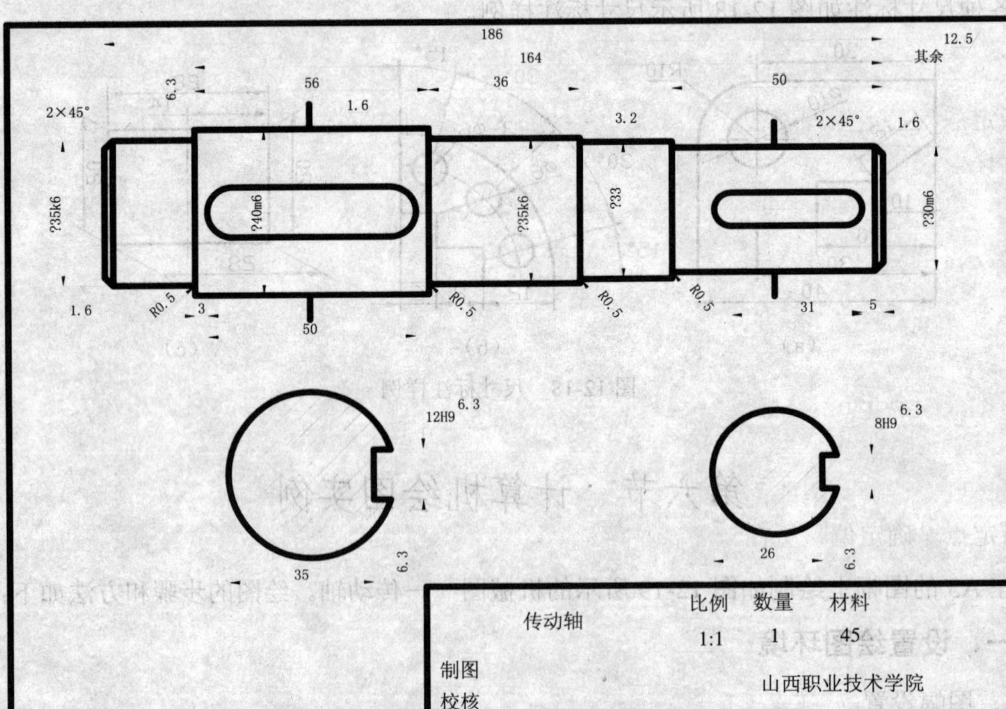

图 12-19　机械图——传动轴

（一）绘主视图

1．确定轴线和各部分的定位线

a　b　c　d　e　f

命令：LINE
指定第一点：　　←选择任意一点为起点
指定下一点或［放弃（U）］：35　←打开 F8，将鼠标往 90 度方向移动输入 35 画铅垂线
指定下一点或［放弃（U）］：　←[Enter]
命令：LINE
指定第一点：　←捕捉铅垂线的中点并向左追踪 7 为起点
指定下一点或［放弃（U）］：200　←打开 F8，将鼠标往 0 度方向移动后输入 200 画水平线
指定下一点或［放弃（U）］：　←[Enter]
命令：OFFSET
指定偏移距离或［通过（T）］〈通过〉：2　←输入 2 回车
选择要偏移的对象或〈退出〉：　←选择垂直线
指定点以确定偏移所在一侧：　←向 0 度方向任取一点作偏移复制
选择要偏移的对象或〈退出〉：　←[Enter]
命令：OFFSET
指定偏移距离或［通过（T）］〈通过〉：20　←输入 20 回车
选择要偏移的对象或〈退出〉：　←选择新偏移的直线
指定点以确定偏移所在一侧：　←向 0 度方向任取一点作偏移复制
选择要偏移的对象或〈退出〉：　←[Enter]
命令：OFFSET
指定偏移距离或［通过（T）］〈通过〉：56　←输入 56 回车
选择要偏移的对象或〈退出〉：　←选择新偏移的直线
指定点以确定偏移所在一侧：　←向 0 度方向任取一点作偏移复制
选择要偏移的对象或〈退出〉：　←[Enter]
命令：OFFSET
指定偏移距离或［通过（T）］〈通过〉：36　←输入 36 回车
选择要偏移的对象或〈退出〉：　←选择新偏移的直线
指定点以确定偏移所在一侧：　←向 0 度方向任取一点作偏移复制
选择要偏移的对象或〈退出〉：　←[Enter]
命令：OFFSET

指定偏移距离或［通过（T）］〈通过〉：22 ←输入 22 回车
选择要偏移的对象或〈退出〉： ←选择新偏移的直线
指定点以确定偏移所在一侧： ←向 0 度方向任取一点作偏移复制
选择要偏移的对象或〈退出〉： ←[Enter]
命令：OFFSET
指定偏移距离或［通过（T）］〈通过〉：50 ←输入 50 回车
选择要偏移的对象或〈退出〉： ←选择新偏移的直线
指定点以确定偏移所在一侧： ←向 0 度方向任取一点作偏移复制
选择要偏移的对象或〈退出〉： ←[Enter]
命令：OFFSET
指定偏移距离或［通过（T）］〈通过〉：2 ←输入 2 回车
选择要偏移的对象或〈退出〉： ←选择新偏移的直线
指定点以确定偏移所在一侧： ←向 270 度方向任取一点作偏移复制
选择要偏移的对象或〈退出〉： ←[Enter]

2．如图 12-20 所示轴的上半部分轮廓线

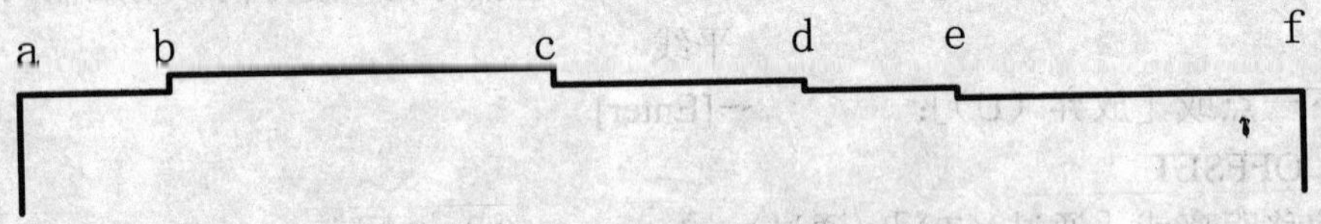

图 12-20　轴的上半部分轮廓线

命令：LINE
指定第一点： ←打开对象捕捉，捕捉左端铅垂线的中点
指定下一点或［放弃（U）］： ←捕捉 a 点
指定下一点或［放弃（U）］： ←捕捉 b 点
指定下一点或［闭合（C）/放弃（U）］：2.5 ←鼠标往 90 度方向移动，输入长度 2.5 作铅垂线
指定下一点或［闭合（C）/放弃（U）］：56 ←鼠标往 0 度方向移动，输入长度 56 作水平线
指定下一点或［闭合（C）/放弃（U）］： ←捕捉 c 点
指定下一点或［闭合（C）/放弃（U）］： ←捕捉 d 点
指定下一点或［闭合（C）/放弃（U）］：1 ←鼠标往 270 度方向移动，输入长度 1 作铅直线
指定下一点或［闭合（C）/放弃（U）］：22 ←打开 F8，鼠标向 0 度方向移动，输入长度 22
指定下一点或［闭合（C）/放弃（U）］：1.5 ←鼠标往 270 度方向移动，输入长度作 1.5
指定下一点或［闭合（C）/放弃（U）］：50 ←鼠标向 0 度方向移动，输入长度 50（或

捕捉垂足）

指定下一点或［闭合（C）/放弃（U）]：　　　←向 270 度方向捕捉轴线的交点

指定下一点或［闭合（C）/放弃（U）]：　　　←[Enter]

3．对各部分倒角和圆角后进行镜像（如图 12-21 所示）

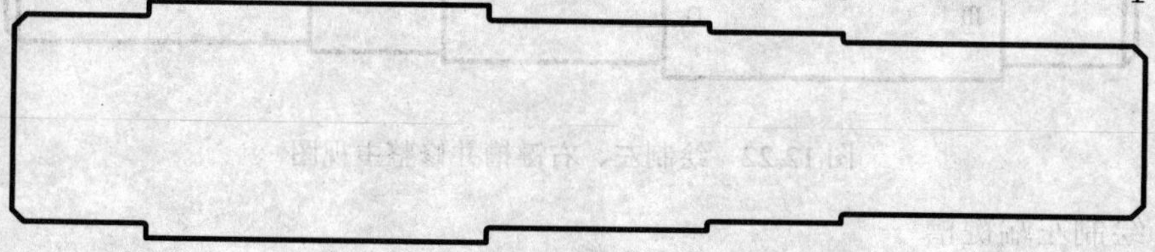

图 12-21　对各部分倒角和圆角后进行镜像

命令：CHAMFER

选择第一条直线或［多段线（P）/距离（D）/

角度（A）/修剪（T）/方式（M）/多个（U）]：D

← D 输入后回车

指定第一个倒角距离：2　　　← 输入倒角距离 2 回车

指定第二个倒角距离：2　　　← 输入倒角距离 2 回车

选择第一条直线或［多段线（P）/距离　（D）/角度（A）/修剪（T）/方式（M）/多个（U）]：　　　←选择左端 a 处的铅垂线

选择第二条直线：　　　←选择左端 a 处的水平线

（同理可对右端 f 处进行倒角）

命令：FILLET

当前设置：模式=修剪，半径=0.0000

选择第一个对象或［多段线（P）/半径（R）/修剪（T）/多个（U）]：R←输入选项 R

指定圆角半径：0.5　　　←输入半径 0.5

选择第一个对象或［多段线（P）/半径（R）/修剪（T）/多个（U）]：

←选择 b 点处的水平线

选择第二个对象：　　　← 选择 b 点处的垂直线

（用同样方法可作出点 c、d、e 处的圆角）。

命令：MIRROR

选择对象：　　　←将轴上半部分轮廓线全部选中

指定镜像线的第一点：　　　←选择轴的左端点

指定镜像线的第二点：　　　←选择轴的右端点

是否删除源对象？［是（Y）/否（N）]：　　　←[Enter]

4．绘制左、右键槽并修整主视图（如图 12-22 所示）

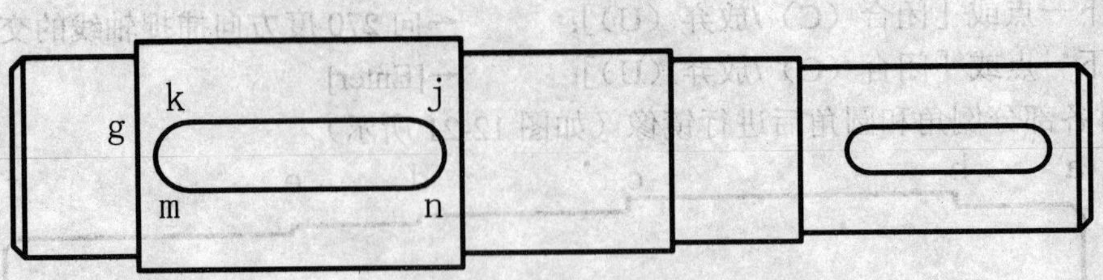

图 12-22　绘制左、右键槽并修整主视图

（1）绘制左端键槽

命令：CIRCLE

指定圆的圆心或［三点（3P）/两点（2P）/
相切、相切、半径（T）］：9

←捕捉 g 点向右追踪，输入 9（距离 3、半径 6）

指定圆的半径或［直径（D）］：6　　←输入半径 6 回车

命令：COPY

选择对象：　　←选择圆

指定点或位移，或者［重复（M）］：　　←捕捉圆心

指定位移的第二点或〈用第一点作位移〉　　←鼠标向 0 度方向移动，输入 38 回车

命令：LINE

指定第一点：　　←打开对象捕捉,捕捉第一个圆的切点 k

指定下一点或［放弃（U）］：　　←捕捉第二个圆的切点 j

指定下一点或［放弃（U）］：　　←[Enter]完成线段

命令：LINE

指定第一点：　　←打开对象捕捉,捕捉第一个圆切点 m

指定下一点或［放弃（U）］：　　←捕捉第二个圆切点 n

指定下一点或［放弃（U）］：　　←[Enter]完成线段

命令：TRIM

选择对象：　　←选择直线 kj

选择对象：　　←选择直线 mn

选择要修剪的对象，或按住 Shift 键选择要延伸的对象，或
［投影（P）/边（E）/放弃（U）］：

←选择圆内部的半圆 km

选择要修剪的对象，或按住 Shift 键选择要延伸的对象，或
［投影（P）/边（E）/放弃（U）］：

←选择圆内部的半圆 nj

选择要修剪的对象，或按住 Shift 键选择要延伸的对象，或
［投影（P）/边（E）/放弃（U）］：

←[Enter]

（2）绘制右端键槽（方法同上述相同）

（3）修整主视图

命令：TRIM

当前设置：投影=UCS，边=无

选择边界的边…

选择对象： ←选择全部

选择要修剪的对象，或按住 Shift 键选择要延伸的对象，或

[投影（P）/边（E）/放弃（U）]： ←选择多余的部分

选择要修剪的对象，或按住 Shift 键选择要延伸的对象，或

[投影（P）/边（E）/放弃（U）]： ←[Enter]

命令：EXTEND

当前设置：投影=UCS，边=无

选择边界的边…

选择对象： ←选择全部

选择要延伸的对象，或按住 Shift 键选择要修剪的对象，或

[投影（P）/边（E）/放弃（U）]： ← 选择各条需要延伸的直线

选择要延伸的对象，或按住 Shift 键选择要修剪的对象，或

[投影（P）/边（E）/放弃（U）]： ←[Enter]

（二）绘剖面图

绘制左端键槽处的剖面，如图 12-23 所示。

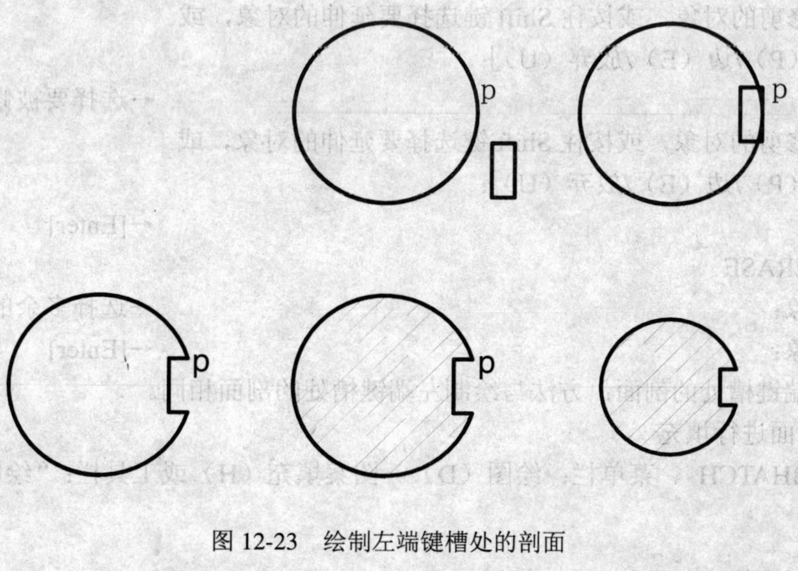

图 12-23　绘制左端键槽处的剖面

1．用直线直命令确定定位轴线

命令：LINE

指定第一点：　←在主视图下方任意选一点为起点

指定下一点或［放弃（U）］：　←往 0 度方向作一条适当长的水平线

指定下一点或［放弃（U）］：　←[Enter]完成线段

命令：LINE

指定第一点：　←在水平线中点上方选适当一点为起点

指定下一点或［放弃（U）］：　←往 270 度方向作一条适当长的垂直线

指定下一点或［放弃（U）］：　←[Enter]完成线段

2．绘制轮廓线

命令：CIRCLE

指定圆的圆心或［三点（3P）/两点（2P）/相切、相切、半径（T）］：←捕捉交点为圆心

指定圆的半径或［直径（D）］：20　←输入半径 20 回车

命令：RECTANG

指定第一个角点或［倒角（C）/标高（E）/圆角（F）/厚度（T）/宽度（W）］：

←任选一点作为矩形角点

指定另一个角点或［尺寸（D）］：　←输@5，12 回车

命令：MOVE

选择对象：　←选择矩形

指定基点或位移：　←捕捉矩形右垂直边中点

指定位移第二个点或〈用第一点作位移〉：　←捕捉圆的象限点 P

命令：TRIM

选择对象：　←选择圆和矩形

选择对象：　←[Enter] 回车

选择要修剪的对象，或按住 Shift 键选择要延伸的对象，或

［投影（P）/边（E）/放弃（U）］：

←选择要被修剪掉的部分

选择要修剪的对象，或按住 Shift 键选择要延伸的对象，或

［投影（P）/边（E）/放弃（U）］：

←[Enter]

命令：ERASE

选择对象：　←选择多余的线

选择对象：　←[Enter]

绘制右端键槽处的剖面：方法与绘制左端键槽处的剖面相同。

3．对剖面进行填充

命令：BHATCH 、菜单栏：绘图（D）→图案填充（H）或工具栏：“绘图”→

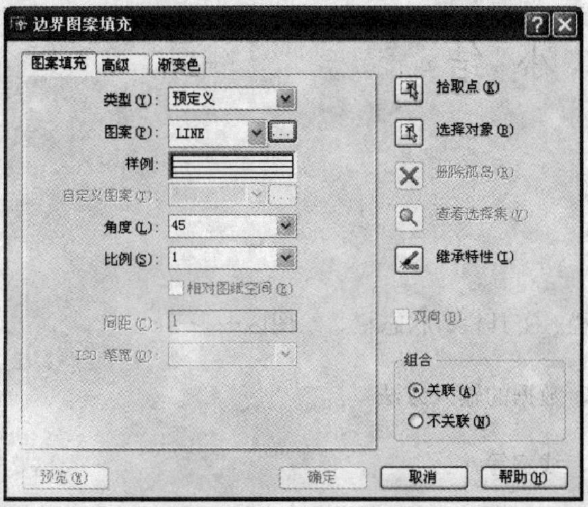

图 12-24 “边界图案填充”对话框

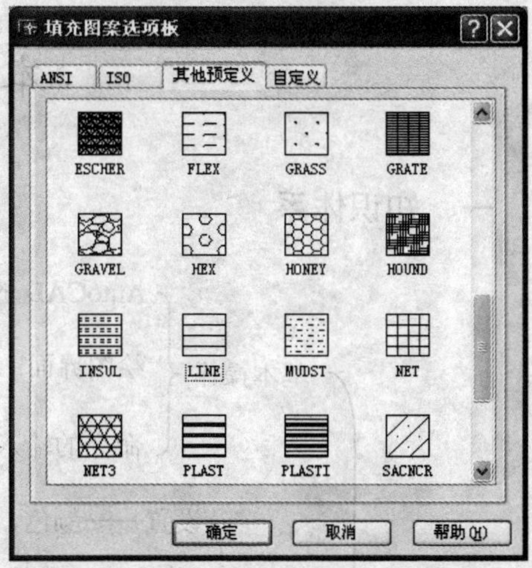

图 12-25 “填充图案选项板”对话框

调出“边界图案填充”对话框，如图 12-24 所示，在“图案填充”标签下，单击图案按钮，弹出“填充图案选项板”对话框，如图 12-25 所示，在“其他预定义”标签中选择图案“LINE”，单击确定。返回“边界图案填充”对话框，在角度（L）：选择“45”度，单击选择对象按钮,进入剖面图中选择外轮廓线之后回车，返回对话框中单击确定。

（三）标注尺寸

（1）标注水平方向尺寸（采用快速标注）：186、164、56、50、50、36、35、31、26、5、3 等。

（2）标注铅垂方向尺寸（用换文本方法）：ϕ35k6、ϕ40m6、ϕ35k6、ϕ33、ϕ30m6、12H9、8H9 等。

（3）标注圆角和倒角（用指引标注方法）：R0.5（4 个）、2×45°（2 个）。

（4）标注粗糙度符号（采用属性块标注）：12.5、6.3（5 个）、3.2、1.6（3 个）。

（5）完善标注后填写标题栏，完成后保存为：JXT（机械图）。

注意：在作图过程中要及时保存，以防误操作或多种因素的影响而丢失图形文件。

本 章 小 结

一、知识体系

- 基本知识
  - 基本操作
    - AutoCAD 的启动
    - 绘图界面：菜单栏、工具栏、状态栏、绘图区……
    - 命令的输入：点、数据的输入方法
  - 图层
    - 设置——颜色、线型、线宽等
    - 控制——关闭/打开、冻结/解冻、锁定/解锁等
    - 使用——不同用途的对象置于相应的图层（可调整线型比例等）
  - 图形绘制
    - 直线型——直线、构造线、多线、多段线等
    - 平面图形——圆、矩形、多边形、椭圆等
  - 图形编辑
    - 选择对象方式——单个、窗口、窗交、栏选等
    - 常用编辑命令——复制、镜像、移动、旋转、修剪、延伸、阵列等
  - 图样标注
    - 文字——样式、多行文字
    - 尺寸——样式、线型、对齐、基线、连续、半径、直径、角度等

二、复习思考

（一）思考题

1. AutoCAD 的工作界面包括哪几部分，各部分的主要功能是什么？
2. 怎样设置图层？使用图层有什么优点？
3. 常用的绘图命令有哪些？

（二）选择题（将正确的答案代号填在括号里）

1. 在 AutoCAD 中，________图层是不能冻结的？

（A）零图层　　（B）当前层　　（C）任意层　　（D）以上全非

2. 选项________不是启动正交模式的方法。

（A）命令行：ORTHO　　（B）F8　　（C）F9　　（D）状态栏的“正交”

3．当你需要画出一个对称图形时，可采用下面________命令？

（A） COPY　　（B） MIRROR　　（C） ARRAY　　（D） STRETCH

（三）判断题（正确的打“√”、错误的打“×”）

1．CAD 除了绘图功能外，还可以辅助技术人员从事设计工作。

2．使用多行文字命令输入的文字修改比较方便，所以采用较多。

3．等轴测图是在二维平面内画出的看起来有三个向度的立体图。

附 录

一、螺纹

1．普通螺纹（摘自 GB/T 192-1981、GB/T 93-1981、GB/T 196-1981）

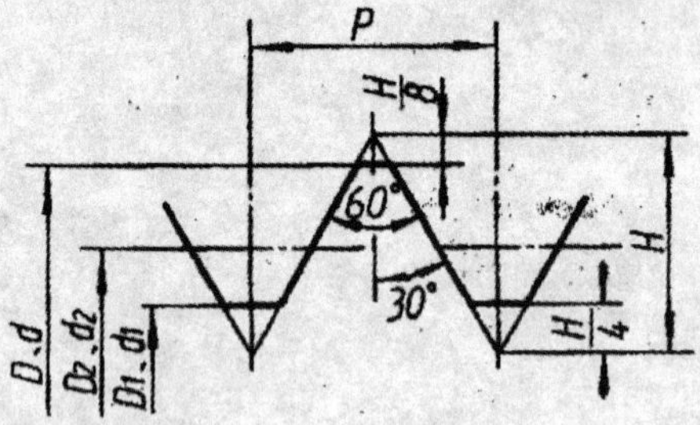

标记示例

公称直径 24mm、螺距 2mm、中径和大径公差带均为 6H、右旋的粗牙普通螺纹：

M16-6H

公称直径 16mm、螺距 1.5mm、中径公差带为 5g、大径公差带为 6g、右旋的细牙普通螺纹：

M16×.5-5g6g

附表 1　直径与螺距系列　（单位：mm）

公称直径 D、d		螺距 P		粗牙小径 D_1、d_1
第一系列	第二系列	粗牙	细牙	
3		0.5	0.35	2.459
	3.5	(0.6)		2.850
4		0.7	0.5	3.242
	4.5	(0.75)		3.688
5		0.8		4.134
6			0.75,(0.5)	4.917
8		1.25	1,0.75,(0.5)	6.647
10		1.5	1.25,1,0.75,(0.5)	8.376
12		1.75	1.5,1.25,1,(0.75),(0.5)	10.06
	14	2	1.5,(1.25),1,(0.75),(0.5)	11.835
16		2	1.5,1,(0.75),(0.5)	13.835
	18	2.5	2,1.5,1,(0.75),(0.5)	15.294
20		2.5		17.294

公称直径 D、d		螺距 P		粗牙小径 D_1、d_1
第一系列	第二系列	粗牙	细牙	
	22	2.5	2,1.5,1,(0.75),(0.5)	19.294
24		3	2,1.5,1,(0.75)	20.752
	27	3	2,1.5,1,(0.75)	23.752
30		3.5	(3),2,1.5,1,(0.75)	26.211
	33	3.5	(3),2,1.5,(1),(0.75)	29.211
36		4	3,2,1.5,(1)	31.670
	39	4		34.670
42		4.5	(4),3,2,1.5,(1)	37.129
	45	4.5		40.129
48		5		42.587
	52	5		46.587
56		5.5	4,3,2,1.5,(1)	50.046

注：1．优先选用第一系列，括号内的尺寸尽可能不用。

2．第三系列未列入。

3．中径 d_2、D_2 未列入。

2．梯形螺纹（摘自 GB/T 5796.1-1986、GB/T 5796.2-1986、GB/T 5796.3-1986、）

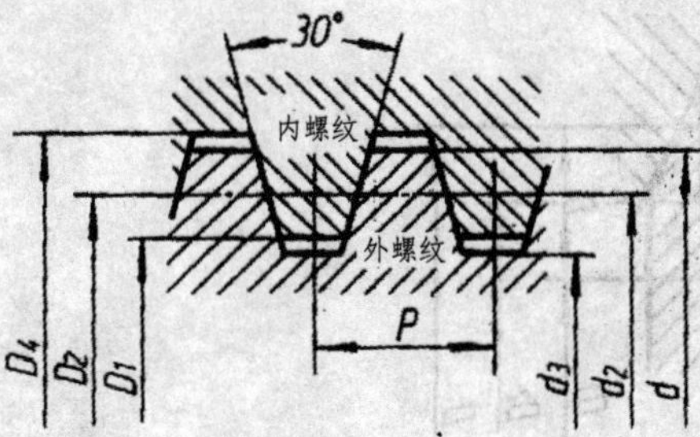

标记示例

公称直径 24mm、螺距 2mm、中径和大径公差带均为 6H、右旋的粗牙普通螺纹：

M16-6H

公称直径 16mm、螺距 1.5mm、中径公差带为 5g、大径公差带为 6g、右旋的细牙普通螺纹：

M16×.5-5g6g

附表 2　直径与螺距系列、基本尺寸　　（单位：mm）

公称直径 d 第一系列	公称直径 d 第二系列	螺距 P	中径 $d_2=D_2$	大径 D_4	小径 d_3	小径 D_1
8		1.5	7.25	8.30	6.20	6.50
	9	1.5	8.25	9.30	7.20	7.50
		2	8.00	9.50	6.50	7.00
10		1.5	9.25	10.30	8.20	8.50
		2	9.00	10.50	7.50	8.00
	11	2	10.00	11.50	8.50	9.00
		3	9.50	11.50	7.50	8.00
12		2	11.00	12.50	9.50	10.00
		3	10.50	12.50	8.50	9.00
	14	2	13.00	14.50	11.50	12.00
		3	12.50	14.50	10.50	11.00
16		2	15.00	16.50	13.50	14.00
		4	14.00	16.50	11.50	12.00
	18	2	17.00	18.50	15.50	16.00
		4	16.00	18.50	13.50	14.00
20		2	19.00	20.50	17.50	18.00
		4	18.00	20.50	15.50	16.00
	22	3	20.50	22.50	18.50	19.00
		5	19.50	22.50	16.50	17.00
		8	18.00	23.00	13.00	14.00
24		3	22.50	24.50	20.50	21.00
		5	21.50	24.50	18.50	19.00
		8	20.00	25.00	15.00	16.00

公称直径 d 第一系列	公称直径 d 第二系列	螺距 P	中径 $d_2=D_2$	大径 D_4	小径 d_3	小径 D_1
	26	3	24.50	26.50	22.50	23.00
		5	23.50	26.50	20.50	21.00
		8	22.00	27.00	17.00	18.00
28		3	26.50	28.50	24.50	25.00
		5	25.50	28.50	22.50	23.00
		8	24.00	29.00	19.00	20.00
	30	3	28.50	30.50	26.50	27.00
		6	27.00	31.00	23.00	24.00
		10	25.00	31.00	19.00	20.00
32		3	30.50	32.50	28.50	29.00
		6	29.00	33.00	25.00	26.00
		10	27.00	33.00	21.00	22.00
	34	3	32.50	34.50	30.50	31.00
		6	31.00	35.00	27.00	28.00
		10	29.00	35.00	23.00	24.00
36		3	34.50	36.50	32.50	33.00
		6	33.00	37.00	29.00	30.00
		10	31.00	37.00	25.00	26.00
	38	3	36.50	38.50	34.50	35.00
		7	34.50	39.00	30.00	31.00
		10	33.00	39.00	27.00	28.00
40		3	38.50	40.50	36.50	37.00
		7	36.50	41.00	32.00	33.00
		10	35.00	41.00	29.00	30.00

3．非螺纹密封的管螺纹（GB/T 7307-1987）

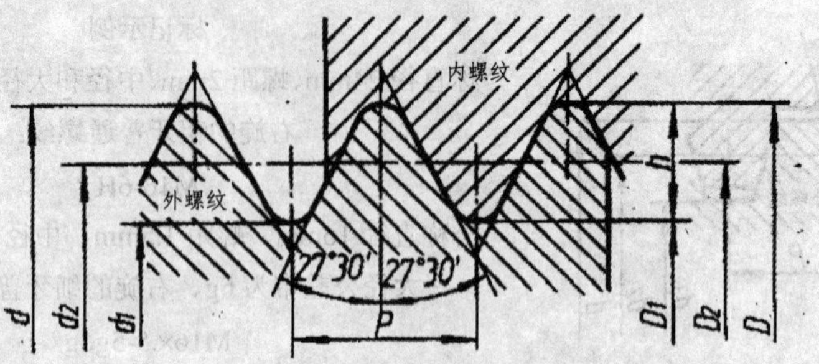

标记示例

尺寸代号为 1/2、右旋的非螺纹密封的管螺纹：G1/2

尺寸代号为 $1\frac{1}{4}$、公差等级为 A 级、左旋的非螺纹密封的管螺纹：$G1\frac{1}{4}$A-LH

附表 3　螺纹的基本尺寸和公差（单位：mm）

1	2	3	4	5	6	7	8
尺寸代号	每 25.4mm 内的牙数 n	螺距 P	牙高 h	圆弧半径 $r=$	基本直径		
					大径 $d=D$	中径 $d_2=D_2$	小径 $d_1=D_1$
1/16	28	0.907	0.581	0.125	7.723	7.142	6.561
1/8	28	0.907	0.581	0.125	9.728	9.147	8.566
1/4	19	1.337	0.856	0.184	13.157	12.301	11.445
3/8	19	1.337	0.856	0.184	16.662	15.806	14.950
1/2	14	1.814	1.162	0.249	20.955	19.793	18.631
5/8	14	1.814	1.162	0.249	22.911	21.749	20.587
3/4	14	1.814	1.162	0.249	26.441	25.279	24.117
7/8	14	1.814	1.162	0.249	30.201	29.039	27.877
1	11	2.309	1.479	0.317	33.249	31.770	30.291
$1\frac{1}{8}$	11	2.309	1.479	0.317	37.897	36.418	34.939
$1\frac{1}{4}$	11	2.309	1.479	0.317	41.910	40.431	38.952
$1\frac{1}{2}$	11	2.309	1.479	0.317	47.803	46.324	44.845
$1\frac{3}{4}$	11	2.309	1.479	0.317	53.746	52.267	50.788
2	11	2.309	1.479	0.317	59.614	58.135	56.656
$2\frac{1}{4}$	11	2.309	1.479	0.317	65.710	64.231	62.752
$2\frac{1}{2}$	11	2.309	1.479	0.317	75.184	73.705	72.226
$2\frac{3}{4}$	11	2.309	1.479	0.317	81.534	80.055	78.576
3	11	2.309	1.479	0.317	87.884	86.405	84.926
$3\frac{1}{2}$	11	2.309	1.479	0.317	100.380	98.851	97.372
4	11	2.309	1.479	0.317	113.030	111.551	110.072
$4\frac{1}{2}$	11	2.309	1.479	0.317	125.730	124.251	122.772
5	11	2.309	1.479	0.317	138.430	136.951	135.472
$5\frac{1}{2}$	11	2.309	1.479	0.317	151.130	149.651	148.172
6	11	2.309	1.479	0.317	163.830	162.351	160.872

注：螺纹的公差未列入。

二、螺纹收尾、退刀槽和倒角

普通螺纹收尾、退刀槽和倒角（GB/T 3-1997）

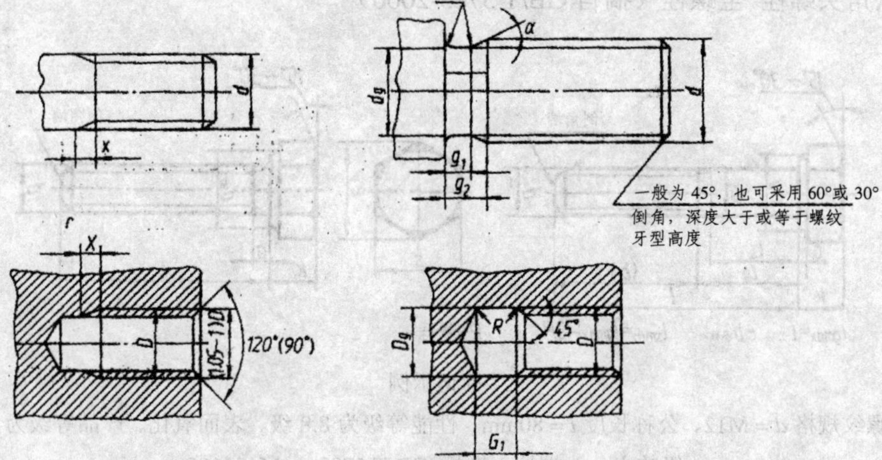

附 表 4　　（单位：mm）

螺距 P	粗牙螺纹大径 d、D	外螺纹 g_2 max	g_1 min	d_g	r_ω	x_{max} 一般	x_{max} 短的	内螺纹 G_1 一般	G_1 短的	D_g	$R\approx$	X_{max} 一般	X_{max} 短的
0.5	3	1.5	0.8	d-0.8	0.2	1.25	0.7	2	1		0.2	2	1
0.6	3.5	1.8	0.9	d-1		1.5	0.75	2.4	1.2		0.3	2.4	1.2
0.7	4	2.1	1.1	d-1.1	0.4	1.75	0.9	2.8	1.4	D + 0.3		2.8	1.4
0.75	4.5	2.25	1.2	d-1.2		1.9	1	3	1.5		0.4	3	1.5
0.8	5	2.4	1.3	d-1.3		2	1	3.2	1.6			3.2	1.6
1	6;7	3	1.6	d-1.6	0.6	2.5	1.25	4	2		0.5	4	2
1.25	8;9	3.75	2	d-2		3.2	1.6	5	2.5		0.6	5	2.5
1.5	10;11	4.5	2.5	d-2.3	0.8	3.8	1.9	6	3		0.8	6	3
1.75	12	5.25	3	d-2.6	1	4.3	2.2	7	3.5		0.9	7	3.5
2	14;16	6	3.4	d-3		5	2.5	8	4		1	8	4
2.5	18;20	7.5	4.4	d-3.6	1.2	6.3	3.2	10	5		1.2	10	5
3	24,27	9	5.2	d-4.4	1.6	7.5	3.8	12	6	D + 0.5	1.5	12	6
3.5	30;33	10.5	6.2	d-5		9	4.5	14	7		1.8	14	7
4	36;39	12	7	d-5.7	2	10	5	16	8		2	16	8
4.5	42;45	13.5	8	d-6.4	2.5	11	5.5	18	9		2.2	18	9
5	48;52	15	9	d-7		12.5	6.3	20	10		2.5	20	10
5.5	56;60	17.5	11	d-7.7	3.2	14	7	22	11		2.8	22	11
6	64;68	18	11	d-8.3		15	7.5	24	12		3	24	12
参考值	—	≈3P	—	—	—	≈2.5P	≈1.25P	= 4P	= 2P	—	≈0.5P	= 4P	= 2P

注：1.d、D 为螺纹公称直径代号。

2. d_g 公差为：d > 3mm 时，为 h13；d ≤ 3mm 时，为 h12。D_g 公差为 H13。

3.应优先选用“一般”长度的收尾；“短”退刀槽仅在结构受限制时采用。

三、螺栓

1. 六角头螺栓（摘自 GB/T 5782-2000）

2. 六角头螺栓 全螺栓（摘自 GB/T 5783-2000）

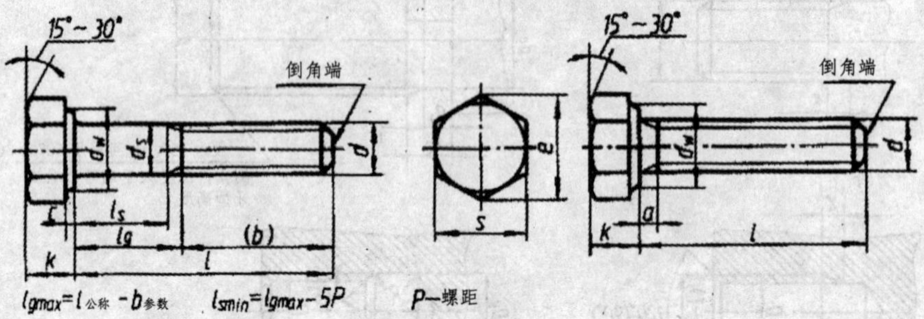

标记示例

螺纹规格 d = M12、公称长度 l = 80mm、性能等级为 8.8 级、表面氧化、产品等级为 A 级的六角头螺栓：螺栓 GB/T 5782 M12×80

附 表 5 （单位：mm）

螺纹规格 d			M3	M4	M5	M6	M8	M10	M12	M16	M20	M24	M30	M36
e min	产品等级	A	6.07	7.66	8.79	11.05	14.38	17.77	20.03	26.75	33.53	39.98	50.85	60.79
		B	—	—	8.63	10.89	14.20	17.59	19.85	26.17	32.95	39.55		
s	max = 公称		5.5	7	8	10	13	16	18	24	30	36	46	55
K 公称			2	2.8	3.5	4	5.3	6.4	7.5	10	12.5	15	18.7	22.5
c	max		0.4	0.4	0.5	0.5	0.6	0.6	0.6	0.8	0.8	0.8	0.8	0.8
	min		0.15	0.15	0.15	0.15	0.15	0.15	0.15	0.2	0.2	0.2	0.2	0.2
d_w min	产品等级	A	4.6	5.9	6.9	8.9	11.6	14.6	16.6	22.5	28.2	33.6	42.71	51.1
		B	—	—	6.7	8.7	11.4	14.4	16.4	22	27.7	33.2		
GB/T 5782	b 参	l ≤125	12	14	16	18	22	26	30	38	46	54	66	78
		125<l≤200	—	—	—	—	28	32	36	44	52	60	72	84
		l >200	—	—	—	—	—	—	—	57	65	73	85	97
	l 公称		20~30	25~40	25~50	30~60	35~80	40~100	45~120	55~160	65~200	80~240	90~300	110~360
GB/T 5783	a max		1.5	2.1	2.4	3	3.75	4.5	5.25	6	7.5	9	10.5	12
	l 公称		6~30	8~40	10~50	12~60	16~80	20~100	25~100	35~100	40~100	40~100	40~100	40~100
l（系列）			6,8,10,12,16,20,25,30,35,40,45,50,(55),60,(65),70,80,90,100,110 120,130,140,150,160,180,200,220,240,260,280,300,320,340,360,380,400											

四、螺母

1．型六角螺母（摘自 GB/T 6170-2000）

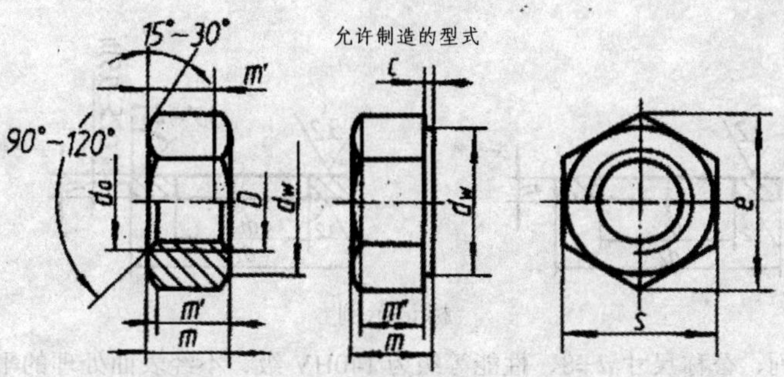

标记示例

螺母规格 D = M12、性能等级为 10 级、不经表面处理、

产品等级为 A 级的 1 型六角螺母：

螺母 GB/T 6170　M12

附 表 6　　（单位：mm）

	D		M1.6	M2	M2.5	M3	M4	M5	M6	M8	M10	M12	M16	M20	M24	M30	M36
商品规格	螺纹规格 $D\times P$	细牙	—	—	—	—	—	—	—	M8×1	M10×1	M12×1.5	M16×1.5	M20×2	M24×2	M30×2	M36×2
			—	—	—	—	—	—	—	—	(M10×1.25)	(M12×1.25)	—	(M20×1.5)	—	—	—
	c	max	0.2	0.2	0.3	0.4	0.4	0.5	0.5	0.6	0.6	0.6	0.8	0.8	0.8	0.8	0.8
	d_o	max	1.84	2.3	2.9	3.45	4.6	5.75	6.75	8.75	10.8	13	17.30	21.6	25.9	32.4	38.9
		min	1.6	2	2.5	3	4	5	6	8	10	12	16	20	24	30	36
	d_w	min	2.4	3.1	4.1	4.6	5.9	6.9	8.9	11.6	14.6	16.6	22.5	27.7	33.2	42.7	51.1
	e	min	3.41	4.32	5.45	6.01	7.66	8.79	11.05	14.38	17.77	20.03	26.75	32.95	39.55	50.85	60.79
	m	max	1.3	1.6	2	2.4	3.2	4.7	5.2	6.8	8.4	10.8	14.8	18	21.5	25.6	31
		min	1.05	1.35	1.75	2.15	2.9	4.4	4.9	6.44	8.04	10.37	14.1	16.9	20.2	24.3	29.4
	m'	min	0.8	1.1	1.4	1.7	2.3	3.5	3.9	5.1	6.4	8.3	11.3	13.5	16.2	19.4	23.5
	m''	min	0.7	0.9	1.2	1.5	2	3.1	3.4	4.5	5.6	7.3	9.9	11.8	14.1	17	20.6
	s	max	3.2	4	5	5.5	7	8	10	13	16	18	24	30	36	46	55
		min	3.02	3.82	4.82	5.32	6.78	7.78	9.78	12.73	15.73	17.73	23.67	29.16	35	45	53.8

五、垫圈

1．平垫圈——A 级（摘自 GB/T 97.1-1985）

2．平垫圈 倒角型——A 级（摘自 GB/T 97.2-1985）

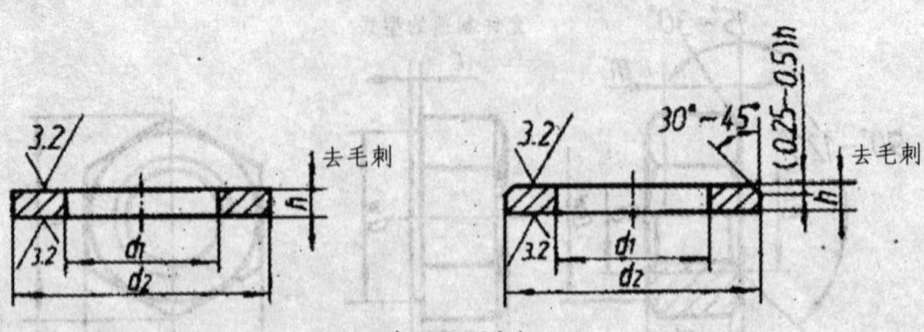

标记示例

标准系列、公称尺寸 d=8、性能等级为 140HV 级、不经表面处理的平垫圈：

垫圈 GB/T 97.1 8-140HV

标准系列、公称尺寸 d=8、性能等级为 A140 级、倒角型、不经表面处理的平垫圈：

垫圈 GB/T 97.2 8-A140

附 表 7 （单位：mm）

公称尺寸（螺纹规格 d）	内径 d_1		外径 d_2		厚度 h		
	公称(min)	max	公称(max)	min	公称	max	min
1.6	1.7.	1.84	4	3.7	0.3	0.35	0.25
2	2.2	2.34	5	4.7	0.3	0.35	0.25
2.5	2.7	2.84	6	5.7	0.5	0.55	0.45
3	3.2	3.38	7	6.64	0.5	0.55	0.45
4	4.3	4.48	9	8.64	0.8	0.9	0.7
5	5.3	5.48	10	9.64	1	1.1	0.9
6	6.4	6.62	12	11.57	1.6	1.8	1.4
8	8.4	8.62	16	15.57	1.6	1.8	1.4
10	10.5	10.77	20	19.48	2	2.2	1.8
12	13	13.27	24	23.48	2.5	2.7	2.3
14	15	15.27	28	27.48	2.5	2.7	2.3
16	17	17.27	30	29.48	3	3.3	2.7
20	21	21.33	37	36.38	3	3.3	2.7
24	25	25.33	44	43.38	4	4.3	3.7
30	31	31.39	56	55.26	4	4.3	3.7
36	37	37.62	66	64.8	5	5.6	4.4

* 倒角型 A 级平垫圈的螺纹规格 d 从 5 开始。

六、双头螺柱

1．$b_m=1d$（摘自 GB/T 897-1988）

2．$b_m=1.25d$（（摘自 GB/T 897-1988）

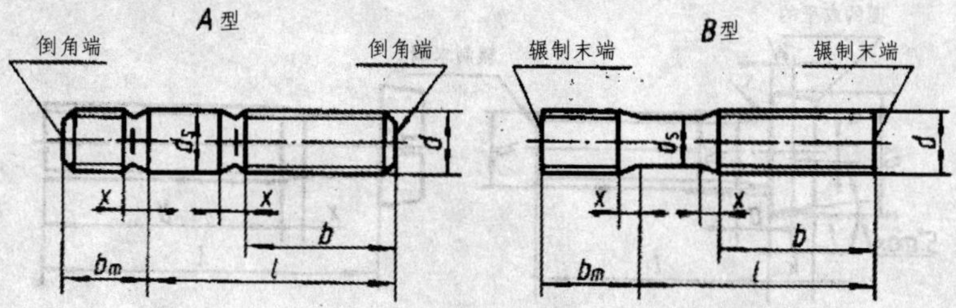

D2≈螺纹中径（仅适用于 B 型）

标记示例

为粗牙普通螺纹、d=10mm、l=50mm、性能等级为 4.8 级、不经热处理及表面处理、B 型、b_m=1d 的双头螺柱：

螺柱　GB/T 897　M10×50

均为粗牙普通螺纹、d=10mm、l=50mm、性能等级为 4.8 级、不经表面处理、B 型、b_m=1.25d 的双头螺柱：

螺柱　GB/T 898　M10×50

入机体一端为粗牙普通螺纹、旋螺母一端为螺距 P=1mm 的细牙普通螺纹、d=10mm、l=50mm、性能等级为 4.8 级、不经表面处理、A 型、b_m=1.25d 的双头螺柱：

螺柱　GB/T 898　AM10- M10×1×50

附 表 8

（单位：mm）

螺纹规格	b_m 公称		d_o		x	b	l 公称
d	GB/T 897	GB/T 898	max	min	max		
M5	5	6	5	4.7	1.5P	10	16~20
						16	25~50
M6	6	8	6	5.7		10	20,(22)
						14	25,(28),30
						18	35~70
M8	8	10	8	7.64		12	20
						16	25,(28),30
						22	35~90
M10	10	12	10	9.64		14	25,(28),
						16	30,(32),35
						26	40~120
						32	130
M12	12	15	12	11.57		16	25,30
						20	35,40
						30	45~120
						36	130~180
M16	16	20	16	15.57		20	30,(32),35
						30	40~50
						38	60~120
						44	130~180
M20	20	25	20	19.48		25	35,40
						35	45~60
						46	70~120
						52	130~200
l（系列）							

七、螺钉

1. 开槽圆柱头螺钉（摘自 GB/T 65-2000）

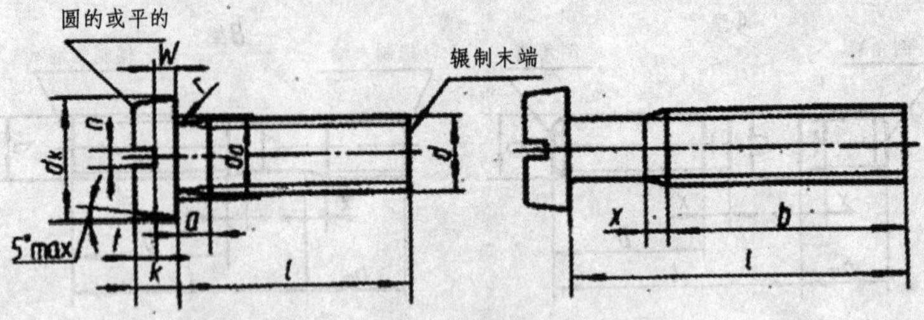

无螺纹部分杆径≈中径或 = 螺纹大径

标记示例

螺纹规格 d =M5、公称长度 l=20mm、性能等级为 4.8 级、不经表面处理的 A 级

开槽圆柱头螺钉：

螺钉 GB/T 65 M5×20

附 表 9

（单位：mm）

螺纹规格 d		M1.6	M2	M2.5	M3	M4	M5	M6	M8	M10
P		0.35	0.4	0.45	0.5	0.7	0.8	1	1.25	1.5
a	max	0.7	0.8	0.9	1	1.4	1.6	2	2.5	3
b	min	25	25	25	25	38	38	38	38	38
d_k	max	3.2	4	5	5.6	8	9.5	12	16	20
	min	2.9	3.7	4.7	5.3	7.64	9.14	11.57	15.57	19.48
d_o	max	2.1	2.6	3.1	3.6	4.7	5.7	6.8	9.2	11.2
k	max	1	1.3	1.5	1.8	2.4	3	3.6	4.8	6
	min	0.85	1.1	1.3	1.6	2.2	2.8	3.3	4.5	5.7
n	公称	0.4	0.5	0.6	0.8	1.2	1.2	1.6	2	2.5
	min	0.46	0.56	0.66	0.86	1.26	1.28	1.66	2.06	2.56
	max	0.6	0.7	0.8	1	1.51	1.51	1.91	2.31	2.81
r	min	0.1	0.1	0.1	0.1	0.2	0.2	0.25	0.4	0.4
r_1	参考	0.5	0.6	0.8	0.9	1.2	1.5	1.8	2.4	3
t	min	0.5	0.5	0.6	0.7	1	1.2	1.4	1.9	2.4
w	min	0.3	0.4	0.5	0.7	1	1.2	1.4	1.9	2.4
x	max	0.9	1	1.1	1.25	1.75	2	2.5	3.2	3.8
l(商品规格范围公称长度)		2~16	2.5~20	3~25	4~30	5~40	6~50	8~60	10~80	12~80
l(系列)		2,2.5,3,4,5,6,8,10,12,(14),16,20,25,30,35,40,45,50,(55),60,(65),70,(75),80								

注：1.P ——螺距。

2.螺纹规格 d =M1.6~M3、公称长度 l ≤30mm 的螺钉、应制出全螺纹；螺纹规格 d =M4~M10、公称长度 l ≤40mm 的螺钉、应制出全螺纹（$b = l - a$）。

3.尽可能不采用括号内的规格。

2．开槽沉头螺钉（摘自 GB/T 68-2000）

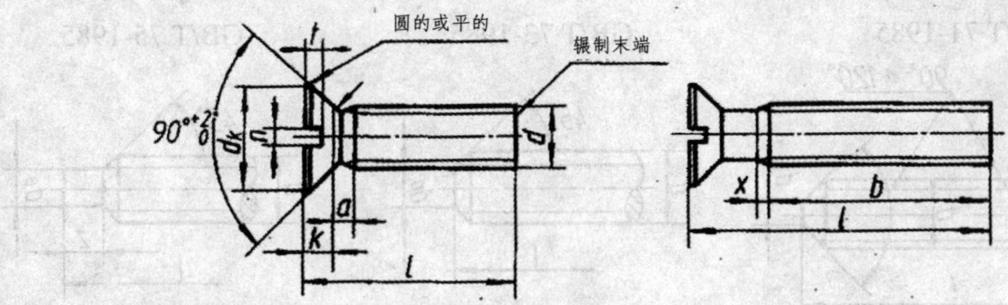

标记示例

纹规格 d =M5、公称长度 l=20mm、性能等级为 4.8 级、不经表面处理的 A 级开槽沉头螺钉：

螺钉　GB/T 68　M5×20

附 表 10　　（单位：mm）

螺纹规格 d			M1.6	M2	M2.5	M3	M4	M5	M6	M8	M10
P			0.35	0.4	0.45	0.5	0.7	0.8	1	1.25	1.5
a	max		0.7	0.8	0.9	1	1.4	1.6	2	2.5	3
b	min		25				38				
d_k	理论值	max	3.6	4.4	5.5	6.3	9.4	10.4	12.6	17.3	20
	实际值	max	3	3.8	4.7	5.5	8.4	9.3	11.3	15.8	18.3
		min	2.7	3.5	4.4	5.2	8	8.9	10.9	15.4	17.8
k	max		1	1.2	1.5	1.65	2.7	2.7	3.3	4.65	5
n	公称		0.4	0.5	0.6	0.8	1.2	1.2	1.6	2	2.5
	min		0.46	0.56	0.66	0.86	1.26	1.28	1.66	2.06	2.56
	max		0.6	0.7	0.8	1	1.51	1.51	1.91	2.31	2.81
r	max		0.4	0.5	0.6	0.8	1	1.3	1.5	2	2.5
x	max		0.9	1	1.1	1.25	1.75	2	2.5	3.2	3.8
f	≈		0.4	0.5	0.6	0.7	1	1.2	1.4	2	2.3
r_1	≈		3	4	5	6	9.5	9.5	12	16.5	19.5
t	max	GB/T 68	0.5	0.6	0.75	0.85	1.3	1.4	1.6	2.3	2.6
		GB/T 69	0.8	1	1.2	1.45	1.9	2.4	2.8	3.7	4.4
	min	GB/T 68	0.32	0.4	0.5	0.6	1	1.1	1.2	1.8	2
		GB/T 69	0.64	0.8	1	1.2	1.6	2	2.4	3.2	3.8
l(商品规格范围公称长度)			2.5~16	3~20	4~25	5~30	6~40	8~50	8~60	10~80	12~80
l(系列)			2.5,3,4,5,6,8,10,12,(14),16,20,25,30,35,40,45,50,(55),60,(65),70,(75),80								

注：1.P ——螺距。

2.公称长度 l ≤30mm、螺纹规格 d 在 M1.6~M3 的螺钉、应制出全螺纹；公称长度 l ≤45mm、螺纹规格 d 在 M4~M10 的螺纹也应制出全螺纹[$b = l - (k + a)$]。

3.尽可能不采用括号内的规格。

3．紧定螺钉

开槽锥端紧定螺钉 GB/T 71-1985　　开槽平端紧定螺钉 GB/T 73-1985　　开槽长圆柱端紧定螺钉 GB/T 75-1985

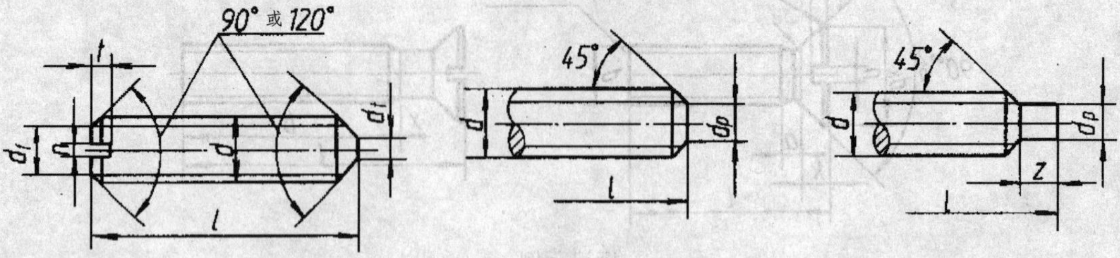

标记示例

螺纹规格 d =M5、公称长度 l=12mm、性能等级为 12H 级、表面氧化的开槽锥端紧定螺钉：

螺钉　GB/T　71　M5×12

附 表 11

（单位：mm）

螺纹规格 d		M1.6	M2	M2.5	M3	M4	M5	M6	M8	M10	M12
	d_f	≈螺纹小径									
	n(公称)	0.25	0.25	0.4	0.4	0.6	0.8	1	1.2	1.6	2
	t (max)	0.74	0.84	0.95	1.05	1.42	1.63	2	2.5	3	3.6
	d_1(max)	0.16	0.2	0.25	0.3	0.4	0.5	1.5	2	2.5	3
	d_p(max)	0.8	1	1.5	2	2.5	3.5	4	5.5	7	8.5
	z (max)	1.05	1.25	1.25	1.75	2.25	2.75	3.25	4.3	5.3	6.3
lt	GB/T 71	2~8	3~10	3~12	4~16	6~20	8~25	8~30	10~40	12~50	14~60
	GB/T 73	2~8	2~10	2.5~12	3~16	4~20	5~25	6~30	8~40	10~50	12~60
	GB/T 75	2.5~8	3~10	4~12	5~16	6~20	8~25	8~30	10~40	12~50	14~60
	l(系列)	2,2.5,3,4,5,6,8,10,12,(14),16,20,25,30,35,40,45,50,(55),60									

注：尽可能不采用括号内的规格。

八、键

1．平键、键的剖面及键槽（摘自 GB/T 1095-1979）（1990 年确认有效）

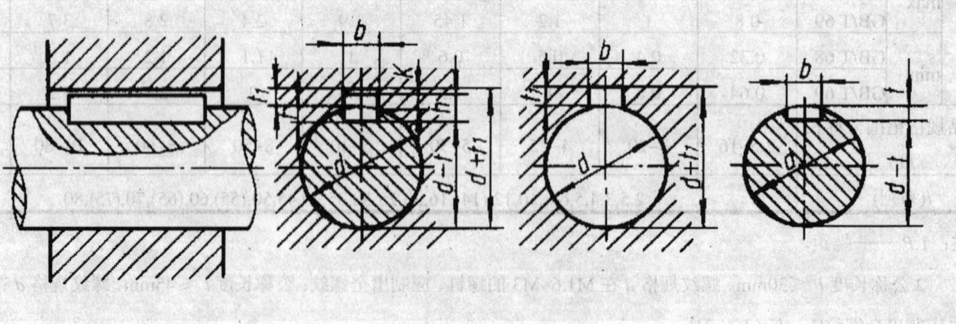

2．普通平键的型式尺寸（摘自 GB/T 1096-1979）（1990 年确认有效）

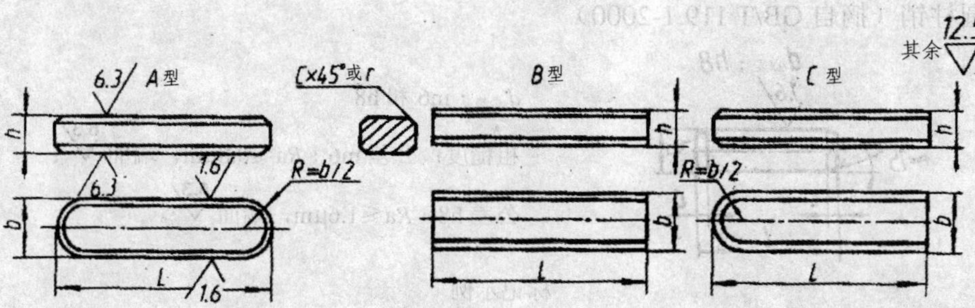

圆头普通平键（A 型）、b =18mm、h =11mm、L =100mm：键　18×100　GB/T 1096

方头普通平键（B 型）、b =18mm、h =11mm、L =100mm：键　B18×100　GB/T 1096

单圆头普通平键（C 型）、b =18mm、h =11mm、L =100mm：键　C18×100　GB/T 1096

附 表 12　　（单位：mm）

轴径 d	键的公称尺寸				键槽深		r 小于
					轴	轮毂	
	b	h	L	C 或 r	t	t_1	
自 6~8	2	2	6~20		1.2	1.0	
＞8~10	3	3	6~36	0.16~0.25	1.8	1.4	0.16
＞10~12	4	4	8~45		2.5	1.8	
＞12~17	5	5	10~56		3.0	2.3	
＞17~22	6	6	14~70	0.25~0.4	3.5	2.8	0.25
＞22~30	8	7	18~90		4.0	3.3	
＞30~38	10	8	22~110		5.0	3.3	
＞38~44	12	8	28~140		5.0	3.3	
＞44~50	14	9	36~160	0.4~0.6	5.5	3.8	0.4
＞50~58	16	10	45~180		6.0	4.3	
＞58~65	18	11	50~200		7.0	4.4	
＞65~75	20	12	56~220	0.6~0.8	7.5	4.9	0.6
＞75~85	22	14	63~250		9.0	5.4	
L 系列	6,8,10,12,14,16,18,20,22,25,28,32,36,40,45,50,56,63,70,80,90,100,110,125,140,160,180,200,220,250,280						

九、销

1. 圆柱销（摘自 GB/T 119.1-2000）

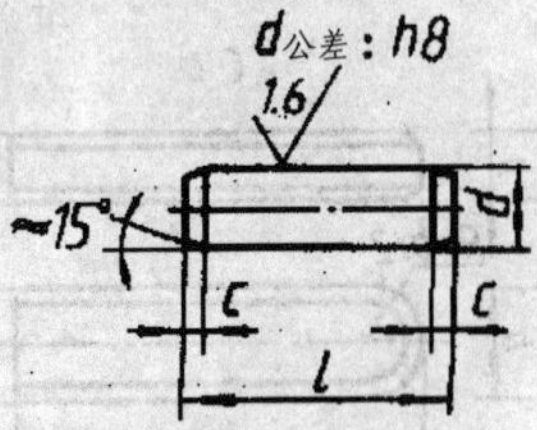

$d_{公差}$：m6 和 h8

粗糙度：公差 m6：Ra≤0.8μm，端面 6.3；

公差 h8：Ra≤1.6μm，端面 6.3。

标记示例

公称直径 d=6mm、公差为 m6、长度 l=30mm、材料为钢、不经淬火、不经表面处理的圆柱销：

销 GB/T 119.1 6m6×30

附 表 13 （单位：mm）

d(公称)	3	4	5	6	8	10	12	16	20	25	30
a≈	0.40	0.50	0.63	0.80	1.0	1.2	1.6	2.0	2.5	3.0	4.0
c =	0.50	0.63	0.80	1.2	1.6	2.0	2.5	3.0	3.5	4.0	5.0
l(商品长度范围)	8~30	8~40	10~50	12~60	14~80	18~95	22~140	26~180	35~200	50~200	60~200
l(系列)	2,3,4,5,6,8,10,12,14,16,18,20,22,24,26,28,30,32,35,40,45,50,55,60,65,70,75,80,85,90,95,100,120,140,160,180,200										

2. 圆锥销（摘自 GB/T 117-2000）

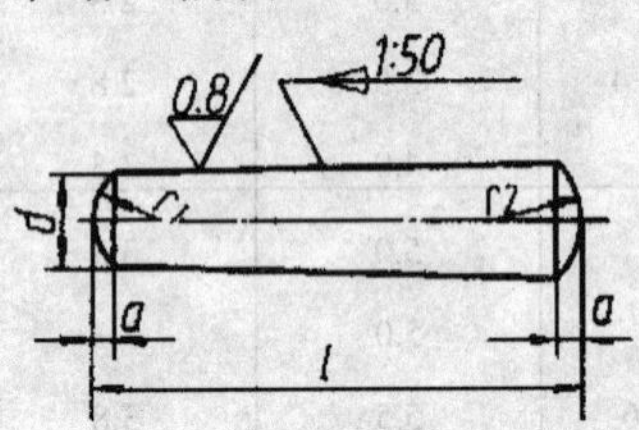

$r≈d$，$r_2≈\frac{a}{2}+d+\frac{(0.02l)^2}{8a}$

$d_{公差}$：h10

粗糙度：A 型(磨削)：锥表面 Ra=0.8μm，端面 6.3；

B 型(刀削或冷镦)：锥表面 Ra≤3.2μm，端面 6.3。

标记示例

公称直径 d=6mm、长度 l=50mm、材料为 35 钢、热处理硬度为 28~38HRC、表面氧化处理的 A 型圆锥销：

销 GB/T 117 6×30

附 表 14 （单位：mm）

d(公称)	3	4	5	6	8	10	12	16	20	25	30
a≈	0.4	0.5	0.63	0.8	1	1.2	1.6	2	2.5	3	4
l(商品长度范围)	12~45	14~55	18~60	22~90	22~120	26~160	32~180	40~200	45~200	50~200	55~200
l(系列)	2,3,4,5,6,8,10,12,14,16,18,20,22,24,26,28,30,32,35,40,45,50,55,60,65,75,80,85,90,95,100,120,140,160,180,200										

十、滚动轴承

1．深沟球轴承（摘自 GB/T 276-1994）

附 表 15　　（单位：mm）

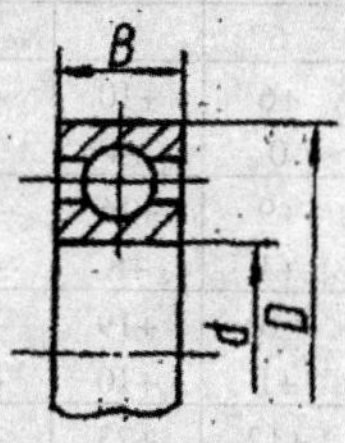

标记示例

滚动轴承 6204　GB/T 276-1994

轴承代号	尺　寸　mm		
	d	D	B
(02) 系　列			
6200	10	30	9
6201	12	32	10
6202	15	35	11
6203	17	40	12
6204	20	47	14
6205	25	52	15
6206	30	62	16
6207	35	72	17
6208	40	80	18
6209	45	85	19
6210	50	90	20
6211	55	100	21
6212	60	110	22
(03) 系　列			
6300	10	35	11
6301	12	37	12
6302	15	42	13
6303	17	47	14
6304	20	52	15
6305	25	62	17
6306	30	72	19
6307	35	80	21

轴承代号	尺　寸　mm		
	d	D	B
(03) 系　列			
6308	40	90	23
6309	45	100	25
6310	50	110	27
6311	55	120	29
6312	60	130	31
6313	65	140	33
6314	70	150	35
6315	75	160	37
6316	80	170	39
6317	85	180	41
6318	90	190	43
(04) 系　列			
6403	17	62	17
6404	20	72	19
6405	25	80	21
6406	30	90	23
6407	35	100	25
6408	40	110	27
6409	45	120	29
6410	50	130	31
6411	55	140	33
6412	60	150	35
6413	65	160	37
6414	70	180	42
6415	75	190	45
6416	80	200	48
6417	85	210	52
6418	90	225	54

十一、公差与配合

附表 16　优先配合轴的极限偏差（摘自 GB/T 1800.4-1999）　　（单位：mm）

基本尺寸 mm		公差带												
		c	d	f	g	h				k	n	p	s	u
大于	至	11	9	7	6	6	7	9	11	6	6	6	6	6
—	3	-60 -120	-20 -45	-6 -16	-2 -8	0 -6	0 -10	0 -25	0 -60	+6 0	+10 +4	+12 +6	+20 +14	+20 +18
3	6	-70 -145	-30 -60	-10 -12	-4 -12	0 -8	0 -12	0 -30	0 -70	+9 +1	+16 +8	+20 +12	+27 +19	+31 +23
6	10	-80 -170	-40 -76	-13 -28	-5 -14	0 -9	0 -15	0 -36	0 -90	+10 +1	+19 +10	+24 +15	+32 +23	+37 +28
10	14	-95 -205	-50 -93	-16 -34	-6 -17	0 -11	0 -18	0 -43	0 -110	+12 +1	+23 +12	+29 +18	+39 +28	+44 +33
14	18													
18	24	-110 -240	-65 -117	-20 -41	-7 -20	0 -13	0 -21	0 -52	0 -130	+15 +2	+28 +15	+35 +22	+48 +35	+54 +41
24	30													+61 +48
30	40	-120 -280	-80 -140	-25 -50	-9 -25	0 -16	0 -25	0 -62	0 -160	+18 +2	+33 +17	+42 +26	+59 +43	+76 +60
40	50	-130 -290												+86 +70
50	65	-140 -330	-100 -174	-30 -60	-10 -29	0 -19	0 -30	0 -74	0 -190	+21 +2	+39 +20	+51 +32	+72 +53	+106 +87
65	80	-150 -340											+78 +59	+121 +102
80	100	-170 -390	-120 -207	-36 -71	-12 -34	0 -22	0 -35	0 -87	0 -220	+25 +3	+45 +23	+59 +37	+93 +71	146 +124
100	120	-180 -400											+101 +79	+166 +144
120	140	-200 -450	-145 -245	-43 -83	-14 -39	0 -25	0 -40	0 -100	0 -250	+28 +3	+52 +27	+68 +43	+117 +92	+195 +170
140	160	-210 -460											+125 +100	+215 +190
160	180	-230 -480											+133 +108	+235 +210
180	200	-240 -530	-170 -285	-50 -96	-15 -44	0 -29	0 -46	0 -115	0 -290	+33 +4	+60 +31	+79 +50	+151 +122	+265 +236
200	225	-260 -550											+159 +130	+287 +258
225	250	-280 -570											+169 +140	+313 +284
250	280	-300 -620	-190 -320	-56 -108	-17 -49	0 -32	0 -52	0 -130	0 -320	+36 +4	+66 +34	+88 +56	+190 +158	+347 +315
280	315	-330 -650											+202 +170	+382 +350
315	355	-360 -720	-210 -350	-62 -119	-18 -54	0 -36	0 -57	0 -140	0 -360	+40 +4	+73 +37	+98 +62	+226 +190	+426 +390
355	400	-400 -760											+244 +208	+471 +435
400	450	-440 -840	-230 -385	-68 -131	-20 -60	0 -40	0 -63	0 -155	0 -400	+45 +5	+80 +40	+108 +68	+272 +232	+530 +490
450	500	-480 -880											+292 +252	+580 +540

附表 17　优先配合孔的极限偏差（摘自 GB/T 1800.4-1999）（单位：mm）

基本尺寸 mm		公差带												
		C	D	F	G	H				K	N	P	S	U
大于	至	11	9	8	7	7	8	9	11	7	7	7	7	7
—	3	+120	+45	+20	+12	+10	+14	+25	+60	0	-4	-6	-14	-18
		+60	+20	+6	+2	0	0	0	0	-10	-14	-16	-24	-28
3	6	+145	+60	+28	+16	+12	+18	+30	+75	+3	-4	-8	-15	-19
		+70	+30	+10	+4	0	0	+	0	-9	-16	-20	-27	-31
6	10	+170	+76	+35	+20	+15	+22	+36	+90	+5	-4	-9	-17	-22
		+80	+40	+13	+5	0	0	0	0	-10	-19	-24	-32	-37
10	14	+205	+93	+43	+24	+18	+27	+43	+110	+6	-5	-11	-21	-26
14	18	+95	+50	+16	+6	0	0	0	0	-12	-23	-29	-39	-44
18	24													-33
		+240	+117	+53	+28	+21	+33	+52	+130	+6	-7	-14	-27	-54
24	30	+110	+65	+20	+7	0	0	0	0	-15	-28	-35	-48	-40
														-61
30	40	+280												-51
		+120	+142	+64	+34	+25	+39	+62	+160	+7	-8	-17	-34	-76
40	50	+290	+80	+25	+9	0	0	0	0	-18	-33	-42	-59	-61
		+130												-86
50	65	+330											-42	-76
		+140	+174	+76	+40	+30	+46	+74	+190	+9	-9	-21	-72	-106
65	80	+340	+100	+30	+10	0	0	0	0	-21	-39	-51	-48	-91
		+150											-78	-121
80	100	+390											-58	-111
		+170	+207	+90	+47	+35	+54	+87	+220	+10	-10	-24	-93	-146
100	120	+400	+120	+36	+12	0	0	0	0	-25	-45	-59	-66	-131
		+180											-101	-166
120	140	+450											-77	-155
		+20											-117	-195
140	160	+460	+245	+106	+54	+40	+63	+100	+250	+12	-12	-28	-85	-175
		+210	+145	+43	+14	0	0	0	0	-28	-52	-68	-125	-215
160	180	+480											-93	-195
		+230											-133	-235
180	200	+530											-105	-219
		+240											-151	-265
200	225	+550	+285	+122	+61	+46	+72	+115	+290	+13	-14	-33	-113	-241
		+260	+170	+50	+15	0	0	0	0	-33	-60	-79	-159	287
225	250	+570											-123	-267
		+280											-169	-313
250	280	+620											-138	-295
		+300	+320	+137	+69	+52	+81	+130	+320	+16	-14	-36	-190	-347
280	315	+650	+190	+56	+17	0	0	0	0	-36	-66	-88	-150	-330
		+330											-202	-382
315	355	+720											-169	-369
		+360	+350	+151	+75	+57	+89	+140	+360	+17	-16	-41	-226	-426
355	400	+760	+210	+62	+18	0	0	0	0	-40	-73	-98	-187	-414
		+400											-244	-471
400	450	+840											-209	-467
		+440	+385	+165	+83	+63	+97	+155	+400	+18	-17	-45	-272	-530
450	500	+880	+230	+68	+20	0	0	0	0	-15	-80	-108	-229	-517
		+480											-292	-580

十二、常用金属材料及热处理

1．铸铁

附表 18

<table>
<tr><th>名称</th><th>牌号</th><th>应用举例</th><th>说明</th></tr>
<tr><td rowspan="4">灰铸铁
GB/T 9439-1988</td><td>HT100</td><td>低强度铸铁，用于盖、手把、支架等</td><td rowspan="4">“HT”是灰铸铁的代号，后面的数字表示抗拉强度（N/mm²）</td></tr>
<tr><td>HT150</td><td>中等强度铸铁、用于底座、端盖、皮带轮、轴承座、齿轮等</td></tr>
<tr><td>HT200
HT250</td><td>高强度铸铁，用于齿轮、凸轮、机座、阀体、泵体等</td></tr>
<tr><td>HT300
HT350</td><td>高强度、高耐磨铸铁，用于齿轮、曲轴、高压泵体、高压阀体等</td></tr>
</table>

2．钢

附表 19

<table>
<tr><th>名称</th><th>牌号</th><th>应用举例</th><th>说明</th></tr>
<tr><td rowspan="3">碳素结构钢
GB/T 700-1988</td><td>Q215A
Q215B</td><td>金属构件、受力不大的螺栓、螺钉、轴、拉杆及焊接件等</td><td rowspan="3">Q 为屈服点“屈”字汉语拼音字母的字头，数字 215、235、275 为屈服点数值（N/mm²），字母 A、B 表示钢材质量等级</td></tr>
<tr><td>Q235A
Q235B</td><td>金属构件，心部强度要求不高的渗碳零件，齿轮、螺钉、螺母及焊接件等</td></tr>
<tr><td>Q275</td><td>用于重要的螺钉、拉杆、连杆、轴、销、齿轮等</td></tr>
<tr><td rowspan="4">优质碳素结构钢
GB/T 699-1999</td><td>15</td><td>用于受力不大、韧性要求较高的零件，如扳手、法兰等</td><td rowspan="4">（1）牌号用平均含碳量的万分数表示，依次有 10、15、20、25、30、35、40、45、50、55、60 等。含碳量愈高，延伸率愈低
（2）含锰量较高的钢，在牌号末加注 Mn，依次有 15Mn 、20Mn、30 Mn、35 Mn、40 Mn、45 Mn、50 Mn、60 Mn、65 Mn 等</td></tr>
<tr><td>35</td><td>具有良好的强度和韧性，用于轴、套筒、丝杆、锻造件及螺栓、螺钉、键等</td></tr>
<tr><td>45</td><td>用于强度较高、韧性中等的零件，如齿轮、主轴、联轴器、泵的零件等</td></tr>
<tr><td>65Mn</td><td>强度高、淬透性较大，用于大尺寸的各种扁、圆弹簧、弹簧垫圈等</td></tr>
<tr><td>碳素工具钢
GB/T 1298-1986</td><td>T7
T7A
T8
T8A</td><td>硬度适中，有较大的韧性，用于冲模、钻头、车床顶尖等</td><td>“T”后数字表示平均含碳量的千分数，依次有 T7~T13。含硫、磷低的高级优质碳素工具钢，须在牌号后加注 A</td></tr>
<tr><td rowspan="2">合金结构钢
GB/T 3077-1999</td><td>20 Cr</td><td>用于心部强度较高的渗碳零件，如凸轮、蜗杆、齿轮轴等</td><td rowspan="2">15Cr~50Cr 统称铬钢，强度、硬度依次增加，延伸率依次降低。数字表示含碳素的万分数</td></tr>
<tr><td>40Cr</td><td>用于较重要的调质零件，如重要的齿轮、轴等</td></tr>
<tr><td rowspan="2">铸钢
GB/T 11352-1989</td><td>ZG230-450</td><td>铸造平坦的机件，如机座、变速箱壳体等</td><td rowspan="2">“ZG”表示铸钢，后面数字分别表示屈服点和抗拉强度的数值，单位是 N/mm²</td></tr>
<tr><td>ZG270-500</td><td>用于各种形状的机件，如飞轮、机架、横梁等</td></tr>
</table>

3．铸造铜合金（GB/T 1176-1987）

附表 20

名称	牌号	应用举例	说明
38 黄铜	ZCuZn38	一般结构件和耐蚀零件，如法兰、阀座、支架、手柄、螺母等	铸造铜合金的牌号由基本金属（铜）及主要合金元素的化学符号表示。主要合金元素后的数字是其名义百分含量。若其含量大于或等于 1%时，一般不标注。“Z”表示铸造，冠在牌号之前
10-2 锡青铜	ZCuSn10Zn^{2}	中等及较高负荷或小滑动速度工作的重要管配件及阀、旋塞、泵体、齿轮、叶轮和蜗轮等	
9-2 铝青铜	ZCuA19Mn^{2}	用于耐蚀、耐磨零件，形状简单的大型铸件，如衬套、齿轮、蜗轮，以及 250℃以下工作的管配件和气密性高的铸件等	
40-2 铅黄铜	ZCuZn40Pb2	煤气和给水设备的壳体，机器制造、电子技术、精密及光学仪器的部分构、配件	

4．常用热处理和表面处理

附表 21

名 称	说明	应用
退火	将钢件加热到临界温度以上（一般为 710℃~750℃个别合金钢为 800℃~900℃），保温一定时间，仁厚缓缓冷却（一般在炉中冷却）	用来消除铸、锻、焊零件的内应力，改善金属组织不匀及晶粒粗大等现象，降低硬度，便于切削加工
正火	将钢件加热到临界温度以上，保温一定时间，然后在空气中冷却，冷却速度比退火要快	用来处理低碳钢和中碳钢，使金属组织细化，提高强度和韧性，减少内应力，改善切削性能
淬火	将钢件加热到临界温度以上，保持一定时间，再放在水、盐水或油中急速冷却	用于提高钢的硬度和强度，由于淬火会引起内应力，使钢变脆，所以淬火后必须回火
回火	将淬硬的钢件加热到临界的温度以下的某 温度，保温一定时间，然后在空气中或油中冷却	用来消除淬火后的脆性和内应力，提高钢的塑性和冲击韧性
调质	淬火后高温回火（450~600℃）称为调质	可使钢获得高的韧性和足够的强度
表面淬火	用火焰或高频电流将零件表面迅速加热至临界温度以上急速冷却	使零件表面获得高硬度，而心部保持一定的韧性，使零件既耐磨又能承受冲击
氮化	将零件放入氮气内加热，使工作表面饱和氮元素	增加表面硬度、耐磨性、疲劳强度和耐热性
发蓝、发黑	将零件置于氧化剂内加热氧化，使表面形成一层氧化铁保护膜	防腐蚀、美化
镀镍	用电解方法，在钢件表面镀一层镍	防腐蚀、美化
硬度： 布氏硬度（HBS） 洛氏硬度（HRC） 维氏硬度（HV）	材料抵抗硬物压人其表面的能力，依测定方法不同而有布氏、洛氏、维氏	HB 用于退火、正火、调质的零件及铸件的硬度检验。HRC 用于经淬火、回火及表面渗碳、渗 等处理的零件硬度检验。HV 则用于薄层硬化零件的硬度检验